[2022년도 출제기준 적용]

SolidCAM을 활용한

컴퓨터응용밀링 기능사 실기

(주)솔리드캠코리아 편저

이 책의 특징

✓ 자격증에 대한 예제 문제 제공
✓ 예제 문제 모델링 파일 제공
✓ 유튜브를 통한 예제 문제 모델링 및 CAM 작업 따라 하기 동영상 제공

부록
컴퓨터응용 선반기능사 실기 따라 하기
수록

솔리드캠 홈페이지(http://solidcamkorea.com) 접속

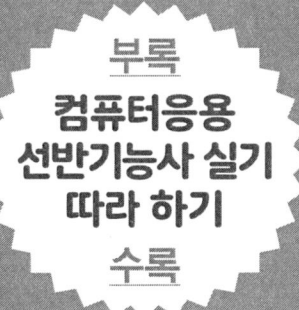

→ 상단 메뉴바 클릭
→ SolidCAM 유튜브 (동영상 제공)
→ SolidCAM 이러닝 (온라인 학습 제공)

www.kkwbooks.com

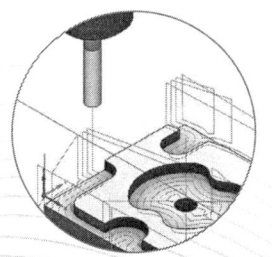
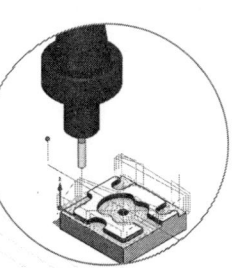

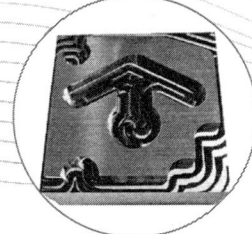
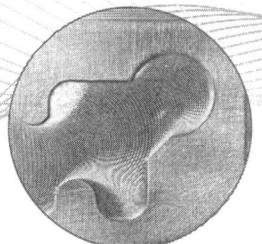
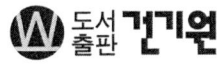

도서출판 건기원

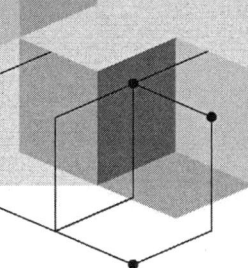

Preface

취업을 함에 있어 더욱더 나를 객관적인 관점에서 증명할 수 있는 자격증의 중요성이 대두되고 있습니다. 기계가공 분야는 특히 밀링, 선반, CNC와 같은 제작에 직접적으로 연관되는 부분이기 때문에 해당 분야의 자격증을 가지고 있느냐 없느냐가 명확한 차이를 나타내기 때문에 더욱 중요한 부분입니다.

컴퓨터응용밀링기능사, 컴퓨터응용선반기능사, 컴퓨터응용가공산업기사는 제조사업 분야에서 직접적으로 사용이 가능한 기술이기 때문에 많은 사람이 응시하는 과목 중 하나입니다. 최근 시험은 수기 코드 작성이 CAM 프로그램을 사용할 수 있게 되면서 해당 자격증을 취득하기 위해서는 CAM 프로그램을 사용하게 되었습니다.

해당 교재는 최신 국가공인자격증 조건에 맞추어 제작되었으며, SolidCAM을 직접적으로 다루면서 쉽고 빠른 이해가 가능하게 예제를 보고 따라 해 볼 수 있는 핵심 예제를 제공하며, SolidCAM을 활용하여 빠르고 정확한 코드를 얻어 낼 수 있는 방법을 제시합니다.

해당 교재를 선택하여 주신 것에 대해 감사드리며 SolidCAM KOREA는 지속적으로 수정 보완할 것을 약속드립니다. 그리고 이 책을 보고 자격증 시험에 응시한 모두의 합격을 기원합니다.

저자 올림

이 책의 특징

❶ 자격증에 대한 예제 문제 제공

❷ 예제 문제 모델링 파일 제공

❸ 유튜브를 통한 예제 문제 모델링 및 CAM 작업 따라 하기 동영상 제공

솔리드캠 홈페이지(http://solidcamkorea.com) 접속
➡ 상단 메뉴바 클릭 ➡ SolidCAM 유튜브(동영상 볼 수 있는 곳)
➡ SolidCAM 이러닝(자격증 파일 제공하는 곳)

Contents

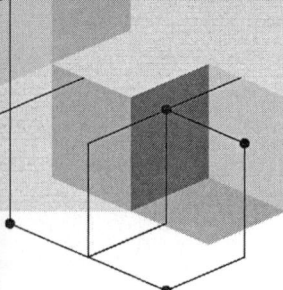

CHAPTER 01 컴퓨터응용밀링기능사 따라 하기 · 7

* 출제기준(실기) ··· 8
* 작업지시서 ··· 14

01 컴퓨터응용밀링기능사 따라 하기
  1. 도면 ·· 15
  2. 모델링 ·· 16
  3. CAM ·· 37

02 컴퓨터응용밀링기능사 따라 하기
  1. 도면 ·· 58
  2. 모델링 ·· 59
  3. CAM ·· 76

03 컴퓨터응용밀링기능사 따라 하기
  1. 도면 ·· 97
  2. 모델링 ·· 98
  3. CAM ·· 115

04 컴퓨터응용밀링기능사 따라 하기
  1. 도면 ·· 135
  2. CAM ·· 136

05 컴퓨터응용밀링기능사 따라 하기
  1. 도면 ·· 157
  2. CAM ·· 158

06 컴퓨터응용밀링기능사 따라 하기
  1. 도면 ·· 179
  2. CAM ·· 180

07 컴퓨터응용밀링기능사 따라 하기
1. 도면 ··· 201
2. CAM ······································· 202

08 컴퓨터응용밀링기능사 따라 하기
1. 도면 ··· 222
2. CAM ······································· 223

09 컴퓨터응용밀링기능사 따라 하기
1. 도면 ··· 243
2. CAM ······································· 244

10 컴퓨터응용밀링기능사 따라 하기
1. 도면 ··· 264
2. CAM ······································· 265

CHAPTER 02 컴퓨터응용밀링기능사 예제 도면 · 285

▶ 예제 도면 : 컴퓨터응용밀링기능사 1~30 ················· 286

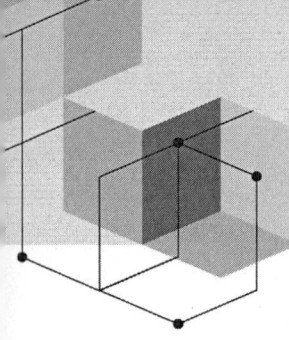

부록   컴퓨터응용선반기능사 · 317

✽ 출제기준(실기) ·· 318
✽ 작업지시서 ··· 324

01 컴퓨터응용선반기능사 따라 하기

    1. 도면 ··· 325
    2. 모델링 ·· 326
    3. CAM ··· 336

02 컴퓨터응용선반기능사 따라 하기

    1. 도면 ··· 385
    2. 모델링 ·· 386
    3. CAM ··· 393

   ➥ **예제 도면** : 컴퓨터응용선반기능사 1~5 ································· 439

컴퓨터응용밀링기능사 따라 하기

출제기준(실기)

▶ 적용기간: 2022. 1. 1 ~ 2026. 12. 31

직무분야	기계	중직무분야	기계제작	자격종목	컴퓨터응용밀링기능사

○ **직무내용**: 부품을 가공하기 위하여 가공 도면을 해독하고 작업계획을 수립하며 적합한 공구를 선택하여 평면, 윤곽, 홈, 구멍 등을 밀링과 머시닝센터를 운용하여 가공하고, 공작물의 측정 및 수정작업 등을 하는 직무 수행

○ **수행준거**:
1. CNC밀링과 범용밀링 가공 작업의 완료 후 주변을 정리하고 작업 결과를 문서화할 수 있다.
2. CNC밀링과 범용밀링에서 반숙련공이 수행하는 전반적인 작업을 할 수 있다.
3. CNC밀링과 범용밀링에서 제품의 형상, 특성에 따른 기준면을 선정하고 평면, 총형 작업을 수행할 수 있다.
4. CNC밀링과 범용밀링 작업에 있어서 도면을 파악하고 주요치수 및 공차를 검토할 수 있다.
5. CNC밀링과 범용밀링 작업에 있어서 안전수칙을 확인하여 준수할 수 있다.
6. 가공된 부품 외관의 결함을 육안으로 판별할 수 있다.
7. 기계가공 전후의 결과를 기본측정기를 이용하여 정량적으로 나타낼 수 있다.
8. CNC밀링을 이용하여 수동 또는 자동 프로그램을 작성하여 가공할 수 있다.

실기과목명	컴퓨터응용밀링가공 실무	실기검정방법	작업형	시험시간	3시간 정도

주요항목	세부항목	세세항목
1. 작업장 유지관리 (밀링가공)	1. 공구·장비 정리하기	1. 작업이 끝난 후 각종 공구를 정해진 위치에 정리할 수 있다. 2. 장비의 부착물을 청소하고 이상 유무를 판단할 수 있다.
	2. 작업장 정리하기	1. 장비 주변을 청결하게 할 수 있다. 2. 작업 완성품을 다음 공정으로 이동이 편리하도록 적재할 수 있다. 3. 작업을 위한 소재를 적재할 수 있는 공간을 확보할 수 있다.
	3. 장비 일상점검하기	1. 해당 작업장의 표준화된 장비운영 체크리스트에 의하여 정기점검을 수행할 수 있다. 2. 해당 작업장의 표준화된 장비운영 체크리스트의 기준에 의하여 윤활유 및 절삭유 주유·소모품 교체를 수행할 수 있다.
	4. 작업일지 작성하기	1. 해당 사업장의 운영 절차에 의하여 작업 결과를 작업일지에 빠짐없이 작성할 수 있다. 2. 필요시 작업에서 발생한 문제점을 관련자에게 문서로 보고할 수 있다. 3. 다음 공정에 전달할 특이사항이 있으면 구두로 전달하거나 기록물을 작성하여 전달할 수 있다.

주요항목	세부항목	세세항목
2. 기본 작업 (밀링가공)	1. 작업 준비하기	1. 제품의 형상에 적합한 공구를 선택할 수 있다. 2. 공작물의 설치방법에 따라 공작물을 설치할 수 있다. 3. 절삭공구를 작업순서를 고려하여 설치할 수 있다. 4. 도면에 의해서 제품의 형상, 특성에 따른 기준면을 설정할 수 있다.
	2. 본가공 수행하기	1. 작업요구사항과 작업표준서에 의거하여 장비를 설정할 수 있다. 2. 작업절차서, 작업지시서, 감독자의 지시로부터 절삭조건을 결정할 수 있다. 3. 절삭조건이 부적합할 경우 수정할 수 있다. 4. 작업안전에 유의하여 작업절차서, 작업지시서, 감독자의 지시에 따라 공작물을 설치할 수 있다. 5. 기준면가공에 적합한 절삭조건을 산출하고 적용할 수 있다. 6. 작업절차서, 작업지시서, 감독자의 지시에 따라 공작물을 가공할 수 있다. 7. 수동작업 시 절삭조건을 충족할 수 있도록 이송속도, 이송범위, 절삭깊이, 회전수를 조절할 수 있다. 8. 이상발생 시 작업표준서에 의거하여 조치를 취하거나 상급자에게 보고할 수 있다. 9. 상황에 따라 건식 및 습식절삭을 수행할 수 있다. 10. 공구사용기준에 맞게 일상적인 유지관리를 수행할 수 있다.
	3. 검사·수정하기	1. 측정 대상별 측정 방법과 측정기의 종류를 파악하여 측정오차가 생기지 않도록 측정할 수 있다. 2. 공구 수명 단축 원인 및 가공 치수 불량의 원인을 파악하고 적절한 대처방안을 강구할 수 있다. 3. 측정 후 불량부위 발생 시 보고를 하고 수정 여부를 수행할 수 있다.
3. 평면·총형 가공	1. 작업 준비하기	1. 제품의 형상에 적합한 공구를 선택할 수 있다. 2. 공작물의 설치방법에 따라 공작물을 설치할 수 있다. 3. 작업순서를 고려하여 절삭공구를 설치할 수 있다. 4. 도면에 의해서 제품의 형상, 특성에 따른 기준면을 설정할 수 있다.
	2. 본가공 수행하기	1. 작업요구사항과 작업표준서에 따라 장비를 설정하고, 가공작업을 수행할 수 있다. 2. 수동작업 시 절삭조건을 충족할 수 있도록 이송속도, 이송범위, 절삭깊이, 회전수를 조절할 수 있다.

출제기준(실기)

주요항목	세부항목	세세항목
	2. 본가공 수행하기	3. 이상발생시 작업표준서에 따라 조치를 취하고 보고할 수 있다. 4. 절삭조건이 부적합할 경우 수정할 수 있다. 5. 절삭 칩으로 인한 안전사고, 공구의 파손, 제품의 불량을 방지할 수 있다. 6. 총형가공 시 도면에 따라 정확한 절삭지점을 설정하고, 상황에 따라 건식, 습식절삭을 수행할 수 있다.
	3. 검사·수정하기	1. 측정 대상별 측정 방법과 측정기의 종류를 파악하여 측정오차가 생기지 않도록 측정할 수 있다. 2. 공구 수명 단축 원인과 가공 치수 불량의 원인을 파악하고 적절한 대처방안을 강구할 수 있다. 3. 측정 후 불량부위 발생 시 수정 여부를 결정할 수 있다.
4. 엔드밀 가공	1. 작업 준비하기	1. 제품의 형상에 적합한 공구를 선택할 수 있다. 2. 공작물의 설치방법에 따라 공작물을 설치할 수 있다. 3. 작업순서를 고려하여 절삭공구를 설치할 수 있다. 4. 도면에 의해서 제품의 형상, 특성에 따른 기준면을 설정할 수 있다. 5. 도면, 작업지시서에 지정된 X, Y, Z축의 가공시작점을 설정할 수 있다. 6. 도면에 의거 엔드밀 작업범위를 설정하여 작업순서를 수립할 수 있다.
	2. 본가공 수행하기	1. 작업요구사항과 작업표준서에 의거하여 장비를 설정하고, 가공작업을 수행할 수 있다. 2. 수동 작업 시 절삭조건을 충족할 수 있도록 이송속도, 이송범위, 절삭깊이를 조절할 수 있다. 3. 이상발생 시 작업표준서에 의거하여 조치를 취하고 보고할 수 있다. 4. 절삭조건이 부적합할 경우 수정할 수 있다. 5. 끼워맞춤의 종류와 방식을 이해하고 기계적인 용도에 맞추어 가공할 수 있다.
	3. 검사·수정하기	1. 측정 대상별 측정방법과 측정기의 종류를 파악하여 측정오차가 생기지 않도록 측정할 수 있다. 2. 공구 수명 단축 원인과 가공 치수 불량의 원인을 파악하고 적절한 대처방안을 강구할 수 있다. 3. 측정 후 불량부위 발생 시 수정 여부를 결정할 수 있다. 4. 측정용 핀을 이용하여 더브테일의 각도를 측정할 수 있다.

주요항목	세부항목	세세항목
5. 도면해독 (밀링가공)	1. 도면 파악하기	1. 도면에서 해당 부품의 주요 가공부위를 선정하고, 주요 가공 치수를 파악할 수 있다. 2. 밀링가공 공차에 대한 가공정밀도를 이해하고 그에 적합한 가공설비 및 치공구를 선정할 수 있다. 3. 도면에서 해당 부품에 대한 특이사항을 고려하여 작업방법을 결정할 수 있다. 4. 도면에서 해당 부품에 대한 재질 특성을 파악하여 가공 가능성을 결정할 수 있다.
	2. 주요치수 및 공차 검토하기	1. 가공도면의 치수기입 방법 및 표준공차를 확인할 수 있다. 2. 조립도에서 요소부품들의 조립관계를 파악하고 주요 치수 및 공차를 검토할 수 있다. 3. 요소부품의 가공정밀도를 파악하고 표면거칠기 및 기하공차를 검토할 수 있다. 4. 검토된 도면의 공차범위에 맞게 가공공차를 결정할 수 있다.
6. 안전규정 준수(밀링가공)	1. 안전수칙 확인하기	1. 밀링가공 작업장에서 안전사고를 예방하기 위한 안전수칙을 확인할 수 있다. 2. 정기 또는 수시로 안전수칙을 확인하여 보완을 요청할 수 있다.
	2. 안전수칙 준수하기	1. 안전수칙에 따라 안전보호장구를 착용할 수 있다. 2. 안전수칙에 따라 제품을 운반할 수 있다. 3. 작업도구의 구성과 안전규격을 알고 선택할 수 있다. 4. 안전수칙에 따라 준수사항을 적용할 수 있다. 5. 안전사고를 방지하기 위한 예방활동을 할 수 있다.
7. 육안검사	1. 작업계획 파악하기	1. 작업지시서와 도면으로부터 검사하고자 하는 부분을 파악할 수 있다. 2. 작업지시서와 도면으로부터 검사방법을 파악할 수 있다.
	2. 외관형상 검사하기	1. 제품의 형상이 도면의 요구사항에 부합하는지 판단할 수 있다. 2. 가공의 누락 여부를 판단할 수 있다. 3. 조립된 제품의 틈새가 적절한지 판단할 수 있다. 4. 가공된 부위가 깨끗한지 판단할 수 있다. 5. 가공부위의 위치와 형상이 적절한지 판단할 수 있다.

출제기준(실기)

주요항목	세부항목	세세항목
7. 육안검사	3. 표면상태 검사하기	1. 표면의 거칠기가 요구사항에 부합하는지 판단할 수 있다. 2. 표면에 찍힌 자국을 식별하여 결격사유가 되는지 판단할 수 있다. 3. 표면에 흠집을 식별하여 결격사유가 되는지 판단할 수 있다. 4. 표면의 크랙을 식별하여 결격사유가 되는지 판단할 수 있다. 5. 표면의 파손부위를 식별하여 결격사유가 되는지 판단할 수 있다. 6. 표면의 부식 여부를 판단할 수 있다. 7. 표면의 오염 여부를 판단할 수 있다. 8. 한도시편과 비교하여 이상 여부를 판단할 수 있다. 9. 기계의 정밀도 불량으로 인한 피측정물의 이상을 식별할 수 있다. 10. 간단한 육안 측정용 보조 재료를 필요에 따라 사용할 수 있다. 11. 제품의 표면 품질을 판단할 수 있다.
8. 기본측정기 사용	1. 작업계획 파악하기	1. 작업지시서와 도면으로부터 측정하고자 하는 부분을 파악할 수 있다. 2. 작업지시서와 도면으로부터 측정 방법을 파악할 수 있다.
	2. 측정기 선정하기	1. 제품의 형상과 측정 범위, 허용공차, 치수 정도에 알맞은 측정기를 선정할 수 있다. 2. 측정에 필요한 보조기구를 선정할 수 있다.
	3. 기본측정기 사용하기	1. 측정에 적합하도록 측정물을 설치할 수 있다. 2. 측정기의 0점 세팅을 수행할 수 있다. 3. 측정오차요인이 측정기나 공작물에 영향을 주지 않도록 조치할 수 있다. 4. 작업표준 또는 측정기의 사용법에 따라 측정을 수행할 수 있다. 5. 측정기 지시값을 읽을 수 있다. 6. 측정된 결과가 도면의 요구사항에 부합하는지 판단할 수 있다.

주요항목	세부항목	세세항목
9. CNC밀링 (머시닝 센터) 조작	1. CNC밀링(머시닝센터) 조작 준비하기	1. CNC밀링(머시닝센터) 장비의 취급설명서를 숙지하고 장비를 조작할 수 있다. 2. CNC밀링(머시닝센터) 장비의 안전운전 준수사항을 숙지하고 안전하게 장비를 조작할 수 있다. 3. 소재를 바이스에 정확하게 고정할 수 있다. 4. 작업공정 순으로 절삭공구를 설치할 수 있다. 5. CNC밀링(머시닝센터) 장비의 유지보수 설명서를 숙지하고 장비를 유지 관리할 수 있다. 6. CNC밀링(머시닝센터) 컨트롤러의 주요 알람 메시지에 관한 정보를 이해할 수 있다.
	2. CNC밀링(머시닝센터) 조작하기	1. 공작물 좌표계 설정을 할 수 있다. 2.. 작업공정에서 선정된 공구의 공구보정(tool offset)을 할 수 있다. 3. CNC 프로그램을 수동으로 입력하거나 전송 매체를 이용하여 CNC밀링(머시닝센터)에서 안전하게 시제품을 가공할 수 있다. 4. 가공부품을 확인하고 공작물 좌표계 보정량 및 공구 보정량을 수정할 수 있다. 5. 생산성을 높이기 위하여 절삭조건 수정 및 프로그램을 수정할 수 있다. 6. 공구의 수명주기나 손상을 확인하고 교체할 수 있다.
	3. 측정ㆍ검사하기	1. 부품의 형상과 측정위치 공차 범위를 고려하여 측정기를 선정할 수 있다. 2. 도면사항에 일치하게 부품을 제작하고 측정기 사용법을 준수하여 측정 및 검사를 할 수 있다. 3. 불량 발생기 원인을 규명하고 수정할 수 있다. 4. 부품의 검사기준을 정하고 검사 성적서를 작성하여 보고할 수 있다.

※ 자세한 출제기준은 한국산업인력공단(http://www.q-net.or.kr/)에서 확인하실 수 있습니다.

작업지시서

1. CAM 프로그램을 사용하여 CNC 프로그램을 작성한다.

2. 안전높이는 수험자가 결정하여 CNC 프로그램을 작성한다.

3. 프로그램의 원점은 수험자가 결정하여 CNC 프로그램을 작성한다.

4. 회전수, 절삭속도 등 가공조건은 도면의 하단을 참고하여 CNC 프로그램을 작성한다.

5. CNC밀링 CAM 프로그램 작업은 40분 이내로 완료한다.

6. 입력된 CNC 프로그램을 활용하여 부품을 자동운전으로 가공한다.

※ 제출 자료 및 작업지시서는 시험장에 따라 달라질 수 있습니다.

01 컴퓨터응용밀링기능사 따라 하기

1 도면

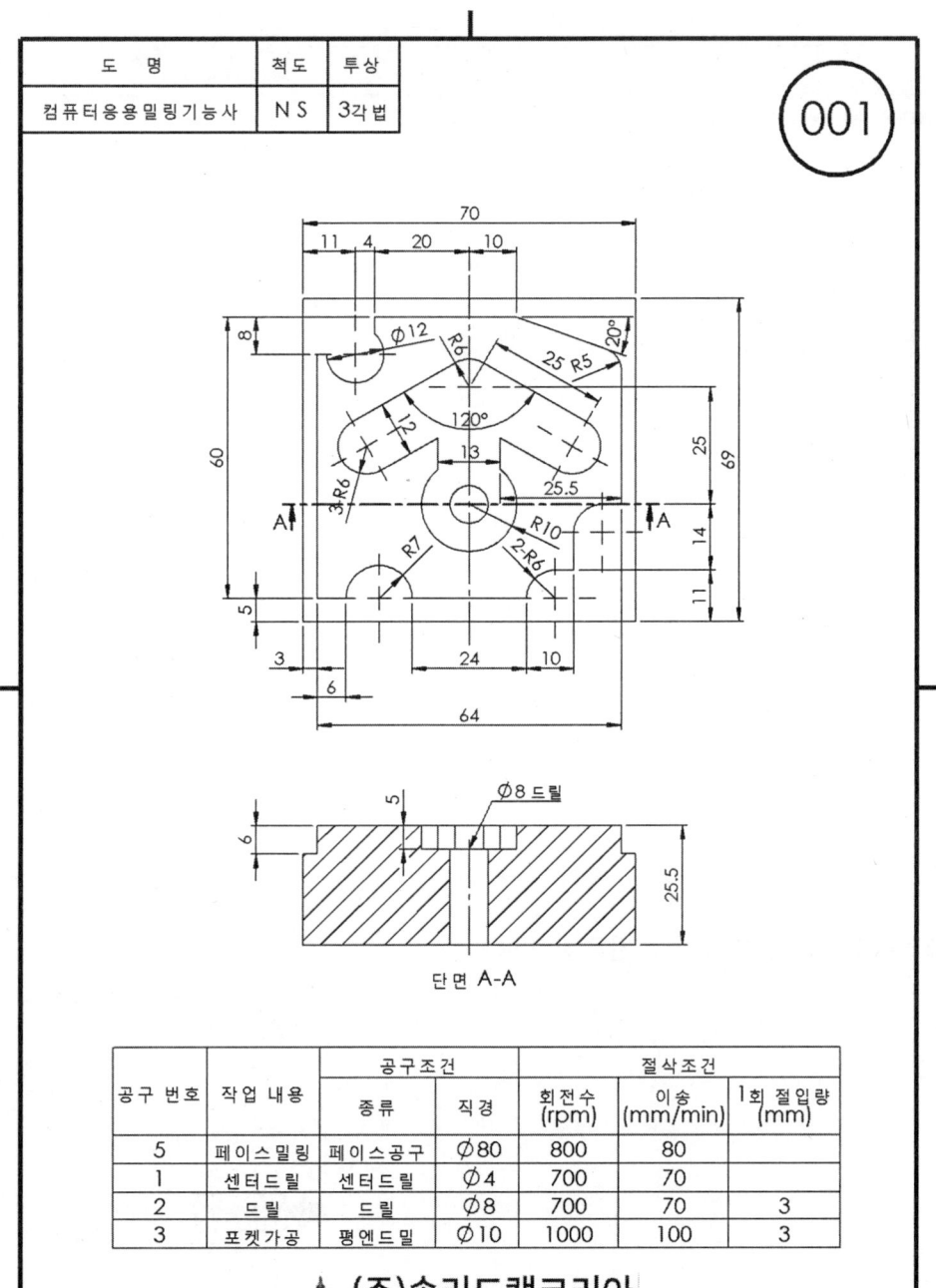

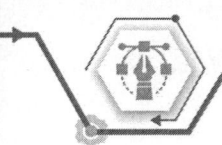

② 모델링

(1) 스케치 평면 선택

❶ [주메뉴 바 → 새 문서 → 파트]를 선택하고 확인을 클릭한다.

❷ 좌측의 [디자인 트리 → 윗면]을 클릭한다.

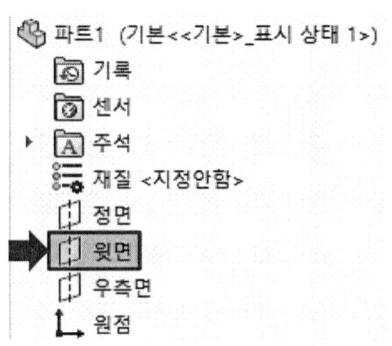

❸ 상단 커맨드 매니저에서 [스케치]를 클릭한다.

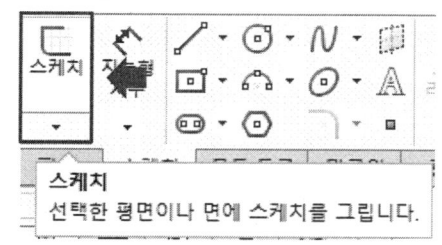

(2) 사각형 스케치

❶ [커맨드 매니저 → 스케치 탭 → 사각형 → 중심 사각형]을 클릭한다.

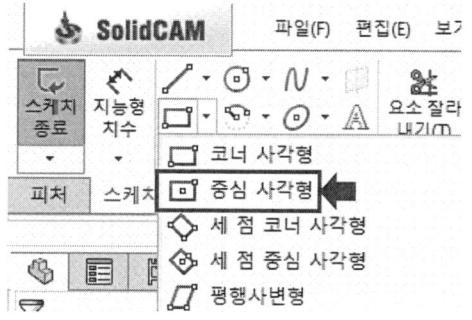

❷ 화면 가운데 있는 원점을 클릭하고 사각형의 모서리 점을 이동하여 중심 사각형의 크기를 지정한다.

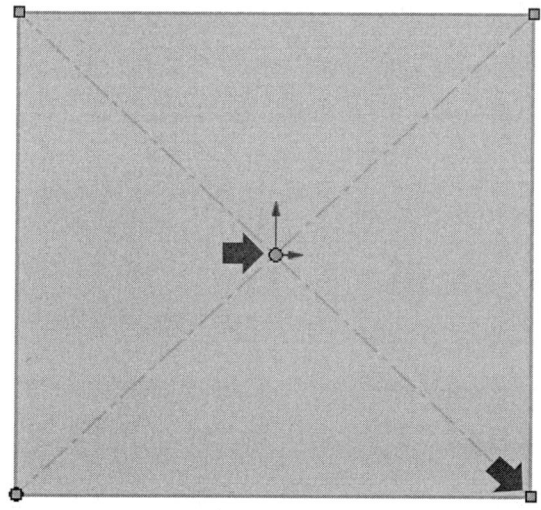

❸ 상단 커맨드 매니저에서 [지능형 치수]를 클릭한다.

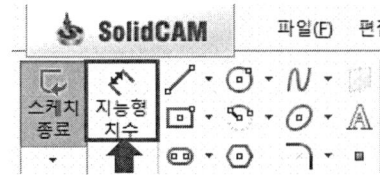

❹ 화살표가 가리키는 사각형의 가로 선을 지정한 후 치수 값 [70]을 입력한다.

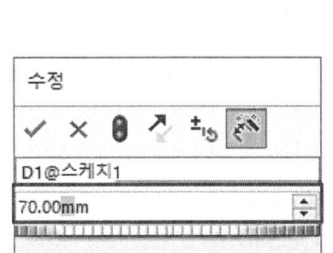
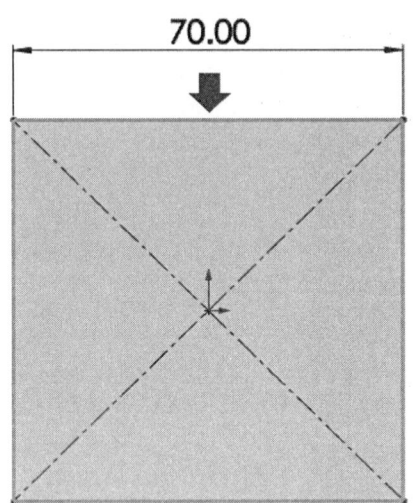

❺ 화살표가 가리키는 사각형의 세로 선을 지정한 후 치수 값 [69]를 입력한다.

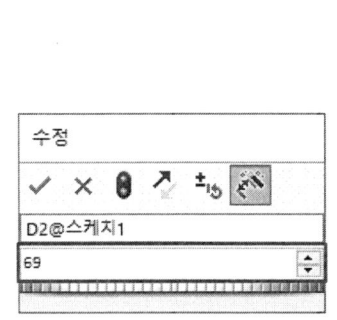
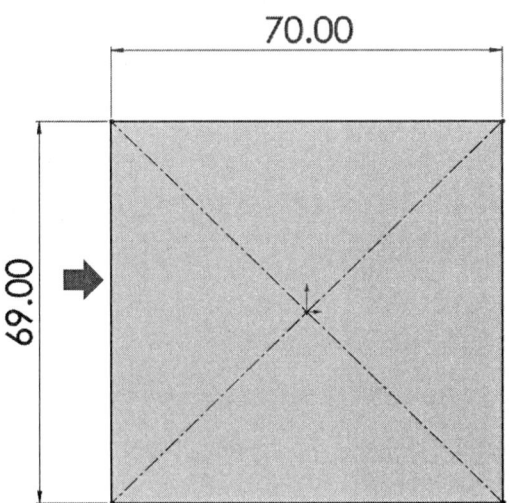

(3) 보스-돌출

❶ [커맨드 매니저 → 피처 탭 → 돌출 보스/베이스]를 클릭하고, [방향 1 → 블라인드 형태]로 설정 후 거리값 [19.5]을 입력 후 확인을 클릭한다.

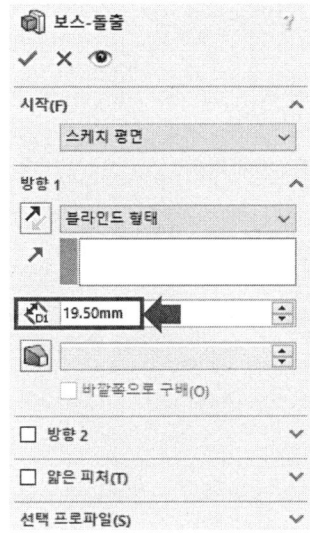 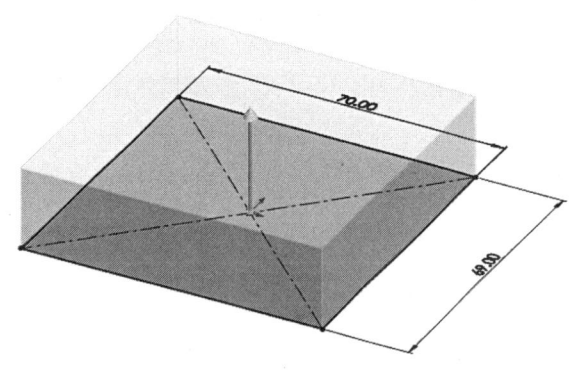

(4) 스케치 작업 평면 선택

❶ 돌출시킨 물체의 [윗면]을 선택하고, 전과 같이 [스케치]를 클릭한다.

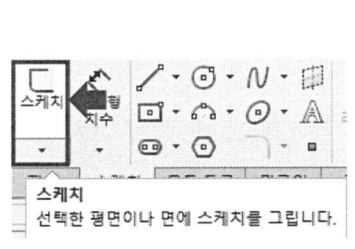 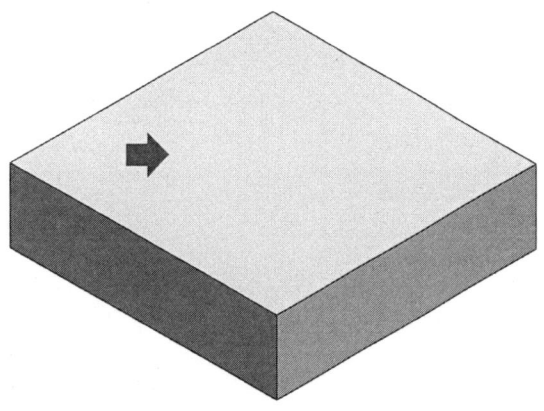

(5) 돌출에 필요한 스케치 작업

❶ [커맨드 매니저 → 스케치 탭 → 선]을 클릭한다.

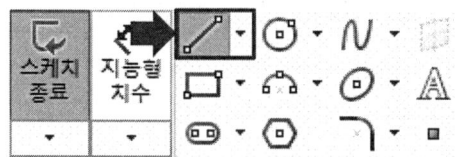

❷ 화살표가 가리키는 위치를 클릭하고 수직 되도록 선을 스케치한다.

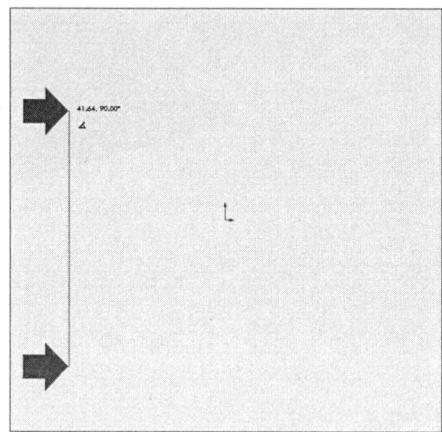

❸ 수직선과 연결되도록 수평으로 선을 스케치한다.

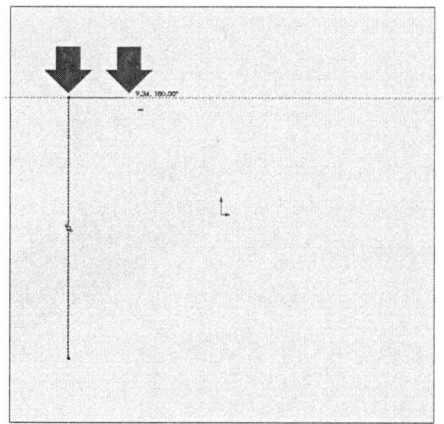

컴퓨터응용밀링기능사 실기

❹ 같은 방법으로 도면과 같이 스케치를 작업한다.

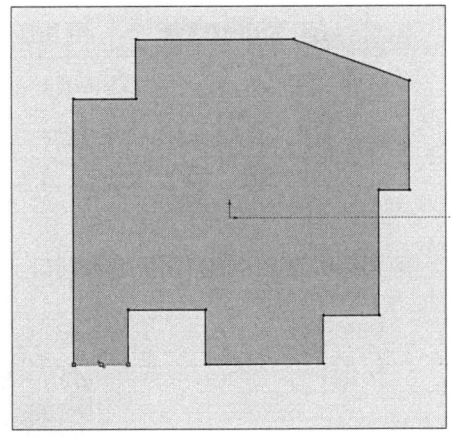

❺ [커맨드 매니저 → 스케치 탭 → 원]을 클릭한다.

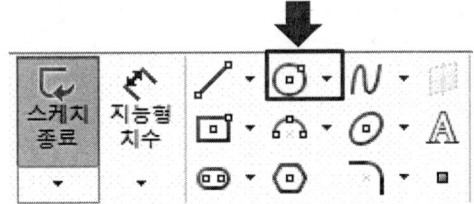

❻ 수평선의 원의 중심을 클릭하고 마우스를 움직여 원의 크기를 지정한다.

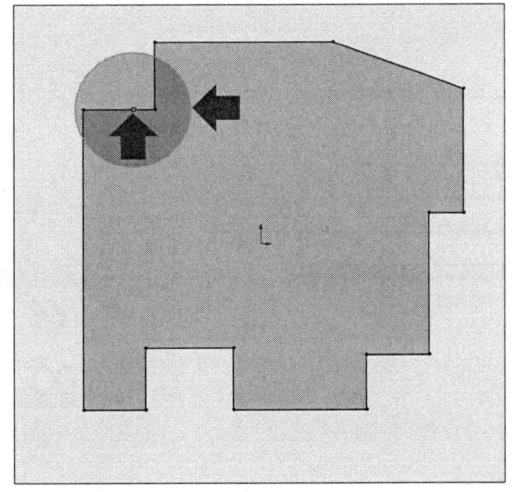

❼ [커맨드 매니저 → 스케치 탭 → 지능형 치수]를 클릭한다.

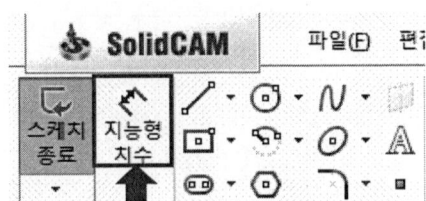

❽ 화살표가 가리키는 선을 클릭하고 치수 값 [6]을 입력한다.

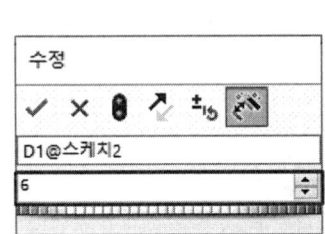
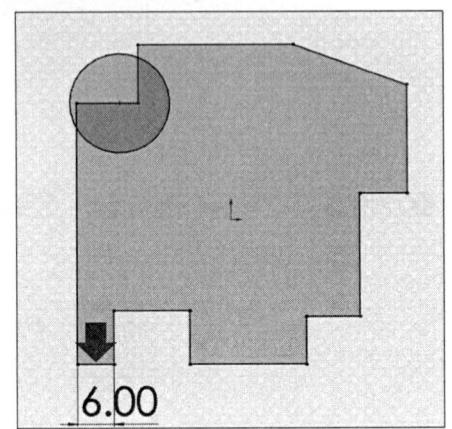

❾ 화살표가 가리키는 선을 클릭하고 치수 값 [7]를 입력한다.

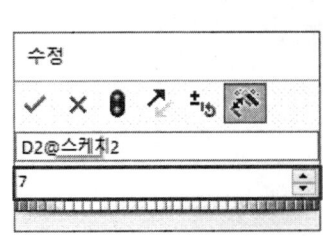
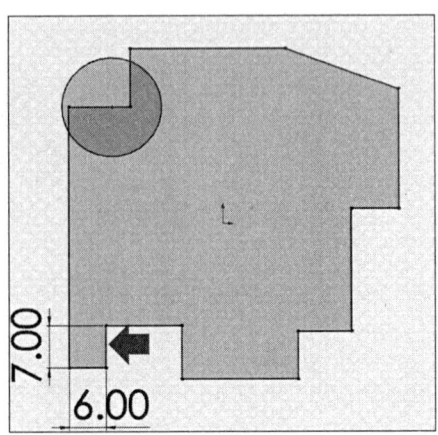

❿ [지능형 치수]를 사용하여 같은 방법으로 도면에 맞게 치수를 입력한다.

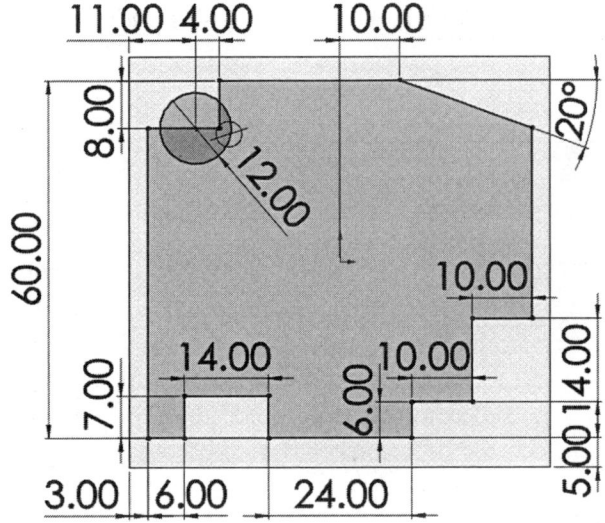

⓫ [커맨드 매니저 → 스케치 탭 → 요소 잘라내기]를 선택한다.

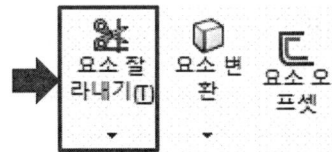

⓬ 좌측 메뉴에서 [근접 잘라내기]를 선택한다.

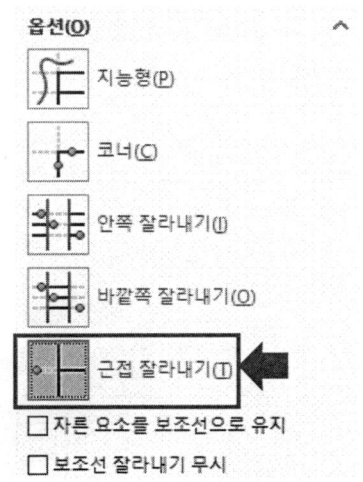

⑬ 화살표가 가리키는 원을 클릭하여 불필요한 선을 잘라낸다.

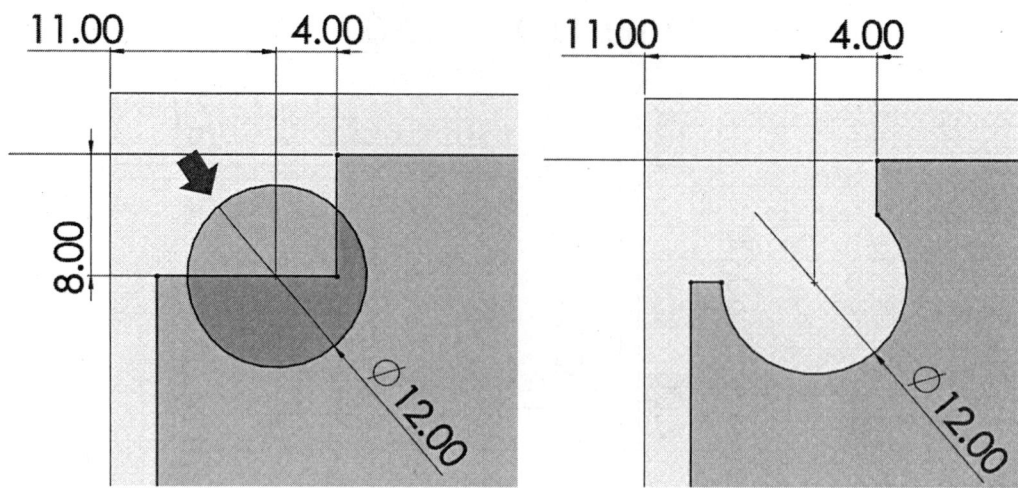

(6) 스케치 돌출

❶ [커맨드 매니저 → 피처 탭 → 돌출 보스/베이스]를 클릭한다.

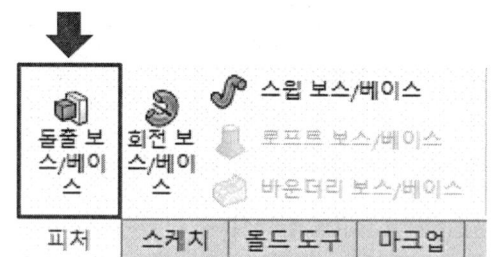

❷ [블라인드 형태] 거리값 [5]를 입력하고 돌출한다.

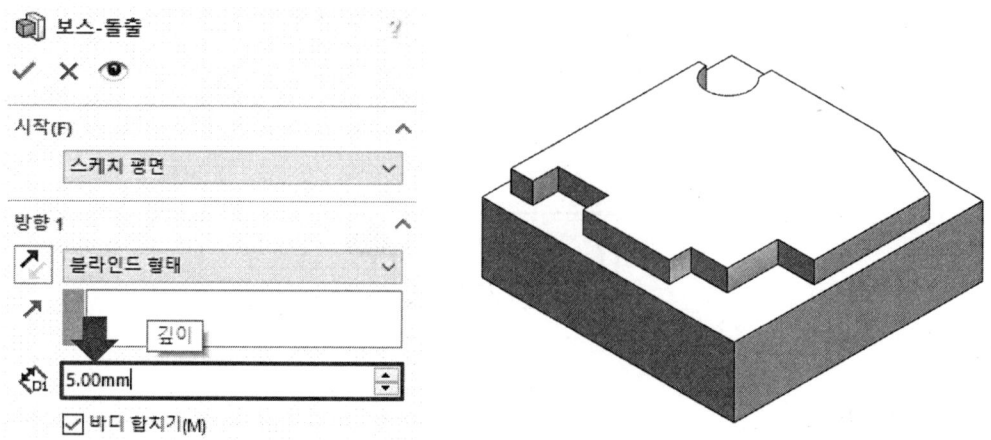

❸ [커맨드 매니저 → 피처 탭 → 필렛]을 클릭한다.

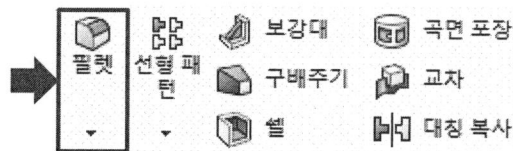

❹ 화살표가 가리키는 모서리를 클릭하고 필렛 값 [7]를 입력한다.

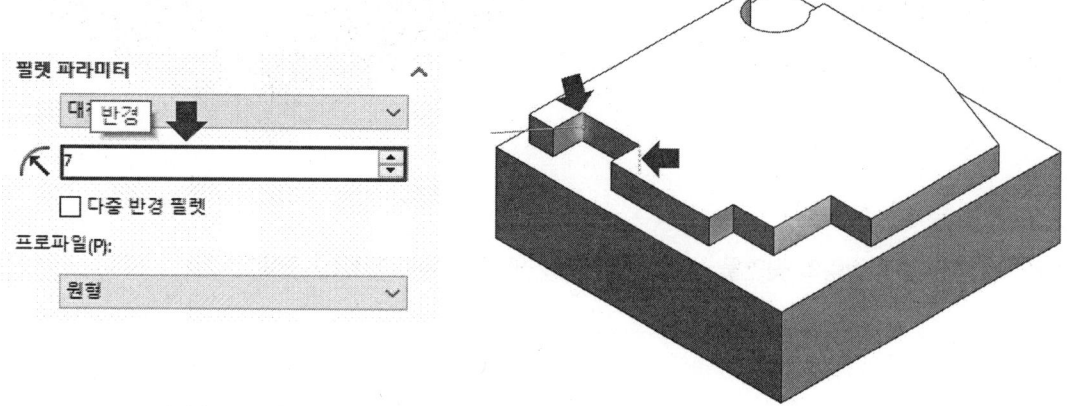

❺ [커맨드 매니저 → 피처 탭 → 필렛]을 클릭한다.

❻ 화살표가 가리키는 모서리를 클릭하고 필렛 값 [6]을 입력한다.

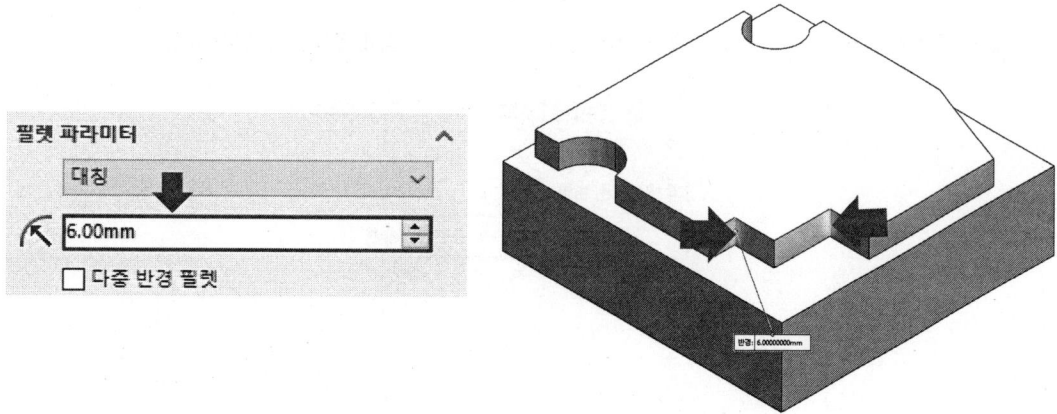

❼ 같은 방법으로 [필렛] 반지름 [5]를 적용한다.

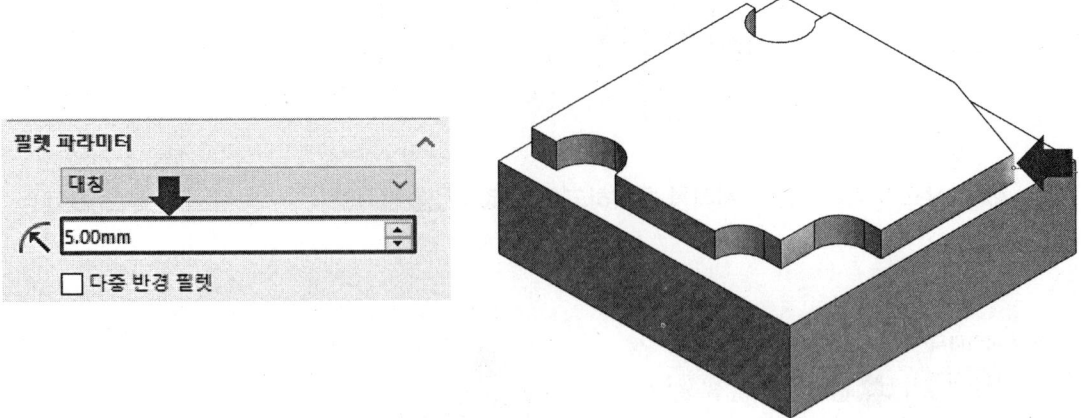

(7) 돌출 컷 스케치

❶ 돌출한 모델링의 윗면을 선택하고 상단 커맨드에서 [스케치]를 클릭한다.

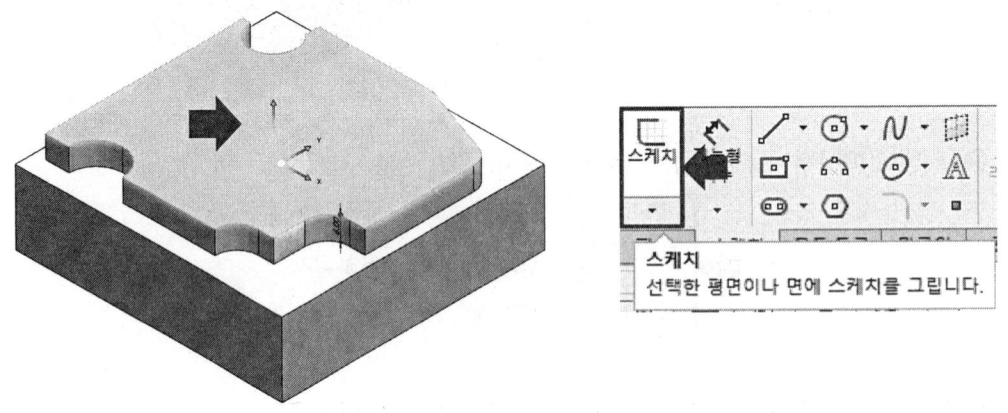

❷ [커맨드 매니저 → 스케치 탭 → 중심선]을 클릭 후 그림과 같이 스케치한다.

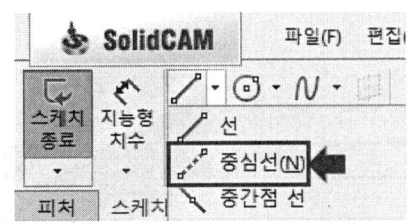

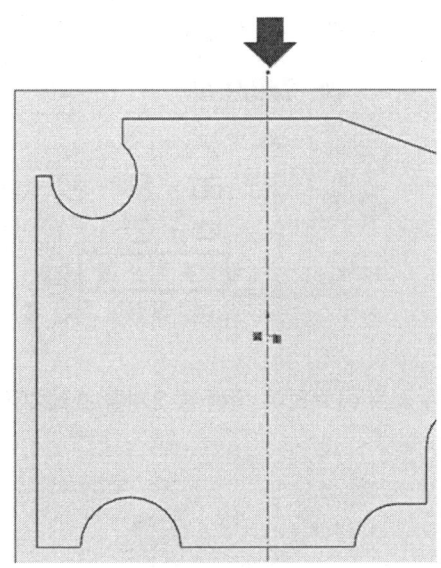

❸ [커맨드 매니저 → 스케치 탭 → 원]을 클릭한다.

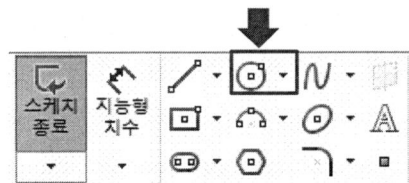

❹ 중심선을 클릭하여 원의 중심점을 지정하고 마우스를 이동하여 아래 그림과 같이 원을 스케치한다.

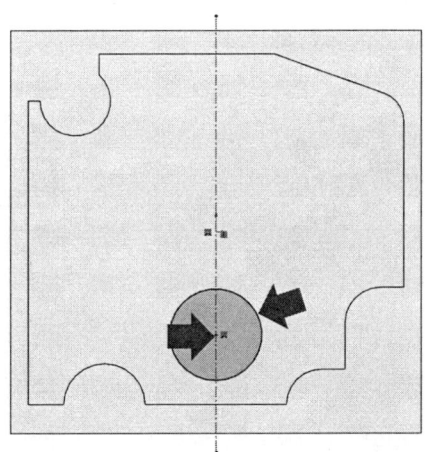

❺ [커맨드 매니저 → 스케치 탭 → 직선 홈]을 클릭한다.

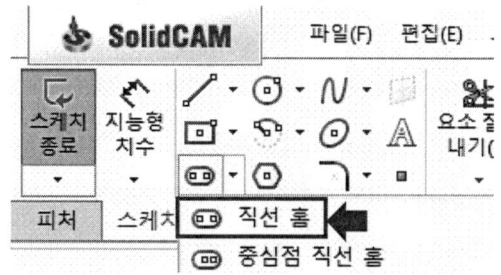

❻ 다음 사진과 같은 순서로 클릭하여 직선 홈 2개를 스케치한다.

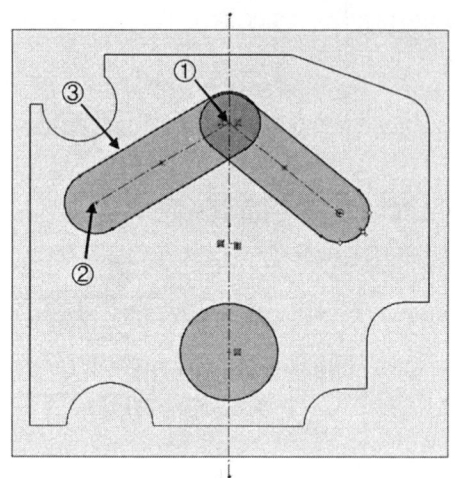

❼ 직선 홈 2개를 클릭한 후 솔리드캠 관리자에서 [동일한 홈]을 클릭해 준다.

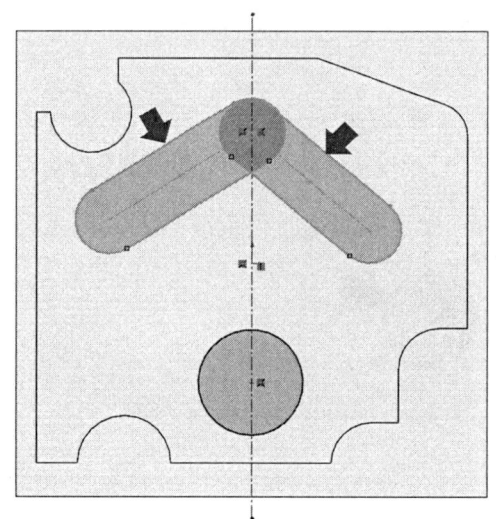
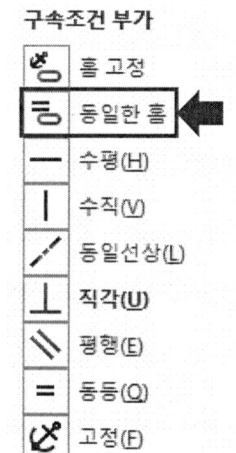

❽ [커맨드 매니저 → 스케치 탭 → 지능형 치수]를 클릭한다.

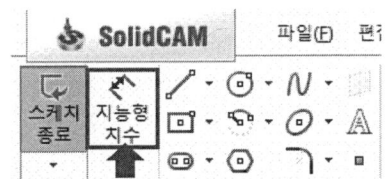

❾ 원을 클릭하고 지름 값 [20]를 입력한다.

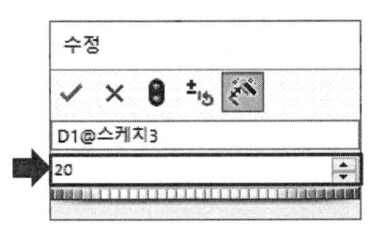 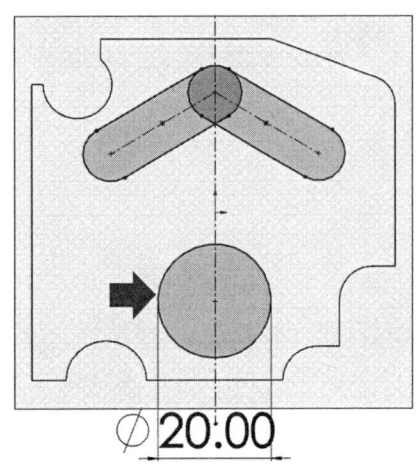

❿ 직선 홈의 중심선을 클릭하고 치수 값 [25]를 입력한다.

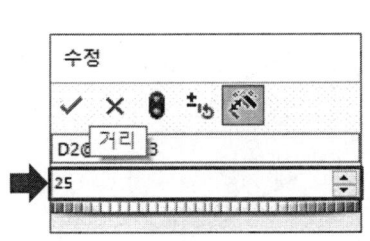 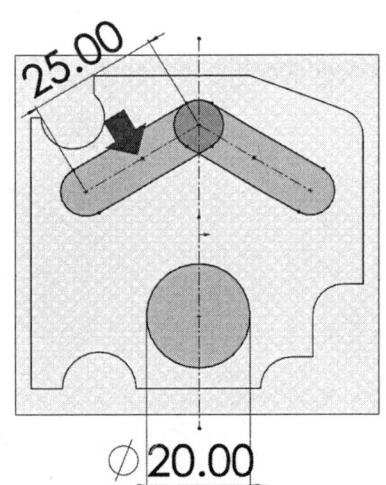

⓫ 직선 홈의 원호를 클릭하고 반경 값 [6]을 입력한다.

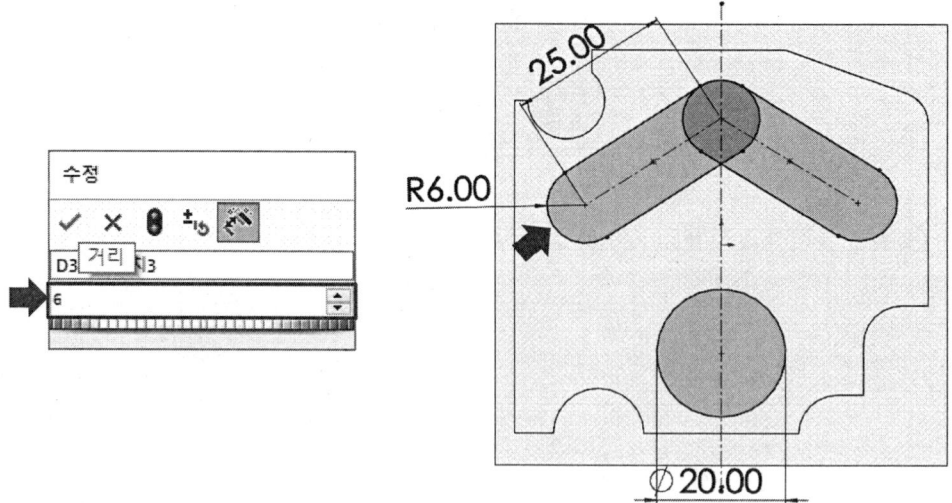

⓬ [커맨드 매니저 → 스케치 탭 → 선]을 클릭한다.

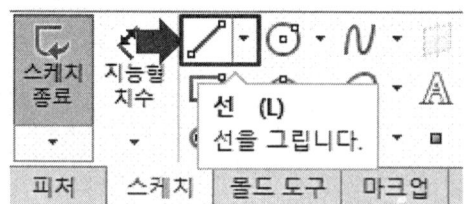

⓭ 직선 홈과 원을 클릭하여 중간에 선을 이어준다.

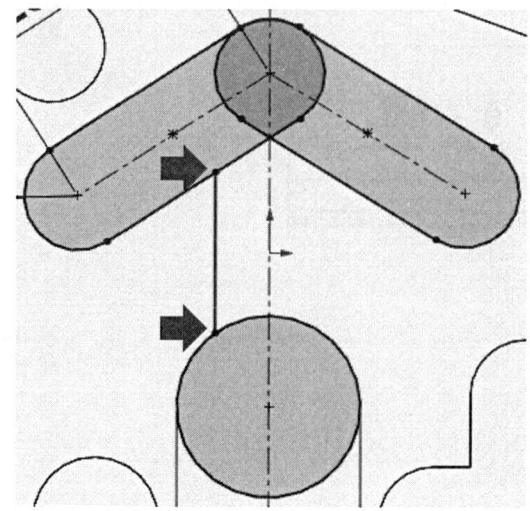

⓮ 직선 홈과 원을 클릭하고 중간에 선을 이어준다.

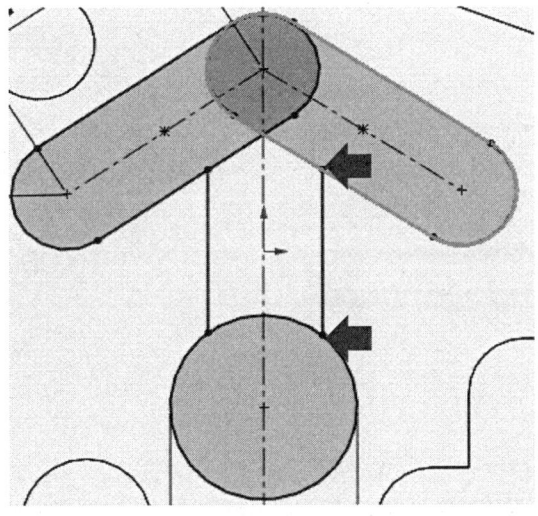

⓯ [커맨드 매니저 → 스케치 탭 → 지능형 치수]를 클릭한다.

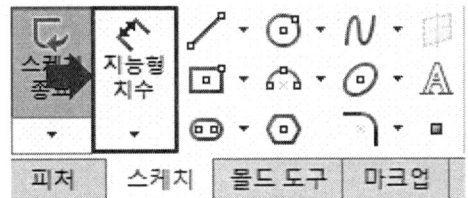

⓰ 지능형 치수를 활용하여 화살표가 가리키는 선을 클릭하고 치수 값 [13]을 입력한다.

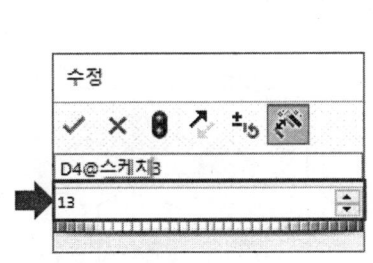
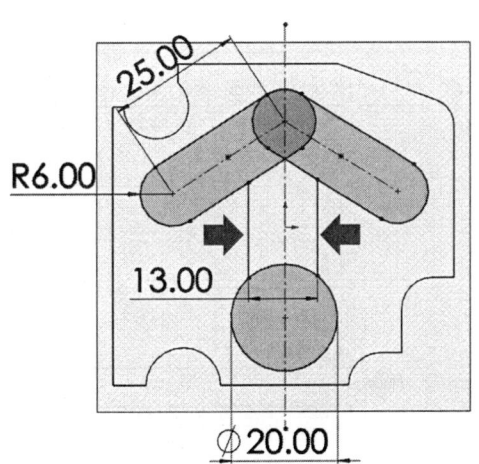

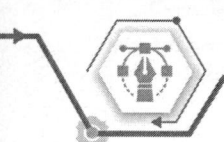

⓱ 중심선과 수직선을 클릭하고 치수 값 [6.5]를 입력한다.

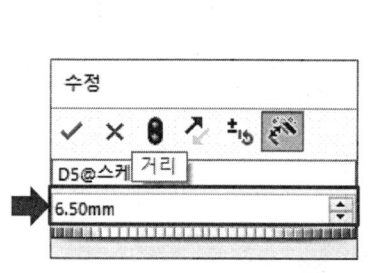 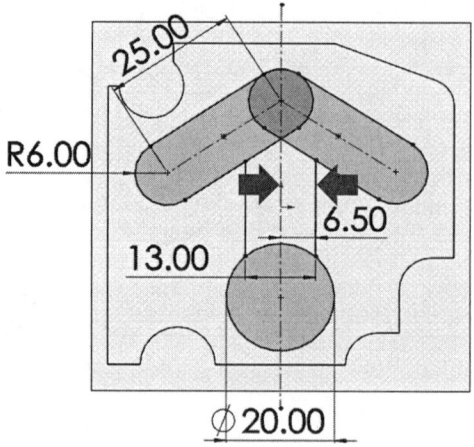

⓲ 원의 중심점을 클릭하고 아래 수평선을 클릭하여 치수 값 [25]를 입력한다.

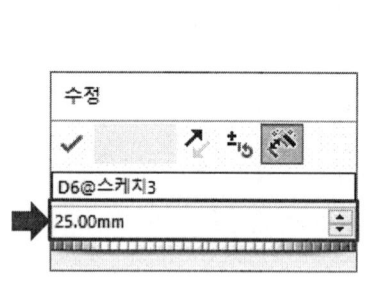 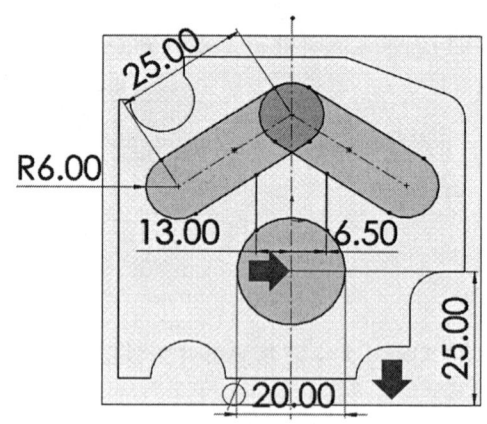

⓳ 중심선과 직선 홈의 중심선을 클릭하고 각도 [60도]를 입력한다.

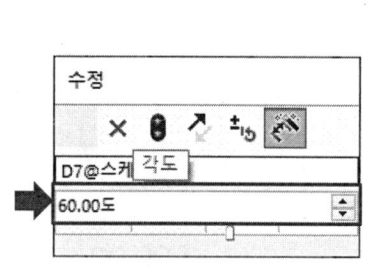 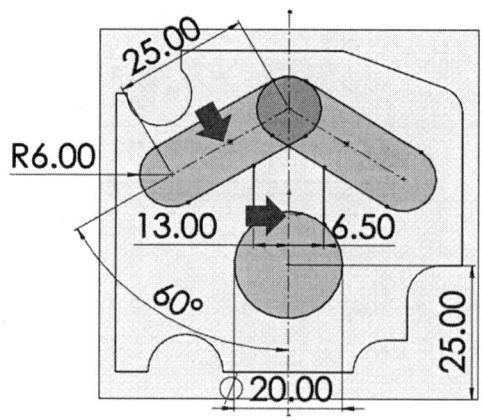

㉚ 직선 홈의 중심선들을 클릭하고 각도 값 [120도]를 입력한다.

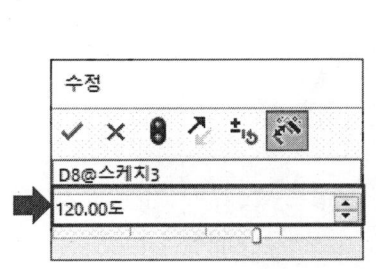
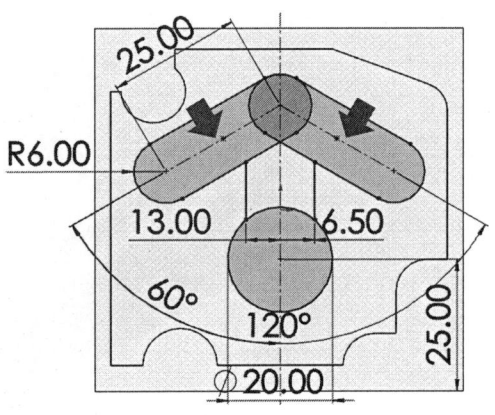

(8) 돌출 컷

❶ [커맨드 매니저 → 피처 탭 → 돌출 컷]을 선택한다.

❷ 스케치를 선택하고 거리 값 [5]를 입력한다.

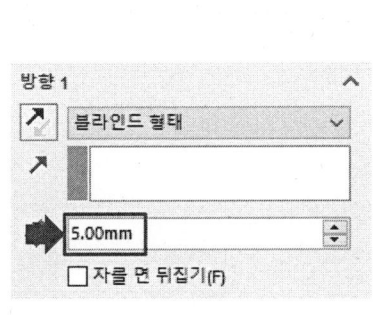
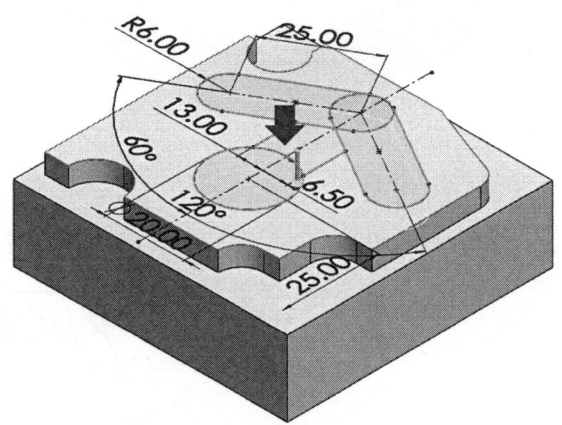

❸ 확인을 클릭하여 돌출 컷을 확인한다.

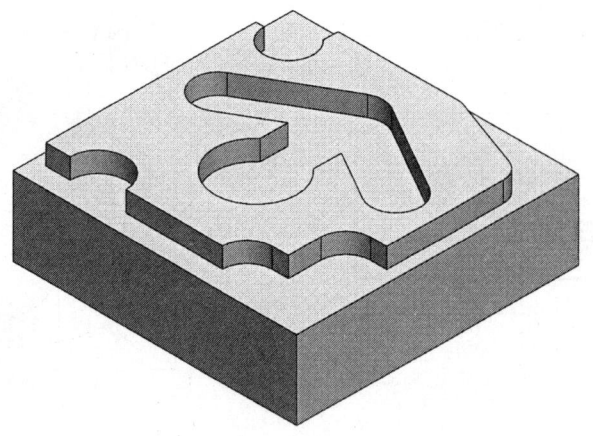

(9) 드릴 가공 면 스케치

❶ 아래 그림의 면을 클릭한 후 [스케치]를 클릭한다.

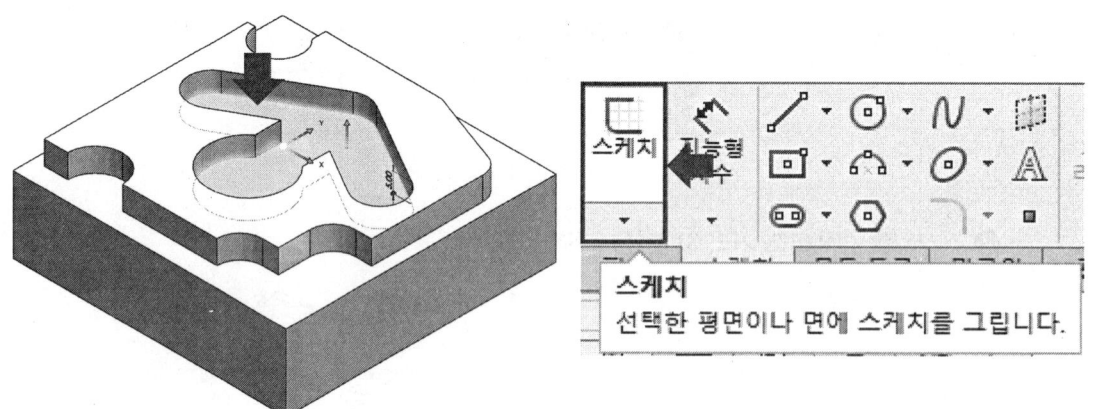

❷ [커맨드 매니저 → 스케치 탭 → 원]을 클릭한다.

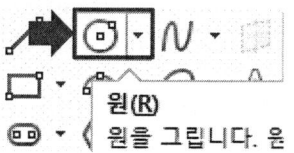

❸ 원의 중심과 화살표가 가리키는 곳을 클릭하여 원의 크기를 지정한다.

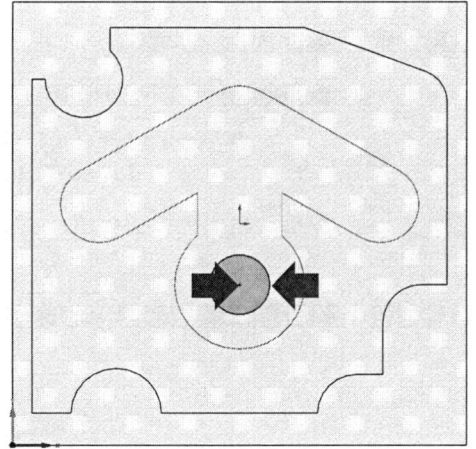

❹ [커맨드 매니저 → 스케치 탭 → 지능형 치수]를 클릭한다.

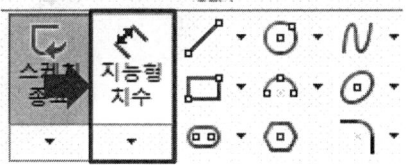

❺ 원을 클릭하고 원의 지름 값 [8]을 입력한다.

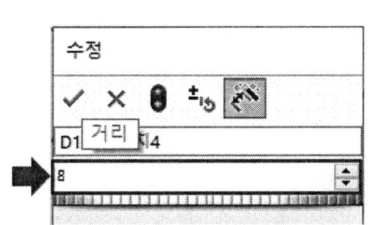
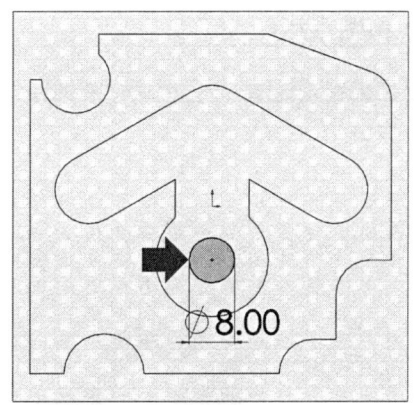

(10) 드릴면 돌출 컷

❶ [커맨드 매니저 → 피처 탭 → 돌출 컷]을 선택한다.

❷ 솔리드캠 관리자에서 방향 1을 [관통]으로 변경 후 확인을 클릭한다.

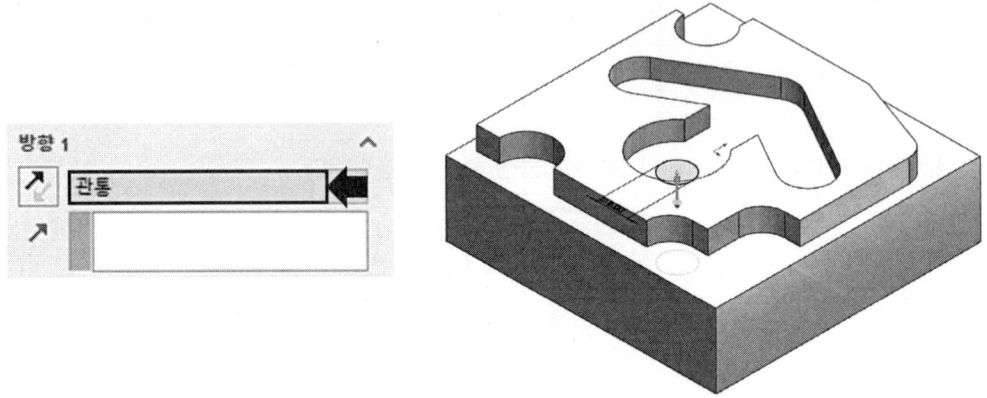

(11) 확인 저장

❶ 완료된 형상을 확인한 후 [주메뉴 바 → 파일 → 다른 이름으로 저장]을 선택하여 저장한다.

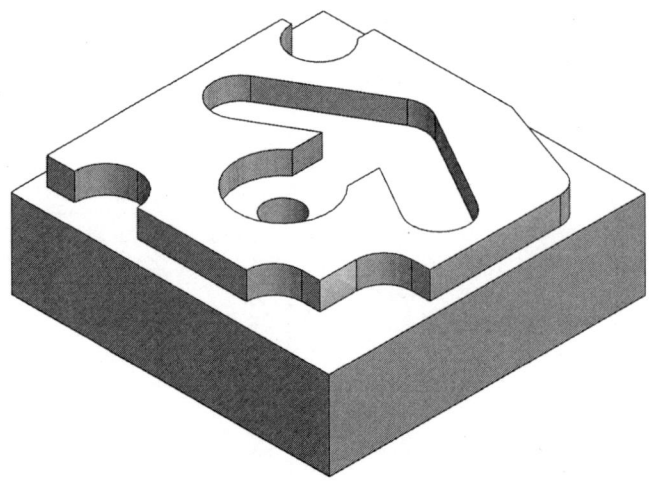

③ CAM

(1) SolidCAM 원점, 소재 정의

❶ [주메뉴 바 → 열기]를 통해 파일을 불러온다.

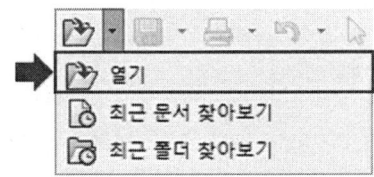

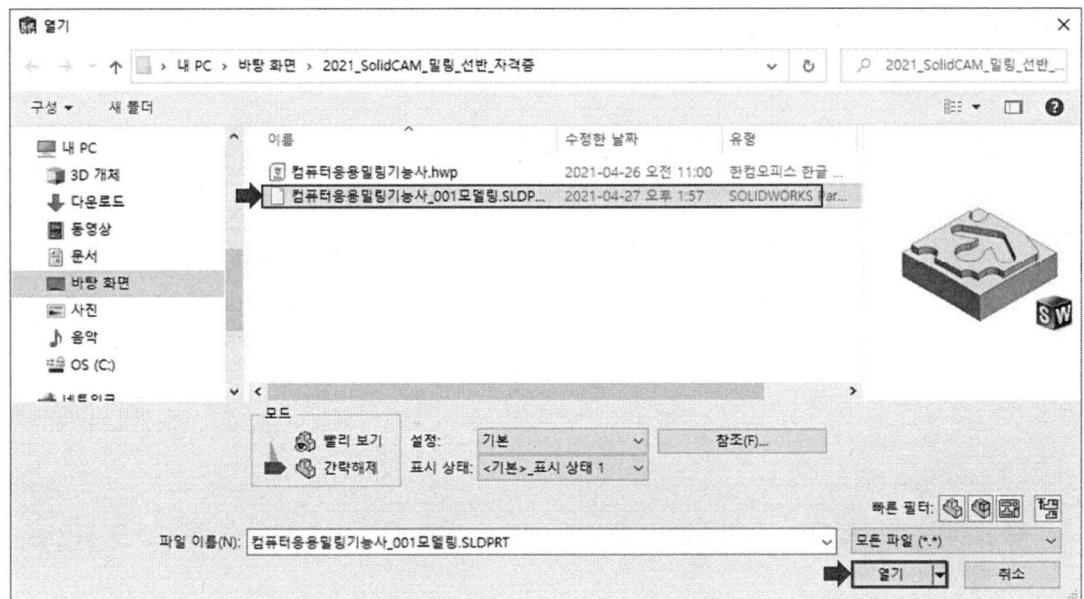

❷ [커맨드 매니저 → SolidCAM 파트 설정 탭 → 신규 → 밀링]을 클릭한다.

❸ [신규 밀링파트 → 캠-파트 생성방법 → 솔리드캠의 파일로 저장 → 단위 → 미터]를 클릭한 후 확인을 클릭한다.

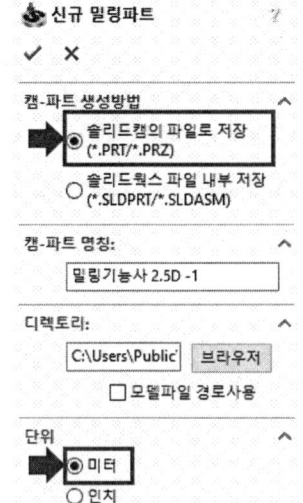

❹ [CNC → 컨트롤러 → gMilling_3x]를 설정한 후 [정의 → 원점]을 클릭한다.

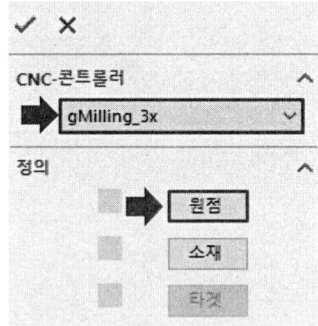

❺ [솔리드캠 관리자 → 평면원점 → 모델박스의 코너]를 설정하고, 모델을 클릭한 후 확인을 클릭한다.

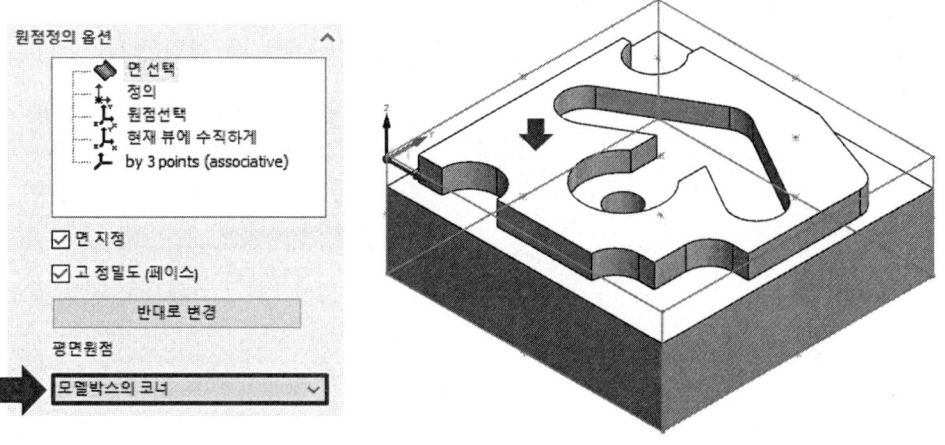

❻ [원점 데이터 → 확인 → 원점 관리자 → 확인]을 클릭한다.

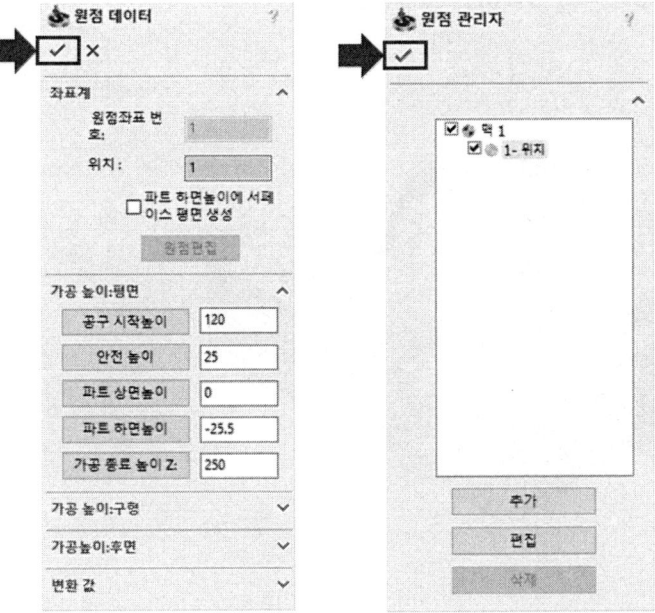

❼ [밀링파트 데이터 → 정의 → 소재]를 클릭한다.

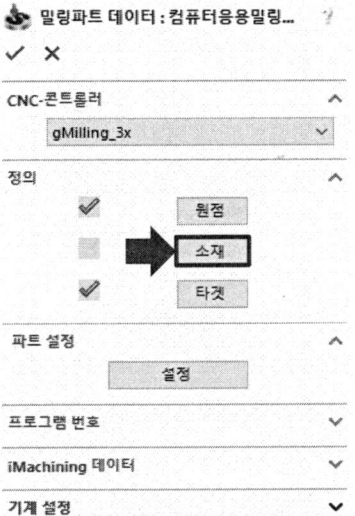

❽ 형상을 [클릭]하여 소재를 정의하고, [박스확장]에서 모든 확장을 0으로 하고 [Z+]만 1로 설정한 후 확인을 클릭한다.

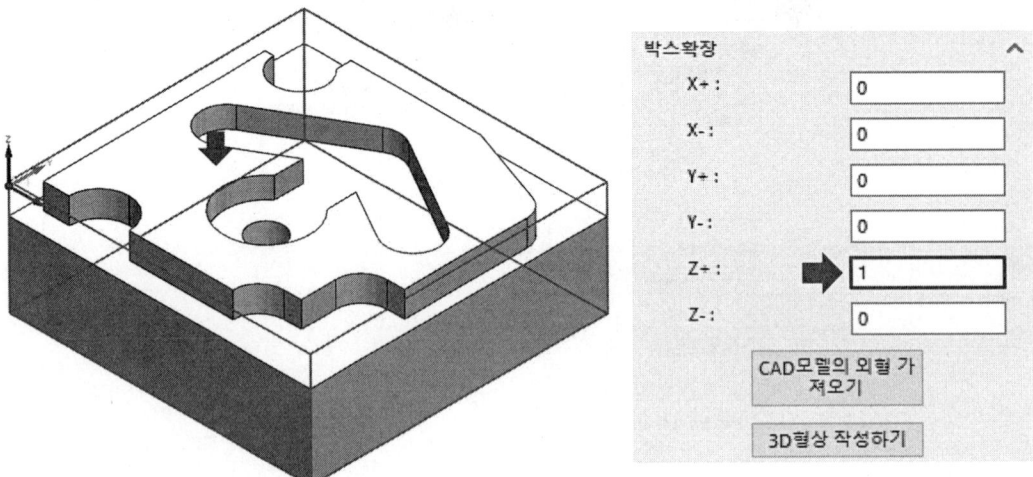

❾ 정의를 완료하고 [밀링파트 데이터]의 확인을 클릭한다.

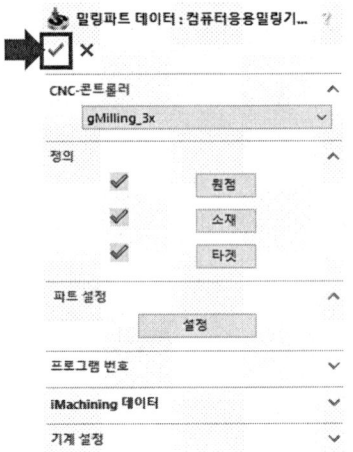

(2) 페이스 밀링 작업

❶ [커맨드 매니저 → 2.5D → 페이스]를 클릭한다.

❷ 좌측의 메뉴에서 [공구 → 공구 선택]을 클릭한다.

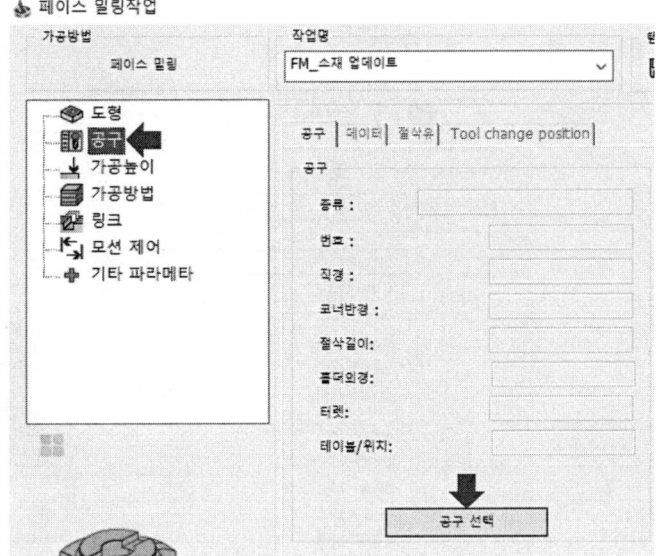

❸ [밀링 공구 추가 → 페이스 커터]를 클릭한다.

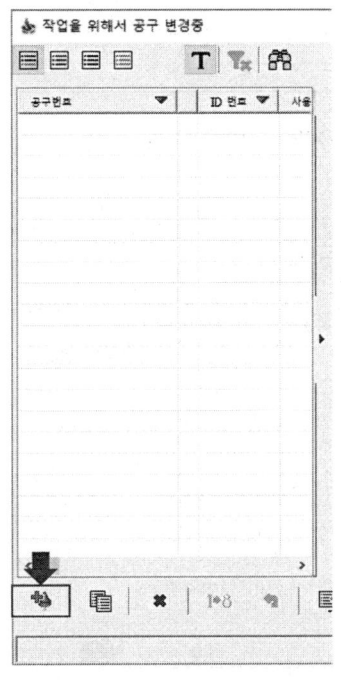
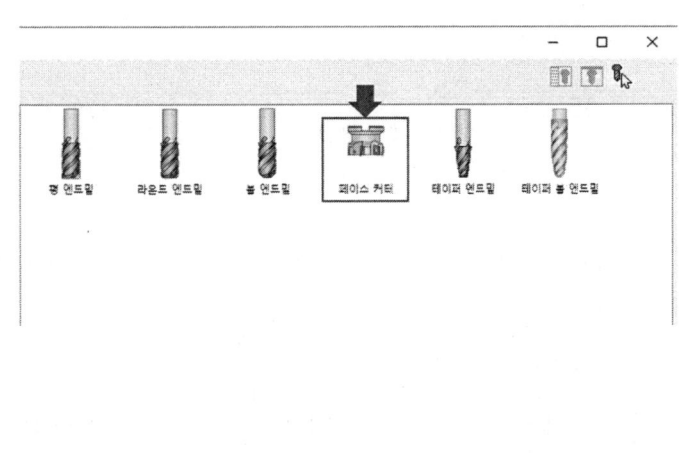

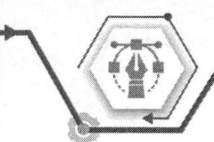

❹ [번호 → 5 → 직경(D) : 80]을 입력하고, [디폴트 공구 데이터]를 클릭한다.

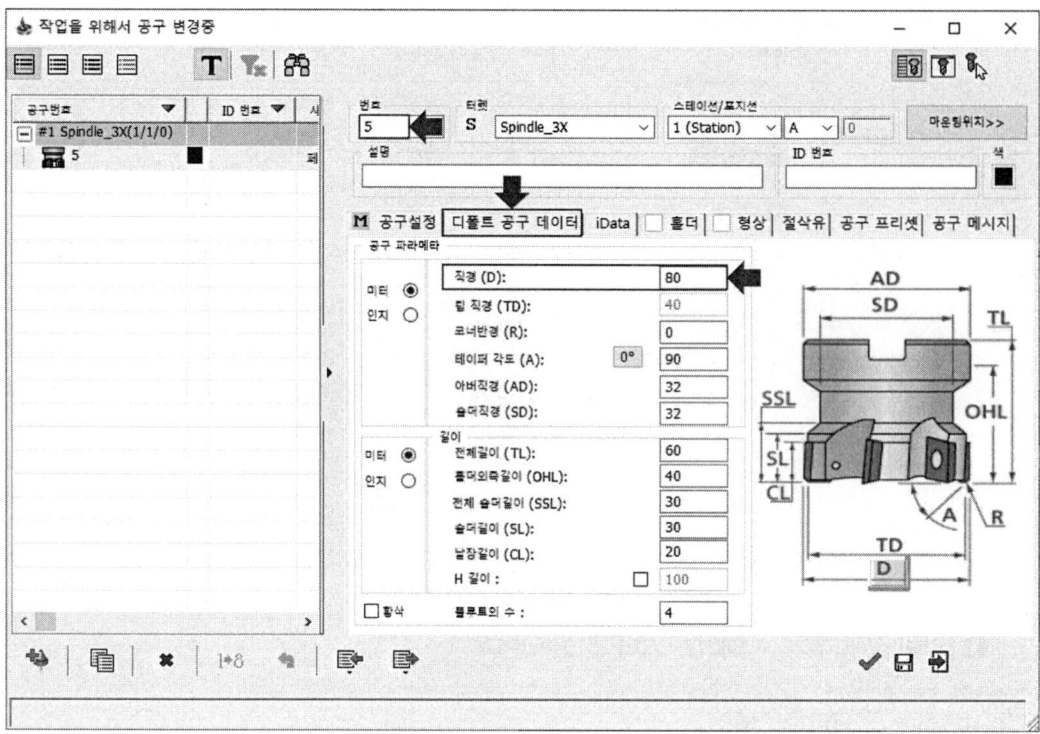

❺ [XY피드 : 80 → Z피드 : 80 → 회전율 : 800]을 입력하고 확인을 클릭한다.

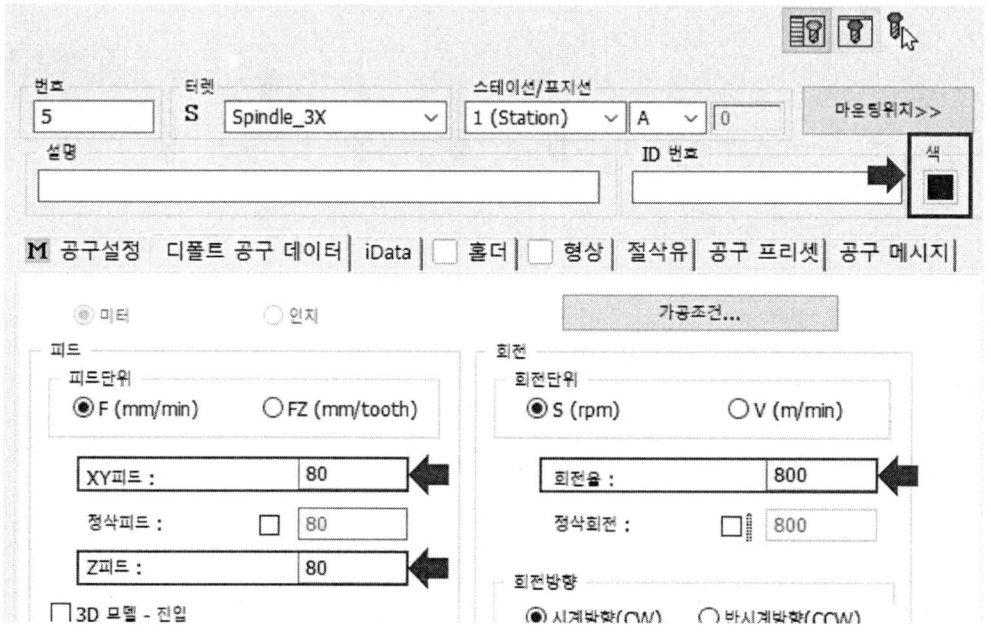

❻ [가공높이 → 상면높이]를 클릭한다.

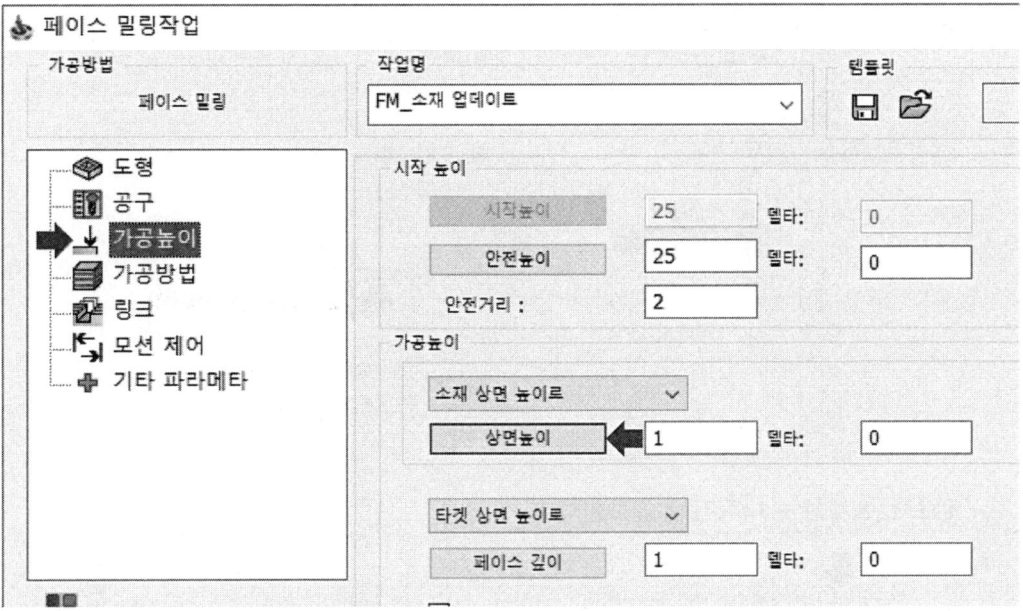

❼ 형상의 윗면을 클릭하여 [Z:] 값이 [0]으로 설정되는지 확인 후 확인을 누른다.

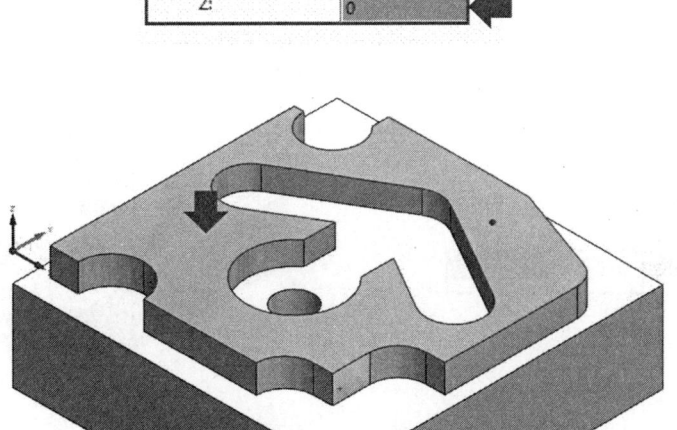

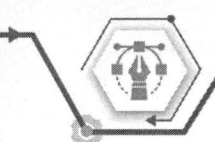

❽ [가공방법 → 한 경로]를 클릭한다.

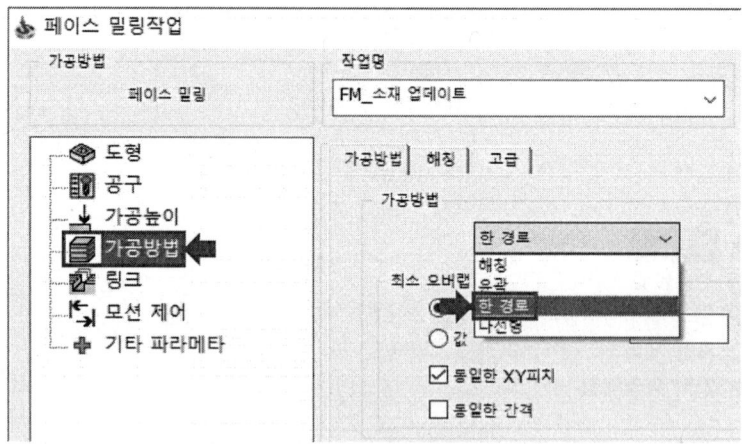

❾ [저장&계산 → 나가기]를 클릭한다.

❿ 가공 경로를 확인하고, 화살표가 표시된 체크박스를 클릭한다.

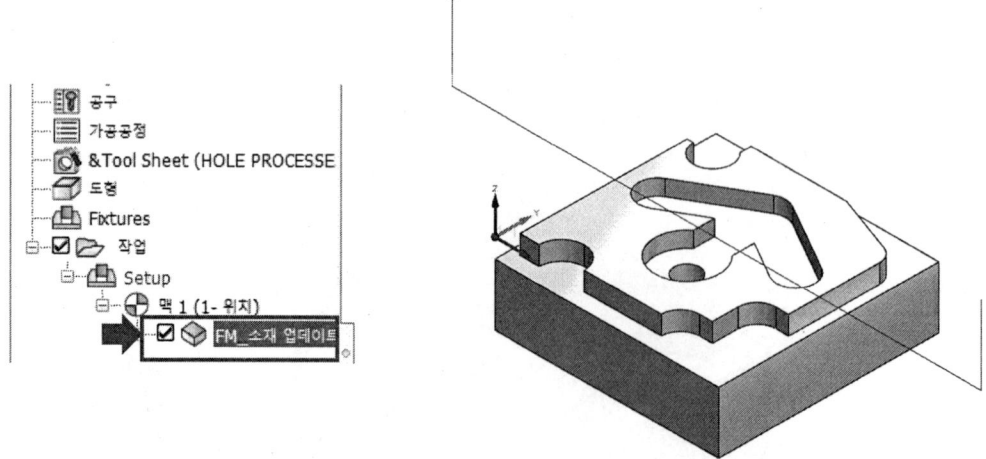

(3) 드릴 작업

❶ [커맨드 매니저 → 2.5D → 드릴]을 클릭한다.

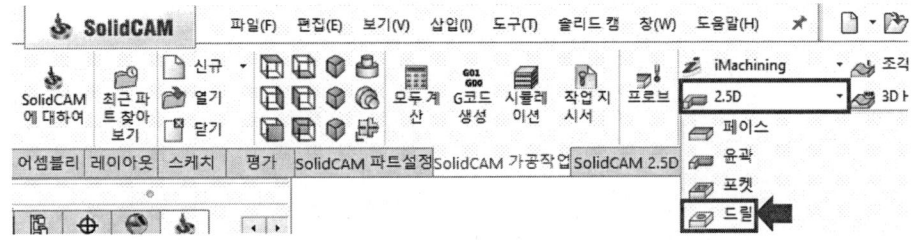

❷ [도형 → 신규]를 클릭한다.

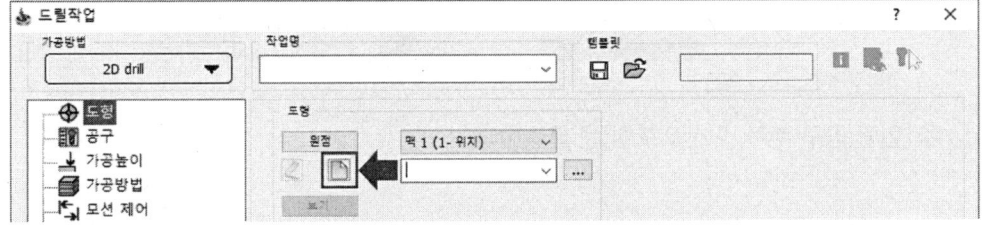

❸ 형상에서 드릴 가공할 위치인 화살표가 표시된 곳을 클릭한 후 확인을 클릭한다.

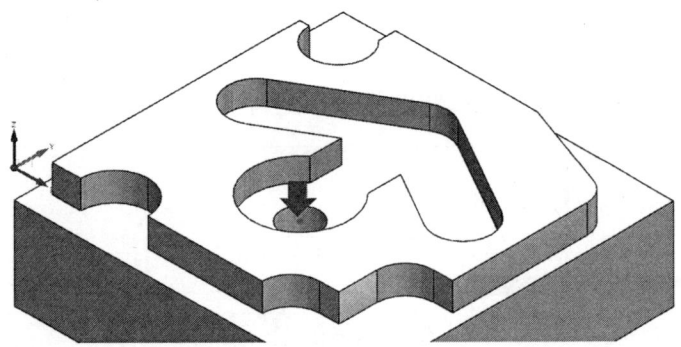

❹ [공구 → 선택]을 클릭한다.

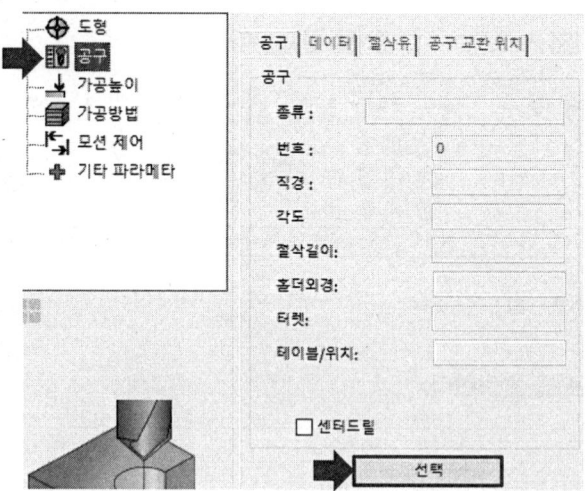

❺ [밀링 공구 추가 → 센터드릴]을 클릭한다.

 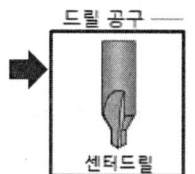

❻ [팁 직경 : 4 → 디폴트 공구 데이터]를 클릭한다.

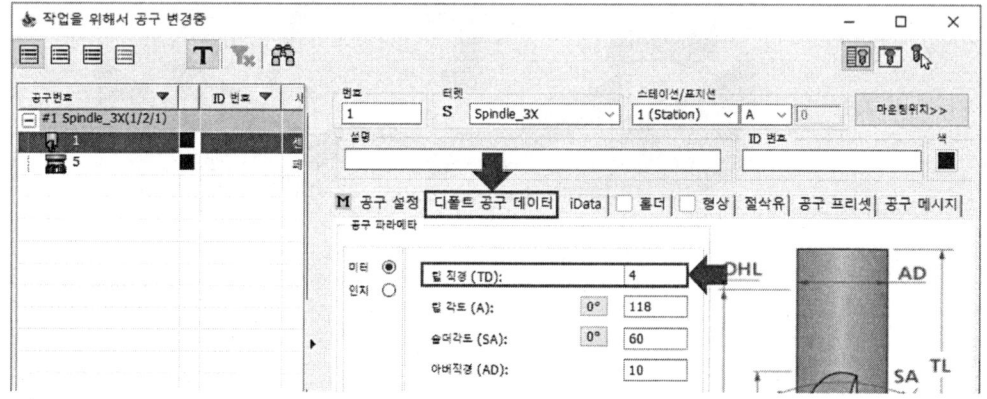

❼ [XY피드 : 70 → Z피드 : 70 → 회전율 : 700]을 입력하고 확인을 클릭한다.

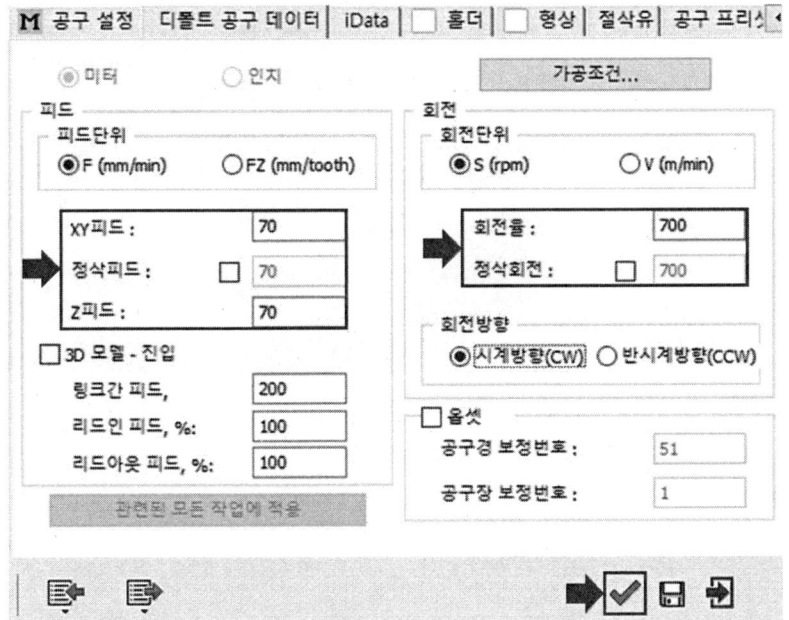

❽ [가공높이]를 클릭하고, [드릴깊이 : 3]을 입력한다.

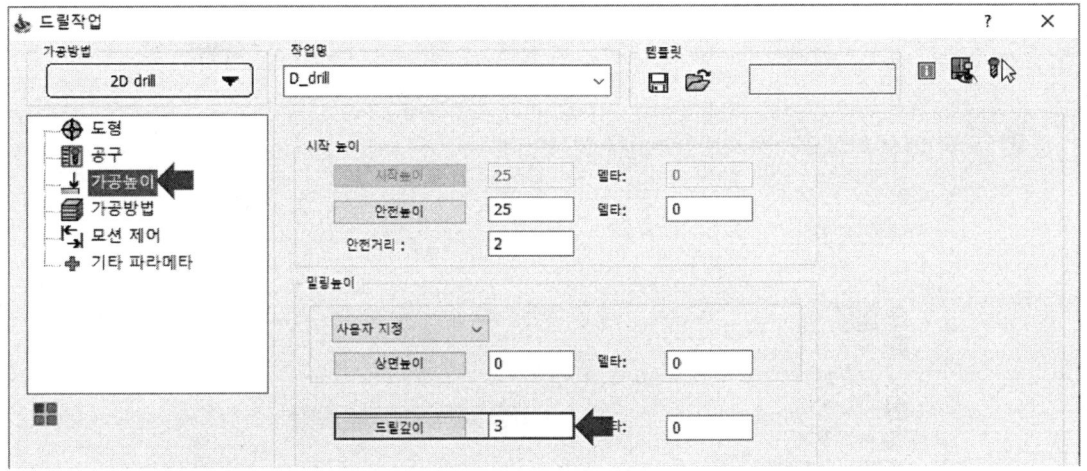

❾ [저장&계산 → 나가기]를 클릭한다.

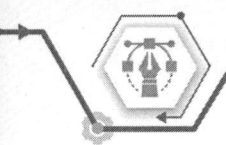

❿ 가공 경로를 확인하고, 화살표가 표시된 체크박스를 클릭한다.

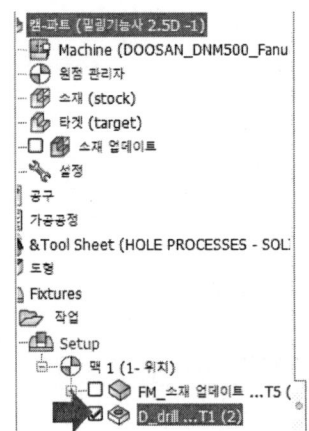
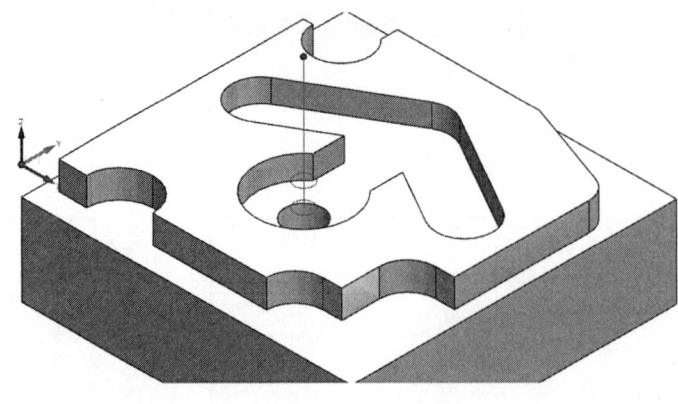

⓫ [커맨드 매니저 → 2.5D → 드릴]을 클릭한다.

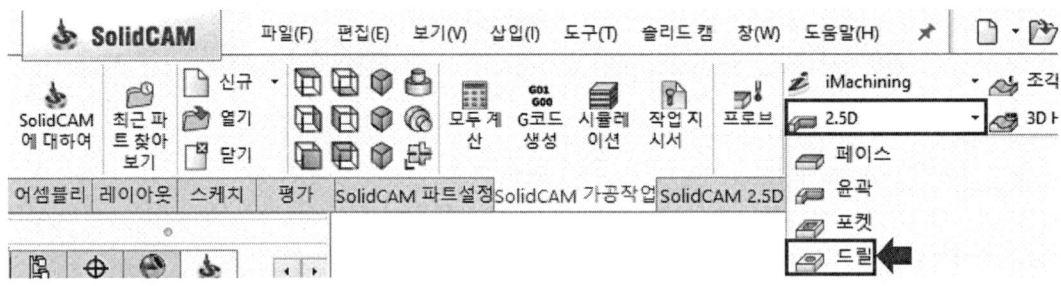

⓬ [도형]에서 화살표가 표시된 [drill]을 설정한다.

⑬ [공구 → 선택 → 밀링 공구 추가 → 드릴]을 클릭한다.

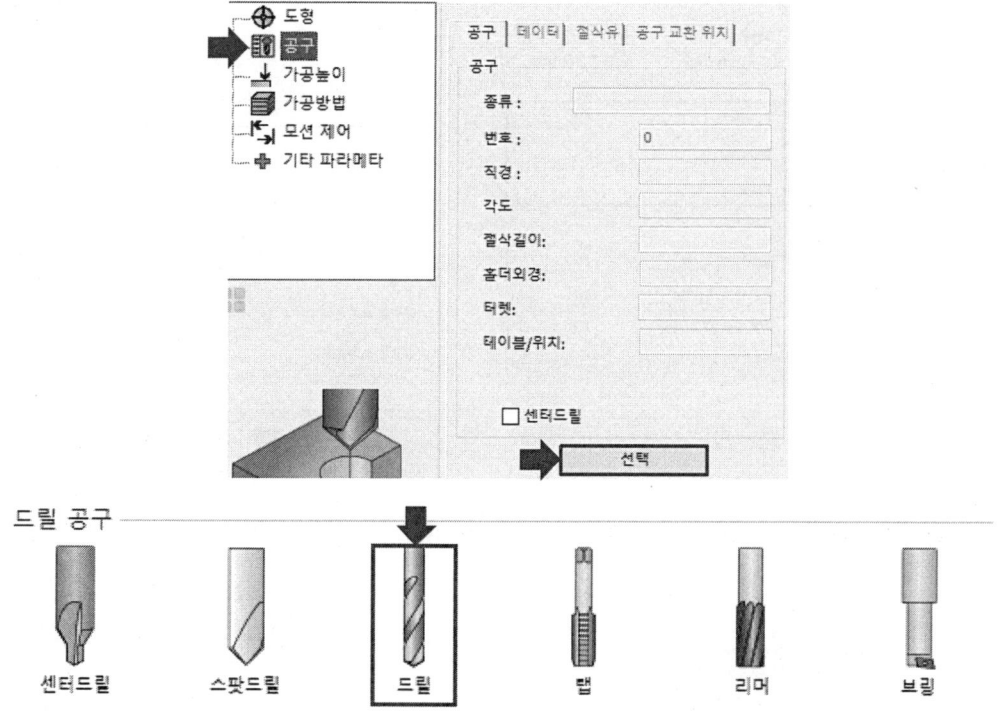

⑭ [직경 : 8 → 숄더 및 아버직경 : 8 → 디폴트 공구 데이터]를 클릭한다.

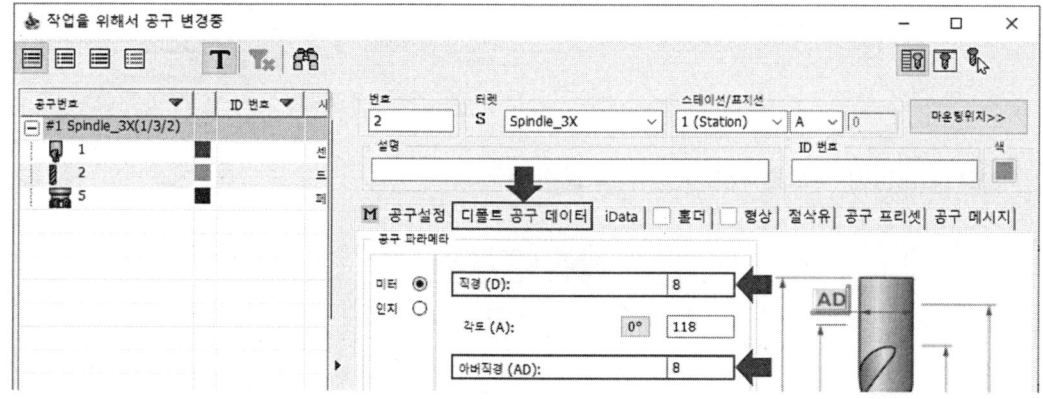

⓯ [XY피드 : 70 → Z피드 : 70 → 회전율 : 700]을 입력하고 확인을 클릭한다.

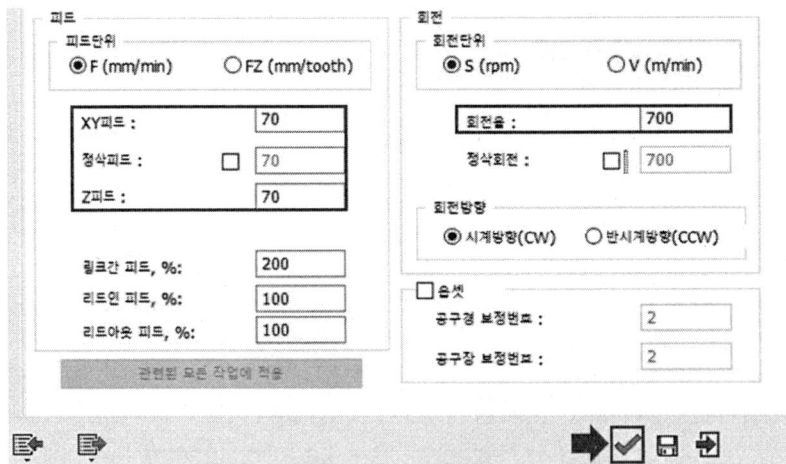

⓰ [가공높이 → 드릴깊이 → 델타 : −2]를 입력한다.

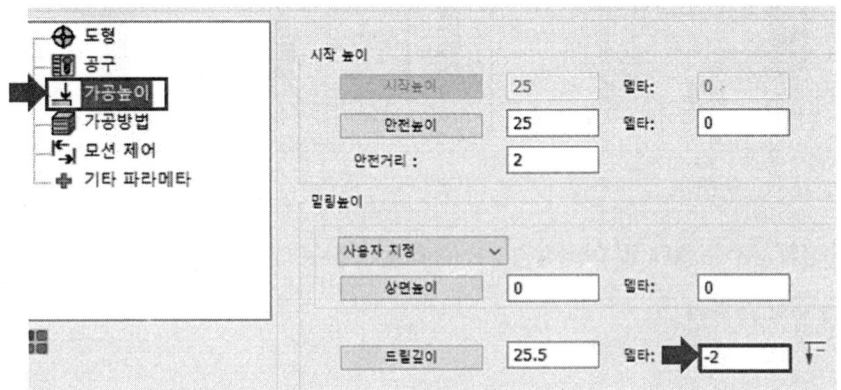

⓱ [가공방법 → 드릴 사이클 종류]를 클릭한다.

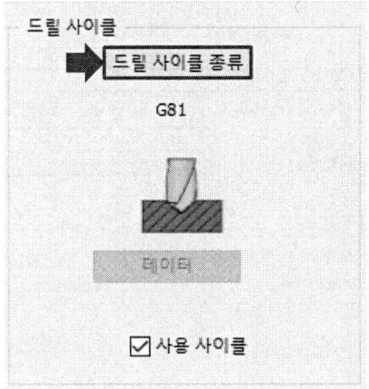

⑱ [G83]을 클릭하여 선택한다.

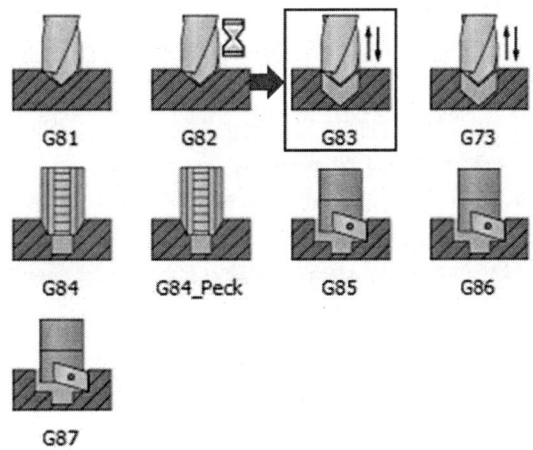

⑲ [드릴 사이클 종류]를 선택 후 아래의 [데이터]를 클릭한다.

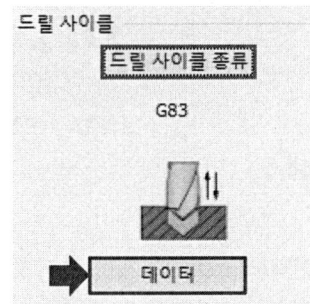

⑳ [절입량 : 3 → Full retract : 아니오]를 설정한 후 [확인]을 클릭한다.

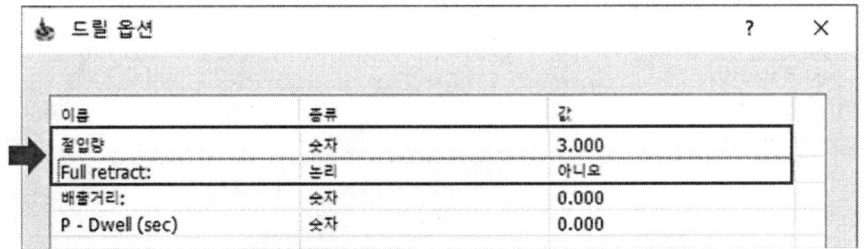

㉑ [저장&계산 → 나가기]를 클릭한다.

(4) 포켓 자동인식 가공

❶ [커맨드 매니저 → 자동인식 가공 하위 항목 → 포켓자동인식]을 클릭한다.

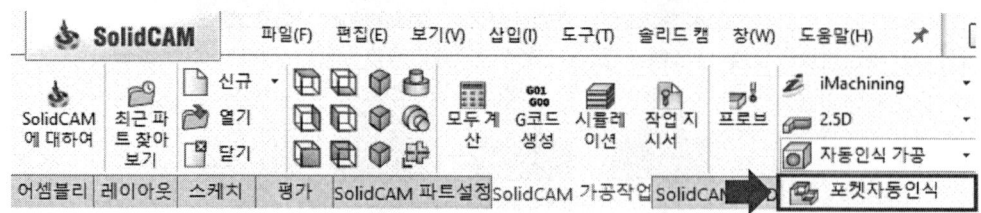

❷ [포켓자동인식 → 도형 → 신규]를 클릭한다.

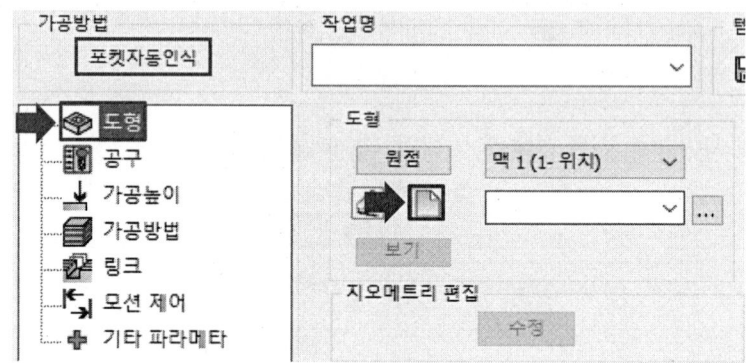

❸ 도형의 상단을 클릭하여 선택 리스트에 3개의 면이 들어갔는지 확인한다.

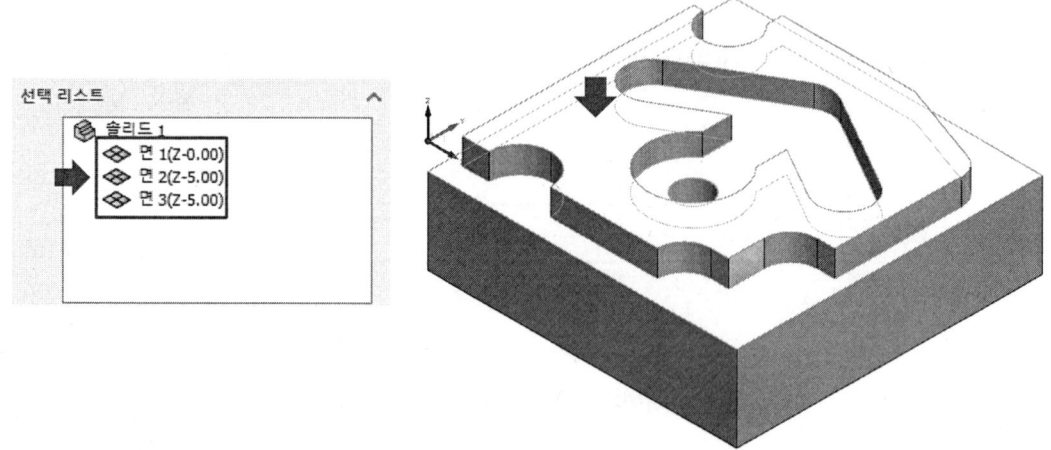

❹ 선택 리스트에서 상단 면을 찾아 마우스 오른쪽 클릭하고, [선택해제]를 클릭한다.

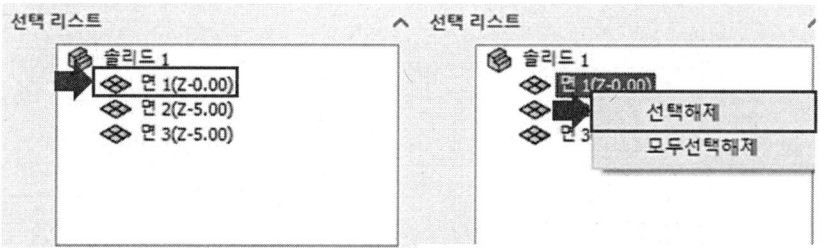

❺ [공구 → 선택 → 밀링 공구 추가 → 밀링 공구 → 평 엔드밀]을 클릭한다.

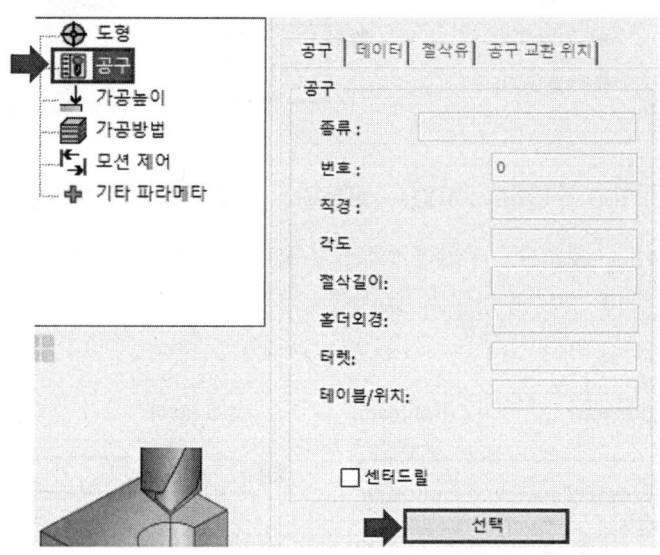

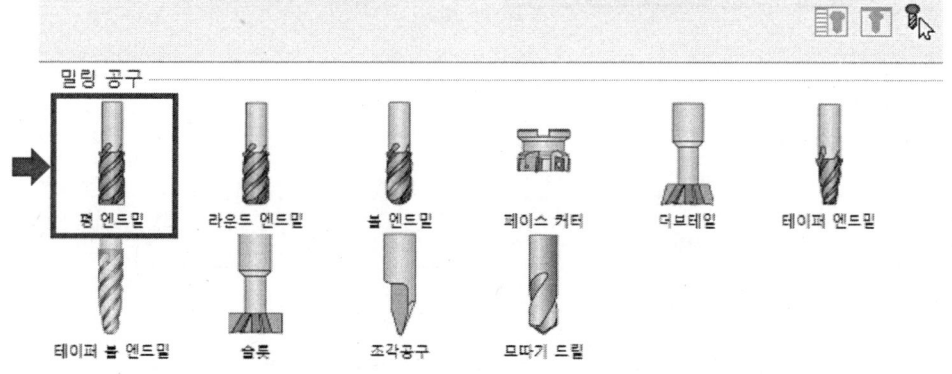

❻ [직경 : 10 → 숄더 및 아버직경 : 10]을 입력하고, [디폴트 공구 데이터]를 클릭한다.

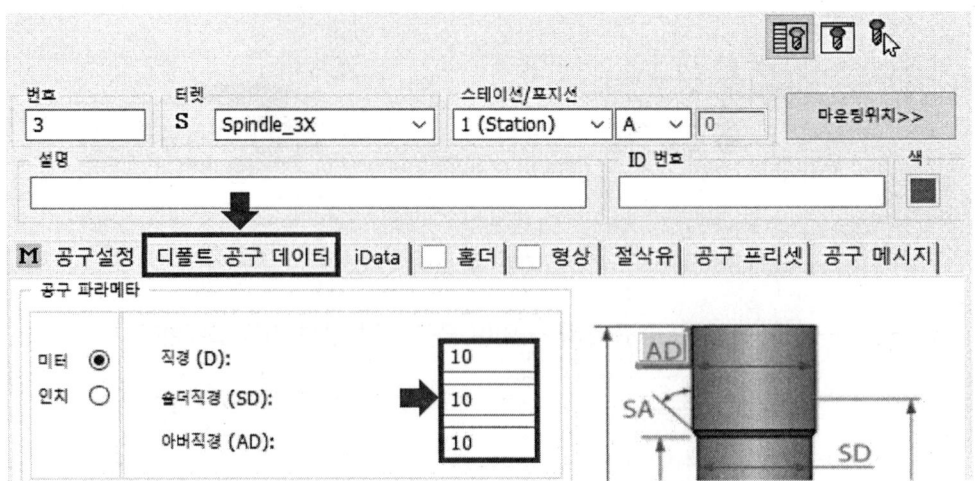

❼ [XY피드 : 100 → Z피드 : 100 → 회전율 : 1000]을 입력하고 확인을 클릭한다.

❽ [가공높이 → 최대 Z피치 : 3]을 입력한다.

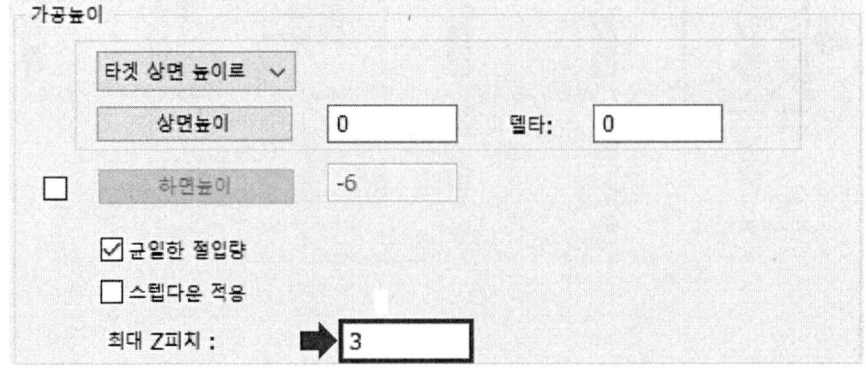

❾ [가공방법 → 열린 포켓 → 외부에서 어프로치]를 체크한다.

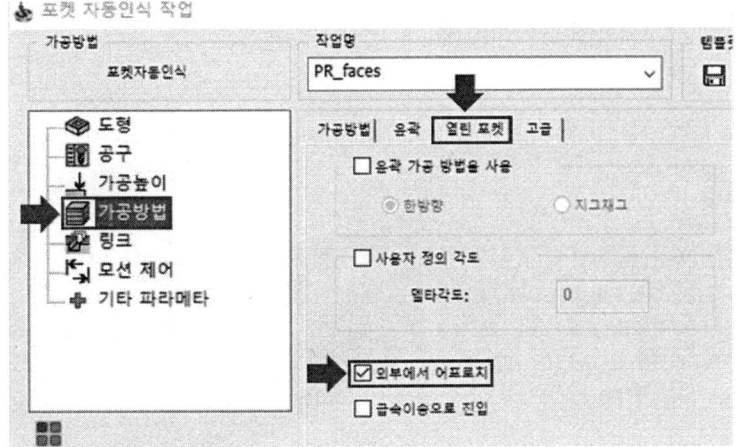

❿ [링크 → 램핑 → 수직]으로 변경한다.

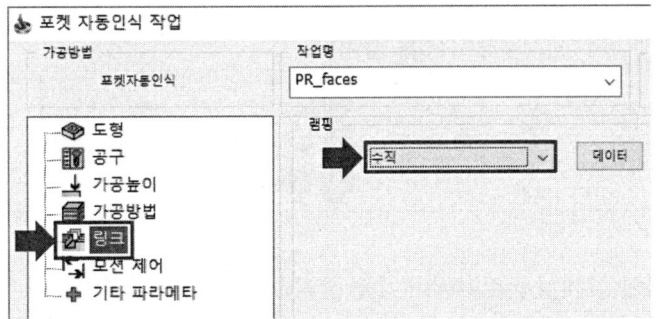

⓫ [데이터]를 클릭하고, 하단의 드릴 위치에서 [모두적용]을 클릭한다.

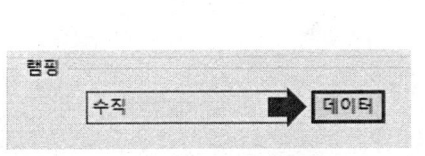
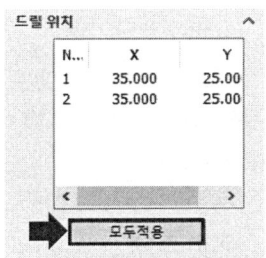

(5) 시뮬레이션 및 G코드 생성

❶ [작업]의 체크박스를 클릭하여 툴 패스를 활성화한다.

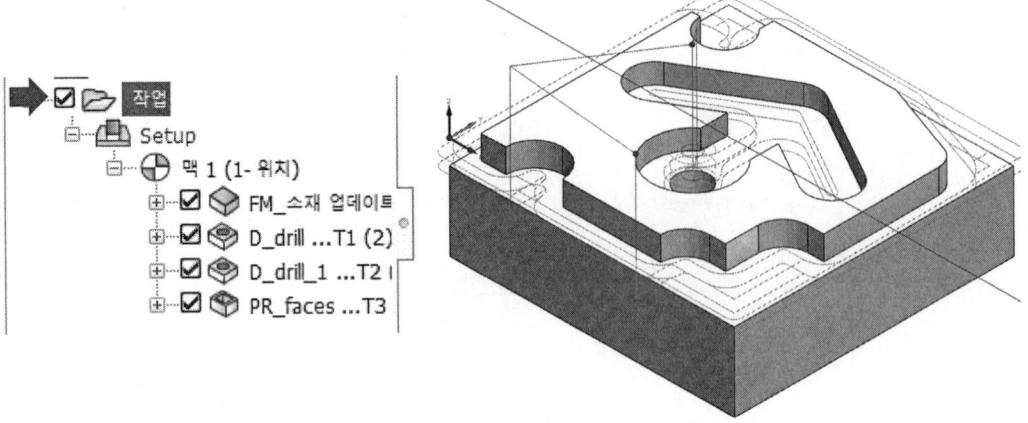

❷ [커맨드 매니저 → 시뮬레이션]을 클릭한다.

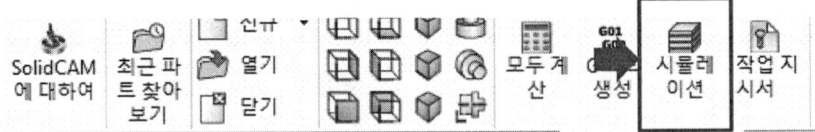

❸ 시뮬레이션 창에서 [SoildVerify]를 클릭하고, [재생]을 클릭해서 전체 시뮬레이션을 확인한다.

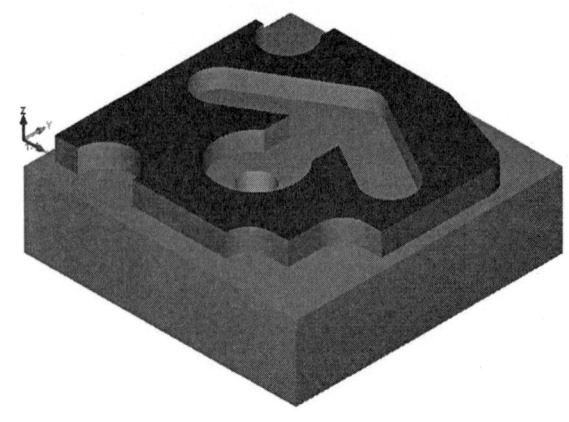

❹ [커맨드 매니저 → G코드 생성]을 클릭한다.

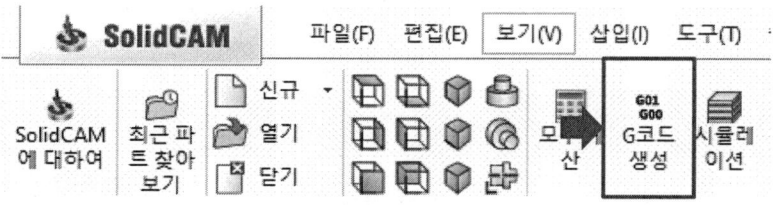

❺ G코드를 확인하고, [다른 이름으로 저장]을 선택하여 저장한다.

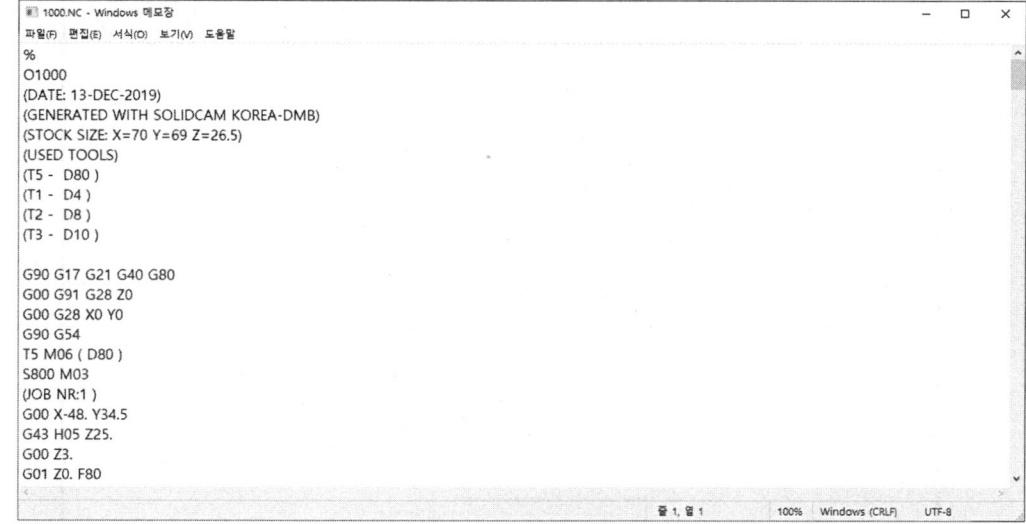

02 컴퓨터응용밀링기능사 따라 하기

① 도면

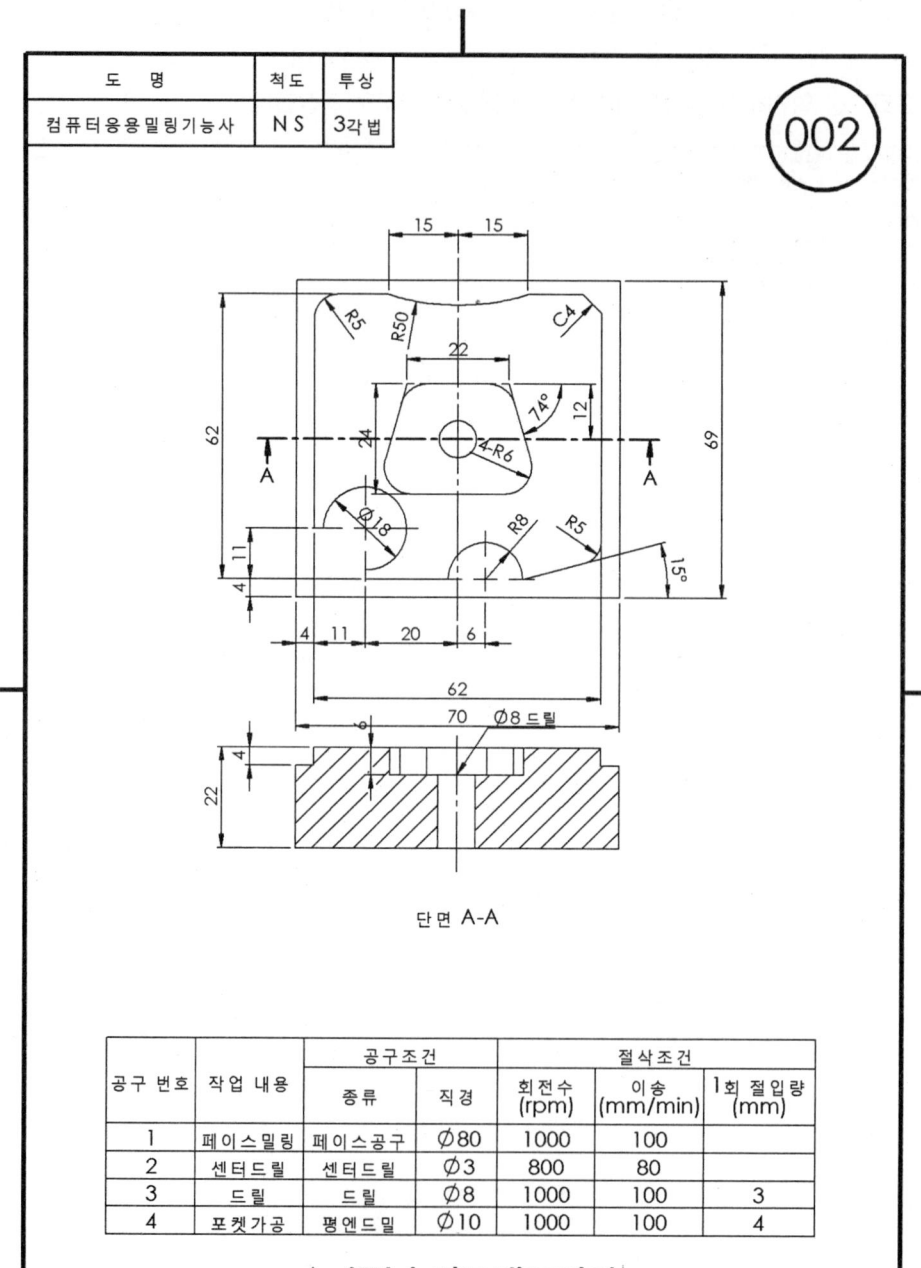

② 모델링

(1) 스케치 평면 선택

❶ [주메뉴 바 → 새 문서 → 파트]를 선택하고 확인을 클릭한다.

❷ 좌측의 [디자인 트리 → 윗면]을 클릭한다.

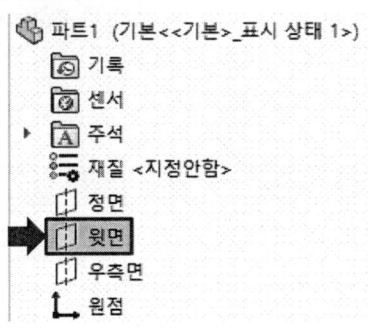

❸ 상단 커맨드 매니저에서 [스케치]를 클릭한다.

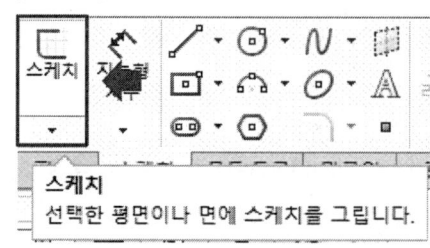

(2) 사각형 스케치

❶ [커맨드 매니저 → 스케치 탭 → 사각형 → 중심 사각형]을 클릭한다.

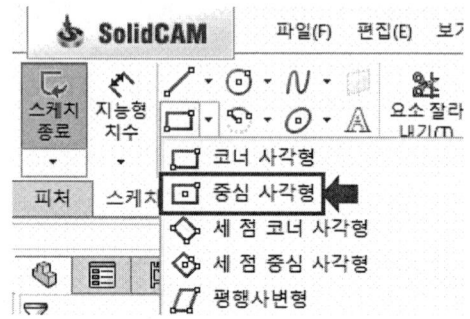

❷ 화면 가운데 있는 원점을 클릭하고 사각형의 모서리 점을 이동하여 중심 사각형의 크기를 지정한다.

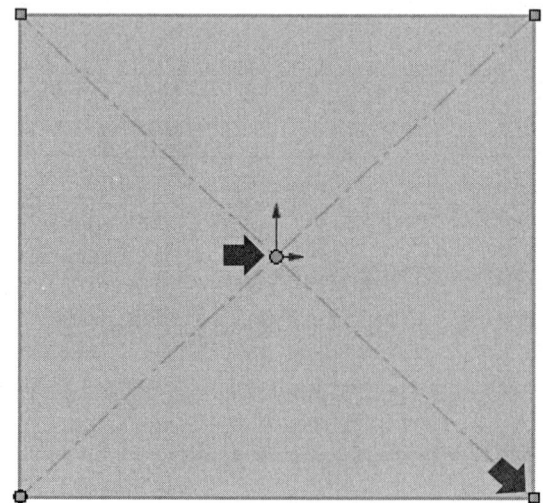

❸ 상단 커맨드 매니저에서 [지능형 치수]를 클릭한다.

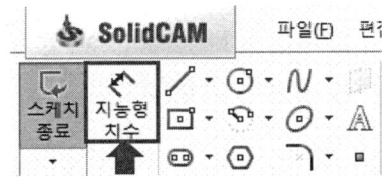

❹ 화살표가 가리키는 사각형의 가로 선을 지정한 후 치수 값 [70]을 입력한다.

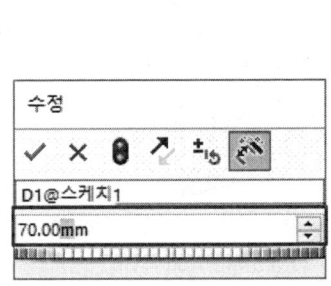
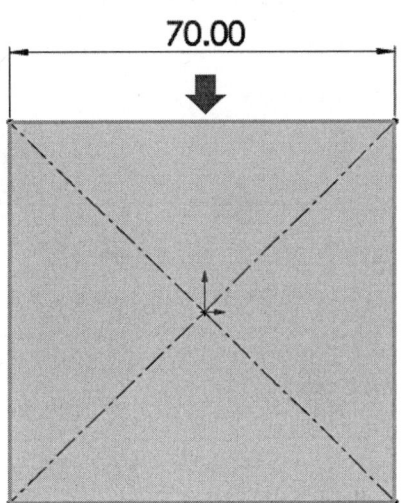

❺ 화살표가 가리키는 사각형의 세로 선을 지정한 후 치수 값 [69]를 입력한다.

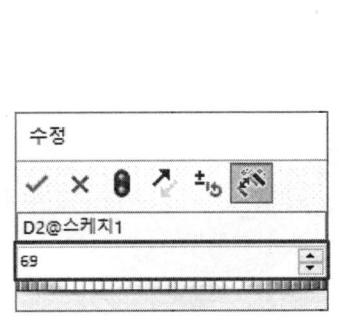
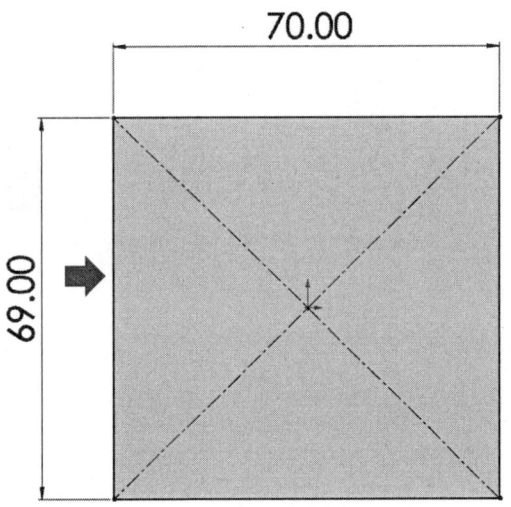

(3) 보스-돌출

❶ [커맨드 매니저 → 피처 탭 → 돌출 보스/베이스]를 클릭하고, [방향 1 → 블라인드 형태]로 설정 후 거리값 [18]을 입력 후 확인을 클릭한다.

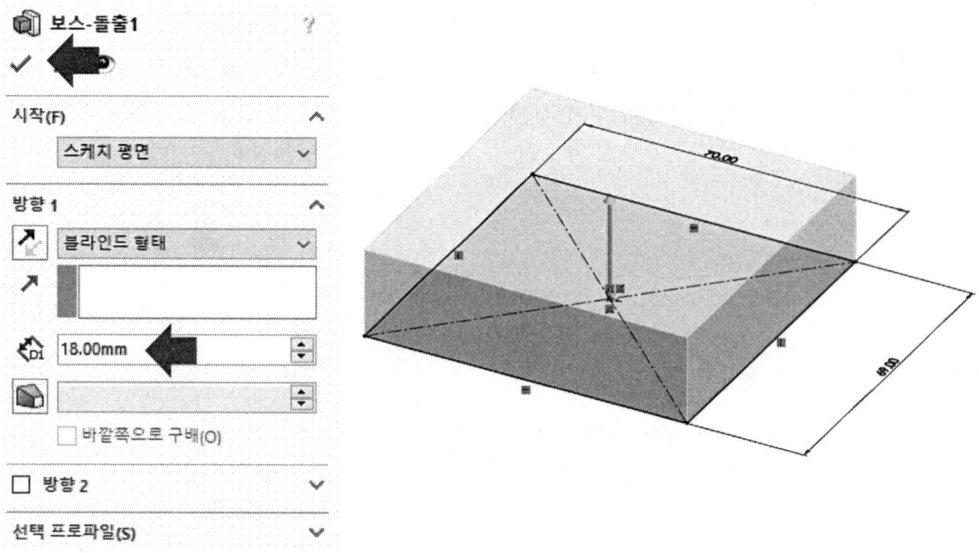

(4) 스케치 작업 평면 선택

❶ 돌출시킨 물체의 [윗면]을 선택하고, 전과 같이 [스케치]를 클릭한다.

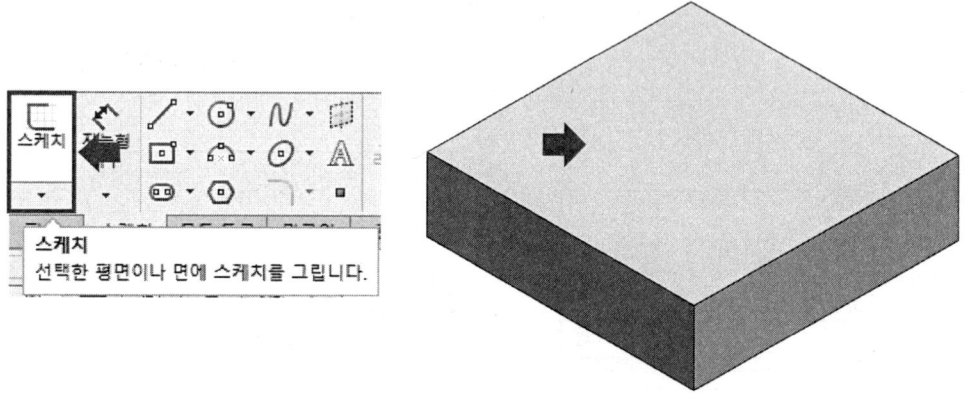

(5) 돌출에 필요한 스케치 작업

❶ [커맨드 매니저 → 스케치 탭 → 선]을 클릭한다.

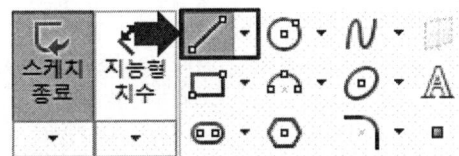

❷ 화살표가 가리키는 위치를 클릭하고 수직 되도록 선을 스케치한다.

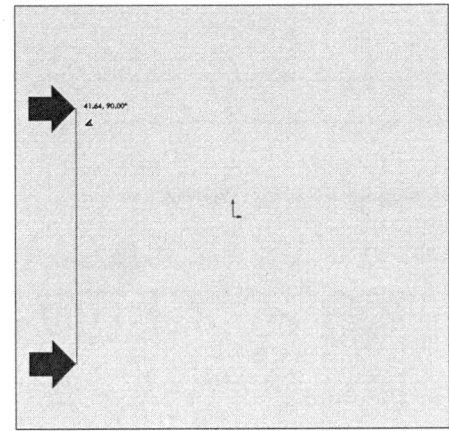

❸ 수직선과 연결되도록 수평으로 선을 스케치한다.

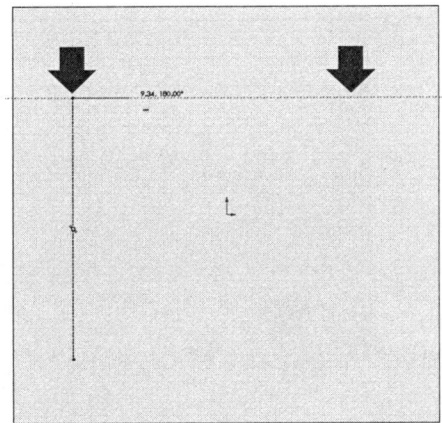

❹ 같은 방법으로 도면에 맞게 스케치를 작업한다.

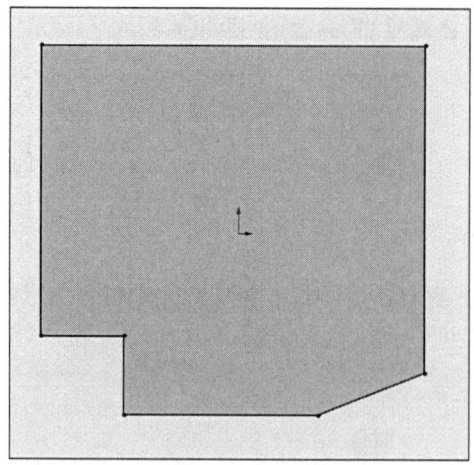

❺ [커맨드 매니저 → 스케치 탭 → 원]을 클릭한다.

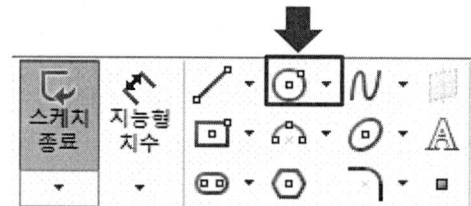

❻ 모서리의 원의 중심을 클릭하고, 마우스를 움직여 원의 크기를 지정한다.

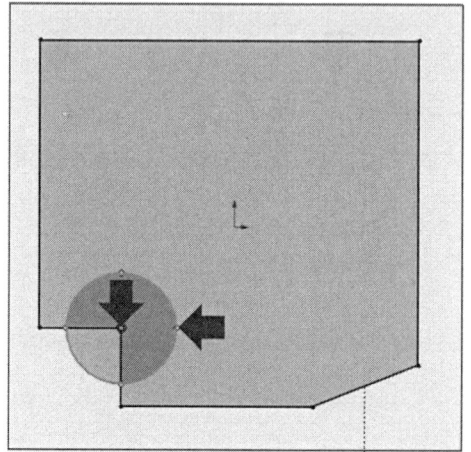

❼ [커맨드 매니저 → 스케치 탭 → 3점호]를 클릭한다.

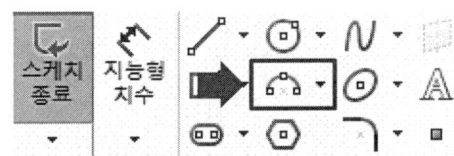

❽ 스케치한 아래쪽의 수평선에 맞추어 3점호를 스케치한다.

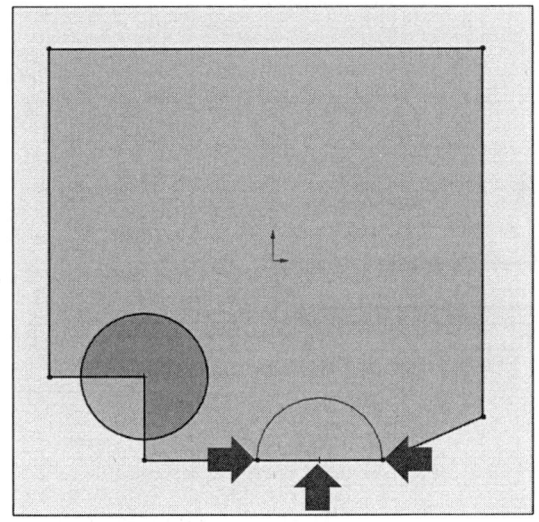

❾ 스케치한 위쪽의 수평선에 맞추어 3점호를 스케치한다.

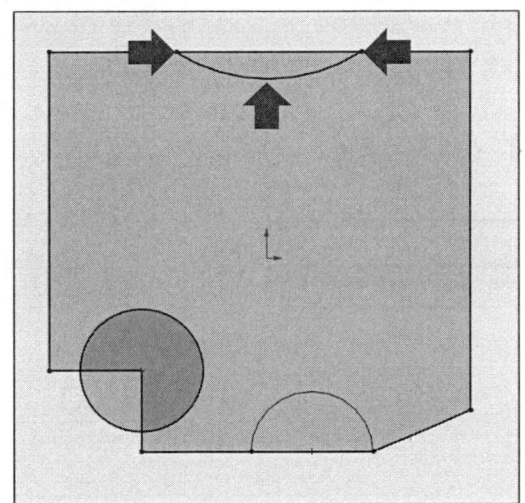

❿ 상단 커맨드 매니저에서 [지능형 치수]를 클릭한다.

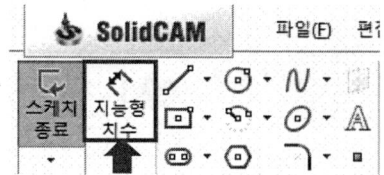

⓫ 화살표가 가리키는 수직선을 선택하고 치수 값 [11]를 입력한다.

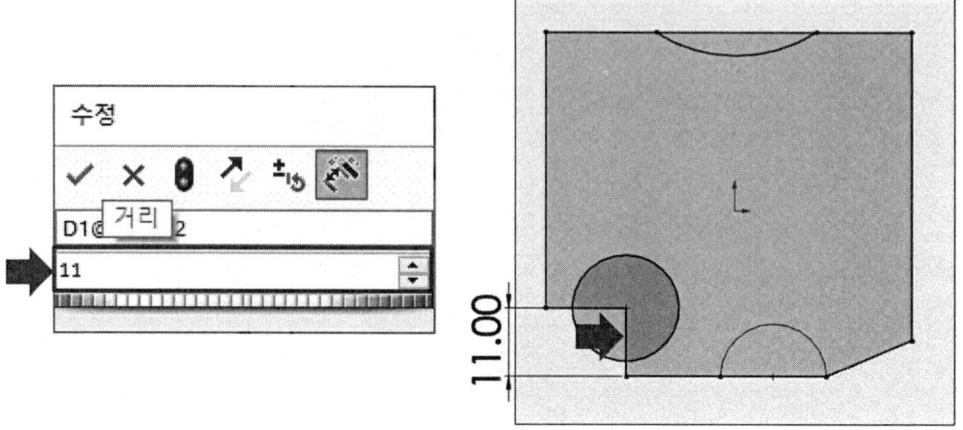

⓬ 화살표가 가리키는 수평선을 선택하고 치수 값 [11]를 입력한다.

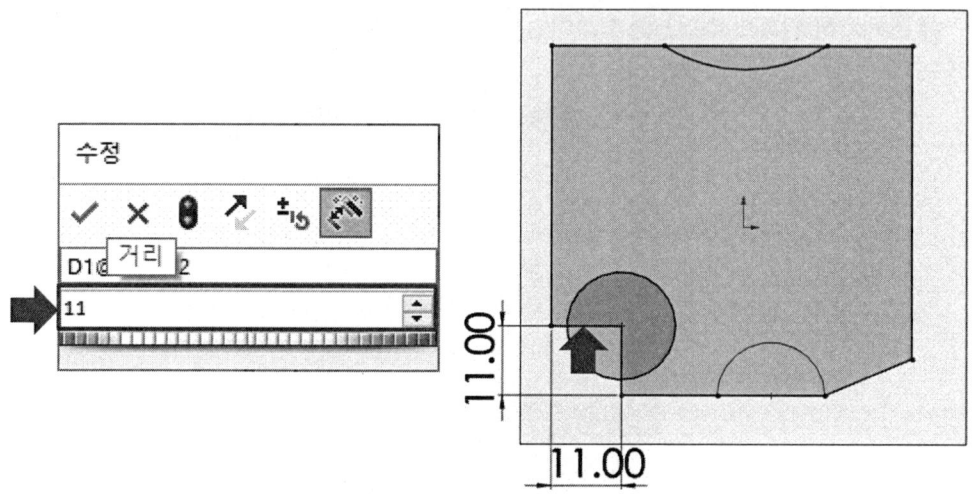

⑬ [지능형 치수]를 사용하여 같은 방법으로 도면에 맞게 치수를 입력한다.

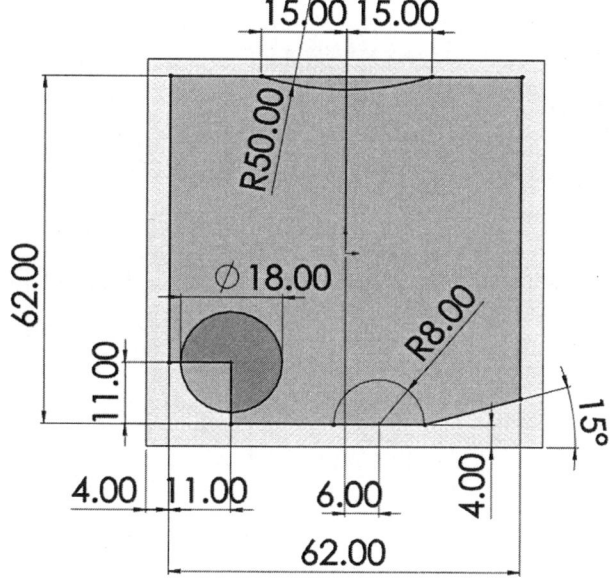

⑭ [커맨드 매니저 → 스케치 탭 → 요소 잘라내기]를 선택한다.

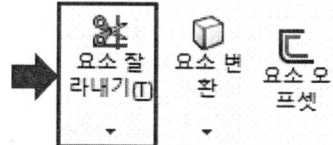

⑮ 좌측 메뉴에서 [근접 잘라내기]를 선택한다.

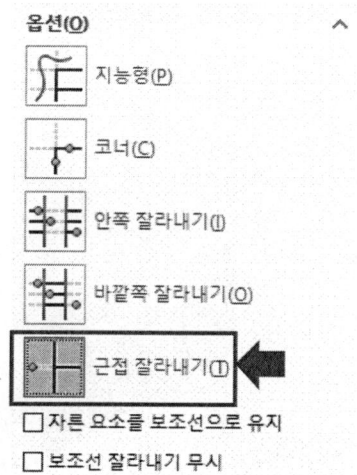

⓰ 화살표가 가리키는 원을 클릭하여 불필요한 선을 잘라낸다.

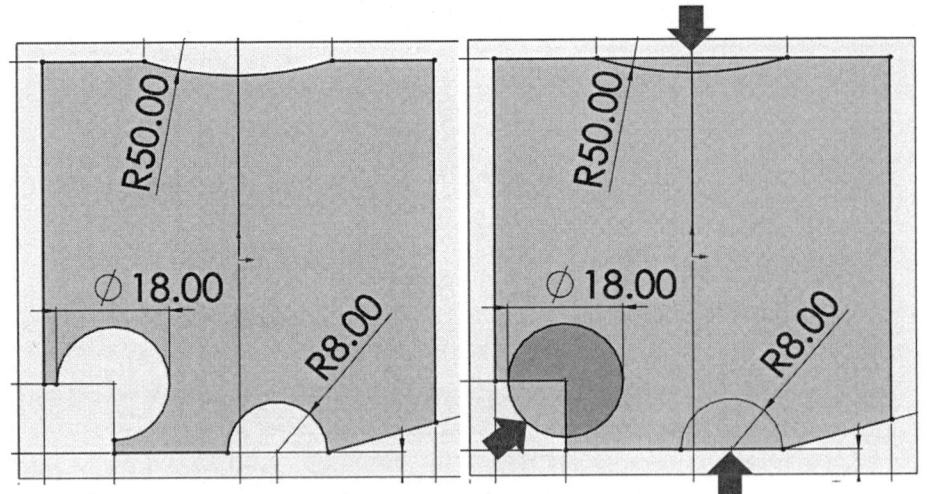

(6) 스케치 돌출

❶ [커맨드 매니저 → 피처 탭 → 돌출 보스/베이스]를 클릭한다.

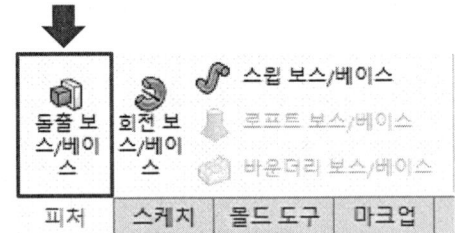

❷ [블라인드 형태] 거리값 [4]를 입력하고 돌출한다.

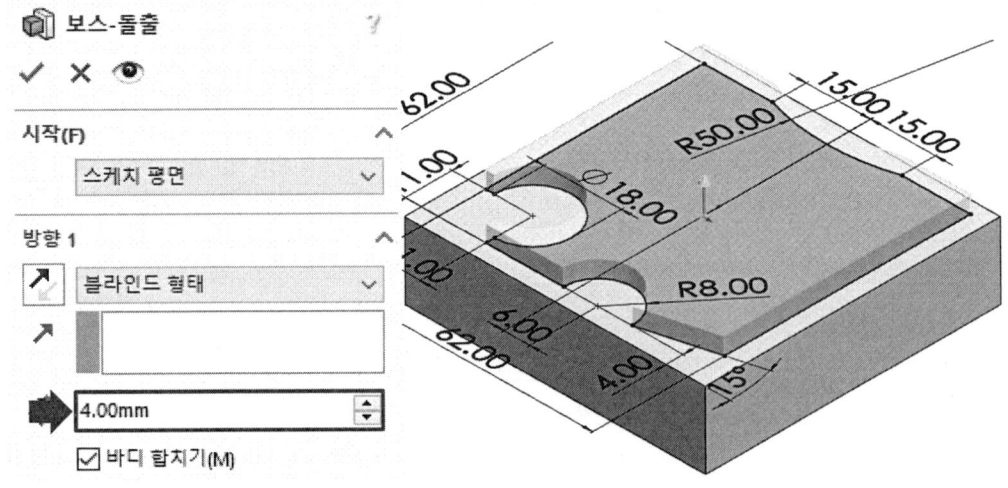

(7) 돌출 컷 스케치

❶ 돌출한 모델링의 윗면을 선택하고 상단 커맨드에서 [스케치]를 클릭한다.

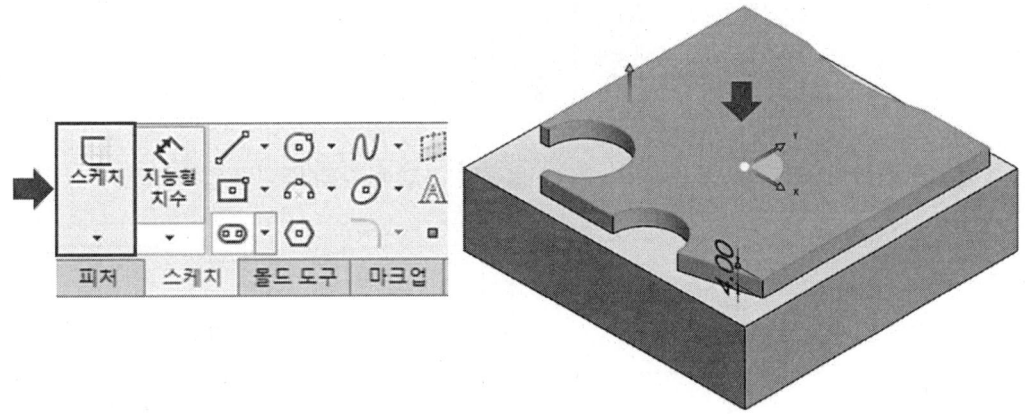

❷ [커맨드 매니저 → 스케치 탭 → 선]을 클릭한다.

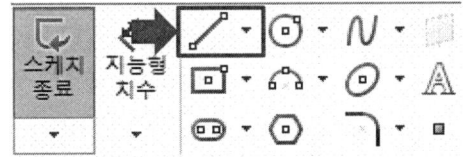

❸ 선을 사용하여 사다리꼴 모양으로 스케치를 작업한다.

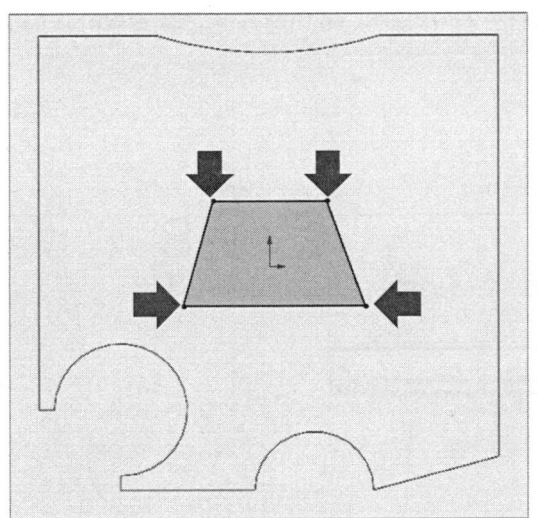

❹ 상단 커맨드 매니저에서 [지능형 치수]를 클릭한다.

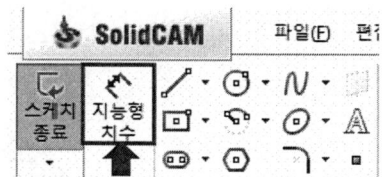

❺ 화살표가 가리키는 사다리꼴의 수평선을 클릭하고 치수 값 [22]를 입력한다.

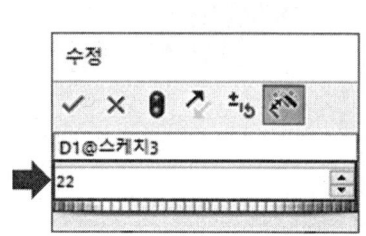
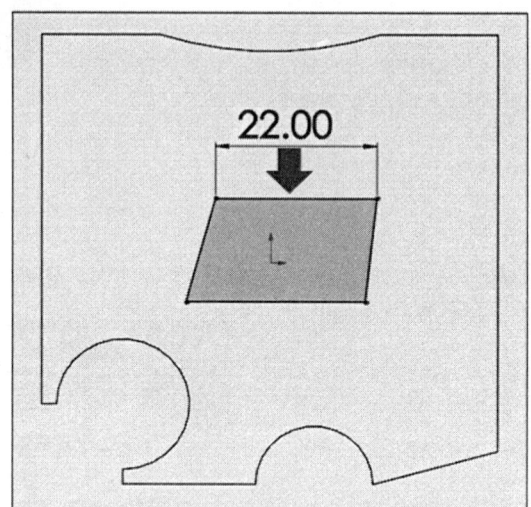

❻ 화살표가 가리키는 사다리꼴의 위, 아래 수평선을 클릭하고 치수 값 [24]를 입력한다.

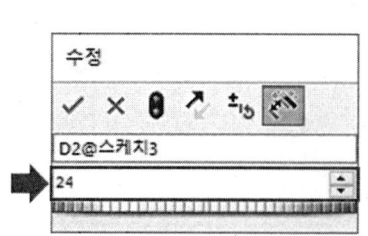
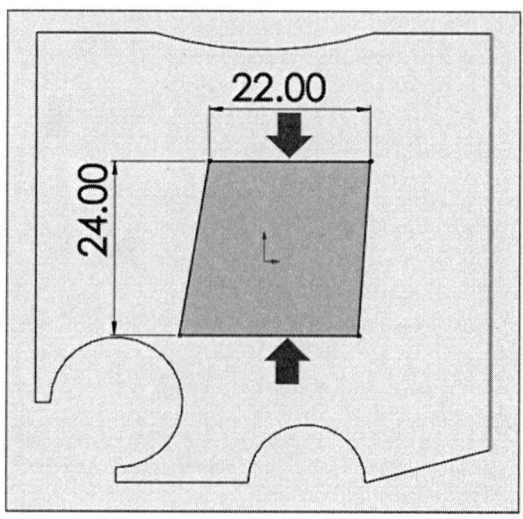

❼ [지능형 치수]를 사용하여 같은 방법으로 도면에 맞게 치수를 입력한다.

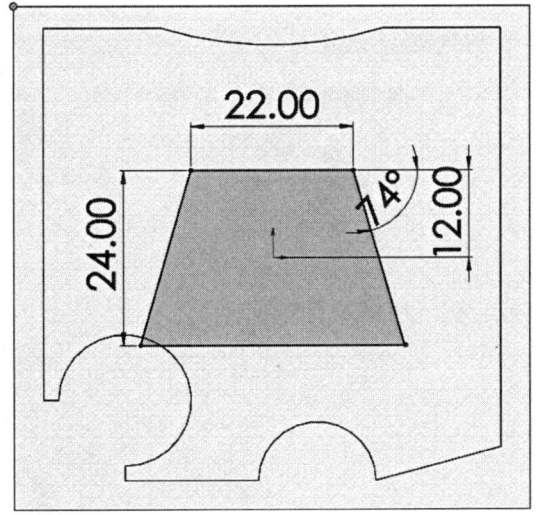

❽ [커맨드 매니저 → 스케치 탭 → 필렛]을 클릭한다.

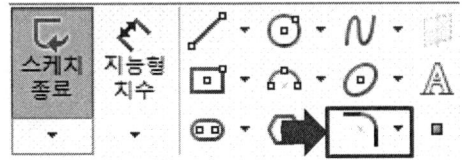

❾ 필렛 값 [6]를 입력하고, 화살표가 가리키는 4곳의 모서리를 클릭한다.

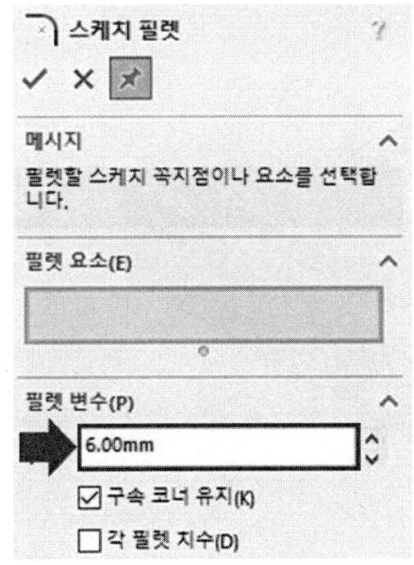
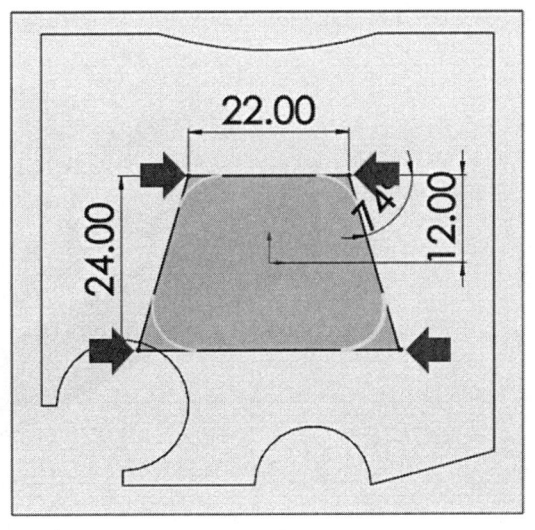

(8) 돌출 컷

❶ [커맨드 매니저 → 피처 탭 → 돌출 컷]을 선택한다.

❷ 스케치를 선택하고 거리 값 [6]를 입력한다.

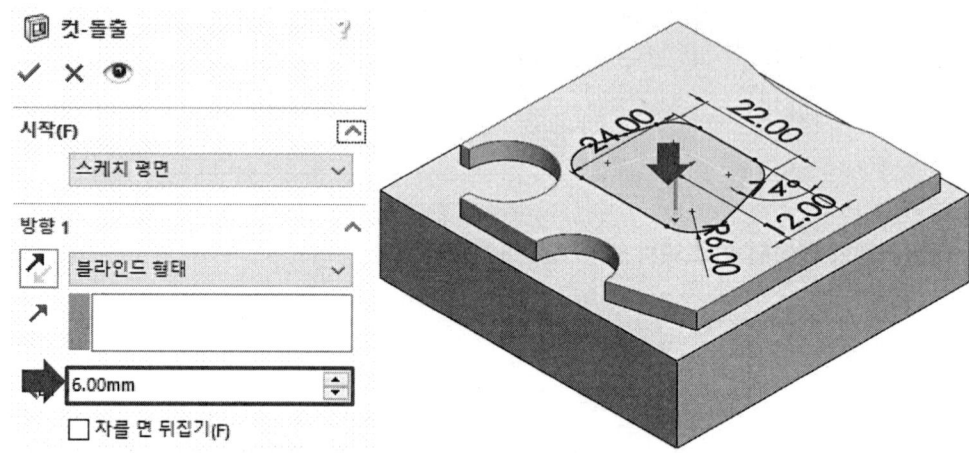

❸ 확인을 클릭하여 돌출 컷을 확인한다.

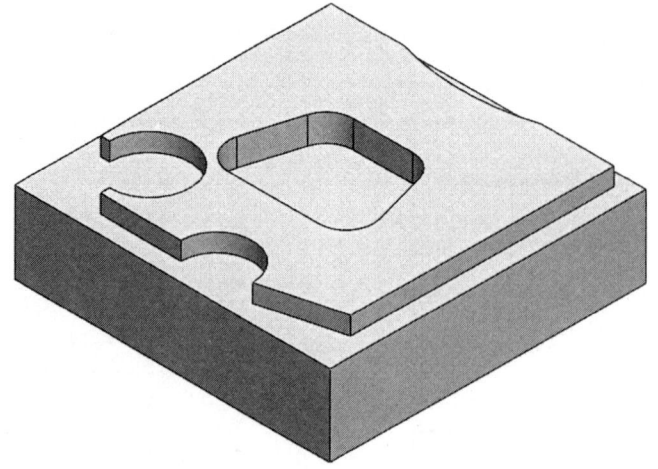

(9) 드릴 가공 면 스케치

❶ 아래 그림의 면을 클릭한 후 [스케치]를 클릭한다.

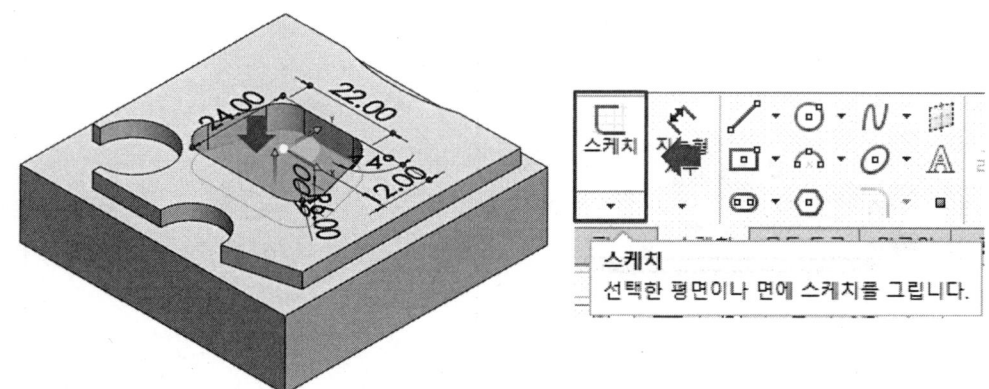

❷ [커맨드 매니저 → 스케치 탭 → 원]을 클릭한다.

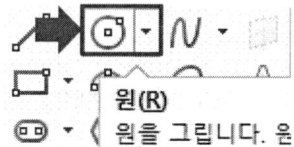

❸ 원의 중심과 화살표가 가리키는 곳을 클릭하여 원의 크기를 지정한다.

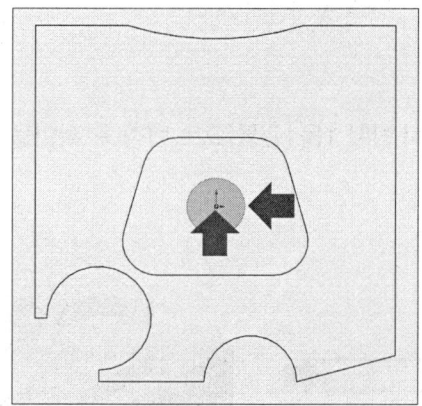

❹ [커맨드 매니저 → 스케치 탭 → 지능형 치수]를 클릭한다.

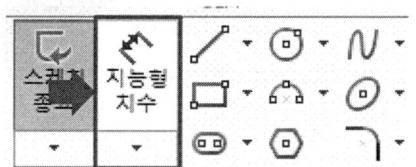

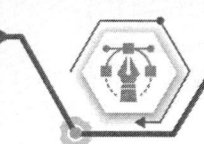

❺ 원을 클릭하고 원의 지름 값 [8]을 입력한다.

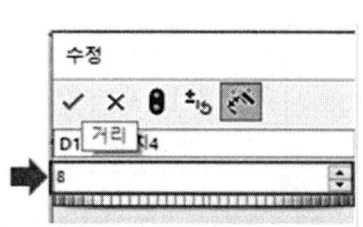
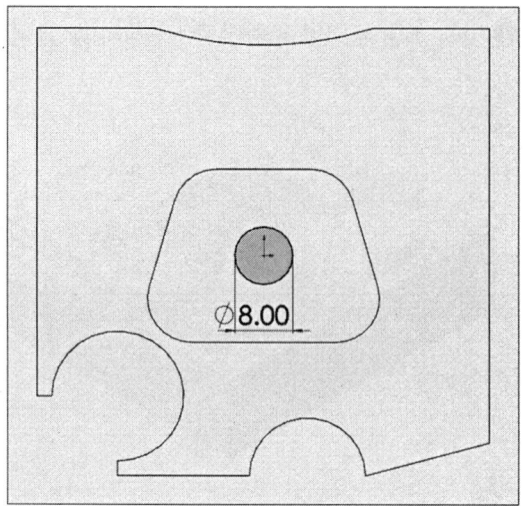

(10) 드릴면 돌출 컷

❶ [커맨드 매니저 → 피처 탭 → 돌출 컷]을 선택한다.

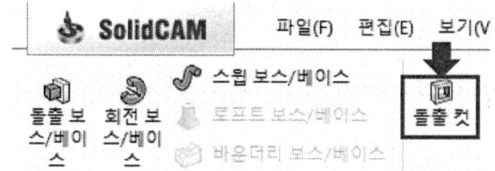

❷ 솔리드캠 관리자에서 방향 1을 [관통]으로 변경 후 확인을 클릭한다.

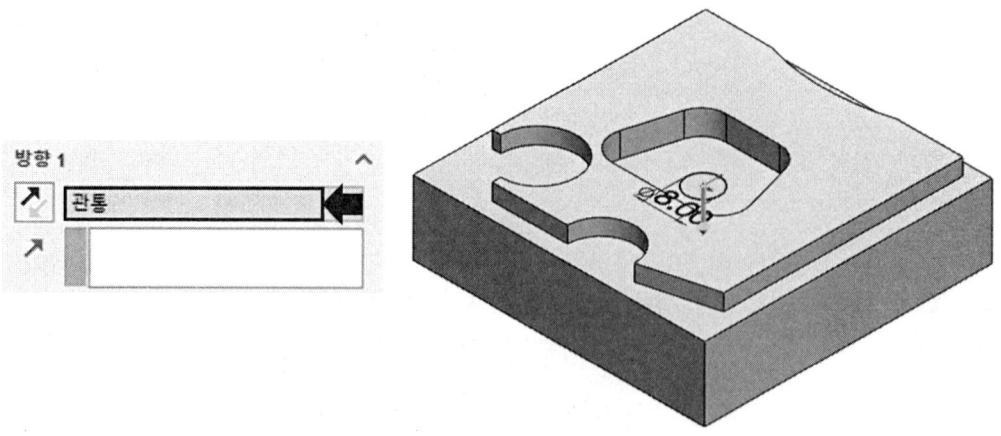

(11) 확인 저장

❶ 완료된 형상을 확인한 후 [주메뉴 바 → 파일 → 다른 이름으로 저장]을 선택하여 저장한다.

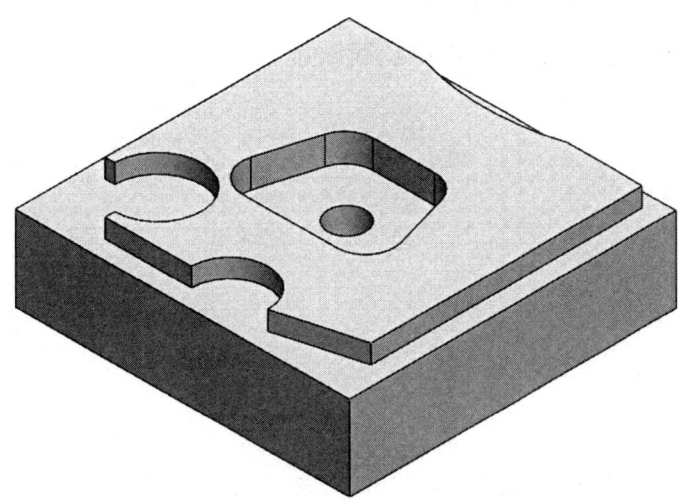

③ CAM

(1) SolidCAM 원점, 소재 정의

❶ [주메뉴 바 → 열기]를 통해 파일을 불러온다.

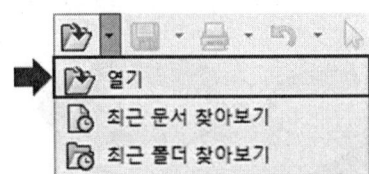

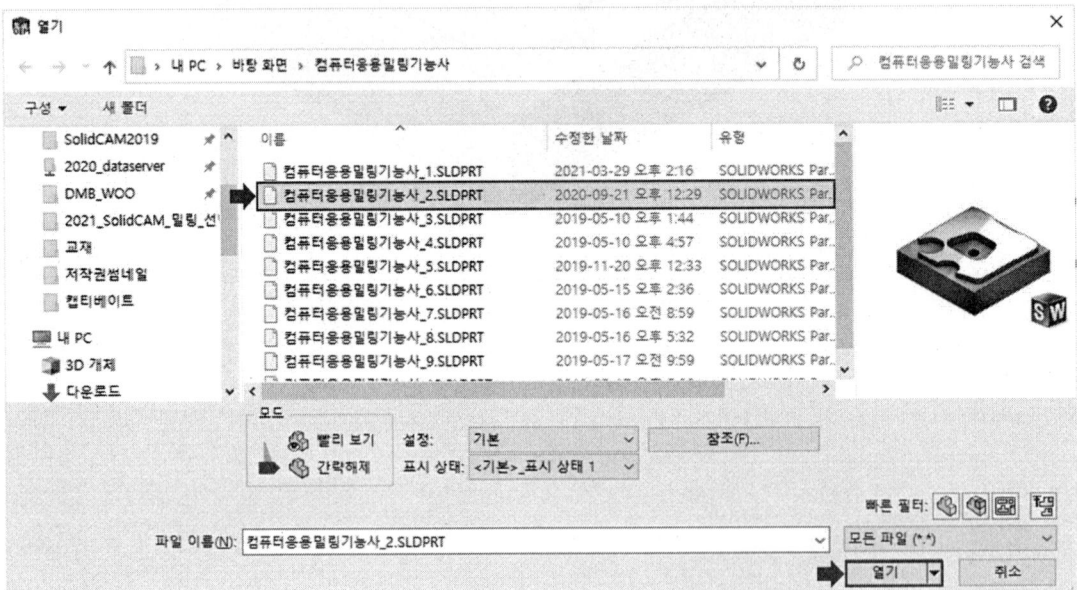

❷ [커맨드 매니저 → SolidCAM 파트 설정 탭 → 신규 → 밀링]을 클릭한다.

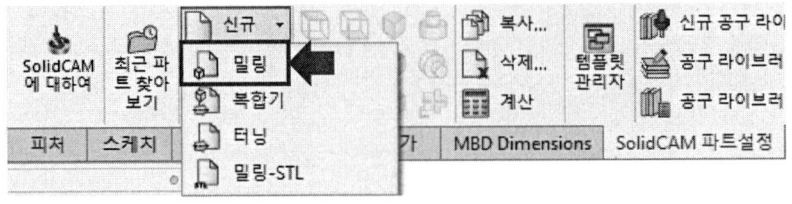

❸ [신규 밀링파트 → 캠-파트 생성방법 → 솔리드캠의 파일로 저장 → 단위 → 미터]를 클릭한 후 확인을 클릭한다.

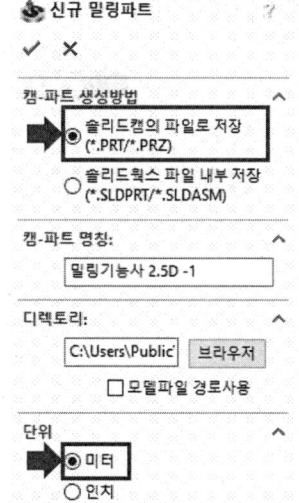

❹ [CNC → 컨트롤러 → gMilling_3x]를 설정한 후 [정의 → 원점]을 클릭한다.

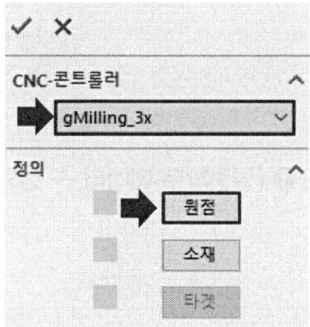

❺ [솔리드캠 관리자 → 평면원점 → 모델박스의 코너]를 설정하고, 모델을 클릭한 후 확인을 클릭한다.

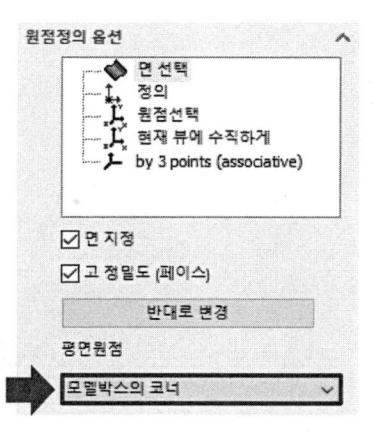
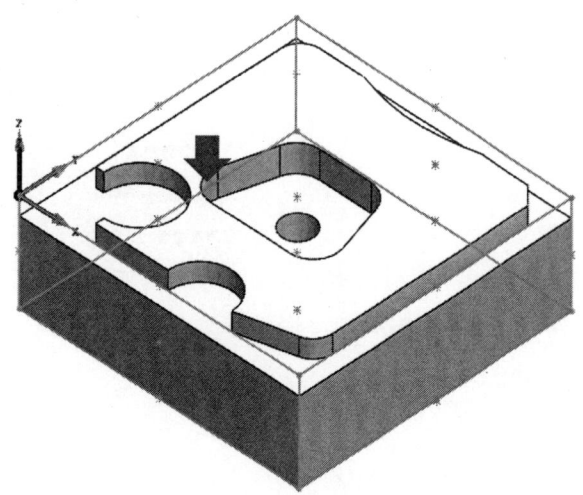

❻ [원점 데이터 → 확인 → 원점 관리자 → 확인]을 클릭한다.

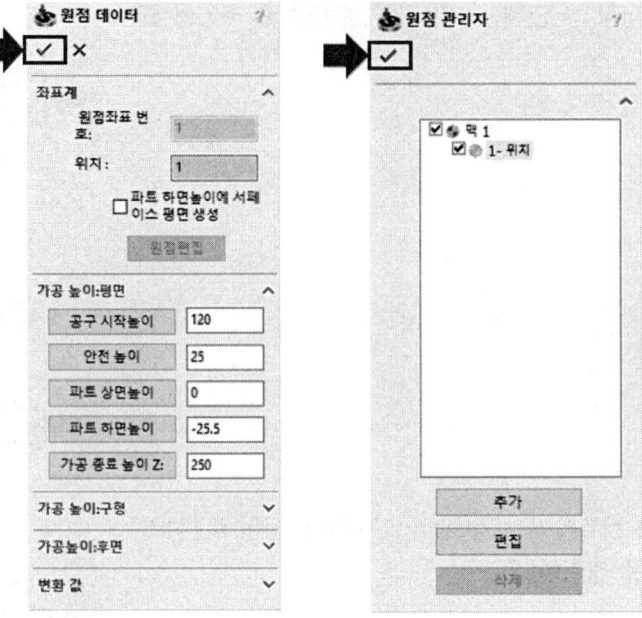

❼ [밀링파트 데이터 → 정의 → 소재]를 클릭한다.

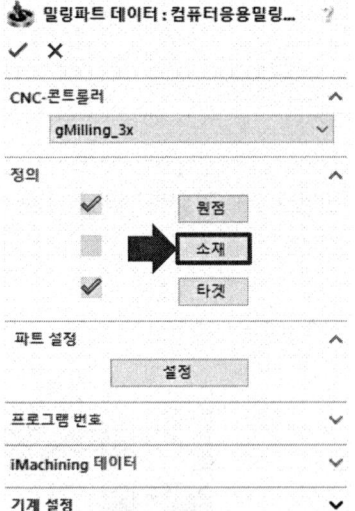

❽ 형상을 [클릭]하여 소재를 정의하고, [박스확장]에서 모든 확장을 0으로 하고 [Z+]만 1로 설정한 후 확인을 클릭한다.

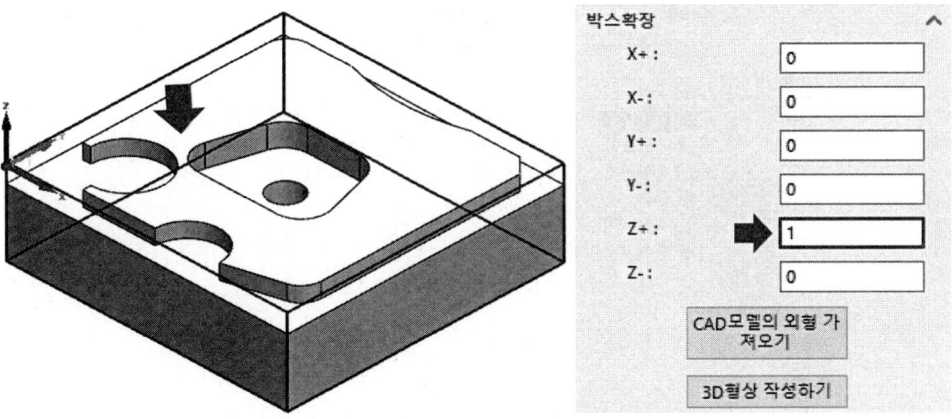

❾ 정의를 완료하고 [밀링파트 데이터]의 확인을 클릭한다.

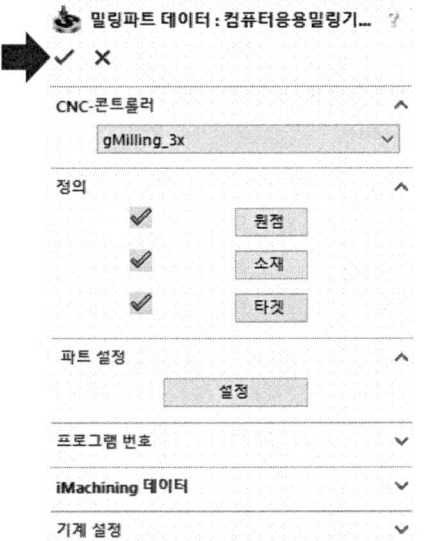

(2) 페이스 밀링 작업

❶ [커맨드 매니저 → 2.5D → 페이스]를 클릭한다.

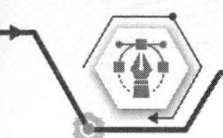

❷ 좌측의 메뉴에서 [공구 → 공구 선택]을 클릭한다.

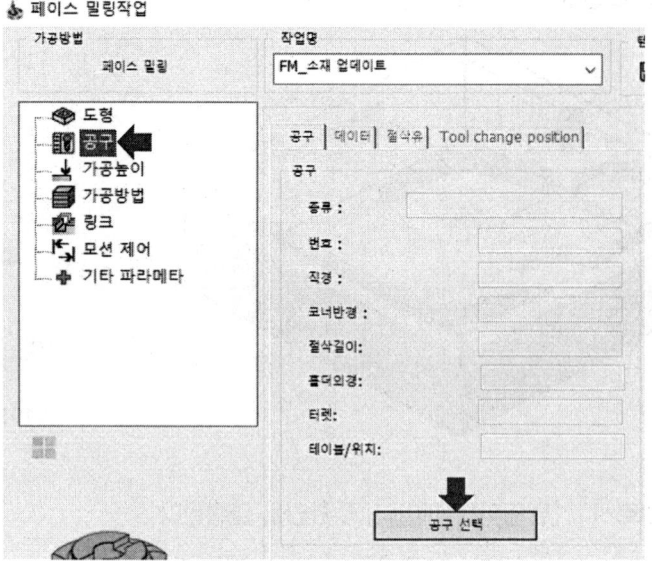

❸ [밀링 공구 추가 → 페이스 커터]를 클릭한다.

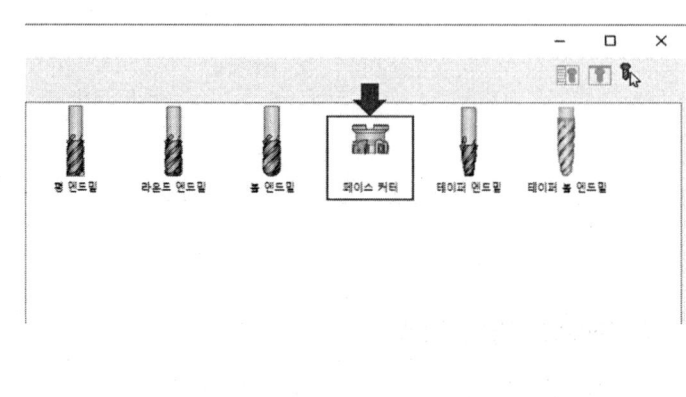

❹ [번호 : 5 → 직경(D) : 80]을 입력하고, [디폴트 공구 데이터]를 클릭한다.

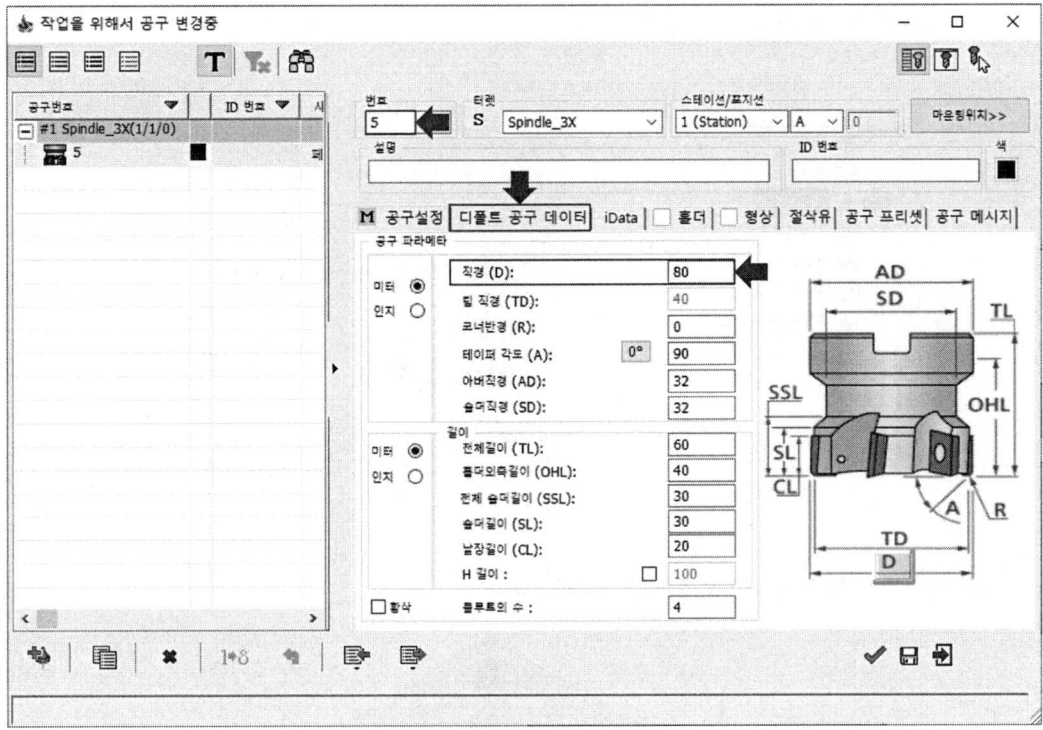

❺ [XY피드 : 100 → Z피드 : 100 → 회전율 : 1000]을 입력하고 확인을 클릭한다.

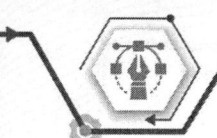

❻ [가공높이 → 상면높이]를 클릭한다.

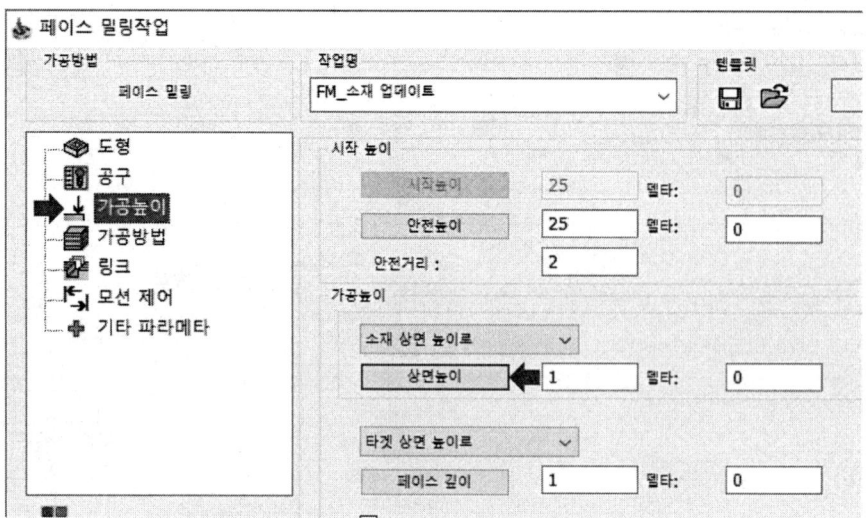

❼ 형상의 윗면을 클릭한 후 확인을 클릭한다.

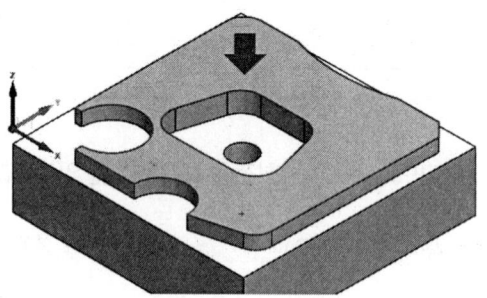

❽ [가공방법 → 한 경로]를 클릭한다.

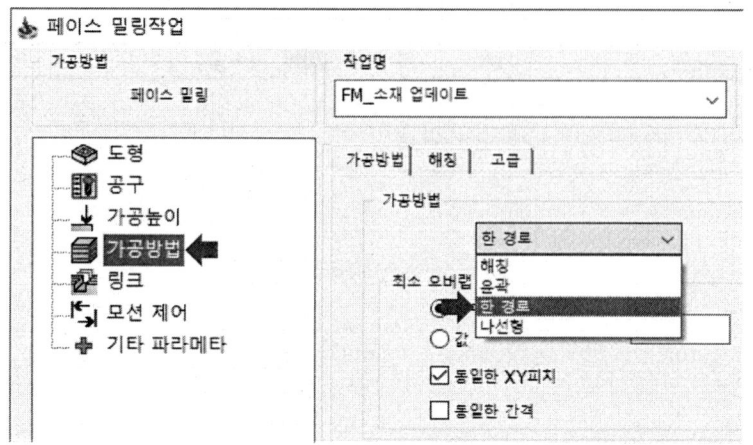

CHAPTER 01 컴퓨터응용밀링기능사 따라 하기

❾ [저장&계산 → 나가기]를 클릭한다.

❿ 가공 경로를 확인하고, 화살표가 표시된 체크박스를 클릭한다.

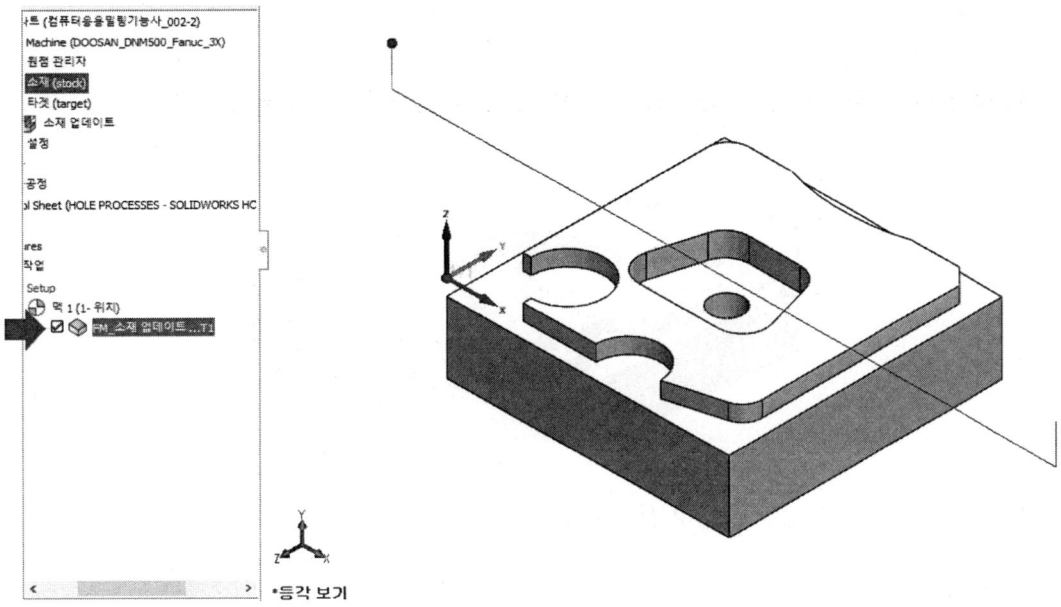

(3) 드릴 작업

❶ [커맨드 매니저 → 2.5D → 드릴]을 클릭한다.

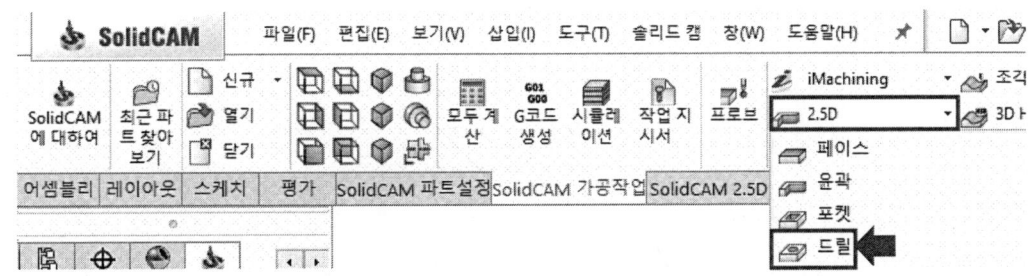

❷ [도형 → 신규]를 클릭한다.

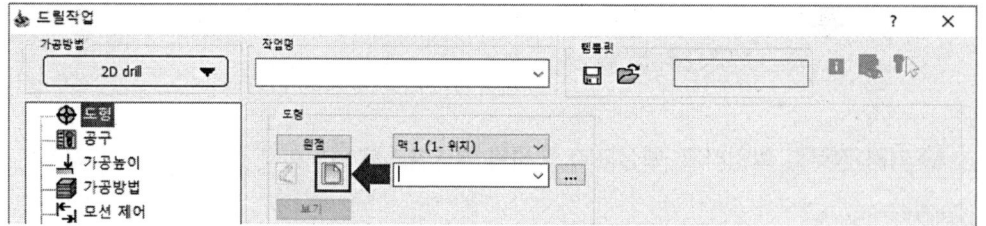

❸ 형상에서 드릴 가공할 위치인 화살표가 표시된 곳을 클릭한 후 확인을 클릭한다.

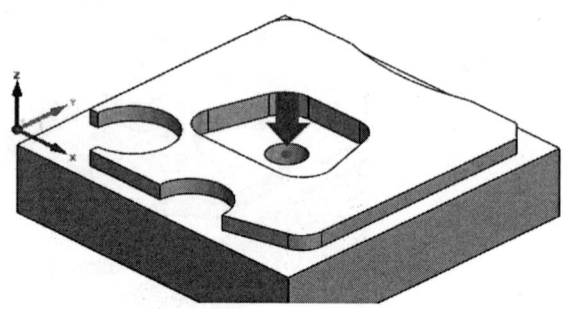

❹ 좌측의 메뉴에서 [공구 → 공구 선택]을 클릭한다.

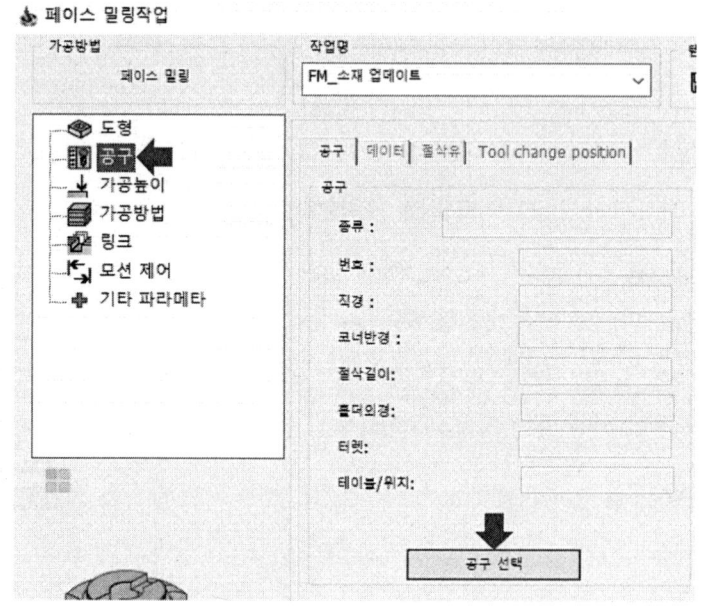

❺ [밀링 공구 추가 → 센터드릴]을 클릭한다.

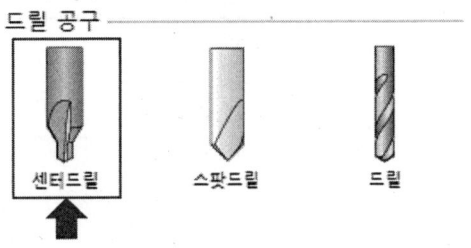

❻ [팁 직경 : 3]을 입력 후 [디폴트 공구 데이터]를 클릭한다.

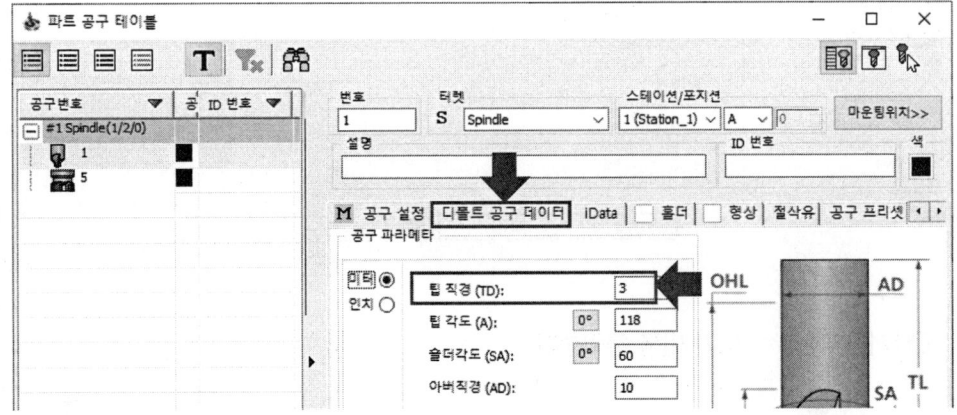

❼ [XY피드 : 80 → Z피드 : 80 → 회전율 : 800]을 입력하고 확인을 클릭한다.

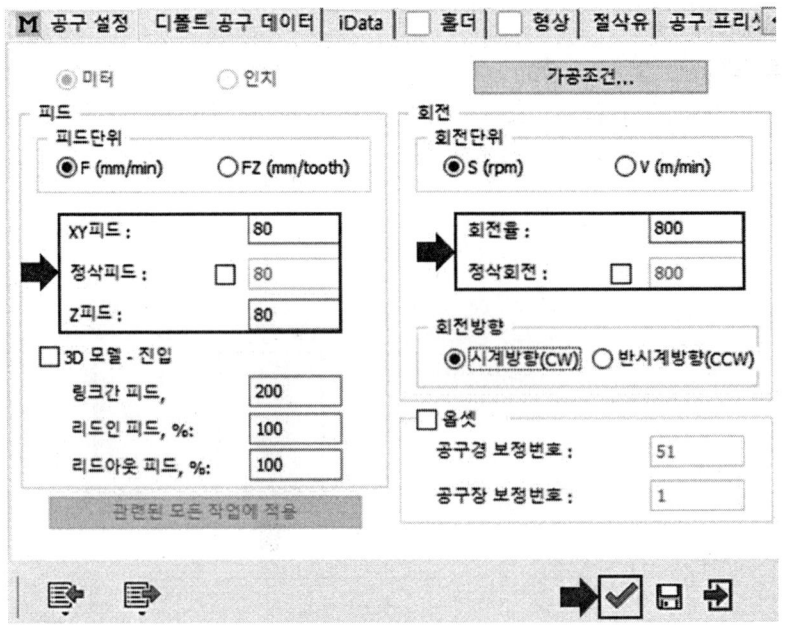

❽ [가공높이]를 클릭하고, [드릴깊이 : 3]을 입력한다.

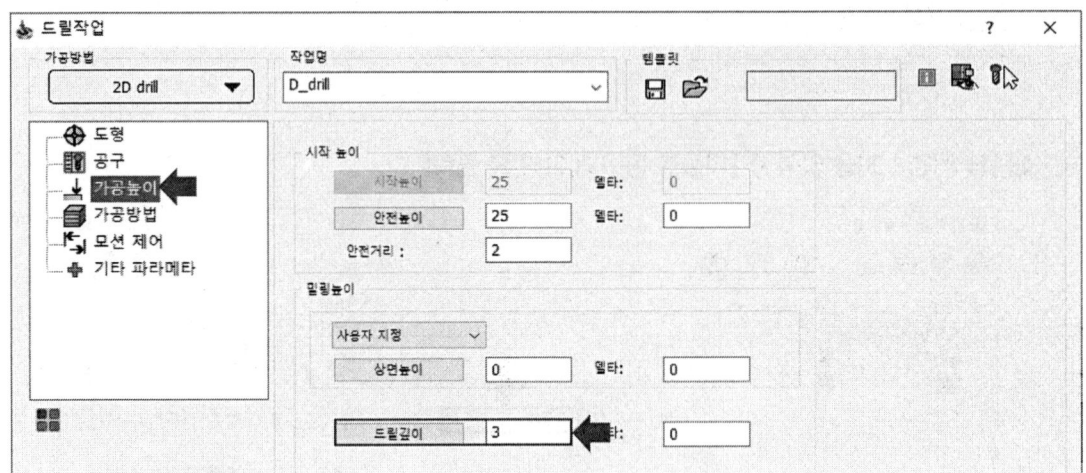

❾ [저장&계산 → 나가기]를 클릭한다.

❿ 가공 경로를 확인하고, 화살표가 표시된 체크박스를 클릭한다.

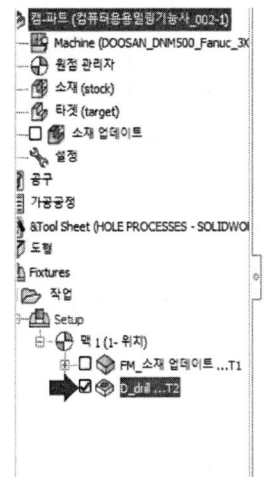

⓫ [커맨드 매니저 → 2.5D → 드릴]을 클릭한다.

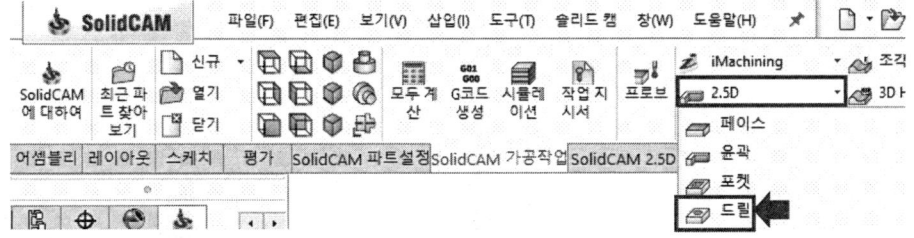

⓬ [도형]에서 화살표가 표시된 [drill]을 설정한다.

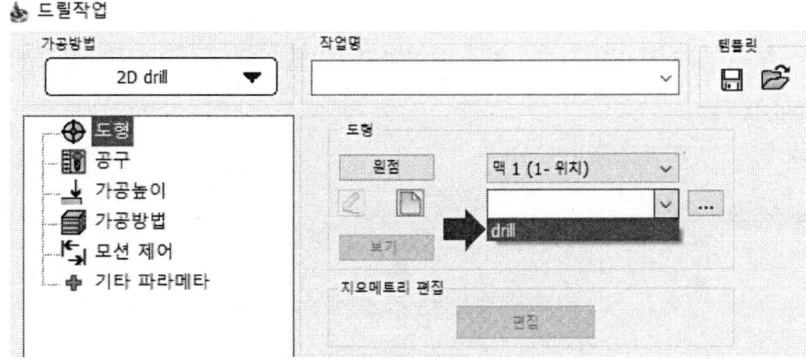

⓭ 좌측의 메뉴에서 [공구 → 공구 선택]을 클릭한다.

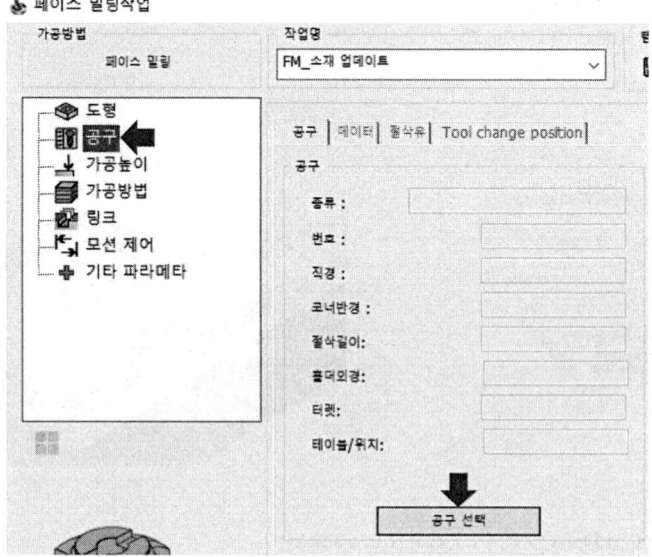

⓮ [밀링 공구 추가 → 드릴]을 클릭한다.

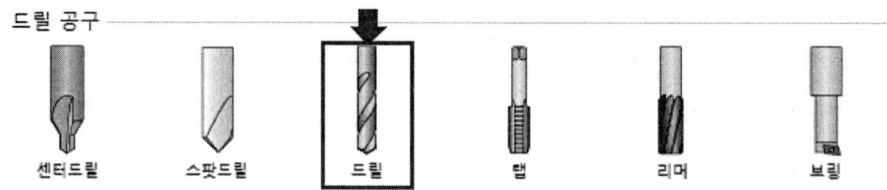

⓯ [직경 : 8 → 숄더 및 아버직경 : 8]을 입력하고, [디폴트 공구 데이터]를 클릭한다.

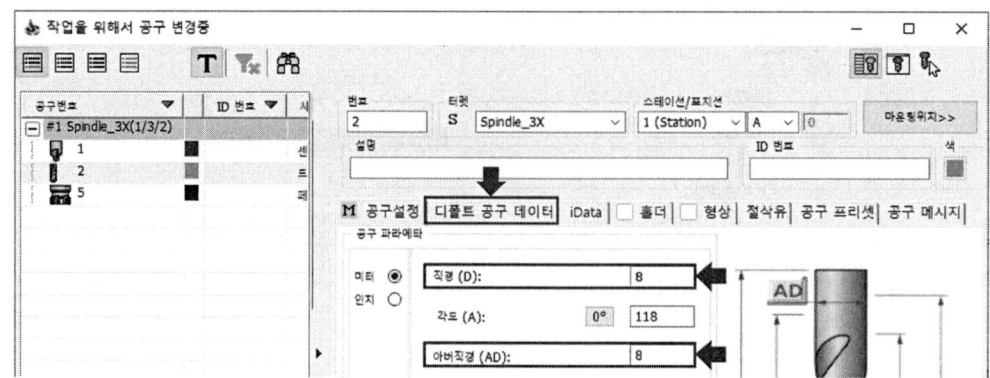

⓰ [XY피드 : 100 → Z피드 : 100 → 회전율 : 1000]을 입력하고 확인을 클릭한다.

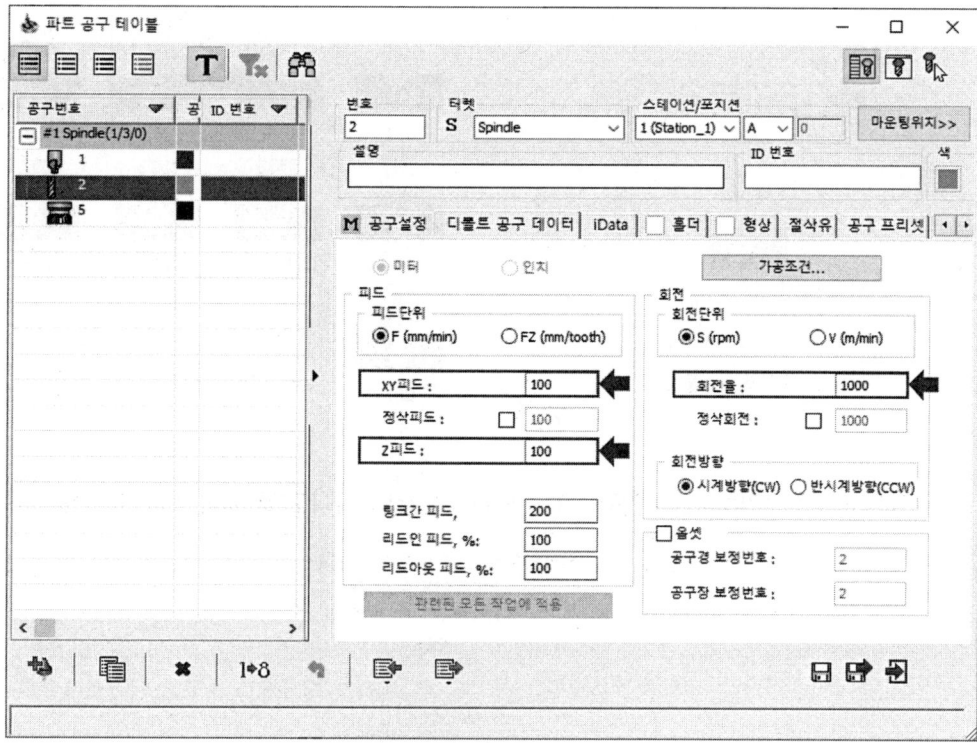

⓱ [가공높이 → 드릴깊이 → 델타 : -2]를 입력한다.

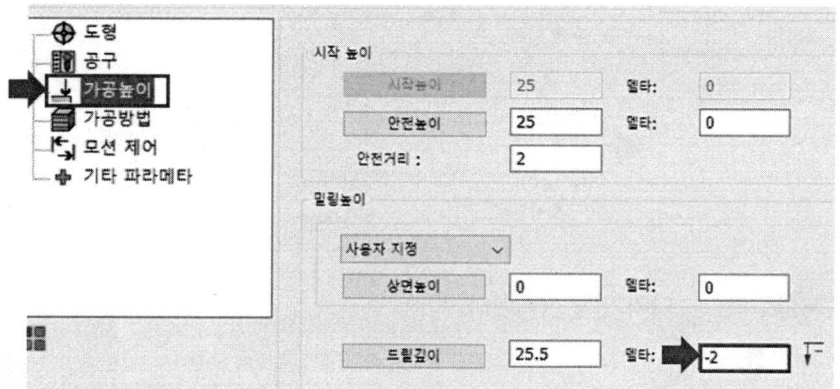

⓳ [가공방법 → 드릴 사이클 종류]를 클릭하고, [G83]을 클릭한다.

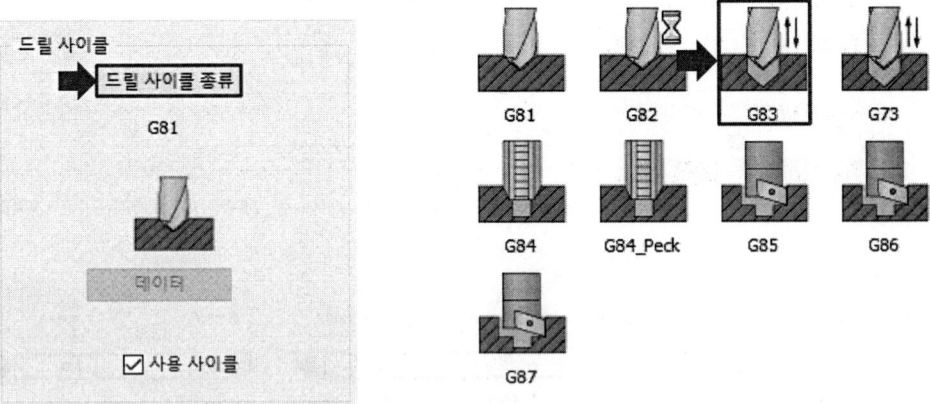

⓳ [데이터]를 클릭하고, [절입량 : 3 → Full retract : 아니오]를 설정한 후 [확인]을 클릭한다.

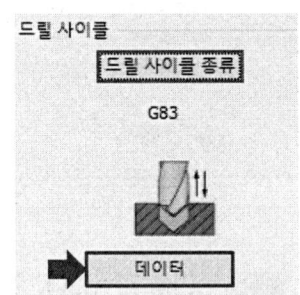

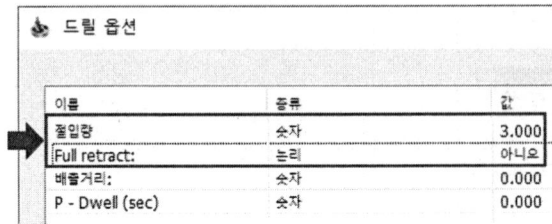

⓴ [저장&계산 → 나가기]를 클릭한다.

(4) 포켓자동인식 가공

❶ [커맨드 매니저 → 자동인식 가공 하위 항목 → 포켓자동인식]을 클릭한다.

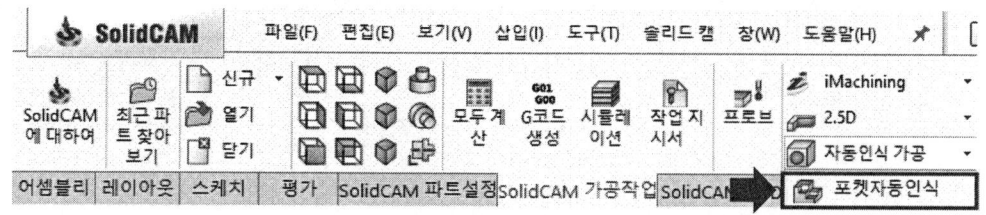

❷ [포켓자동인식 → 도형 → 신규]를 클릭한다.

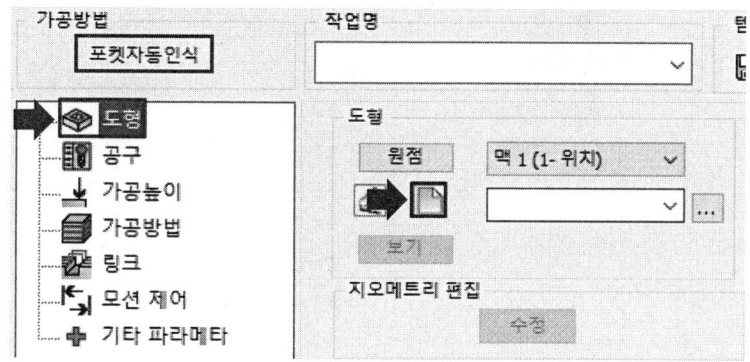

❸ 도형의 상단을 클릭하여 솔리드캠 관리자 선택 리스트에 3개의 면이 들어갔는지 확인한다.

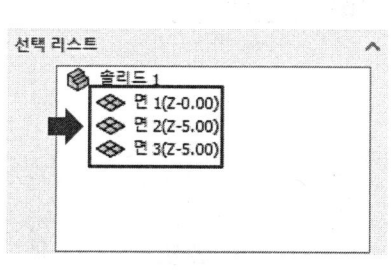
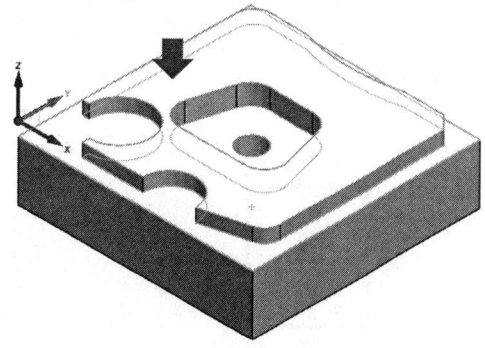

❹ 선택 리스트에서 상단 면을 찾아 마우스 오른쪽 클릭하고, [선택해제]를 클릭한다.

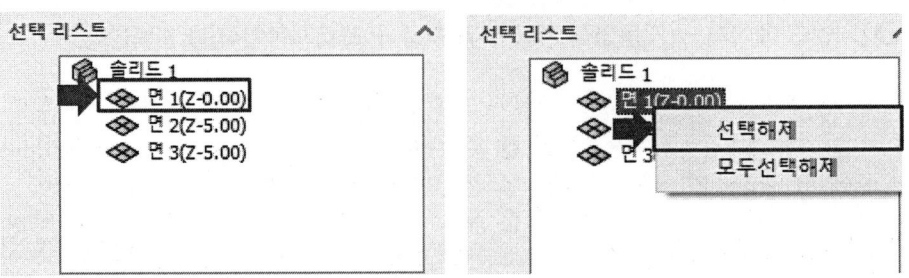

❺ [공구 → 선택 → 밀링 공구 추가 → 밀링 공구 → 평 엔드밀]을 클릭한다.

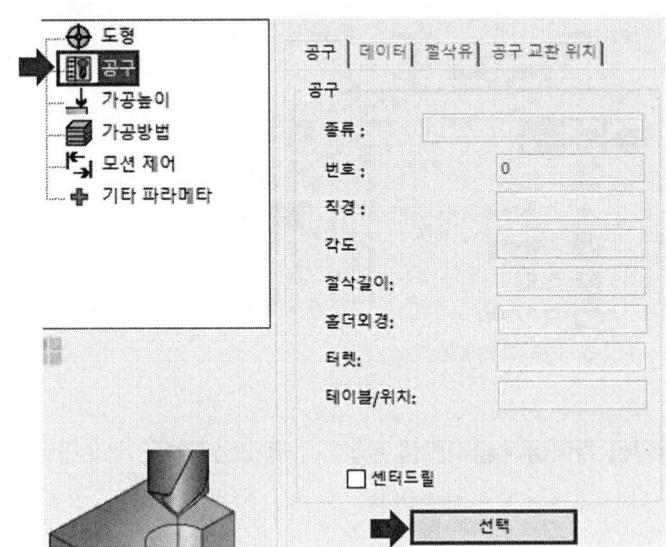

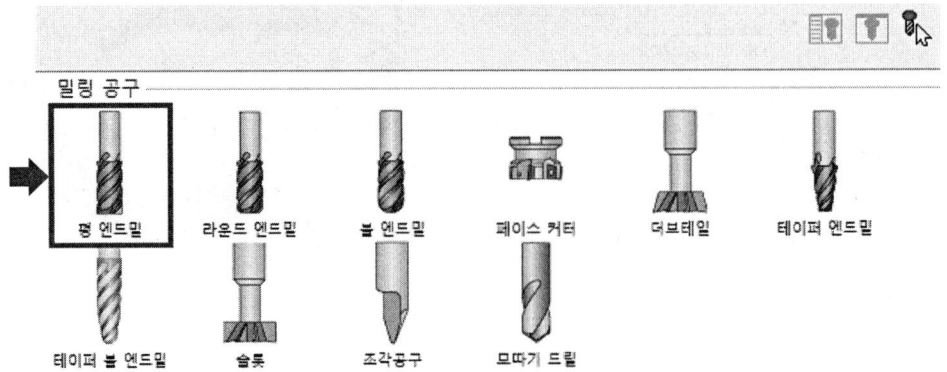

❻ [직경 : 10 → 숄더 및 아버직경 : 10]을 입력하고, [디폴트 공구 데이터]를 클릭한다.

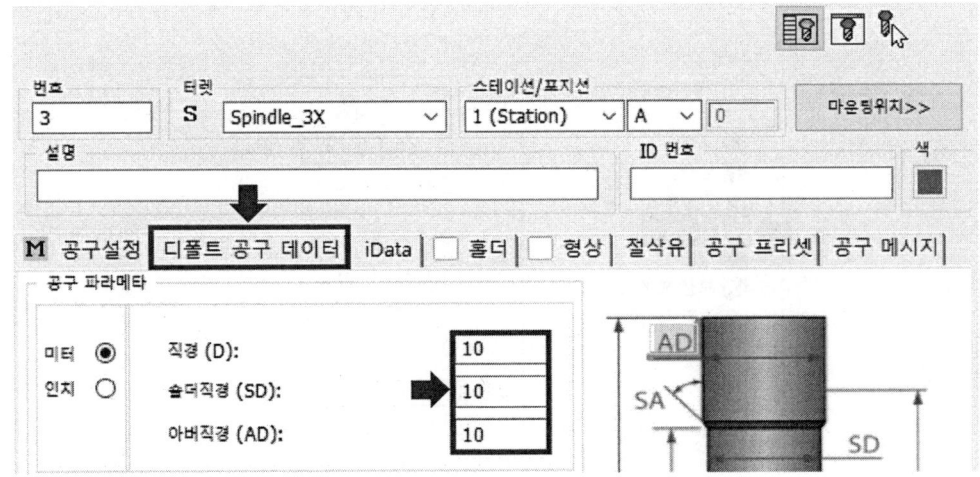

❼ [XY피드 : 100 → Z피드 : 100 → 회전율 : 1000]을 입력하고 확인을 클릭한다.

❽ [가공높이 → 최대 Z피치 : 3]을 입력해준다.

❾ [가공방법 → 열린 포켓 → 외부에서 어프로치]를 체크한다.

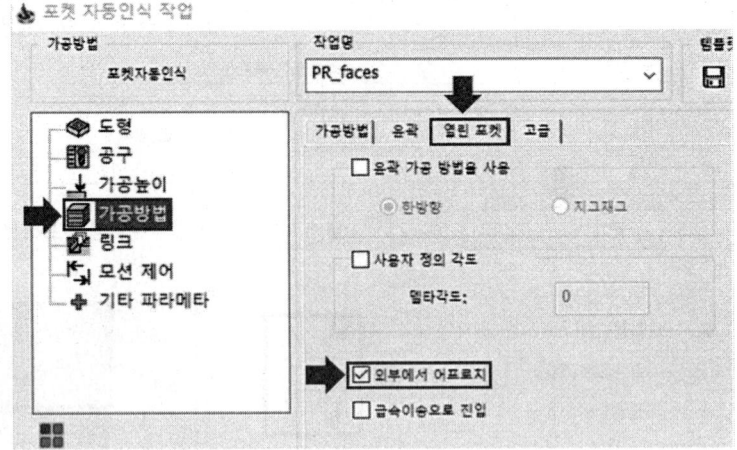

❿ [링크 → 램핑 → 수직]으로 변경한다.

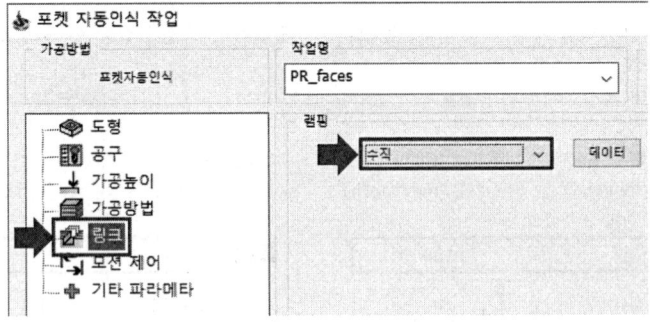

⓫ [데이터]를 클릭하고, 하단의 드릴 위치에서 [모두적용]을 클릭한다.

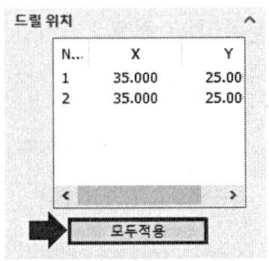

(5) 시뮬레이션 및 G코드 생성

❶ [작업]의 체크박스를 클릭하여 툴 패스를 활성화한다.

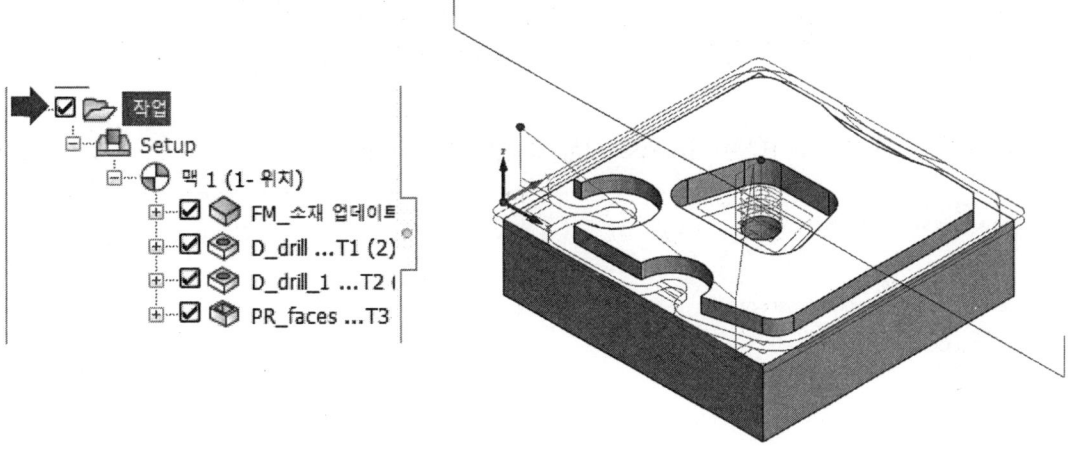

❷ [커맨드 매니저 → 시뮬레이션]을 클릭한다.

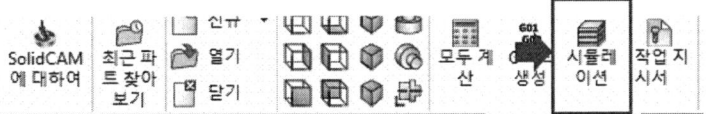

❸ 시뮬레이션 창에서 [SoildVerify]를 클릭하고, [재생]을 클릭해서 전체 시뮬레이션을 확인한다.

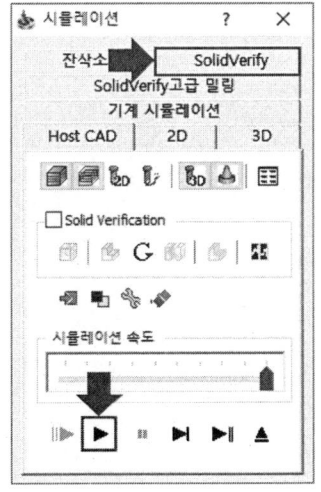
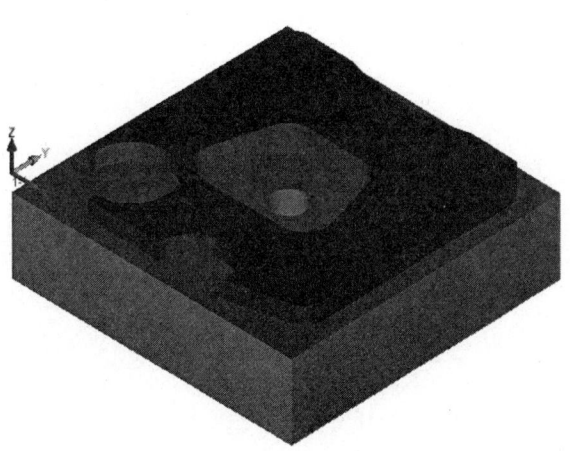

❹ [커맨드 매니저 → G코드 생성]을 클릭한다.

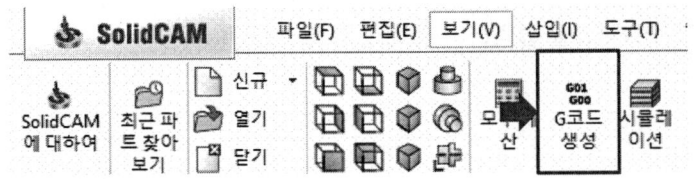

❺ G코드를 확인하고, [다른 이름으로 저장]을 선택하여 저장한다.

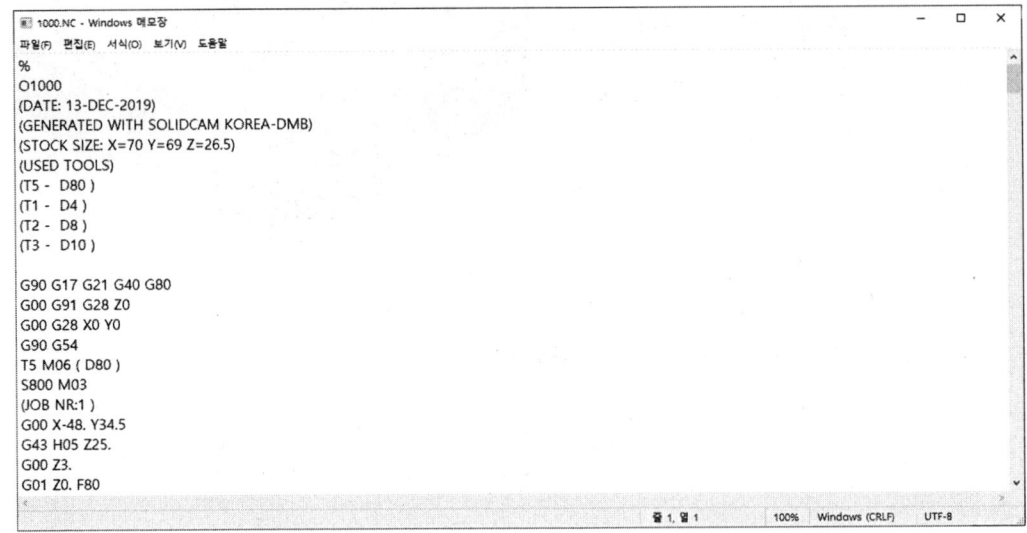

03 컴퓨터응용밀링기능사 따라 하기

1 도면

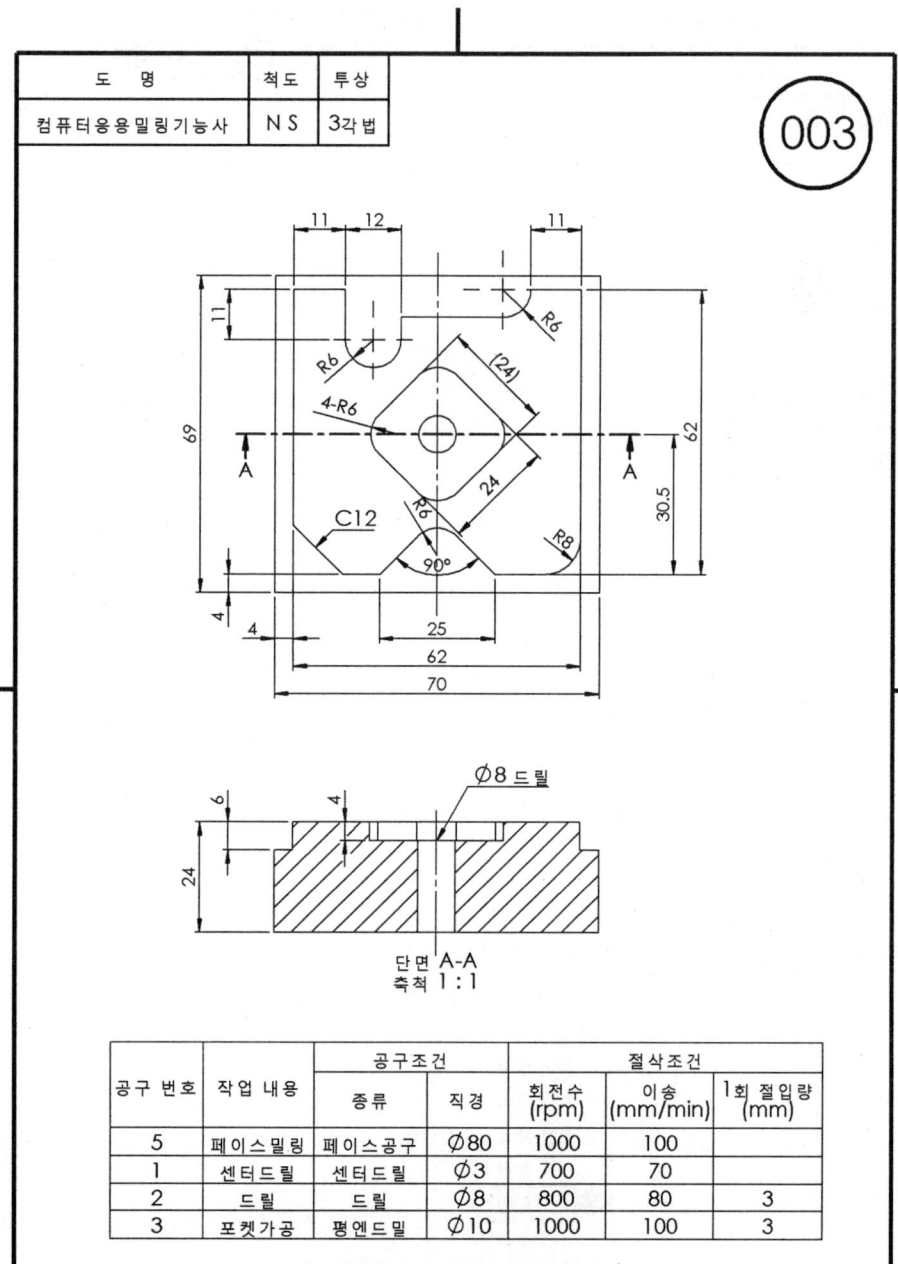

② 모델링

(1) 스케치 평면 선택

❶ [주메뉴 바 → 새 문서 → 파트]를 선택하고 확인을 클릭한다.

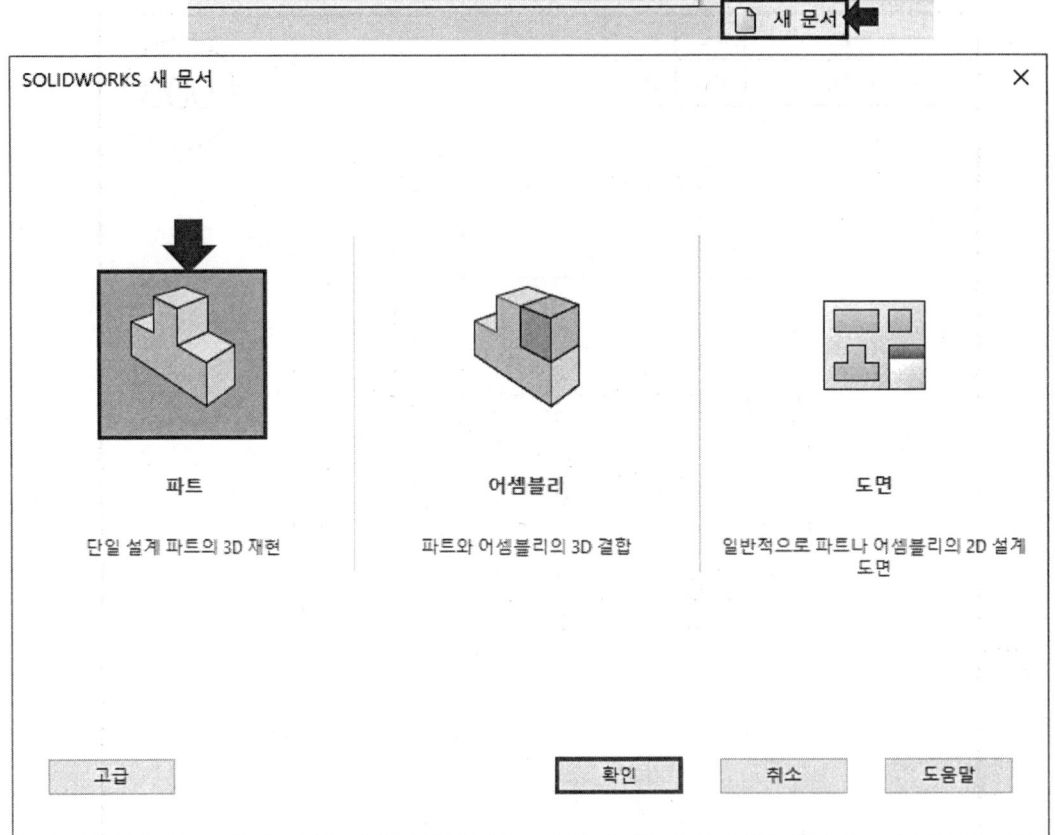

❷ 좌측의 [디자인 트리 → 윗면]을 클릭한다.

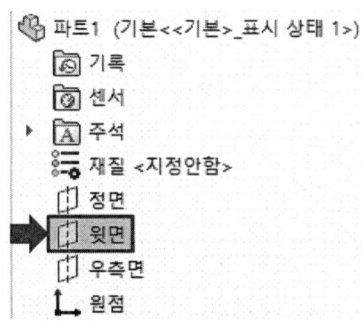

❸ 상단 커맨드 매니저에서 [스케치]를 클릭한다.

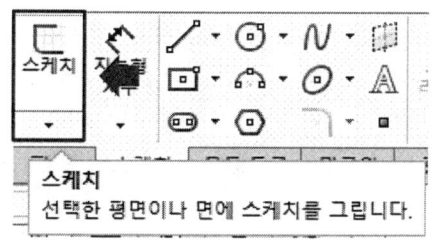

(2) 사각형 스케치

❶ [커맨드 매니저 → 스케치 탭 → 사각형 → 중심 사각형]을 클릭한다.

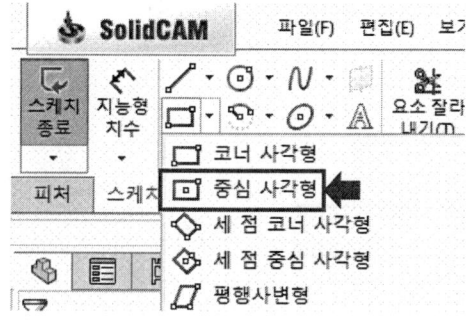

❷ 화면 가운데 있는 원점을 클릭하고 사각형의 모서리 점을 이동하여 중심 사각형의 크기를 지정한다.

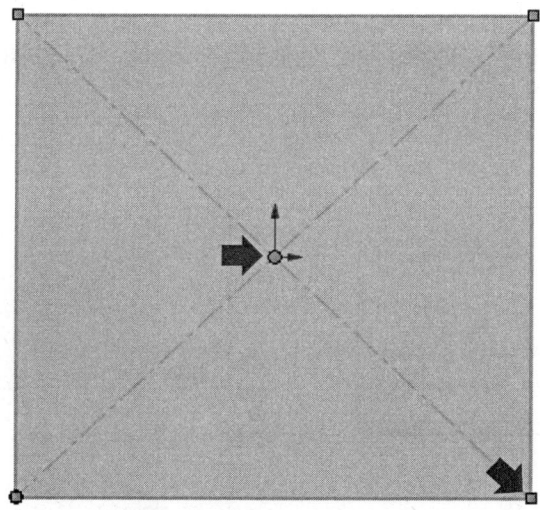

❸ 상단 커맨드 매니저에서 [지능형 치수]를 클릭한다.

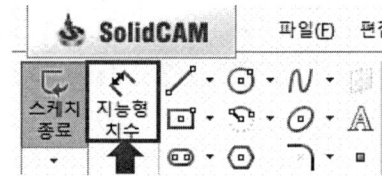

❹ 화살표가 가리키는 사각형의 가로 선을 지정한 후 치수 값 [70]을 입력한다.

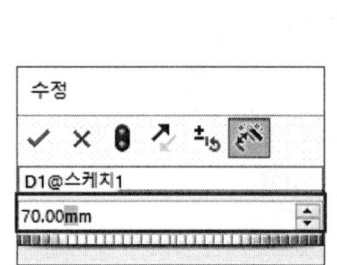
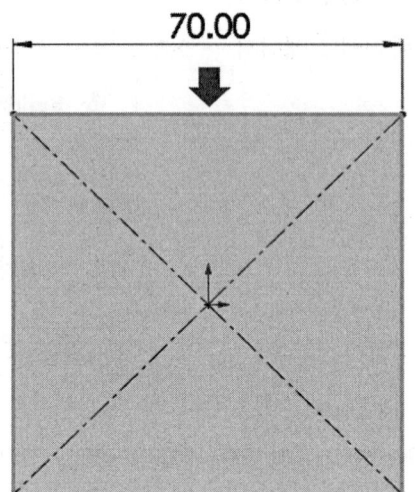

❺ 화살표가 가리키는 사각형의 세로 선을 지정한 후 치수 값 [69]를 입력한다.

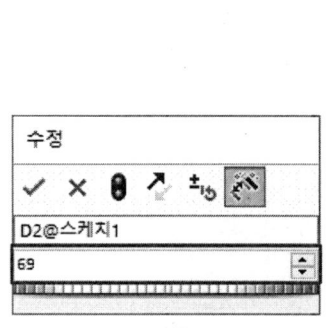
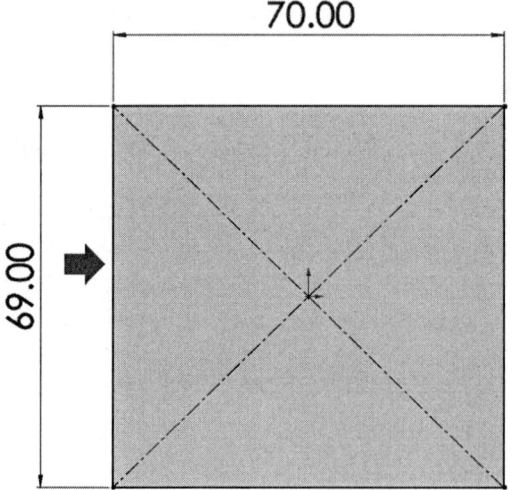

(3) 보스-돌출

❶ [커맨드 매니저 → 피처 탭 → 돌출 보스/베이스]를 클릭하고, [방향 1 → 블라인드 형태]로 설정 후 거리값 [19.5]를 입력 후 확인을 클릭한다.

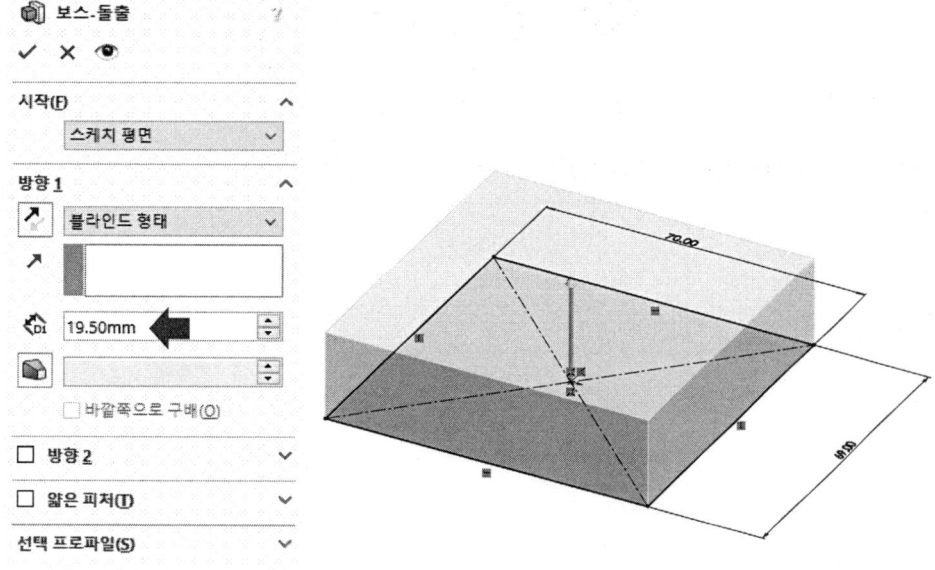

(4) 스케치 작업 평면 선택

❶ 돌출시킨 물체의 [윗면]을 선택하고, 전과 같이 [스케치]를 클릭한다.

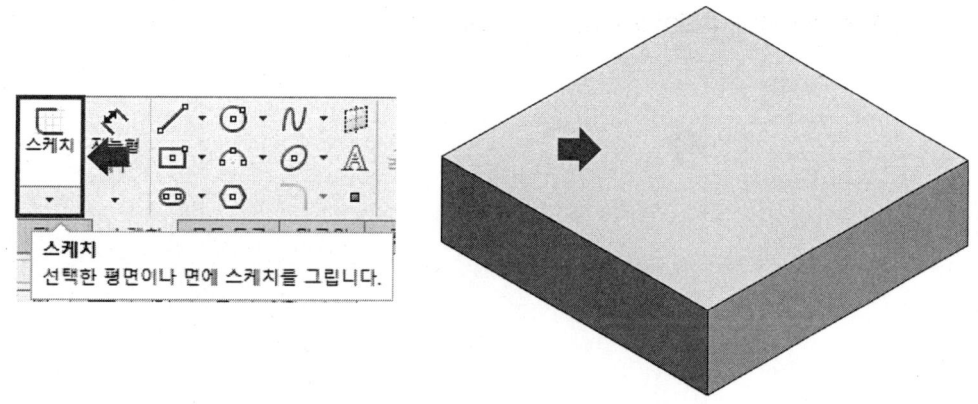

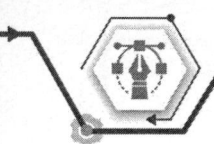

(5) 돌출에 필요한 스케치 작업

❶ [커맨드 매니저 → 스케치 탭 → 선]을 클릭한다.

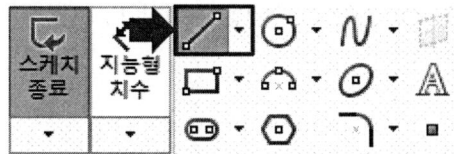

❷ 화살표가 가리키는 곳을 클릭하여 수평선을 스케치한다.

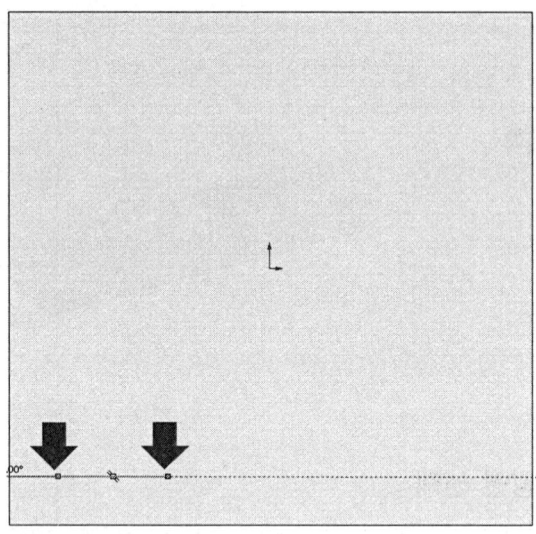

❸ 수평선의 끝점과 수직이 되도록 선을 스케치한다.

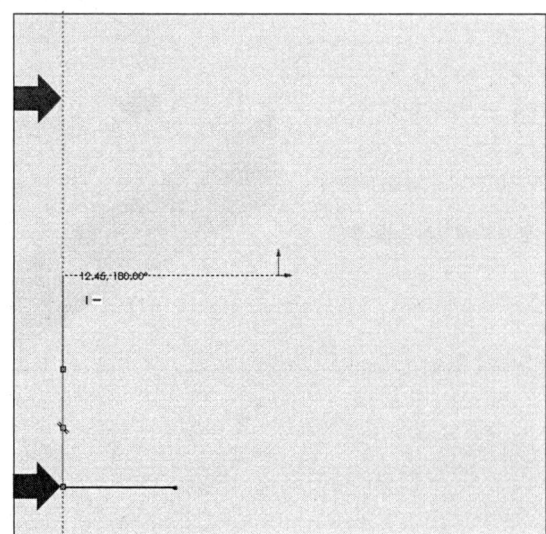

❹ 같은 방법으로 도면에 맞게 스케치를 작업한다.

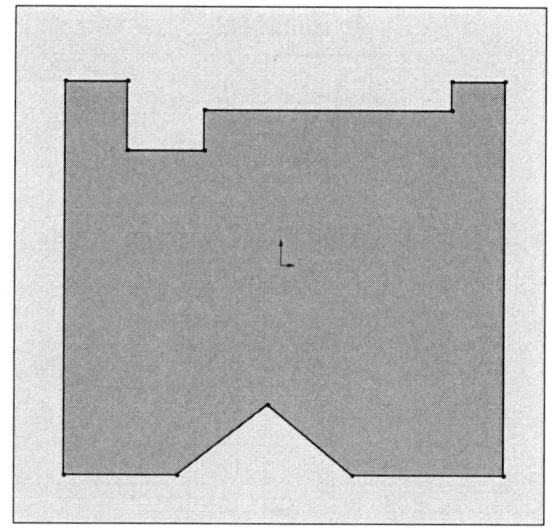

❺ [커맨드 매니저 → 스케치 탭 → 원]을 클릭한다.

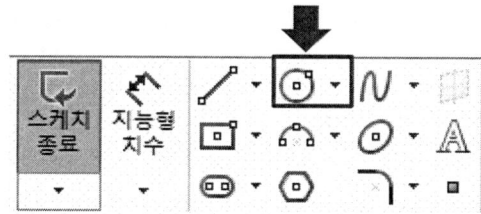

❻ 모서리의 원의 중심을 클릭하고 마우스를 움직여 원의 크기를 지정한다.

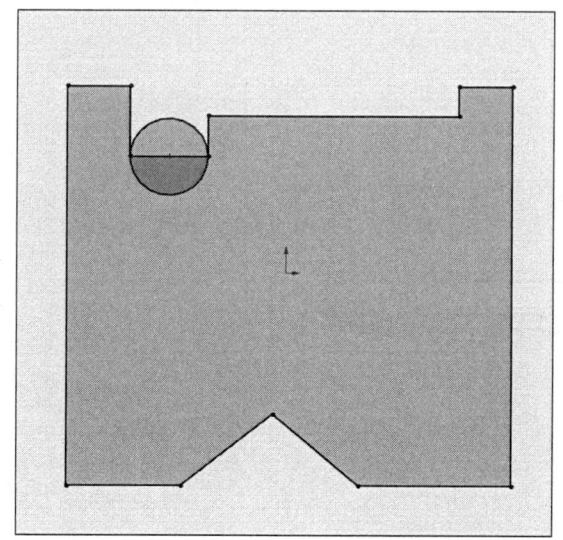

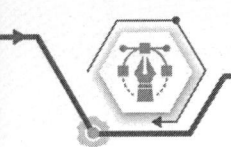

❼ 상단 커맨드 매니저에서 [지능형 치수]를 클릭한다.

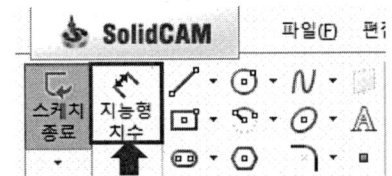

❽ 화살표가 가리키는 수직선을 클릭하고 치수 값 [62]를 입력한다.

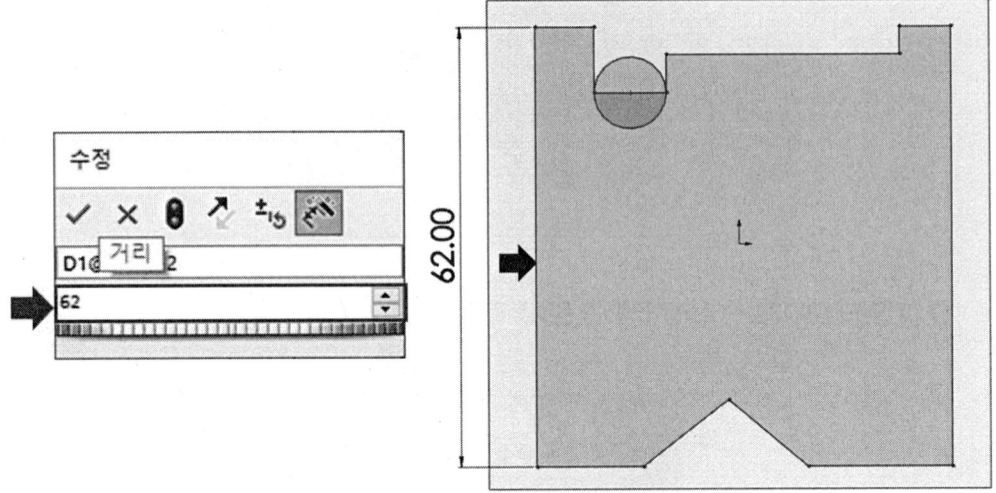

❾ 화살표가 가리키는 양쪽의 수직선을 클릭하고 치수 값 [62]를 입력한다.

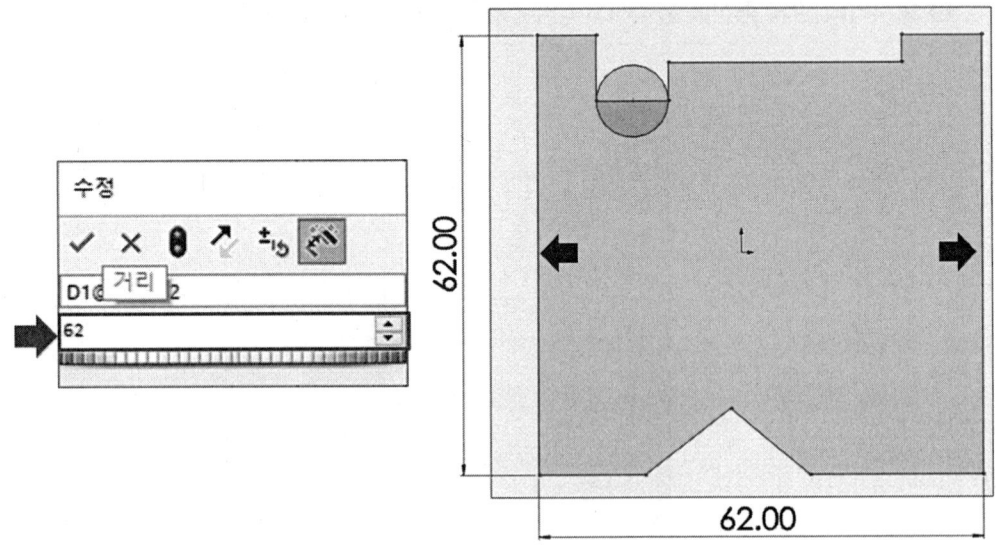

❿ [지능형 치수]를 사용하여 같은 방법으로 도면에 맞게 치수를 입력한다.

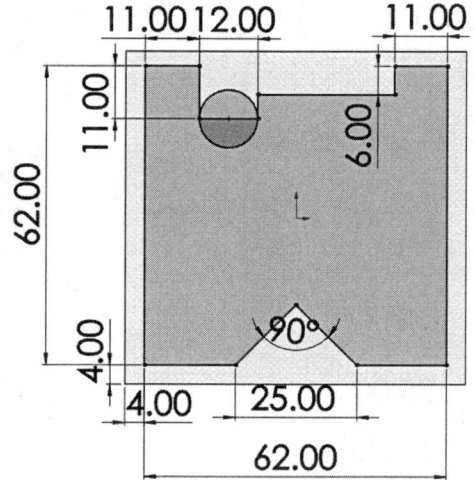

⓫ [커맨드 매니저 → 스케치 탭 → 요소 잘라내기]를 선택한다.

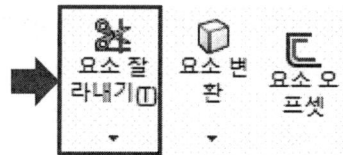

⓬ 좌측 메뉴에서 [근접 잘라내기]를 선택한다.

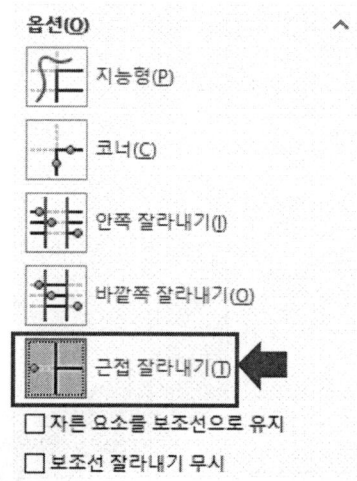

⑬ 화살표가 가리키는 원을 클릭하여 불필요한 선을 잘라낸다.

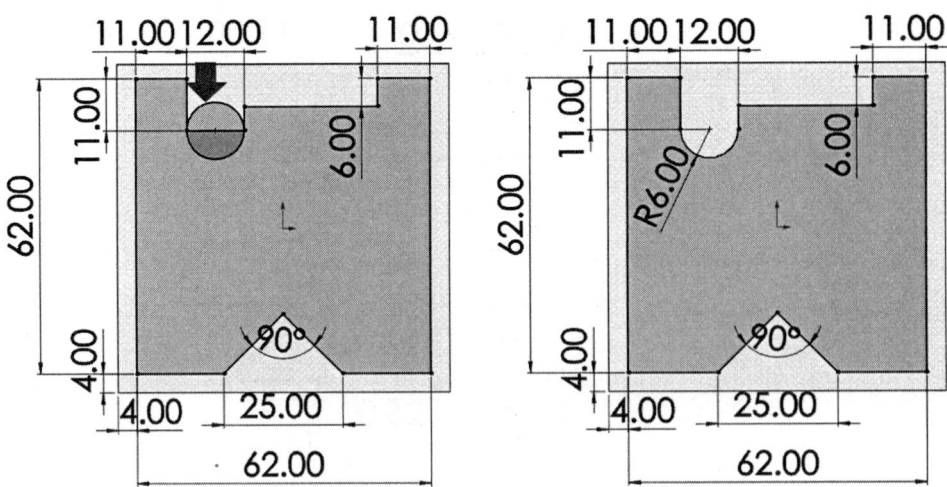

(6) 스케치 돌출

❶ [커맨드 매니저 → 피처 탭 → 돌출 보스/베이스]를 클릭한다.

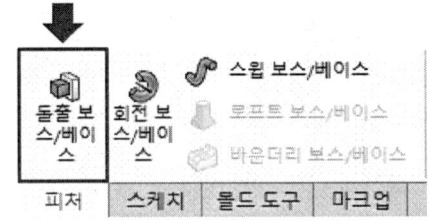

❷ [블라인드 형태] 거리값 [6]을 입력하고 돌출한다.

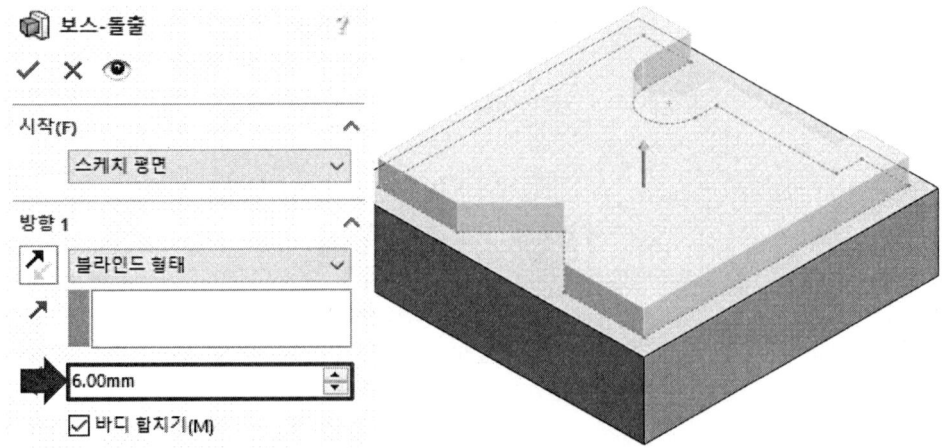

❸ [커맨드 매니저 → 피처 탭 → 필렛]을 클릭한다.

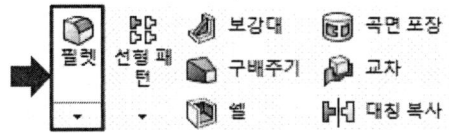

❹ 반경 값 [6]을 입력하고, 화살표가 가리키는 모서리를 클릭한 후 확인을 클릭한다.

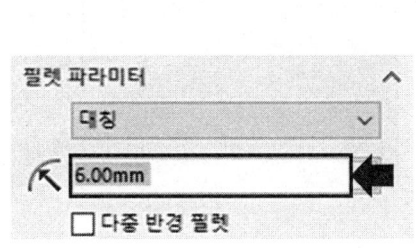
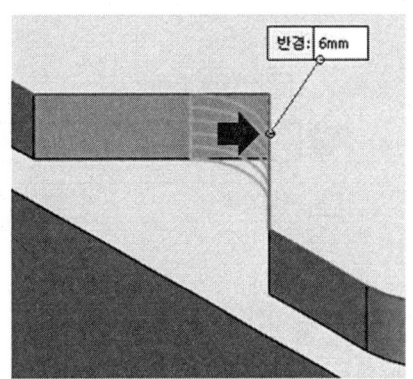

❺ 다시 필렛을 클릭하고 반경 값 [8]을 입력하고, 화살표가 가리키는 모서리를 클릭한다.

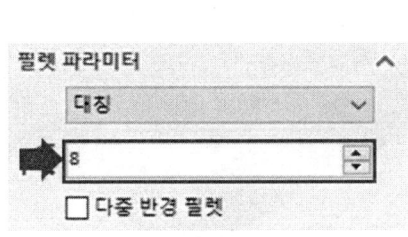
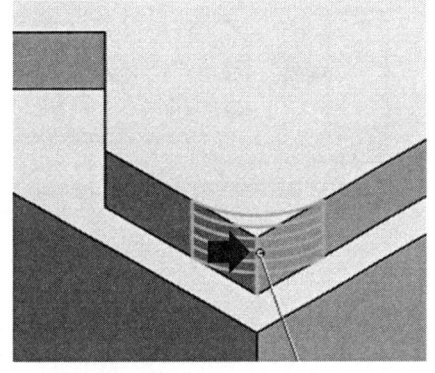

❻ [커맨드 매니저 → 피처 탭 → 필렛 하위항목 → 모따기]를 클릭한다.

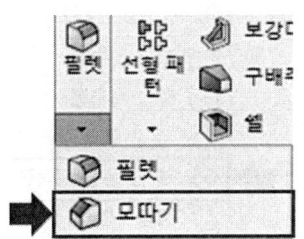

❼ 모따기 값 [12]를 입력하고, 화살표가 가리키는 모서리를 클릭한다.

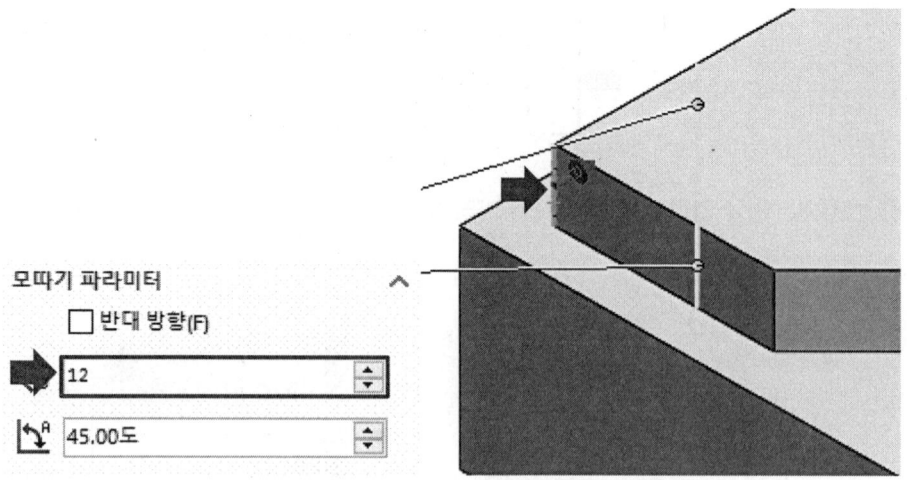

(7) 돌출 컷 스케치

❶ 돌출한 모델링의 윗면을 선택하고 상단 커맨드에서 [스케치]를 클릭한다.

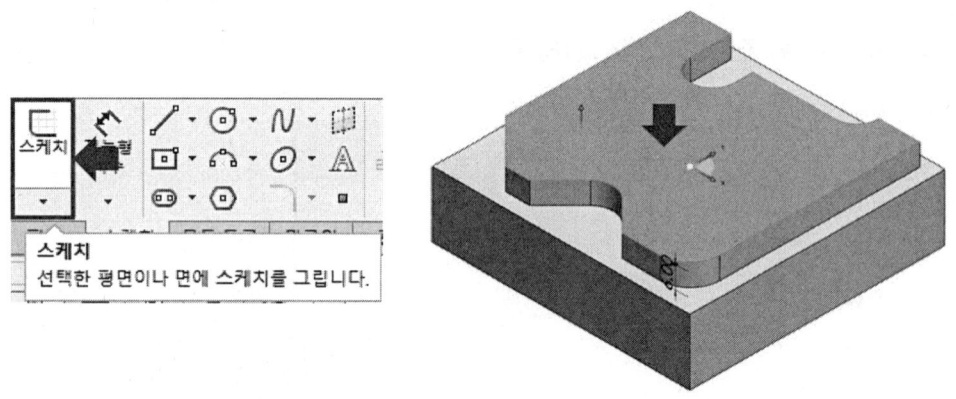

❷ [커맨드 매니저 → 스케치 탭 → 사각형 하위항목 → 세 점 중심 사각형]을 클릭한다.

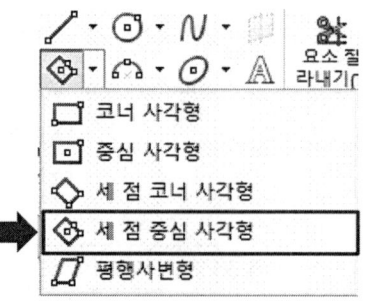

❸ 가운데 중심점을 클릭하고 다른 두 곳을 클릭하여 마름모 형상이 되도록 스케치를 작업한다.

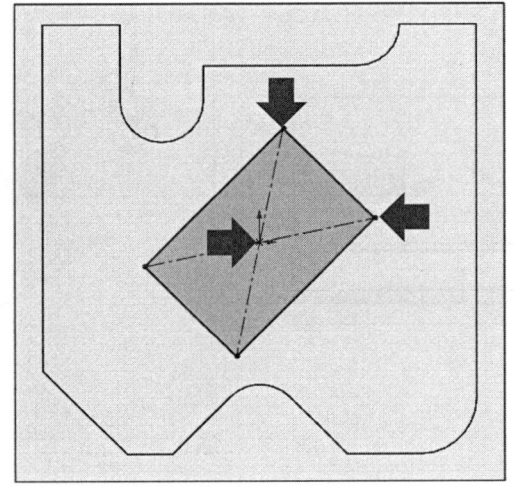

❹ 상단 커맨드 매니저에서 [지능형 치수]를 클릭한다.

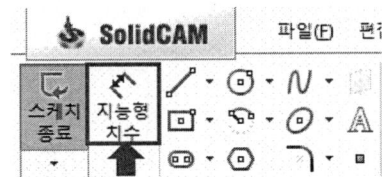

❺ 화살표가 가리키는 마름모의 선을 클릭하고 치수 값 [24]를 입력한다.

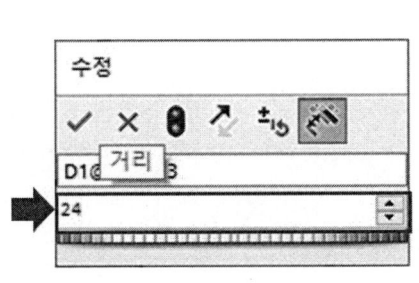
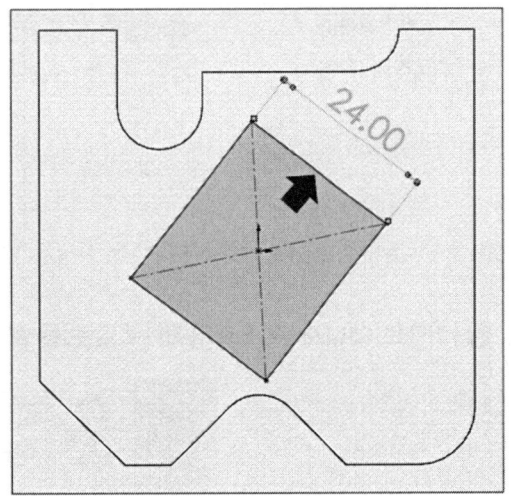

❻ 화살표가 가리키는 마름모의 선을 클릭하고 치수 값 [24]를 입력한다.

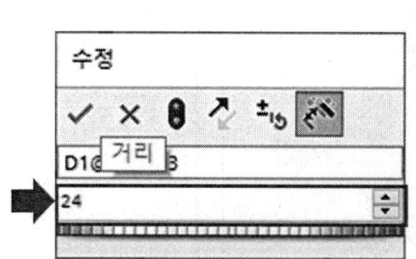
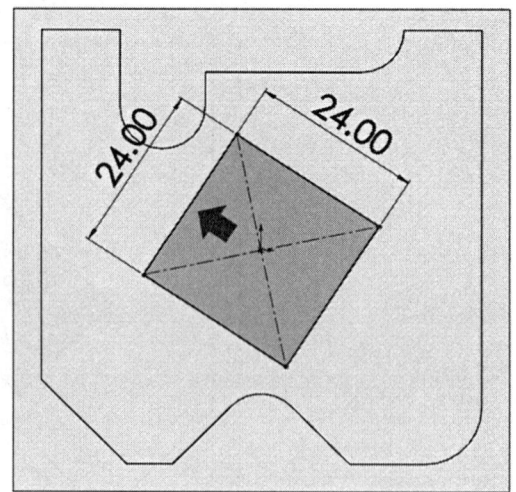

❼ [ESC]를 눌러 지능형 치수를 종료하고, 화살표가 가리키는 두 점을 클릭한 후 구속조건의 수직을 클릭한다.

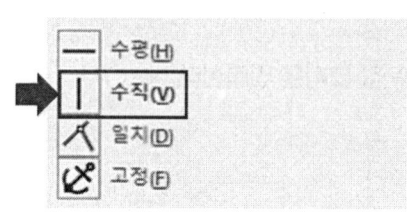
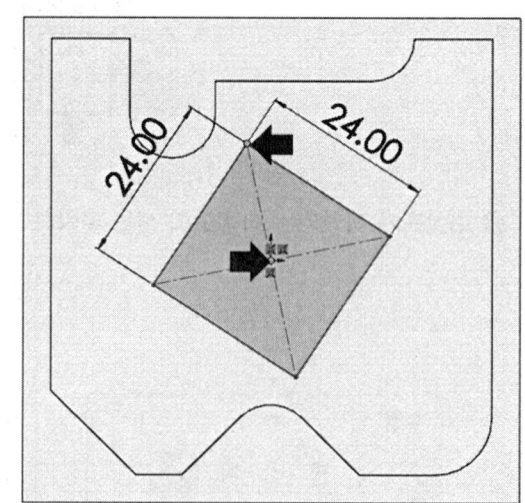

❽ [커맨드 매니저 → 스케치 탭 → 필렛]을 클릭한다.

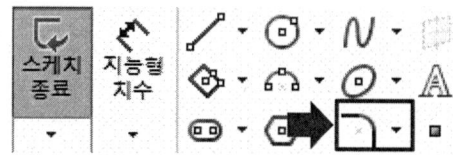

❾ 필렛 값 [6]을 입력하고, 화살표가 가리키는 네 곳의 모서리를 클릭한다.

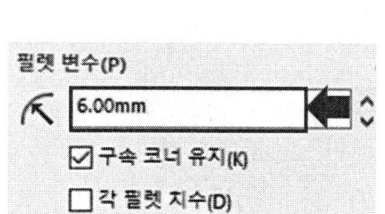
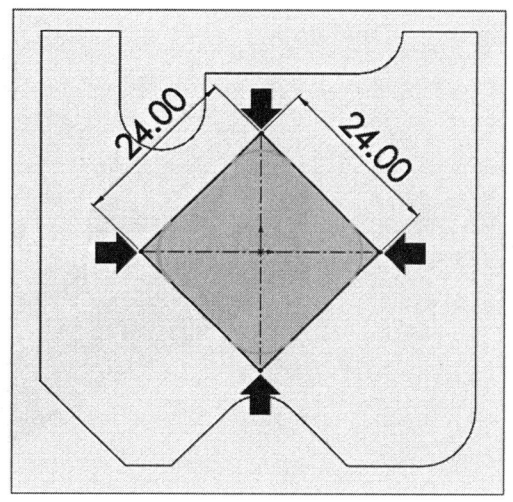

(8) 돌출 컷

❶ [커맨드 매니저 → 피처 탭 → 돌출 컷]을 선택한다.

❷ 스케치를 선택하고 거리 값 [4]를 입력한다.

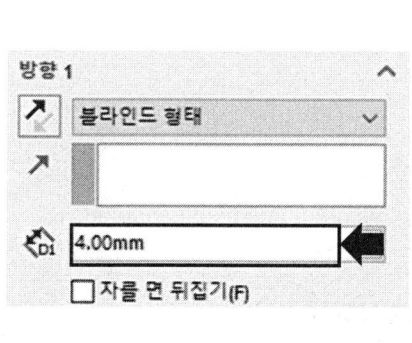
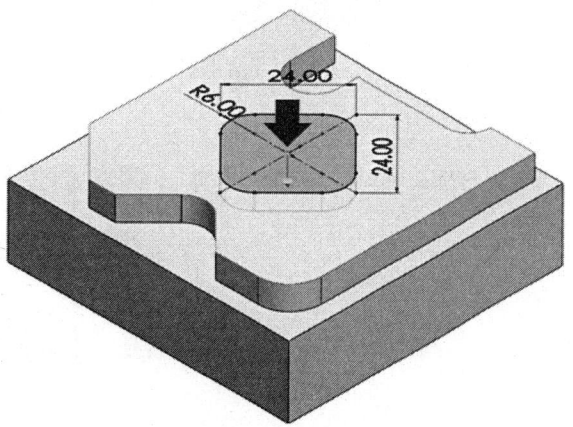

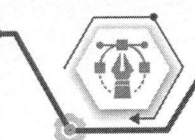

❸ 확인을 클릭하여 돌출 컷을 확인한다.

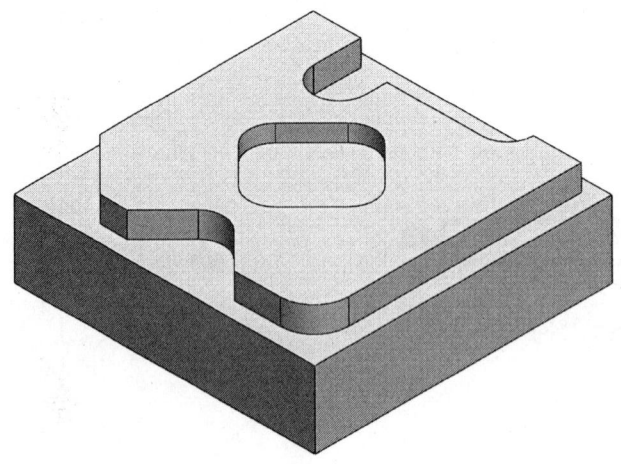

(9) 드릴 가공 면 스케치

❶ 아래 그림의 면을 클릭한 후 [스케치]를 클릭한다.

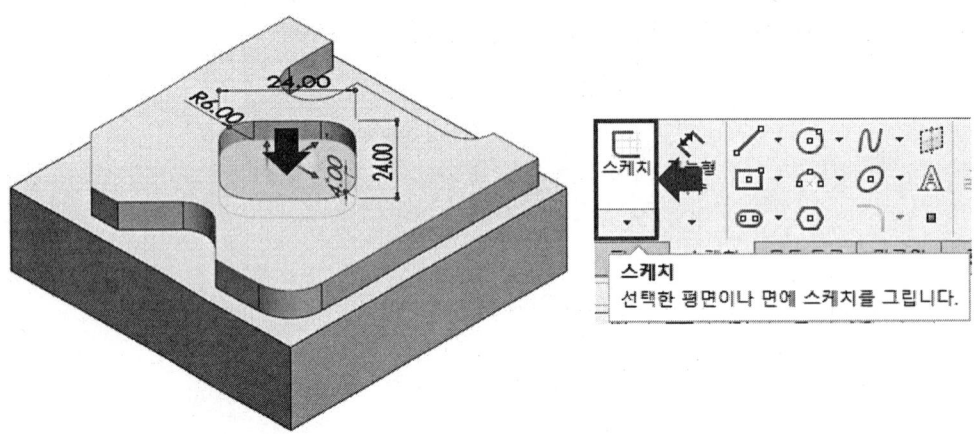

❷ [커맨드 매니저 → 스케치 탭 → 원]을 클릭한다.

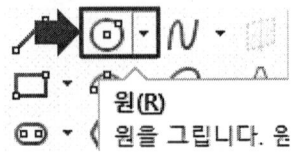

❸ 원의 중심과 화살표가 가리키는 곳을 클릭하여 원의 크기를 지정한다.

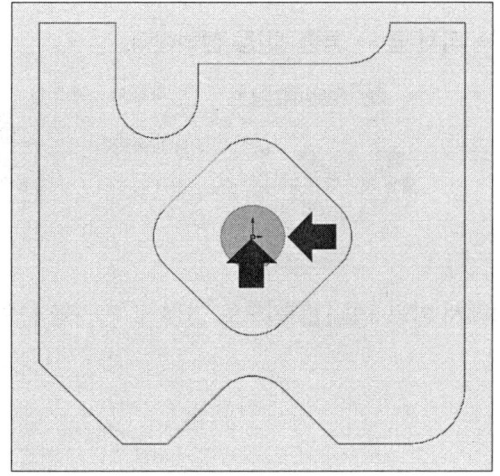

❹ [커맨드 매니저 → 스케치 탭 → 지능형 치수]를 클릭한다.

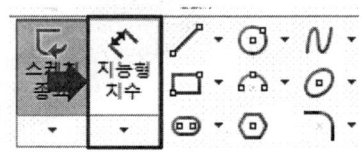

❺ 원을 클릭하고 원의 지름 값 [8]를 입력한다.

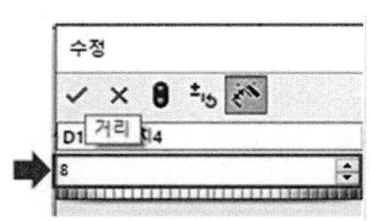
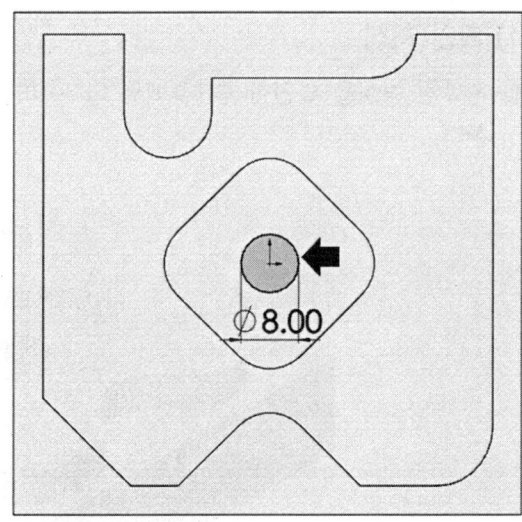

(10) 드릴면 돌출 컷

❶ [커맨드 매니저 → 피처 탭 → 돌출 컷]을 선택한다.

❷ 솔리드캠 관리자에서 방향 1을 [관통]으로 변경 후 확인을 클릭한다.

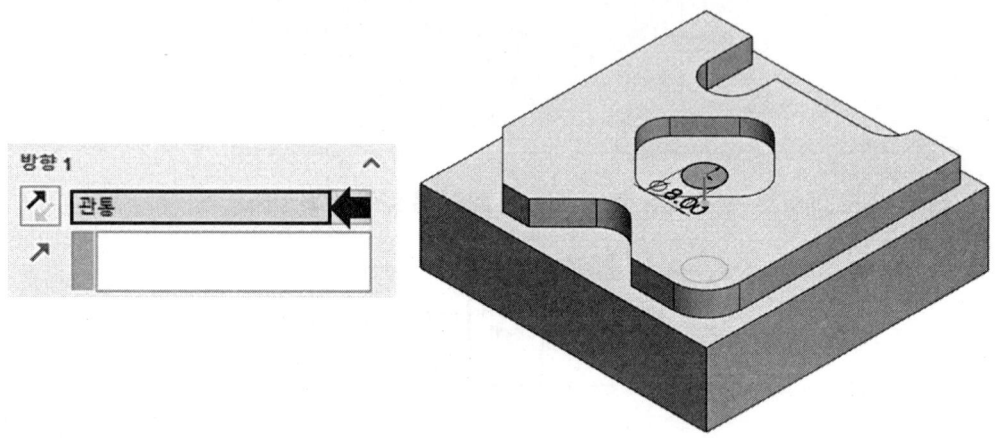

(11) 확인 저장

❶ 완료된 형상을 확인한 후 [주메뉴 바 → 파일 → 다른 이름으로 저장]을 선택하여 저장한다.

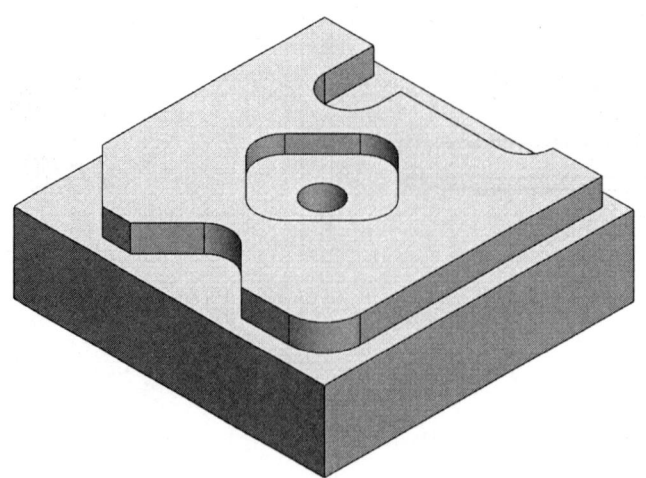

③ CAM

(1) SolidCAM 원점, 소재 정의

❶ [주메뉴 바 → 열기]를 통해 파일을 불러온다.

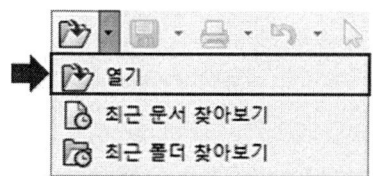

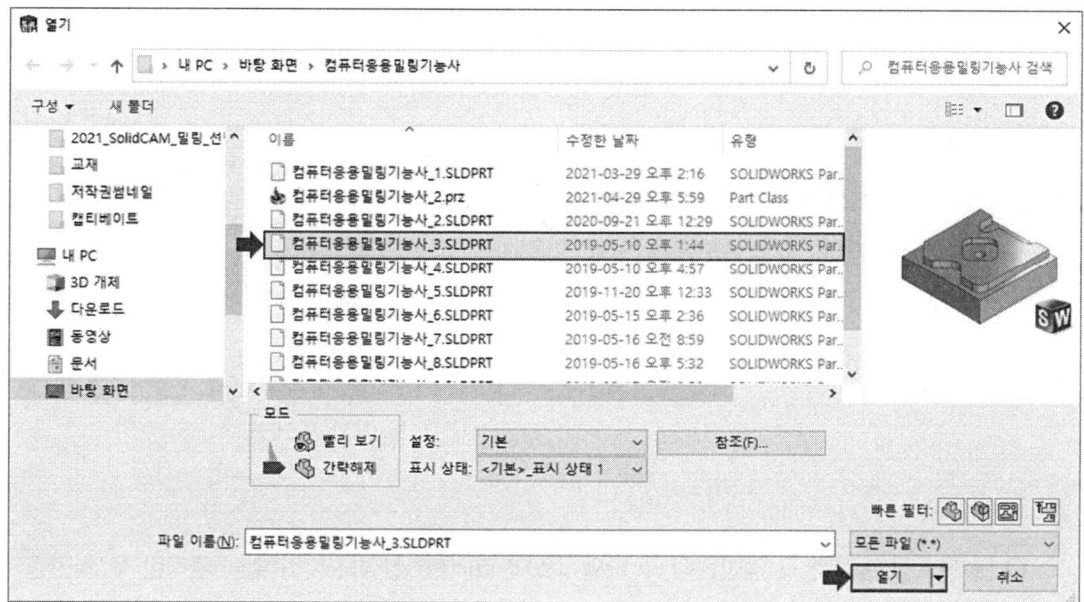

❷ [커맨드 매니저 → SolidCAM 파트 설정 탭 → 신규 → 밀링]을 클릭한다.

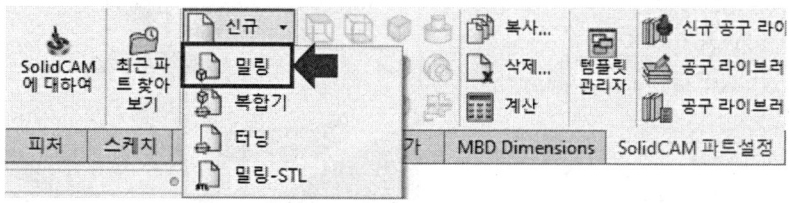

❸ [신규 밀링파트 → 캠-파트 생성방법 → 솔리드캠의 파일로 저장 → 단위 → 미터]를 클릭한 후 확인을 클릭한다.

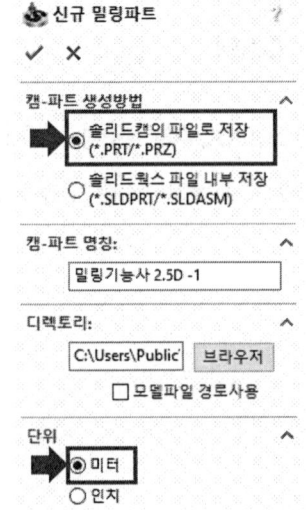

❹ [CNC → 컨트롤러 → gMilling_3x]를 설정한 후 [정의 → 원점]을 클릭한다.

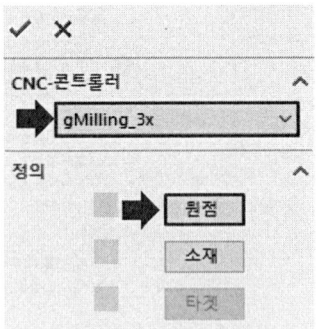

❺ [솔리드캠 관리자 → 평면원점 → 모델박스의 코너]를 설정하고, 모델을 클릭한 후 확인을 클릭한다.

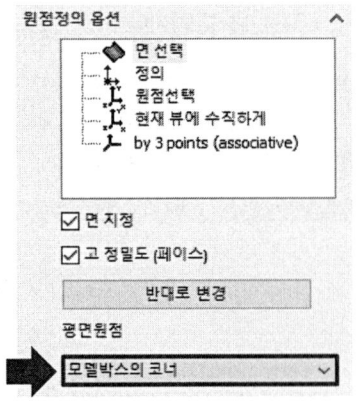
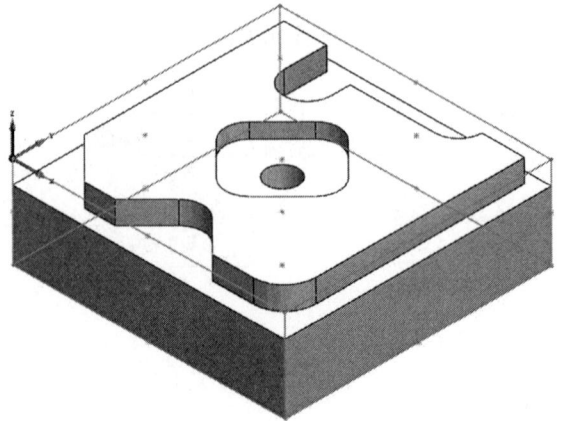

❻ [원점 데이터 → 확인 → 원점 관리자 → 확인]을 클릭한다.

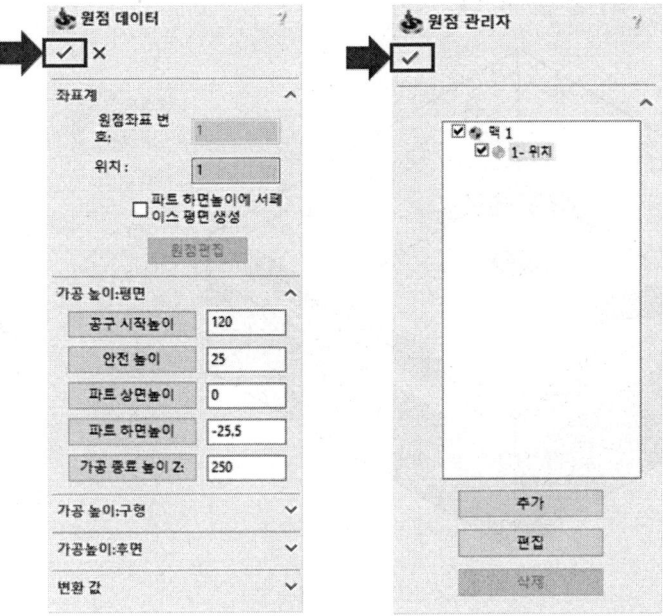

❼ [밀링파트 데이터 → 정의 → 소재]를 클릭한다.

❽ 형상을 [클릭]하여 소재를 정의하고, [박스확장]에서 모든 확장을 0으로 하고 [Z+]만 1로 설정한 후 확인을 클릭한다.

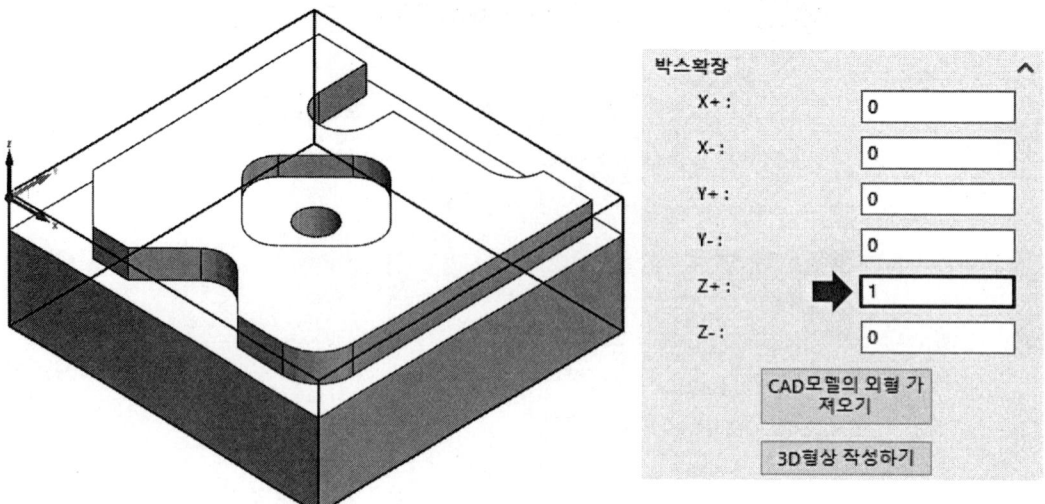

❾ 정의를 완료하고 [밀링파트 데이터]의 확인을 클릭한다.

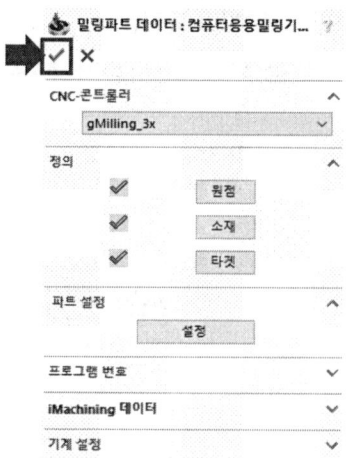

(2) 페이스 밀링 작업

❶ [커맨드 매니저 → 2.5D → 페이스]를 클릭한다.

❷ 좌측의 메뉴에서 [공구 → 공구 선택]을 클릭한다.

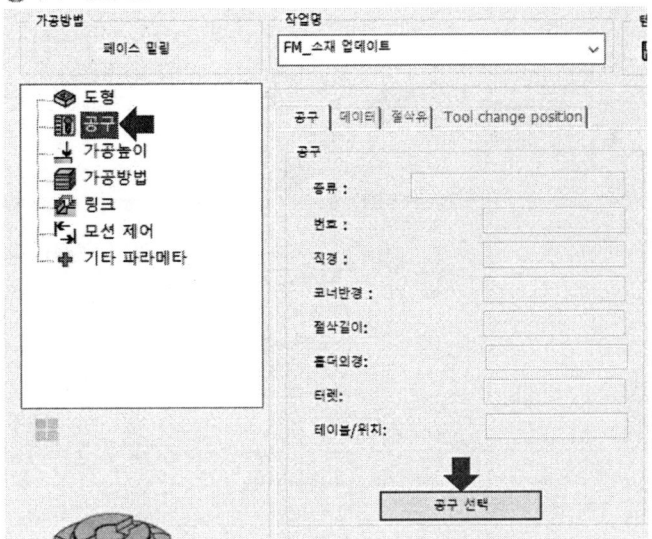

❸ [밀링 공구 추가 → 페이스 커터]를 클릭한다.

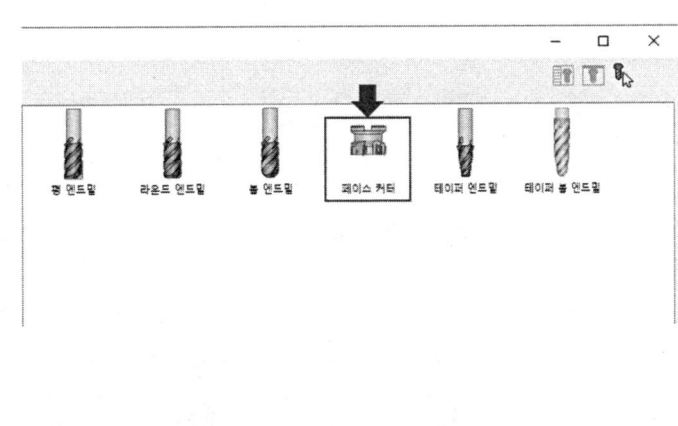

❹ [번호 : 5 → 직경(D) : 80]을 입력하고, [디폴트 공구 데이터]를 클릭한다.

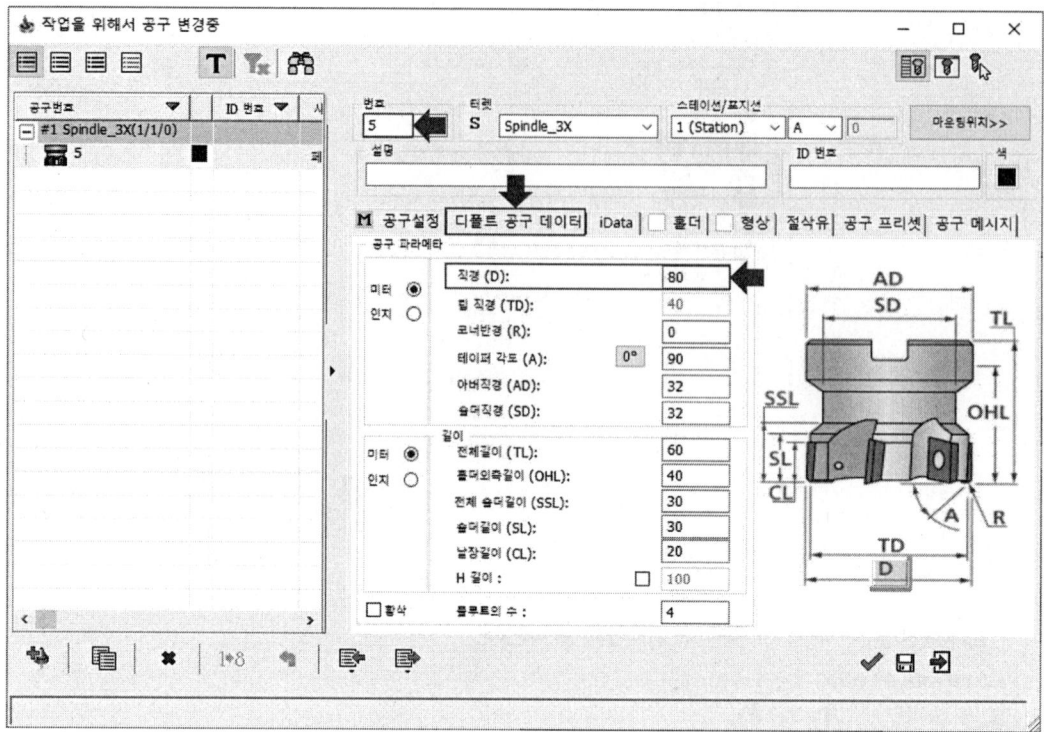

❺ [XY피드 : 100 → Z피드 : 100 → 회전율 : 1000]을 입력하고 확인을 클릭한다.

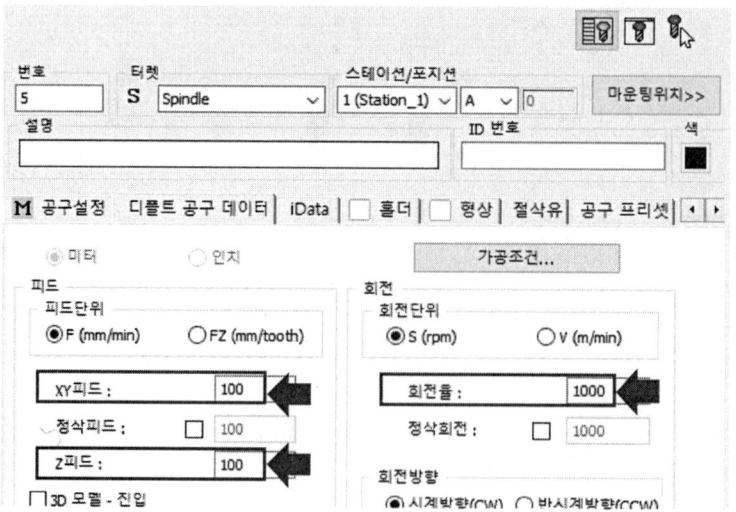

❻ [가공높이 → 상면높이]를 클릭한다.

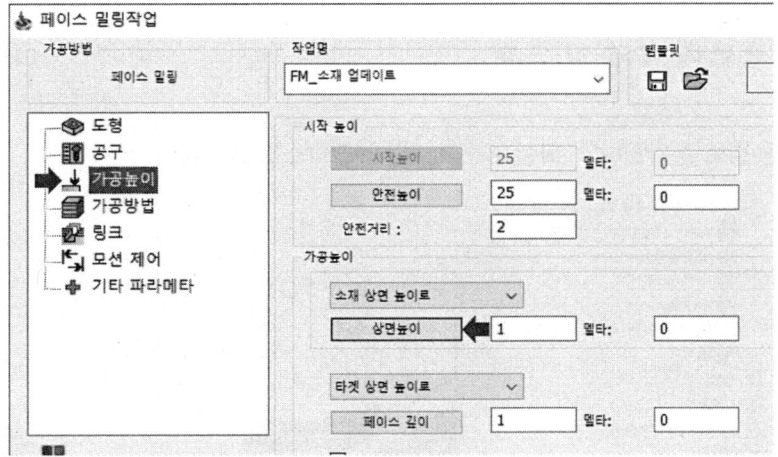

❼ 형상의 윗면을 클릭한 후 확인을 클릭한다.

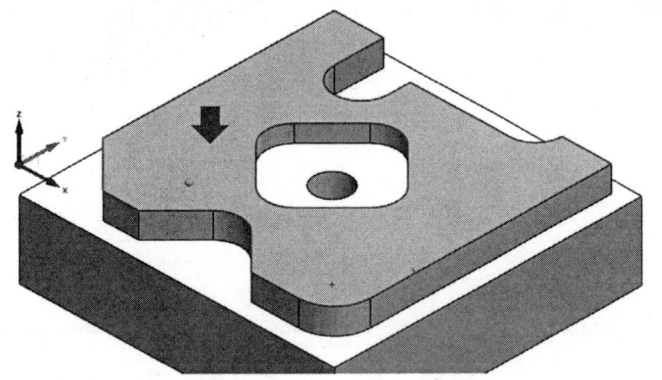

❽ [가공방법 → 한 경로]를 클릭한다.

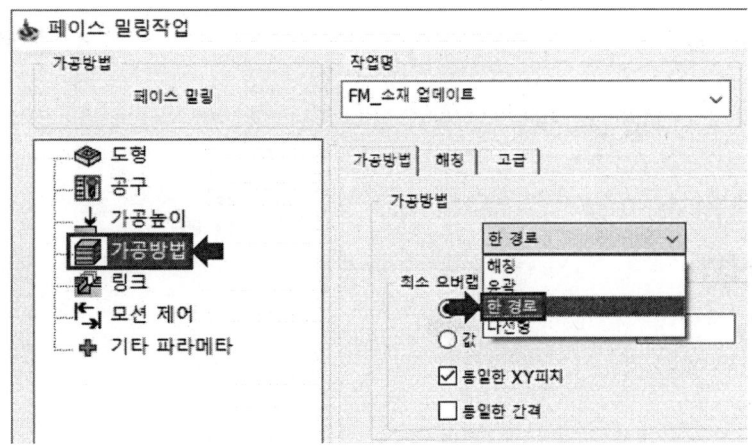

❾ [저장&계산 → 나가기]를 클릭한다.

❿ 가공 경로를 확인하고, 화살표가 표시된 체크박스를 클릭한다.

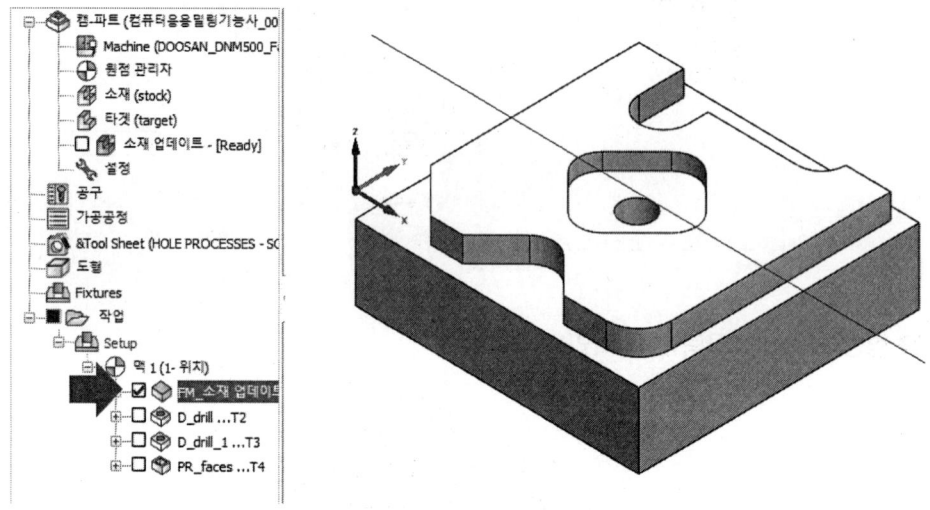

(3) 드릴 작업

❶ [커맨드 매니저 → 2.5D → 드릴]을 클릭한다.

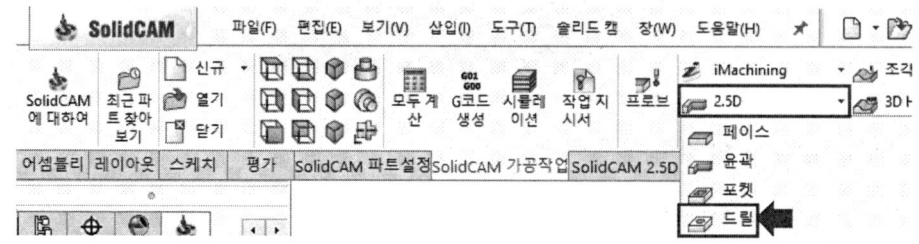

❷ [도형 → 신규]를 클릭한다.

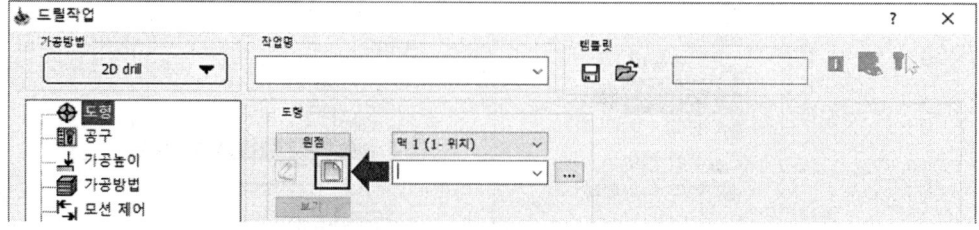

❸ 형상에서 드릴 가공할 위치인 화살표가 표시된 곳을 클릭한 후 확인을 클릭한다.

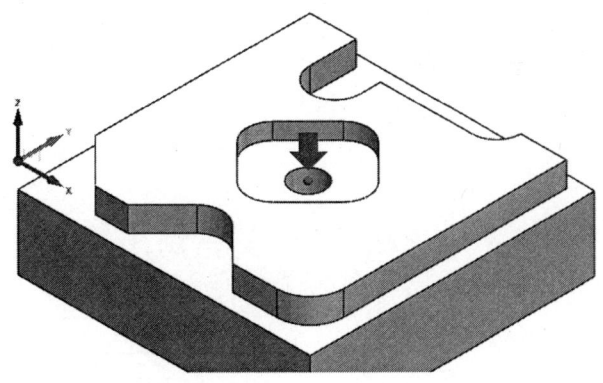

❹ 좌측의 메뉴에서 [공구 → 공구 선택]을 클릭한다.

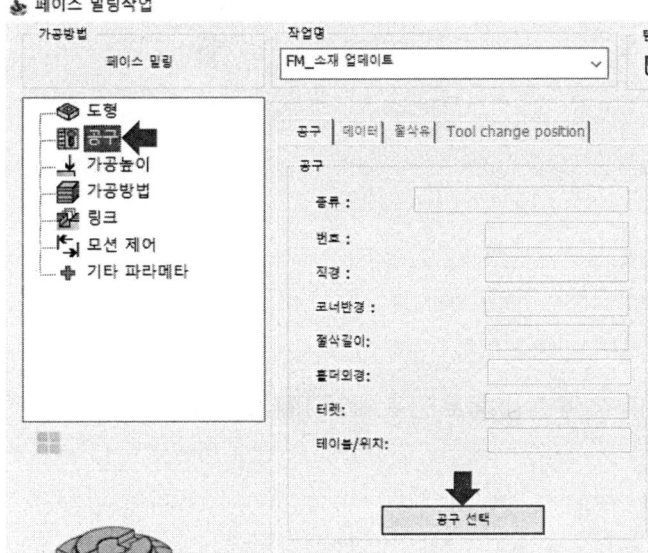

❺ [밀링 공구 추가 → 센터드릴]을 클릭한다.

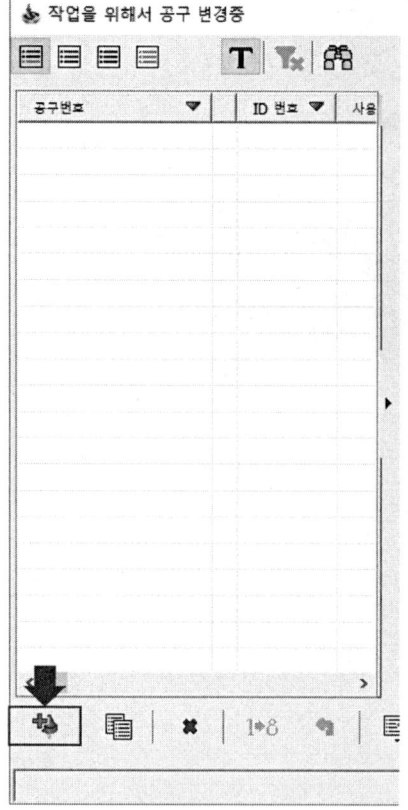

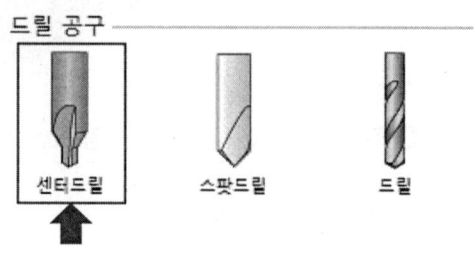

❻ [팁 직경 : 3]을 입력 후 [디폴트 공구 데이터]를 클릭한다.

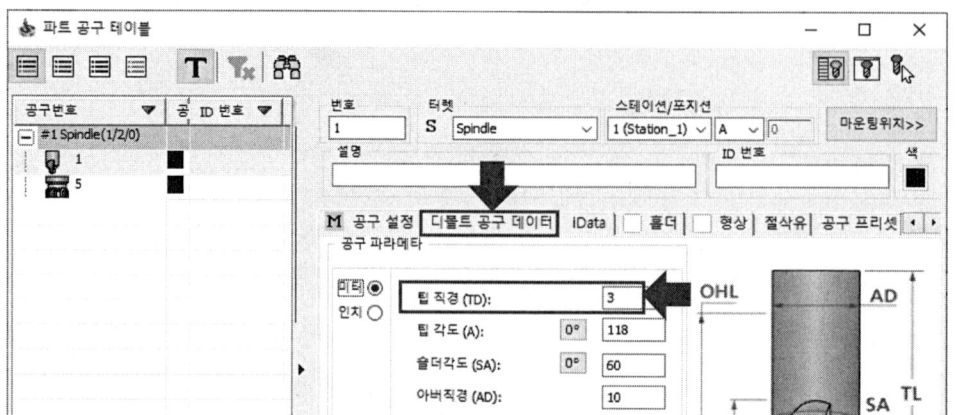

❼ [XY피드 : 70 → Z피드 : 70 → 회전율 : 700]을 입력하고 확인을 클릭한다.

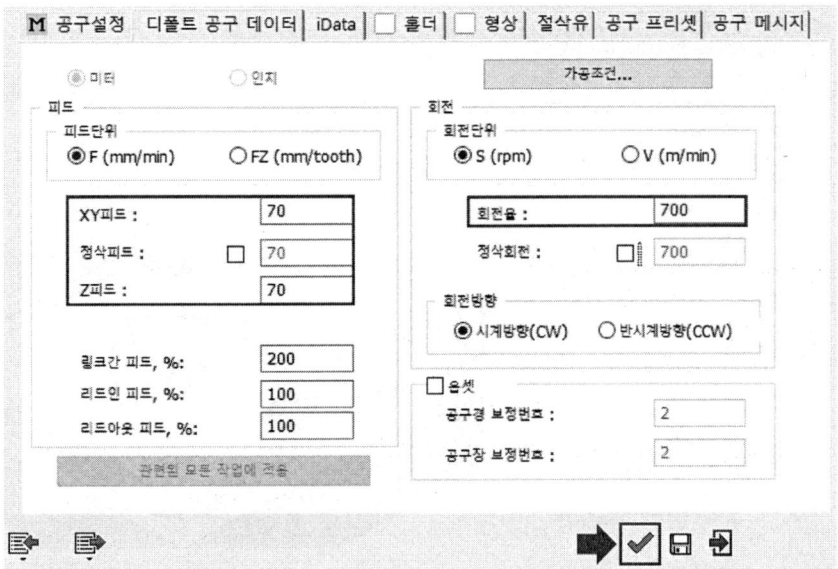

❽ [가공높이]를 클릭하고, [드릴깊이 : 3]을 입력한다.

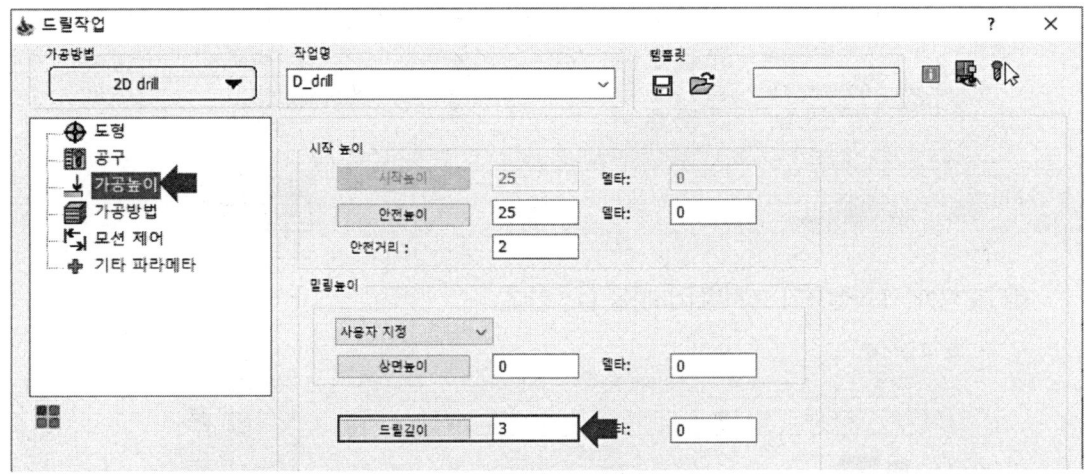

❾ [저장&계산 → 나가기]를 클릭한다.

❿ 가공 경로를 확인하고, 화살표가 표시된 체크박스를 클릭한다.

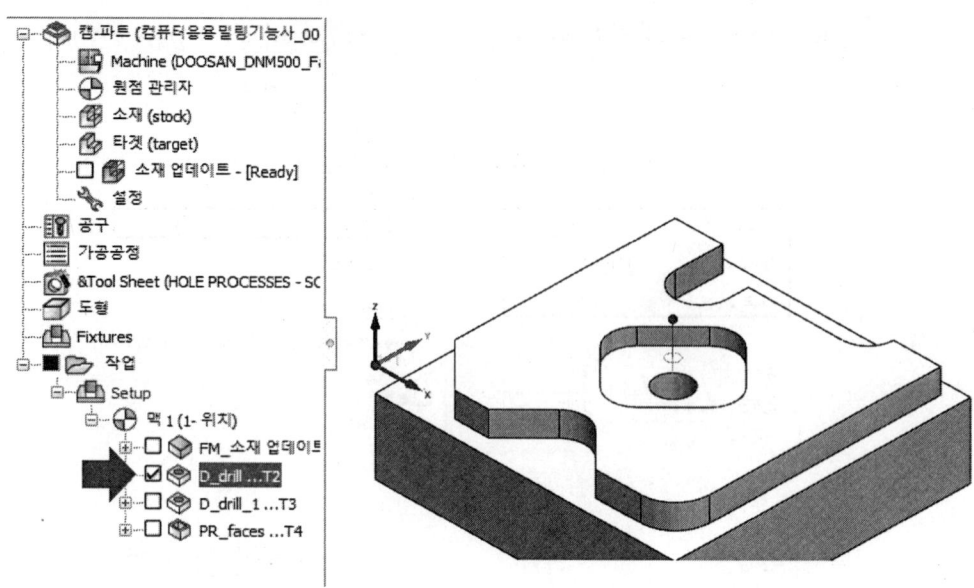

⓫ [커맨드 매니저 → 2.5D → 드릴]을 클릭한다.

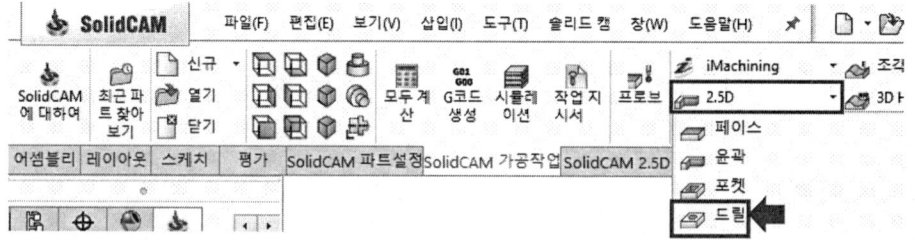

⓬ [도형]에서 화살표가 표시된 [drill]을 설정한다.

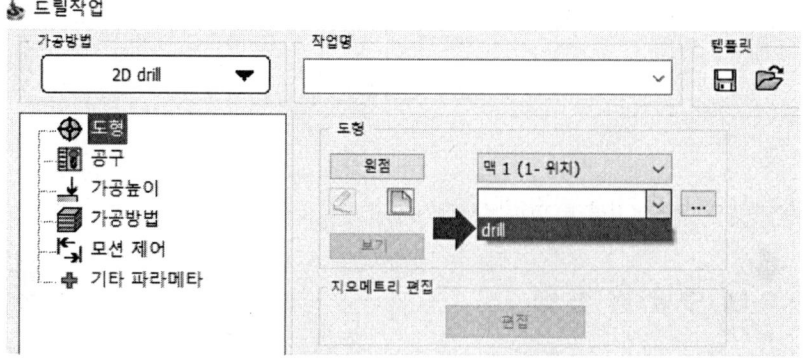

⓭ 좌측의 메뉴에서 [공구 → 공구 선택]을 클릭한다.

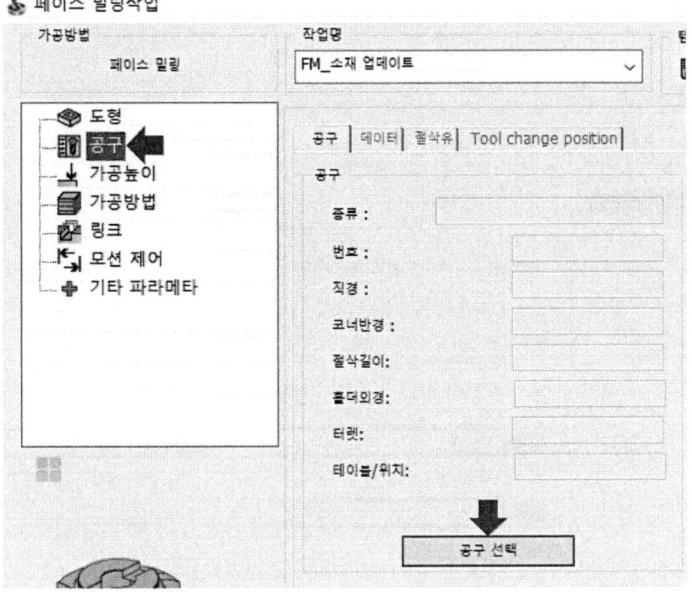

⓮ [밀링 공구 추가 → 드릴]을 클릭한다.

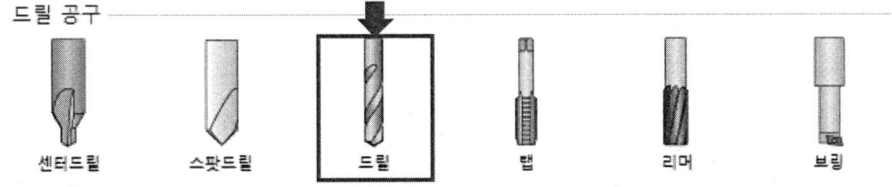

⓯ [직경 : 8 → 숄더 및 아버직경 : 8]을 입력하고, [디폴트 공구 데이터]를 클릭한다.

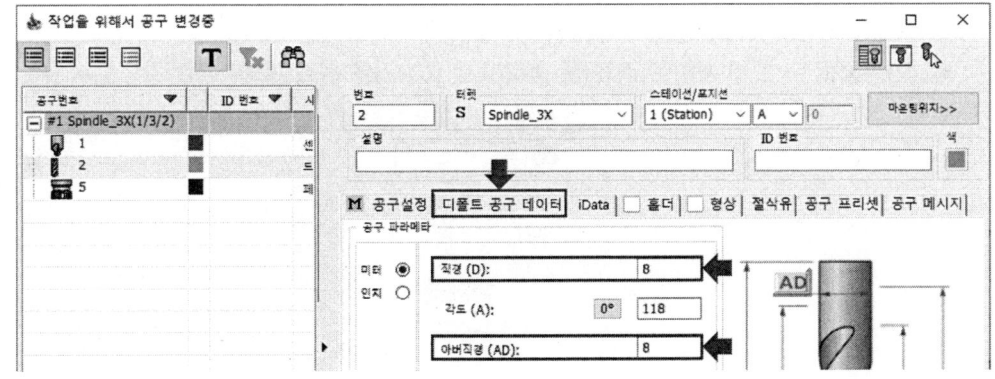

03. 컴퓨터응용밀링기능사 따라 하기 127

⑯ [XY피드 : 80 → Z피드 : 80 → 회전율 : 800]을 입력 후 오른쪽 상단의 색상을 파란색이 아닌 다른 색상으로 변경한다.

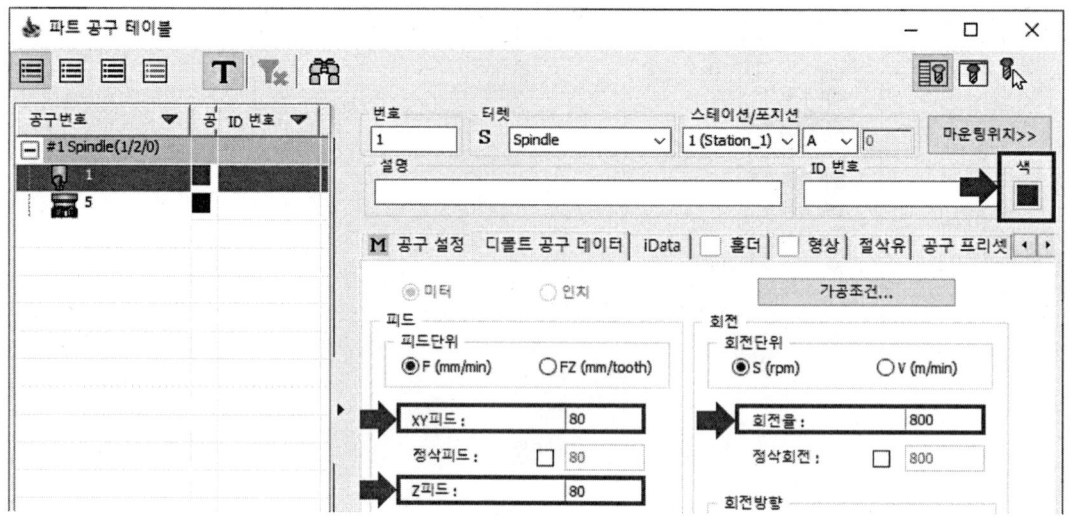

⑰ [가공높이 → 드릴깊이 → 델타 : -2]를 입력한다.

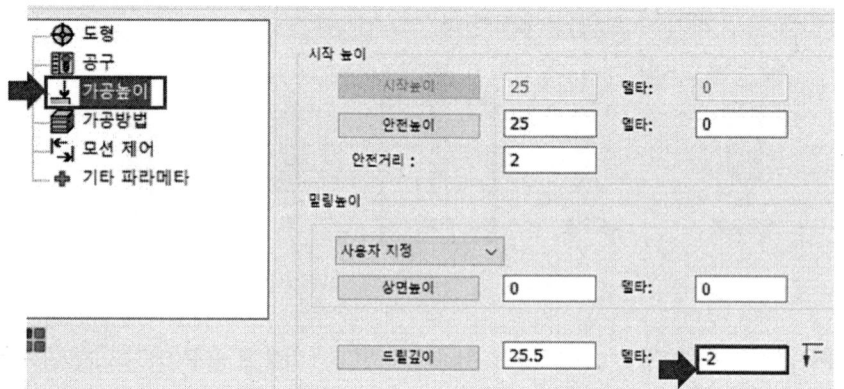

⑱ [가공방법 → 드릴 사이클 종류]를 클릭하고, [G83]을 클릭한다.

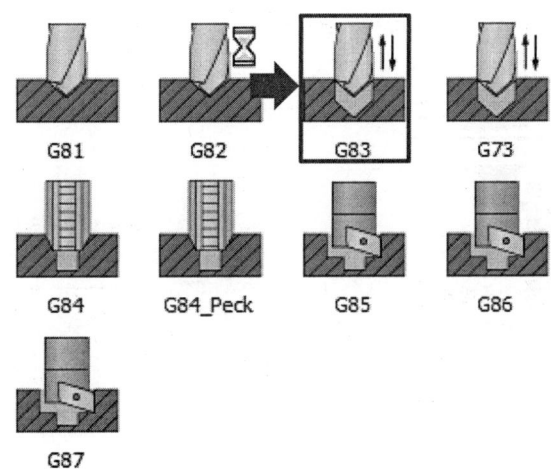

⑲ [데이터]를 클릭하고, [절입량 : 3 → Full retract : 아니오]를 설정한 후 [확인]을 클릭한다.

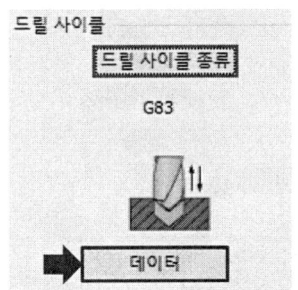 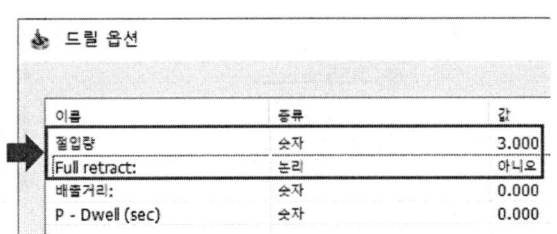

⑳ [저장&계산 → 나가기]를 클릭한다.

(4) 포켓자동인식 가공

❶ [커맨드 매니저 → 자동인식 가공 하위 항목 → 포켓자동인식]을 클릭한다.

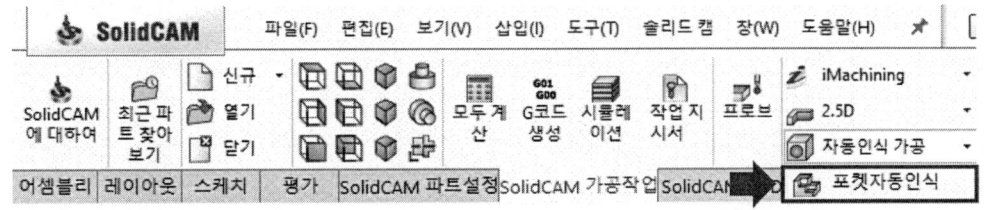

❷ [포켓자동인식 → 도형 → 신규]를 클릭한다.

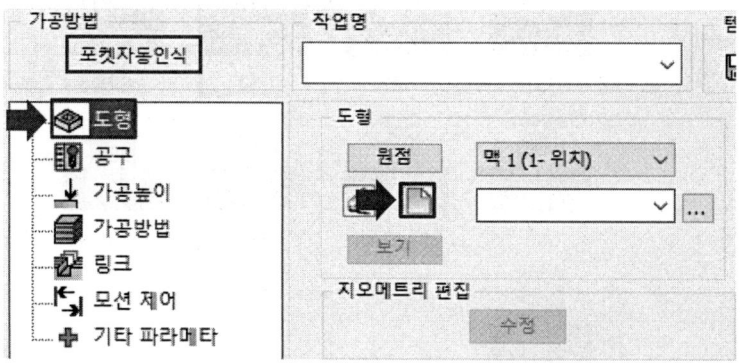

❸ 도형의 상단을 클릭하여 솔리드캠 관리자 선택 리스트에 3개의 면이 들어갔는지 확인한다.

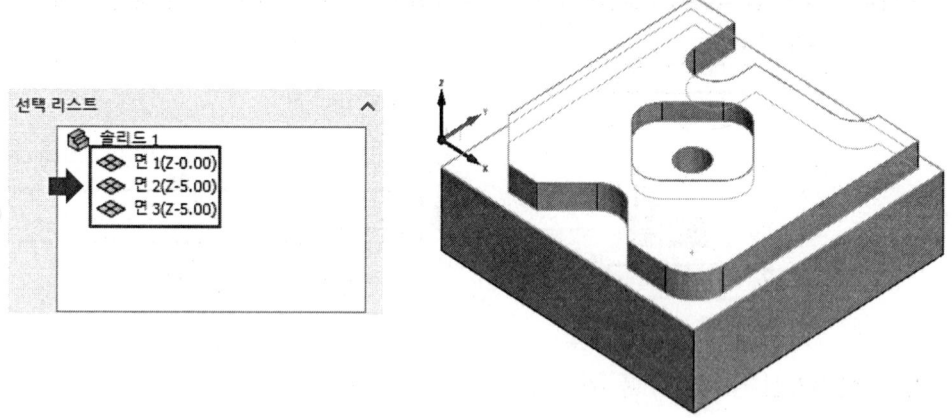

❹ 선택 리스트에서 상단 면을 찾아 마우스 오른쪽 클릭하고, [선택해제]를 클릭한다.

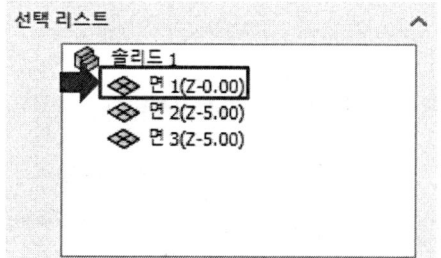
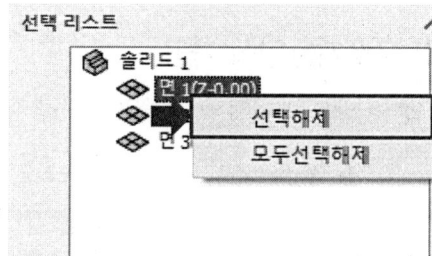

❺ [공구 → 선택 → 밀링 공구 추가 → 밀링 공구 → 평 엔드밀]을 클릭한다.

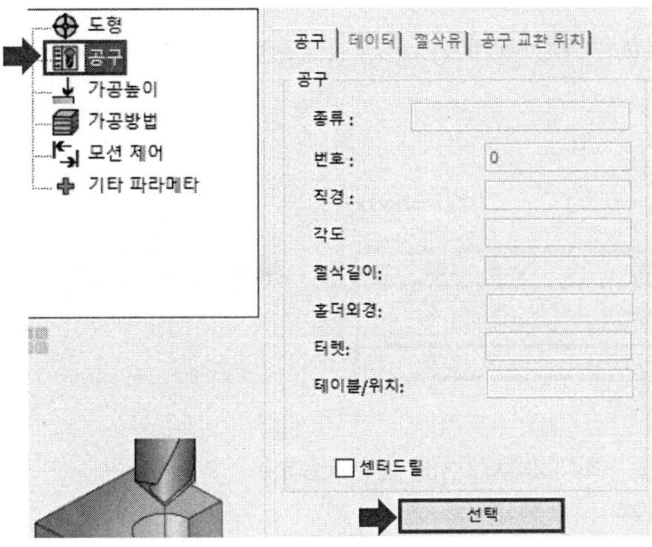

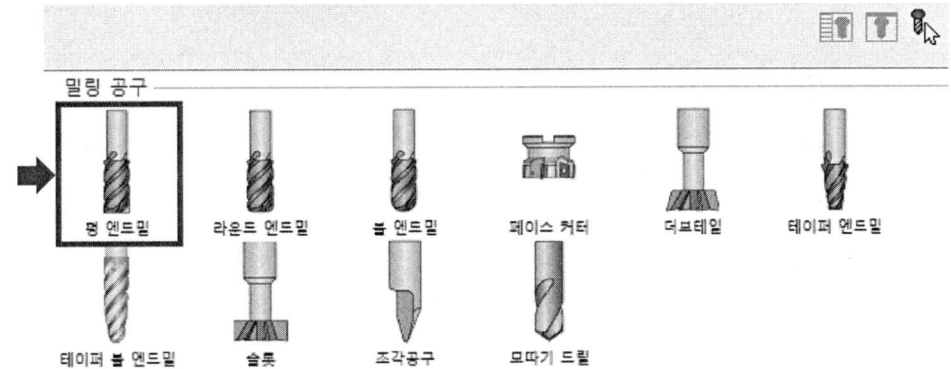

❻ [직경 : 10 → 숄더 및 아버직경 : 10]을 입력하고, [디폴트 공구 데이터]를 클릭한다.

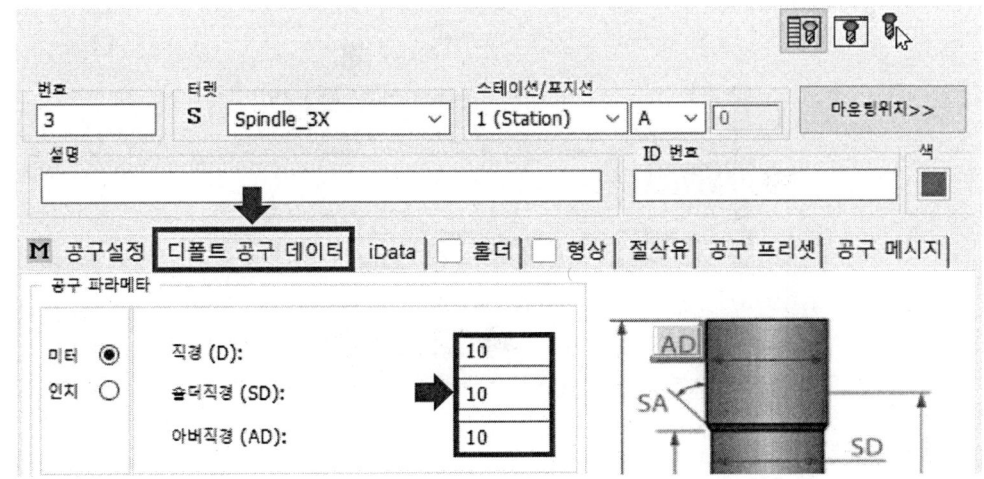

❼ [XY피드 : 100 → Z피드 : 100 → 회전율 : 1000]을 입력하고 확인을 클릭한다.

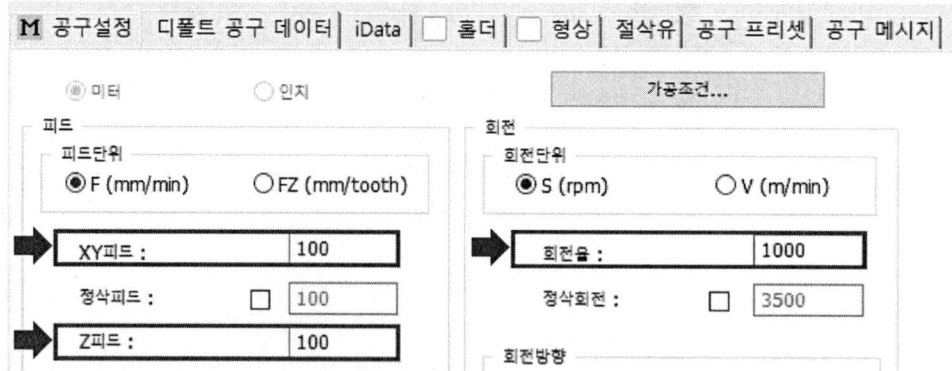

❽ [가공높이 → 최대 Z피치 : 3]을 입력해준다.

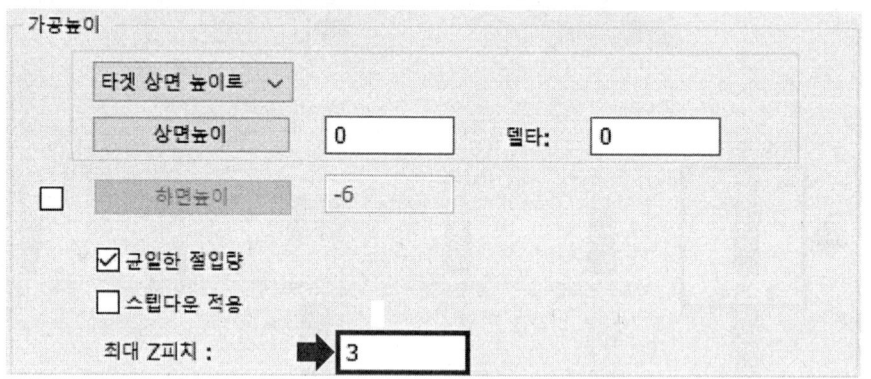

❾ [가공방법 → 열린 포켓 → 외부에서 어프로치]를 체크한다.

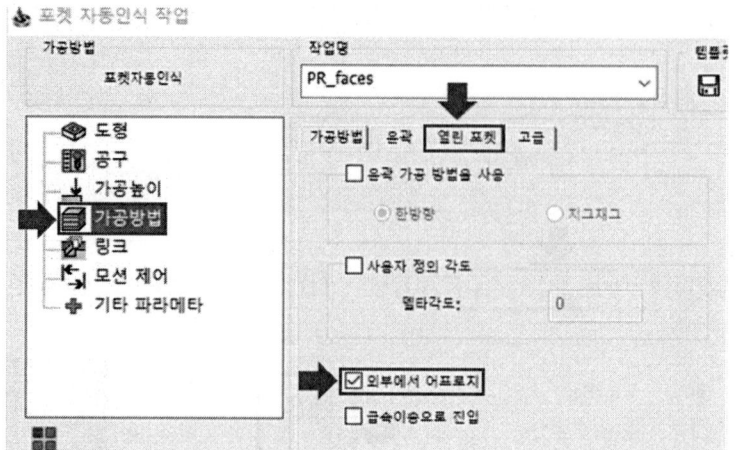

❿ [링크 → 램핑 → 수직]으로 변경한다.

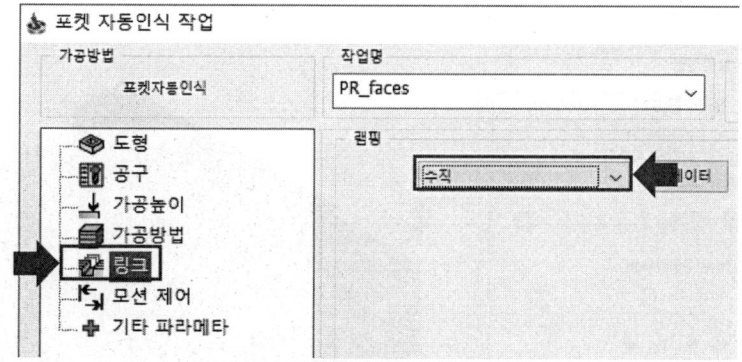

⓫ [데이터]를 클릭하고, 하단의 드릴 위치에서 [모두적용]을 클릭한다.

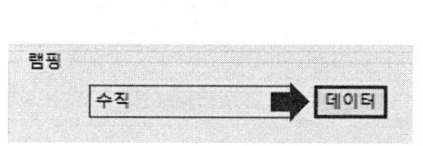 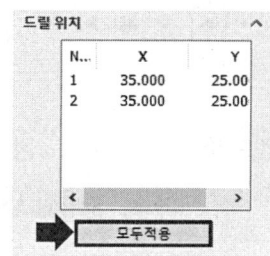

(5) 시뮬레이션 및 G코드 생성

❶ [작업]의 체크박스를 클릭하여 툴 패스를 활성화한다.

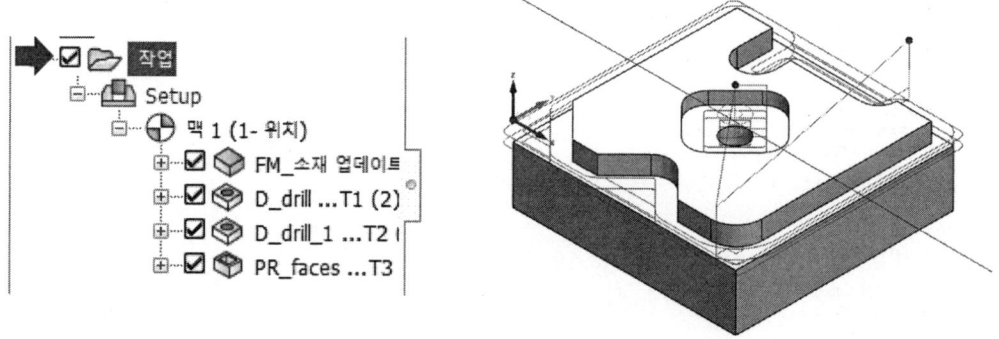

❷ [커맨드 매니저 → 시뮬레이션]을 클릭한다.

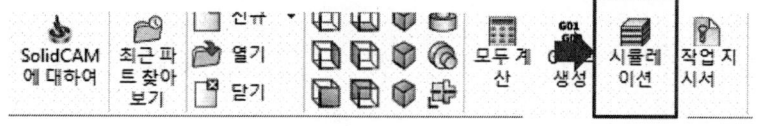

❸ 시뮬레이션 창에서 [SoildVerify]를 클릭하고, [재생]을 클릭해서 전체 시뮬레이션을 확인한다.

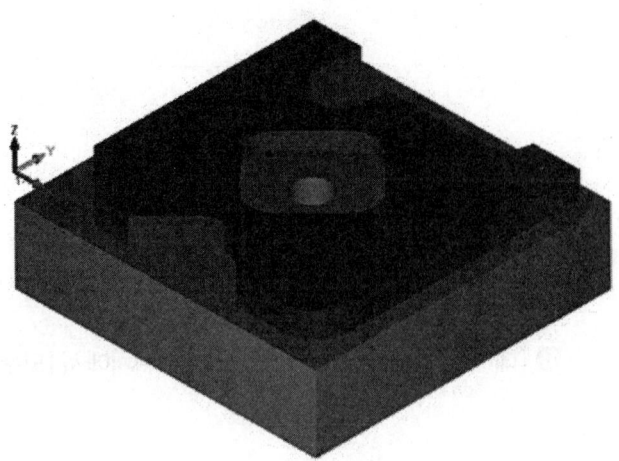

❹ [커맨드 매니저 → G코드 생성]을 클릭한다.

❺ G코드를 확인하고, [다른 이름으로 저장]을 선택하여 저장한다.

```
%
O1000
(DATE: 13-DEC-2019)
(GENERATED WITH SOLIDCAM KOREA-DMB)
(STOCK SIZE: X=70 Y=69 Z=26.5)
(USED TOOLS)
(T5 -  D80 )
(T1 -  D4 )
(T2 -  D8 )
(T3 -  D10 )

G90 G17 G21 G40 G80
G00 G91 G28 Z0
G00 G28 X0 Y0
G90 G54
T5 M06 ( D80 )
S800 M03
(JOB NR:1 )
G00 X-48. Y34.5
G43 H05 Z25.
G00 Z3.
G01 Z0. F80
```

04 컴퓨터응용밀링기능사 따라 하기

1 도면

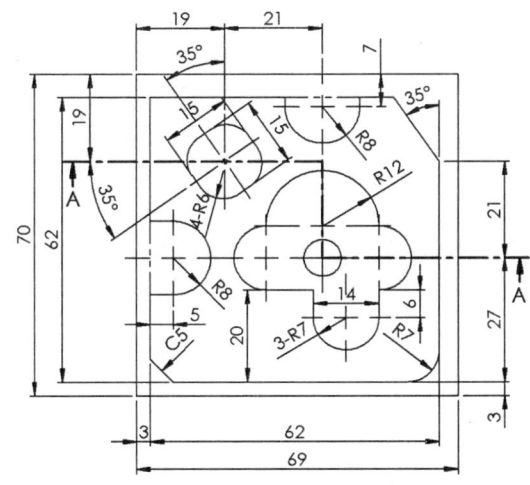

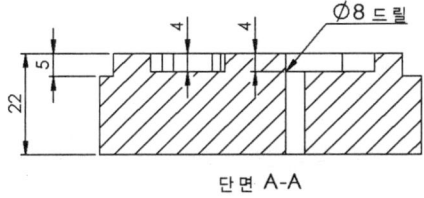

단면 A-A

공구 번호	작업 내용	공구조건		절삭조건		
		종류	직경	회전수 (rpm)	이송 (mm/min)	1회 절입량 (mm)
5	페이스밀링	페이스공구	Ø80	1000	100	
1	센터드릴	센터드릴	Ø3	700	70	
2	드릴	드릴	Ø8	700	70	3
3	포켓가공	평엔드밀	Ø10	900	90	3

(주)솔리드캠코리아

② CAM

(1) SolidCAM 원점, 소재 정의

❶ [주메뉴 바 → 열기]를 통해 파일을 불러온다.

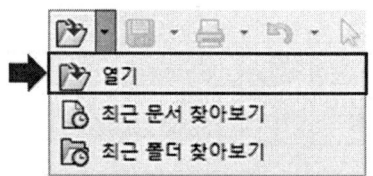

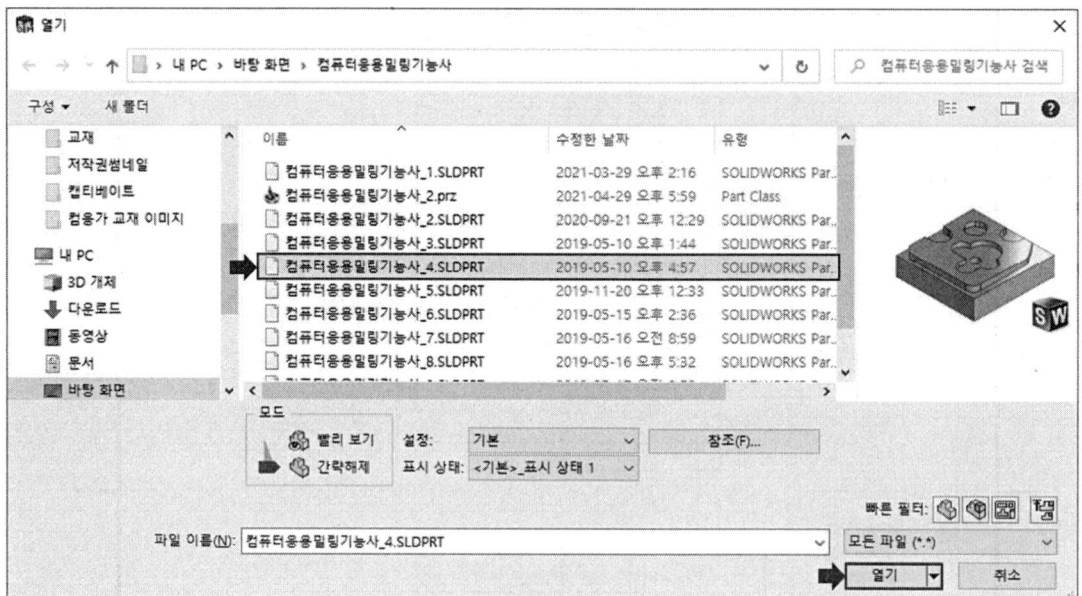

❷ [커맨드 매니저 → SolidCAM 파트 설정 탭 → 신규 → 밀링]을 클릭한다.

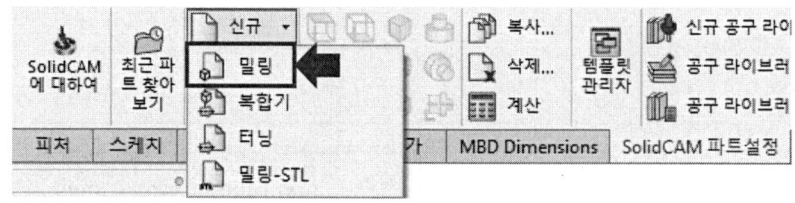

❸ [신규 밀링파트 → 캠-파트 생성방법 → 솔리드캠의 파일로 저장 → 단위 → 미터]를 클릭한 후 확인을 클릭한다.

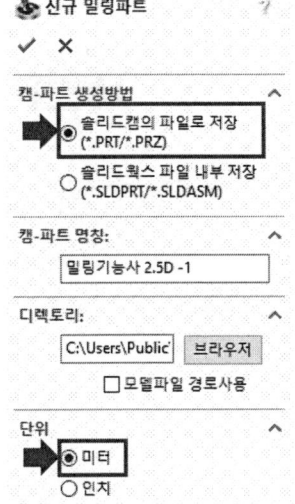

❹ [CNC → 컨트롤러 → gMilling_3x]를 설정한 후 [정의 → 원점]을 클릭한다.

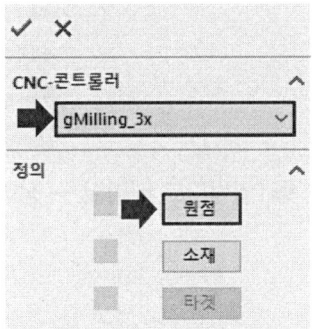

❺ [솔리드캠 관리자 → 평면원점 → 모델박스의 코너]를 설정하고, 모델을 클릭한 후 확인을 클릭한다.

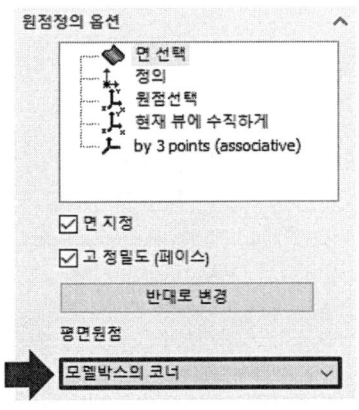
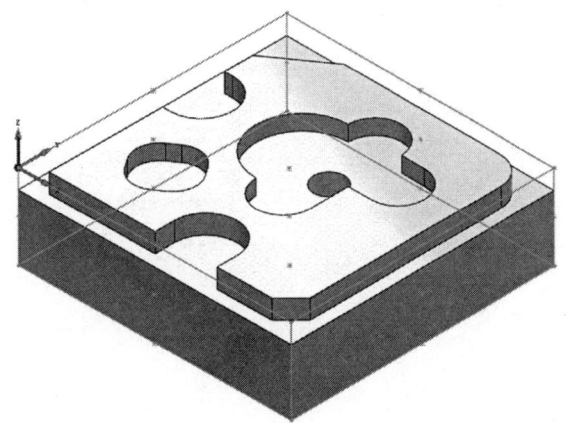

❻ [원점 데이터 → 확인 → 원점 관리자 → 확인]을 클릭한다.

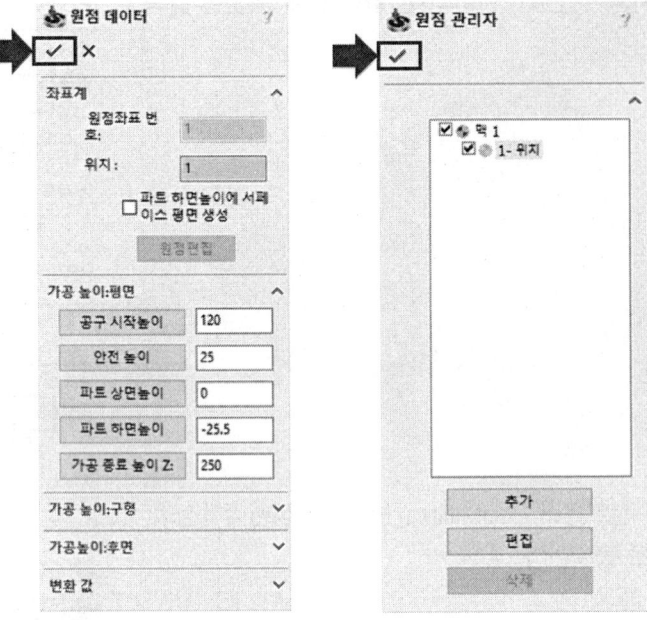

❼ [밀링파트 데이터 → 정의 → 소재]를 클릭한다.

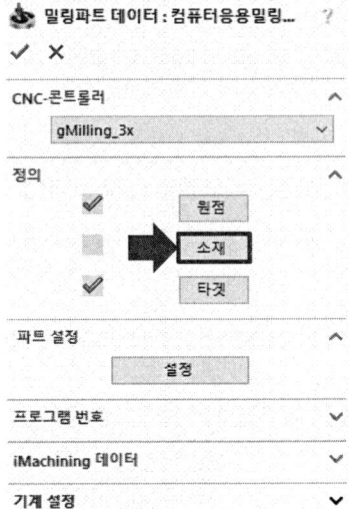

❽ 형상을 [클릭]하여 소재를 정의하고, [박스확장]에서 모든 확장을 0으로 하고 [Z+]만 1로 설정한 후 확인을 클릭한다.

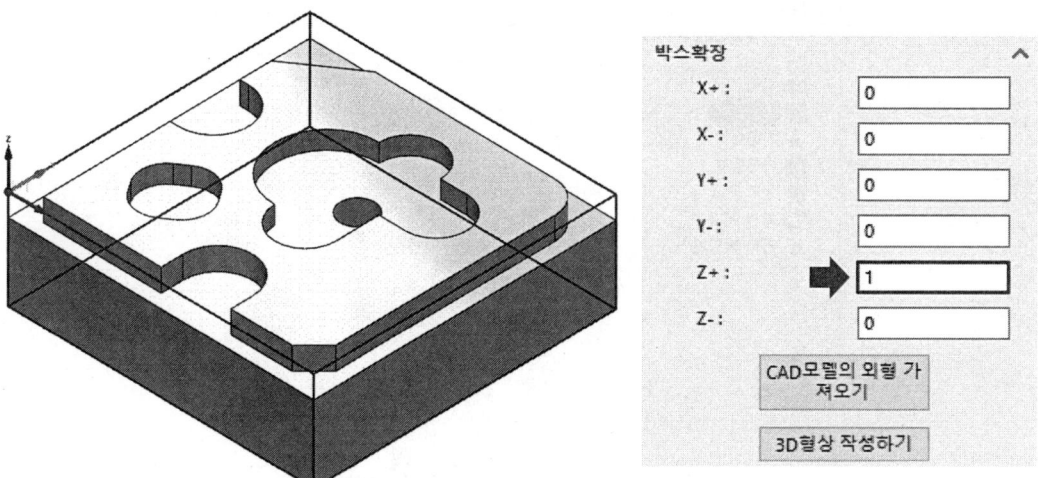

❾ 정의를 완료하고 [밀링파트 데이터]의 확인을 클릭한다.

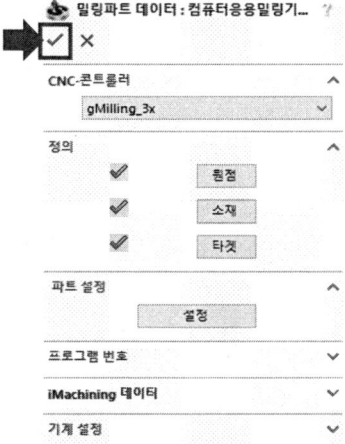

(2) 페이스 밀링 작업

❶ [커맨드 매니저 → 2.5D → 페이스]를 클릭한다.

❷ 좌측의 메뉴에서 [공구 → 공구 선택]을 클릭한다.

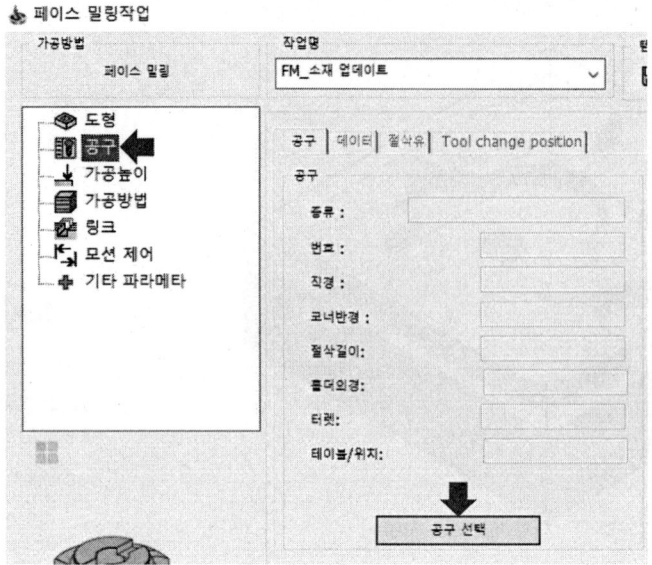

❸ [밀링 공구 추가 → 페이스 커터]를 클릭한다.

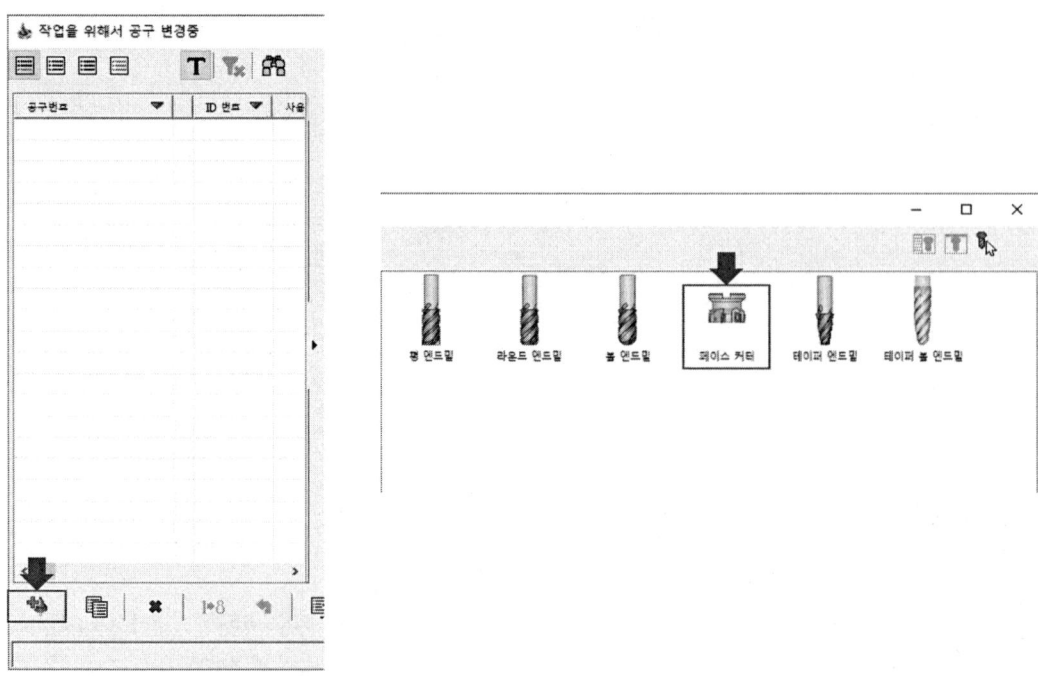

❹ [번호 : 5 → 직경(D) : 80]을 입력하고, [디폴트 공구 데이터]를 클릭한다.

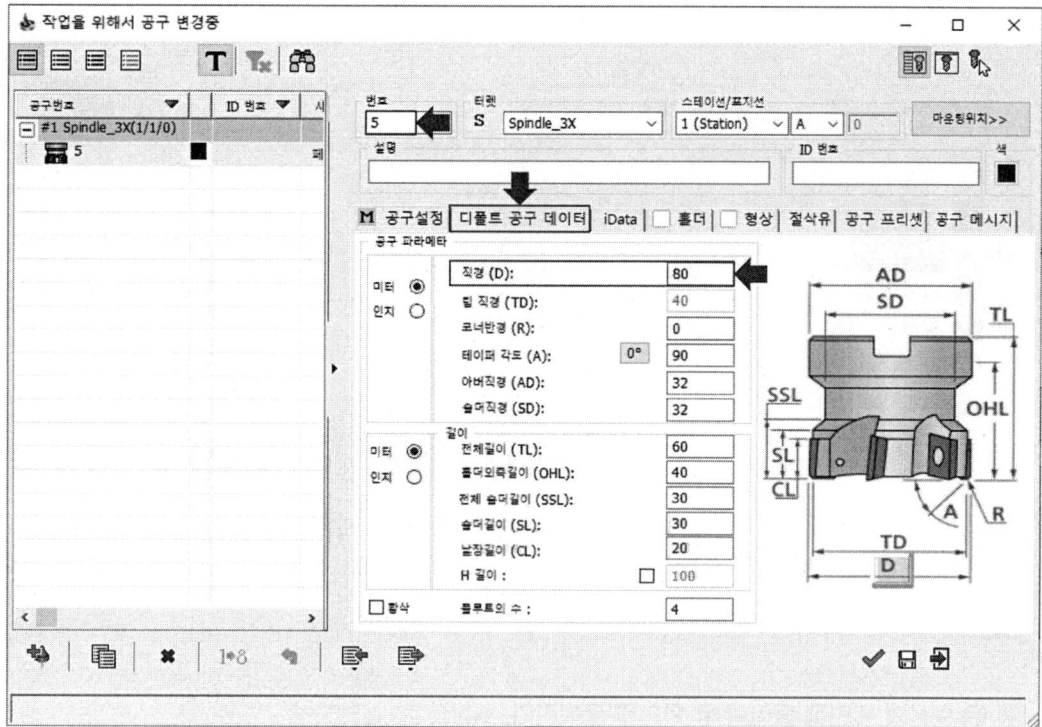

❺ [XY피드 : 100 → Z피드 : 100 → 회전율 : 1000]을 입력하고 확인을 클릭한다.

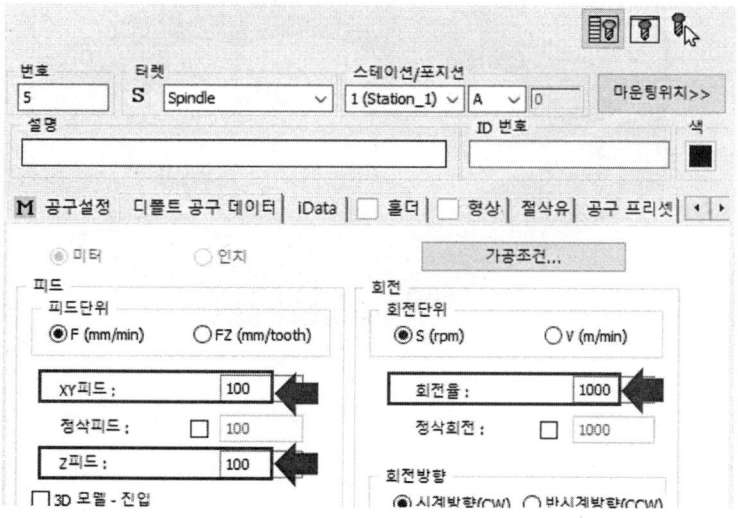

❻ [가공높이 → 상면높이]를 클릭한다.

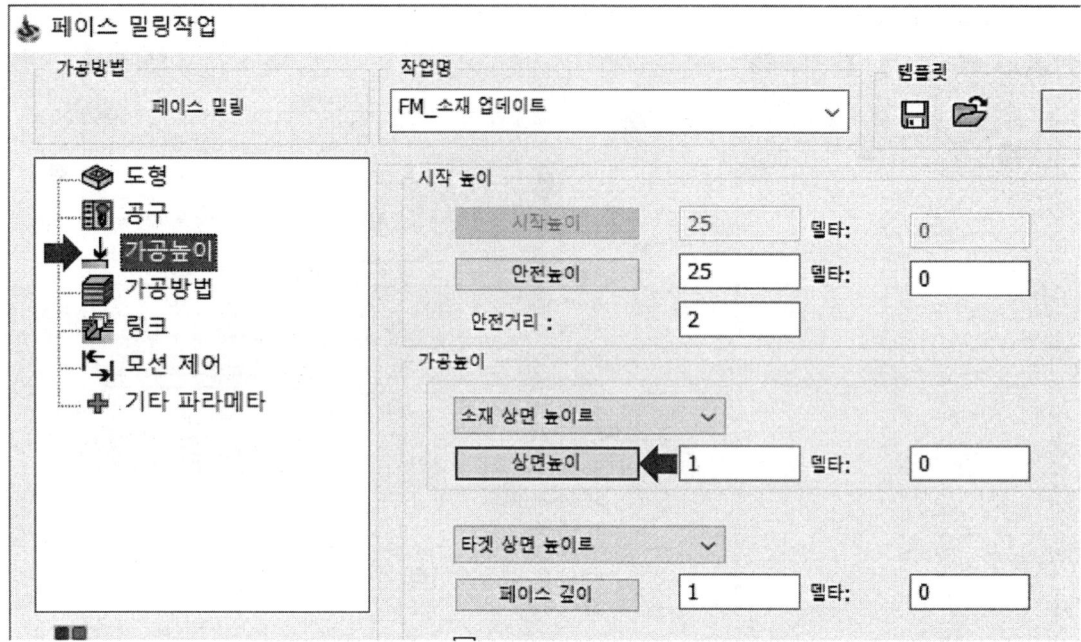

❼ 형상의 윗면을 클릭한 후 확인을 클릭한다.

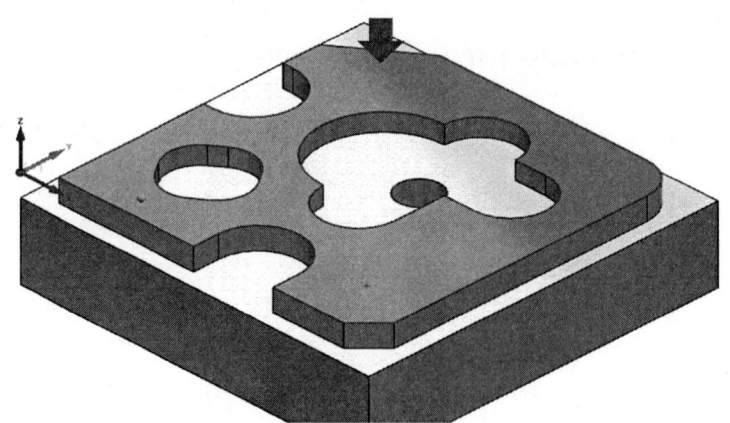

❽ [가공방법 → 한 경로]를 클릭한다.

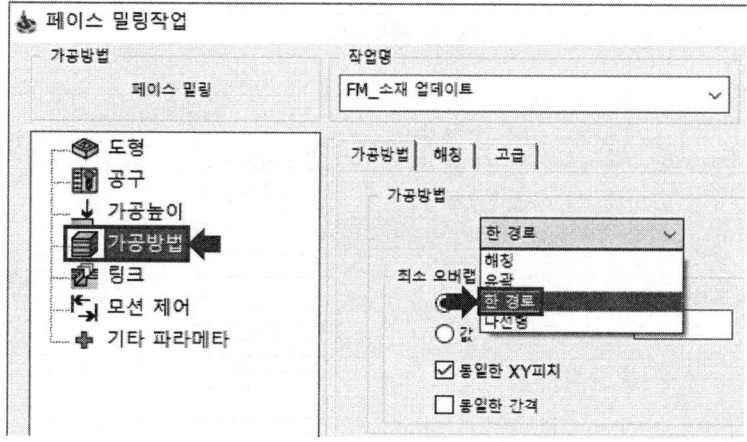

❾ [저장&계산 → 나가기]를 클릭한다.

❿ 가공 경로를 확인하고, 화살표가 표시된 체크박스를 클릭한다.

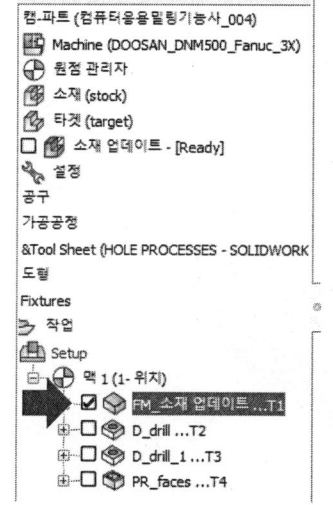
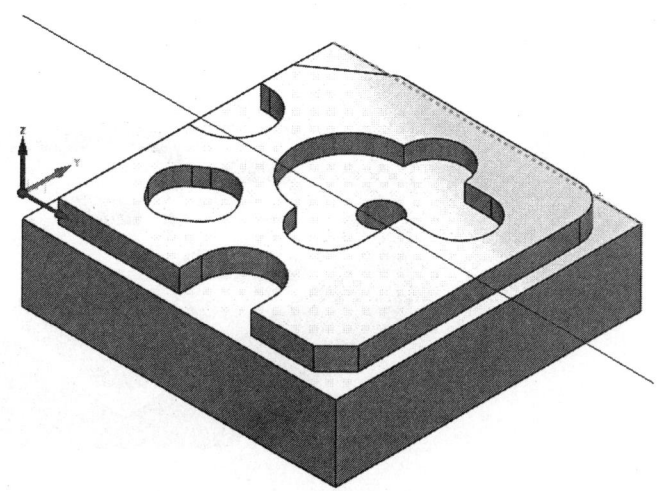

(3) 드릴 작업

❶ [커맨드 매니저 → 2.5D → 드릴]을 클릭한다.

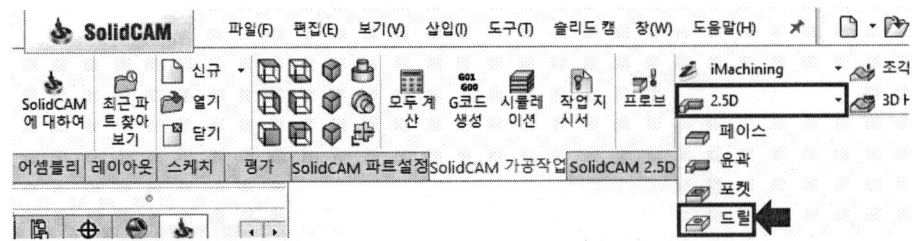

❷ [도형 → 신규]를 클릭한다.

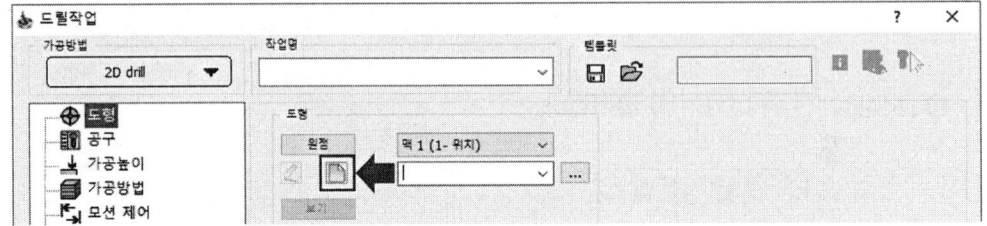

❸ 형상에서 드릴 가공할 위치인 화살표가 표시된 곳을 클릭한 후 확인을 클릭한다.

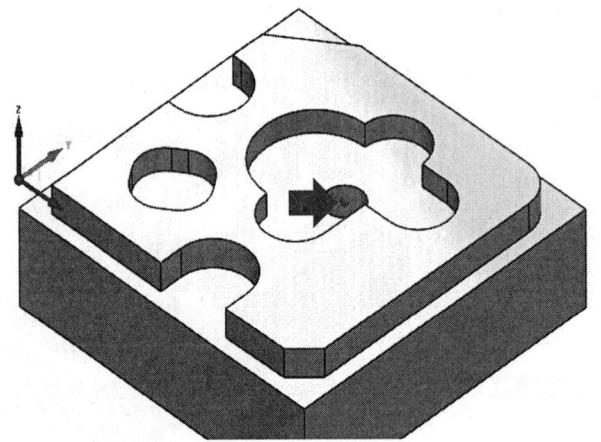

❹ 좌측의 메뉴에서 [공구 → 공구 선택]을 클릭한다.

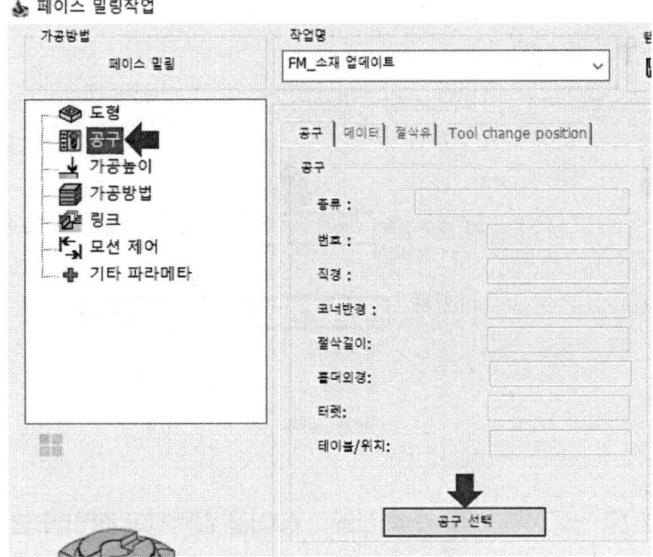

❺ [밀링 공구 추가 → 센터드릴]을 클릭한다.

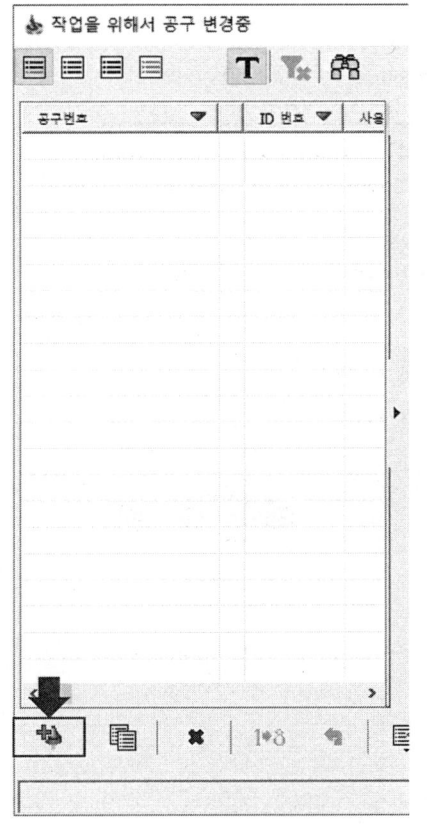

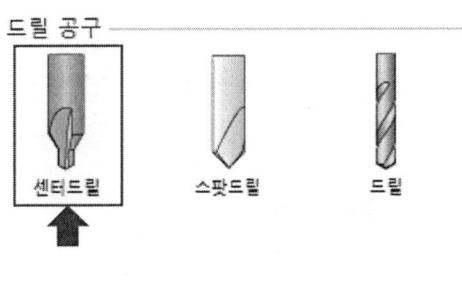

❻ [팁 직경 : 3]을 입력 후 [디폴트 공구 데이터]를 클릭한다.

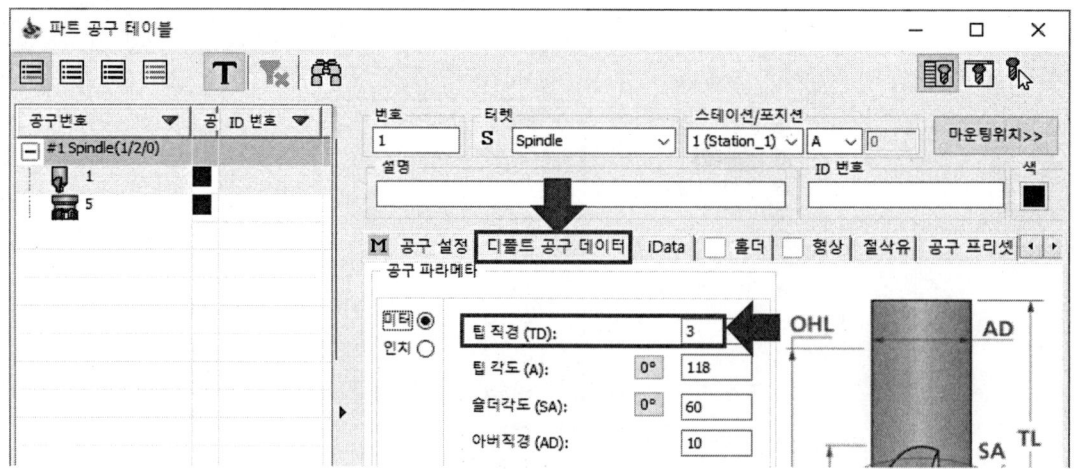

❼ [XY피드 : 70 → Z피드 : 70 → 회전율 : 700]을 입력하고 확인을 클릭한다.

❽ [가공높이]를 클릭하고, [드릴깊이 : 3]을 입력한다.

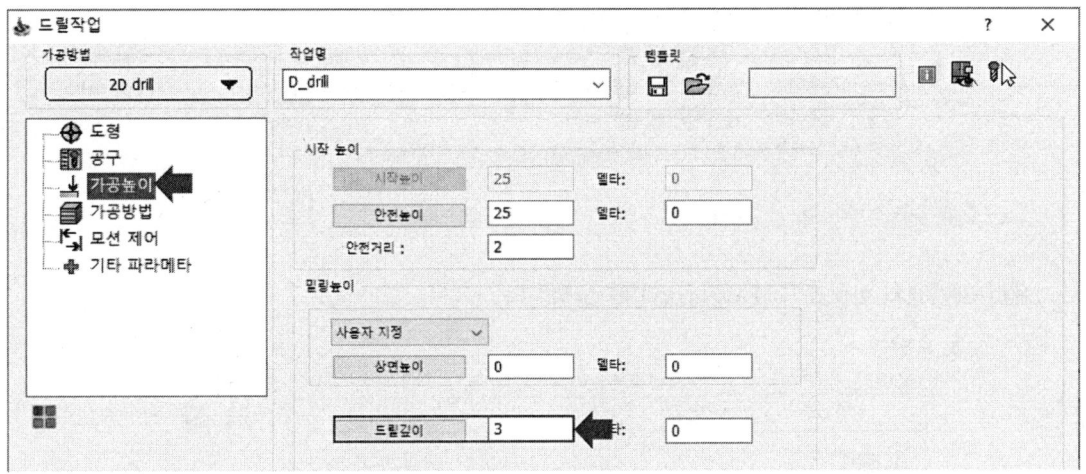

❾ [저장&계산 → 나가기]를 클릭한다.

❿ 가공 경로를 확인하고, 화살표가 표시된 체크박스를 클릭한다.

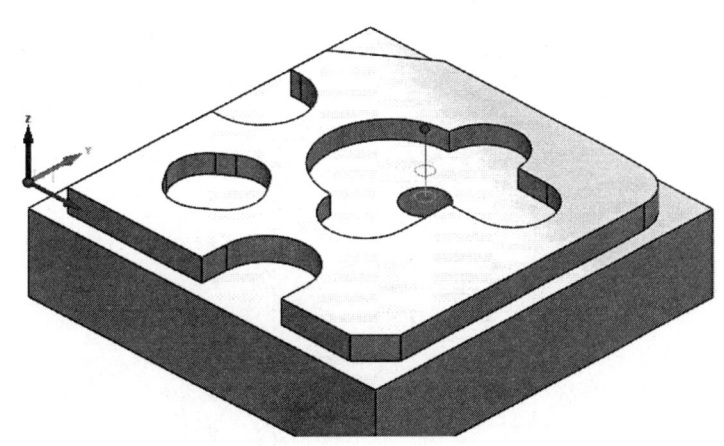

⓫ [커맨드 매니저 → 2.5D → 드릴]을 클릭한다.

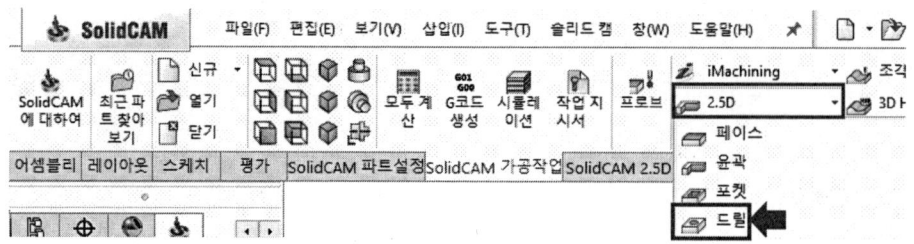

⓬ [도형]에서 화살표가 표시된 [drill]을 설정한다.

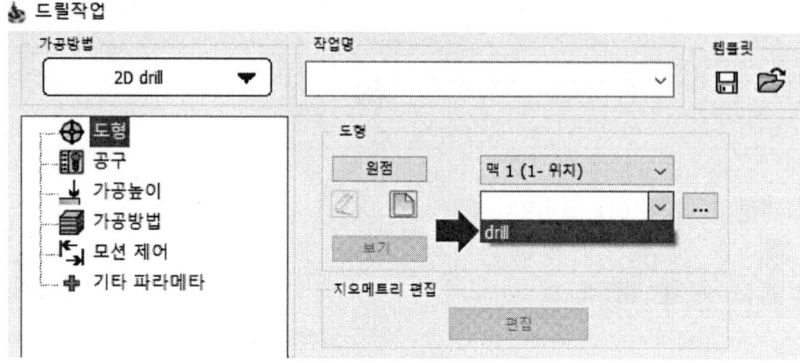

⓭ 좌측의 메뉴에서 [공구 → 공구 선택]을 클릭한다.

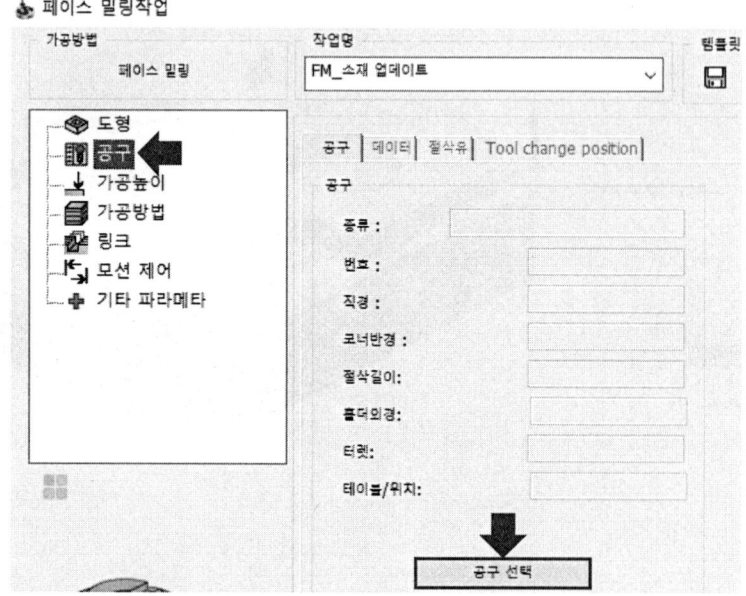

⓮ [밀링 공구 추가 → 드릴]을 클릭한다.

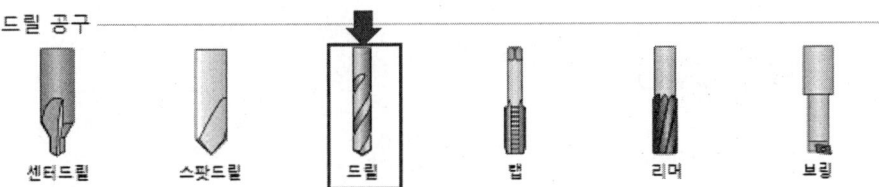

⓯ [직경 : 8 → 숄더 및 아버직경 : 8]을 입력하고, [디폴트 공구 데이터]를 클릭한다.

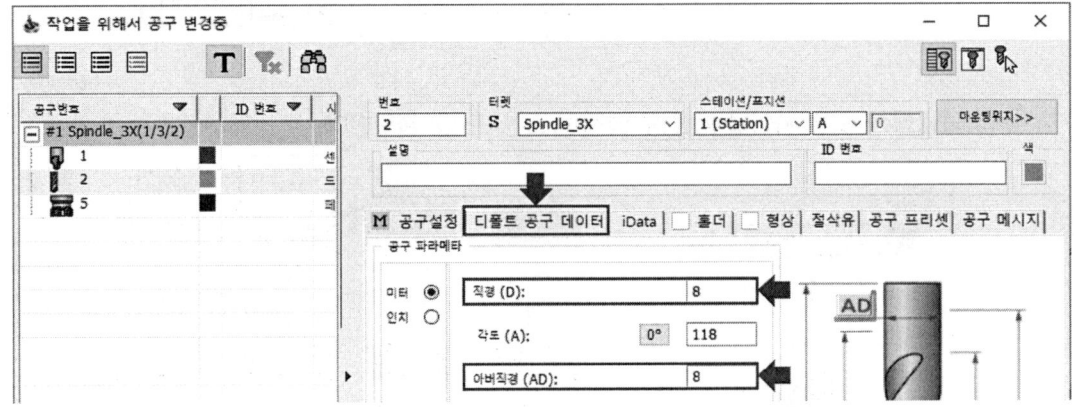

⓰ [XY피드 : 70 → Z피드 : 70 → 회전율 : 700]을 입력하고 확인을 클릭한다.

⑰ [가공높이 → 드릴깊이 → 델타 : -2]를 입력한다.

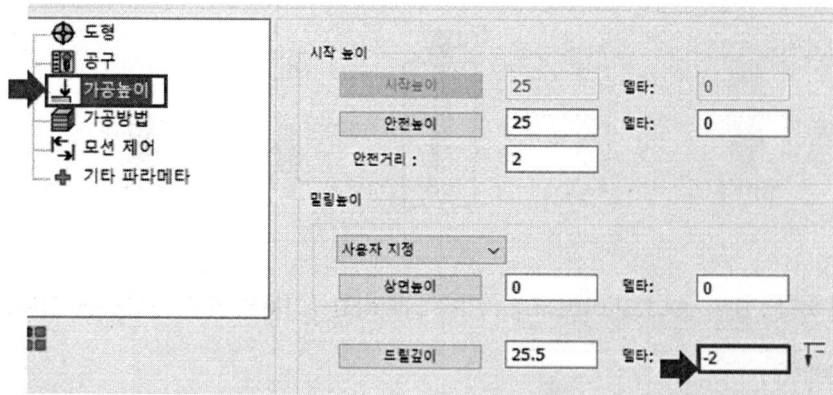

⑱ [가공방법 → 드릴 사이클 종류]를 클릭하고, [G83]을 클릭한다.

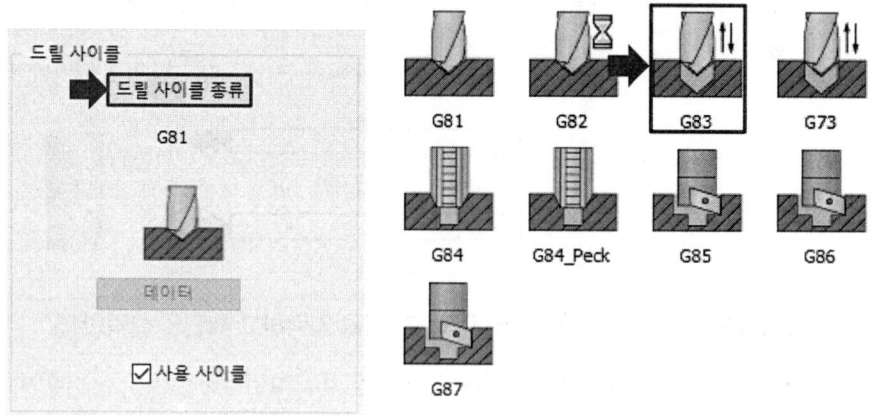

⑲ [데이터]를 클릭하고, [절입량 : 3 → Full retract : 아니오]를 설정한 후 [확인]을 클릭한다.

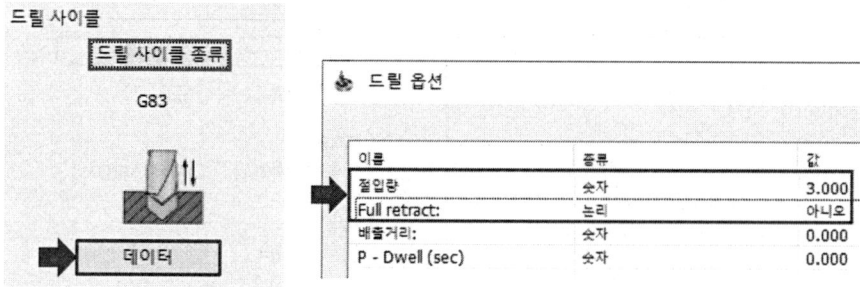

⑳ [저장&계산 → 나가기]를 클릭한다.

(4) 포켓자동인식 가공

❶ [커맨드 매니저 → 자동인식 가공 하위 항목 → 포켓자동인식]을 클릭한다.

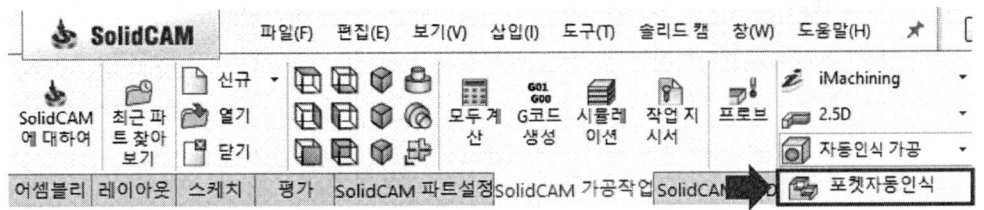

❷ [포켓자동인식 → 도형 → 신규]를 클릭한다.

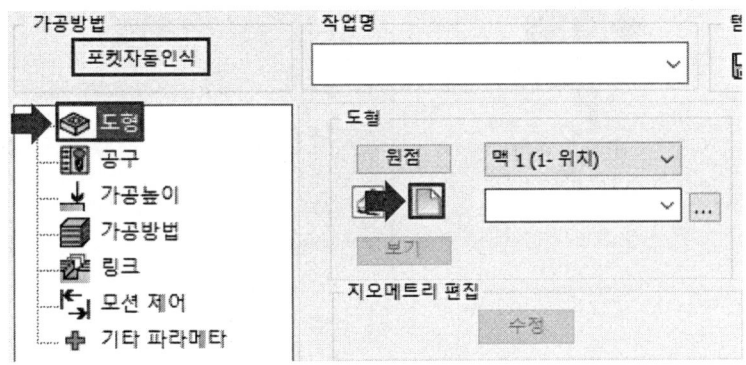

❸ 도형의 상단을 클릭하여 솔리드캠 관리자 선택 리스트에 3개의 면이 들어갔는지 확인한다.

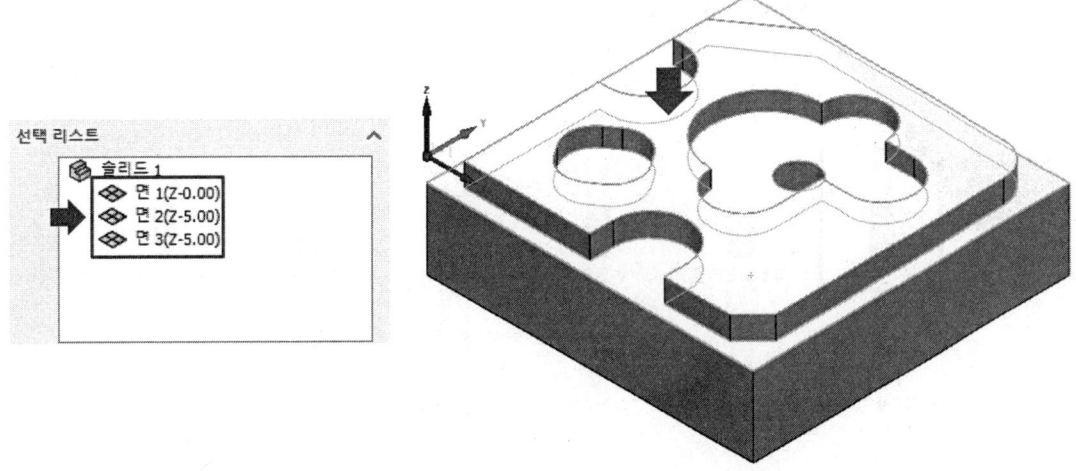

❹ 선택 리스트에서 상단 면을 찾아 마우스 오른쪽 클릭하고, [선택해제]를 클릭한다.

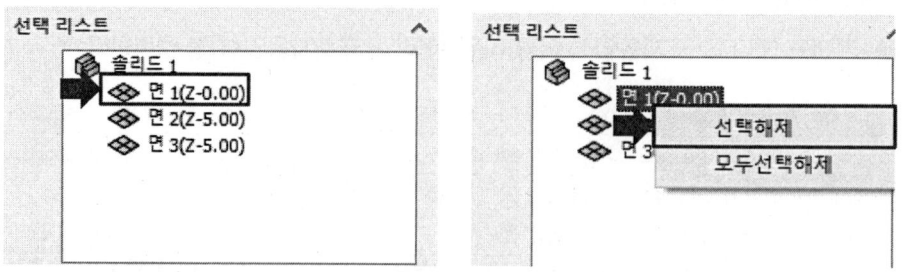

❺ [공구 → 선택 → 밀링 공구 추가 → 밀링 공구 → 평 엔드밀]을 클릭한다.

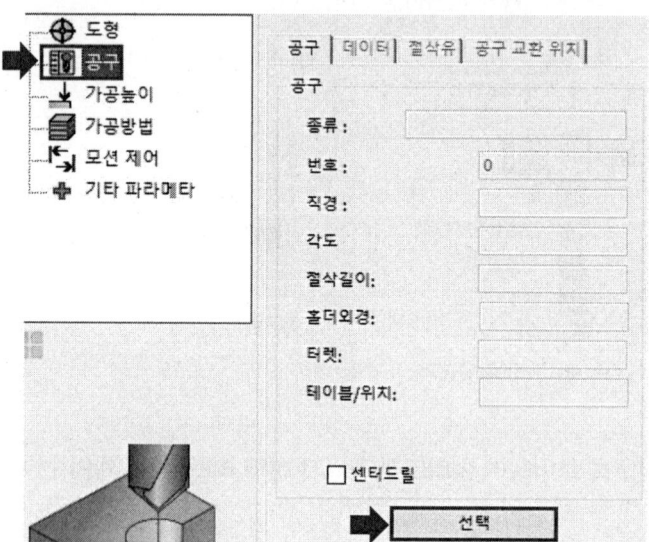

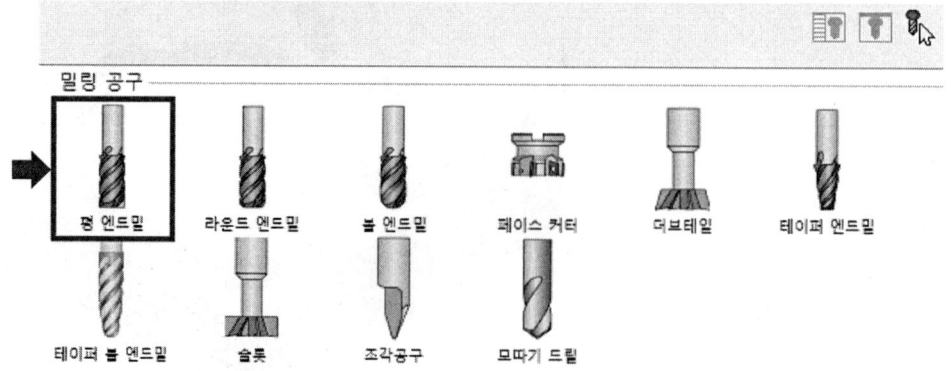

❻ [직경 : 10 → 숄더 및 아버직경 : 10]을 입력하고, [디폴트 공구 데이터]를 클릭한다.

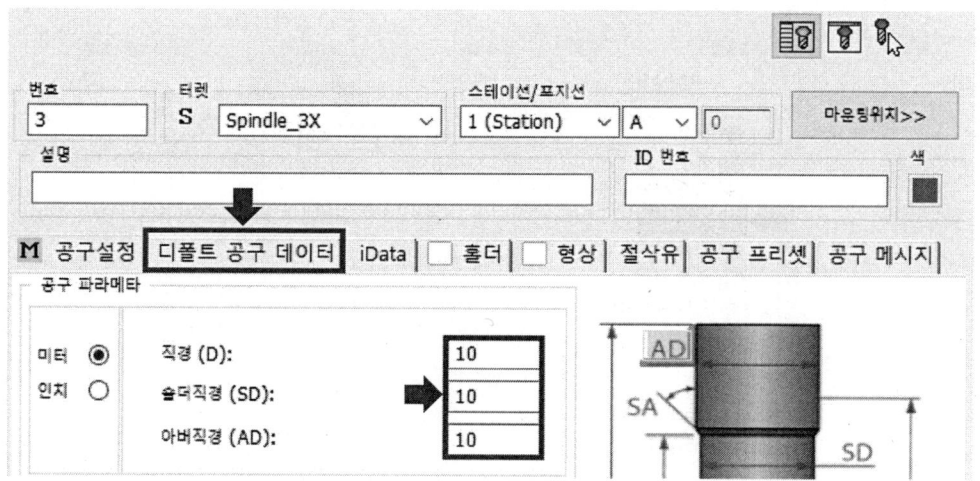

❼ [XY피드 : 100 → Z피드 : 100 → 회전율 : 1000]을 입력하고 확인을 클릭한다.

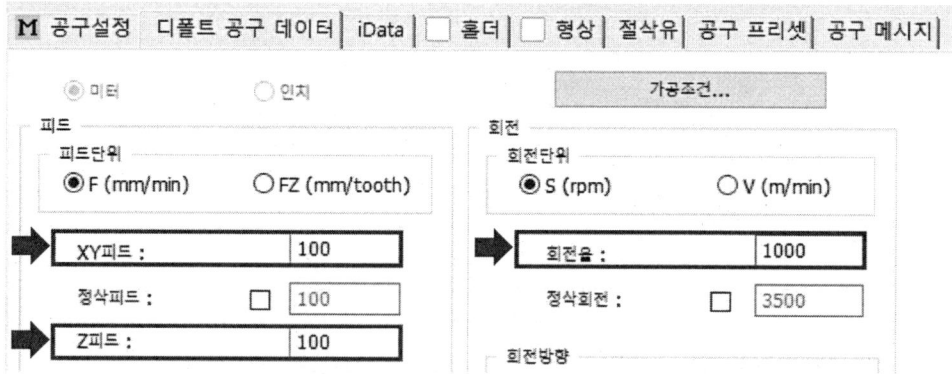

❽ [가공높이 → 최대 Z피치 : 3]을 입력해준다.

❾ [가공방법 → 열린 포켓 → 외부에서 어프로치]를 체크한다.

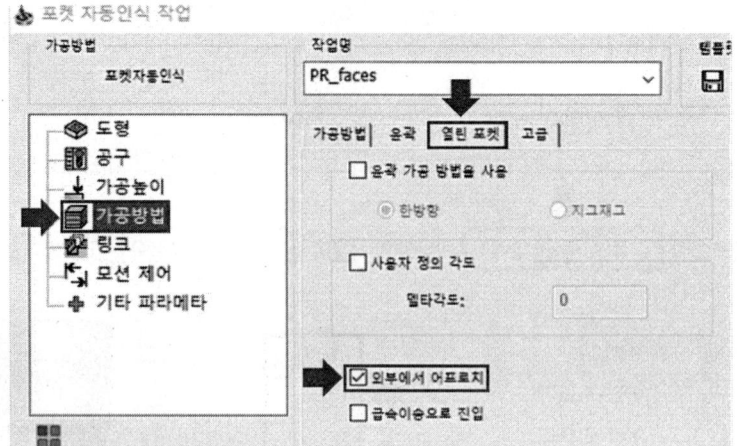

❿ [링크 → 램핑 → 수직]으로 변경한다.

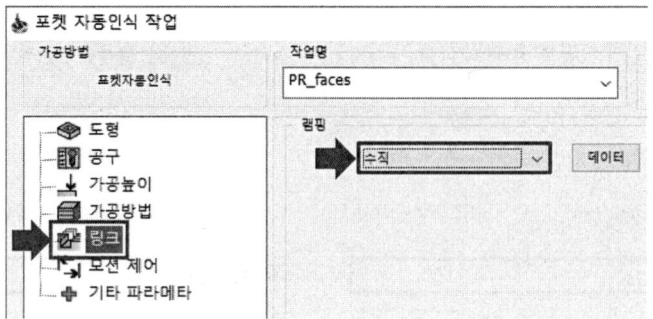

⓫ [데이터]를 클릭하고, 하단의 드릴 위치에서 [모두적용]을 클릭한다.

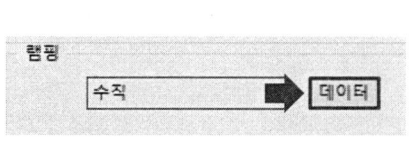
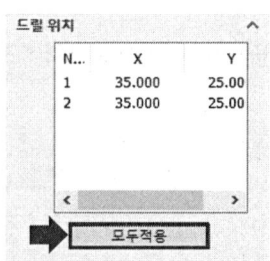

(5) 시뮬레이션 및 G코드 생성

❶ [작업]의 체크박스를 클릭하여 툴 패스를 활성화한다.

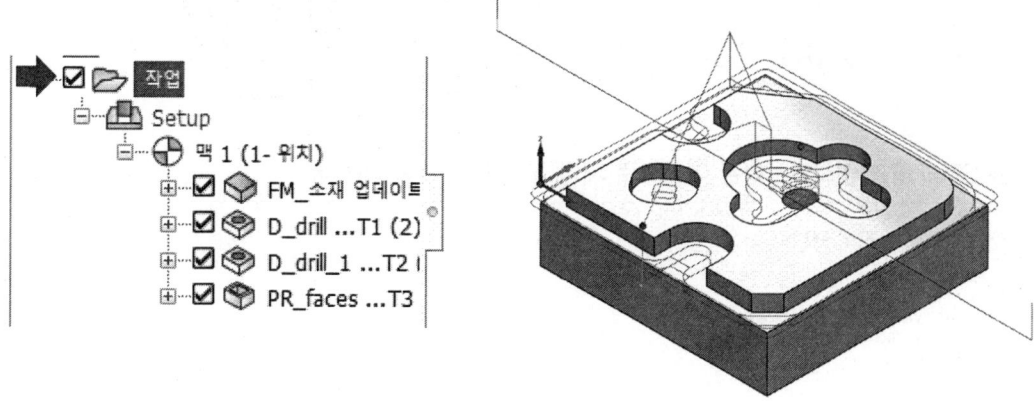

❷ [커맨드 매니저 → 시뮬레이션]을 클릭한다.

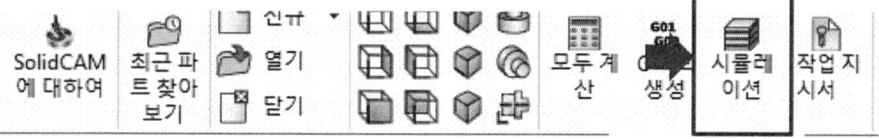

❸ 시뮬레이션 창에서 [SoildVerify]를 클릭하고, [재생]을 클릭해서 전체 시뮬레이션을 확인한다.

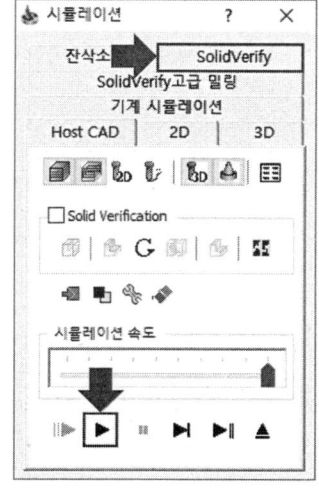
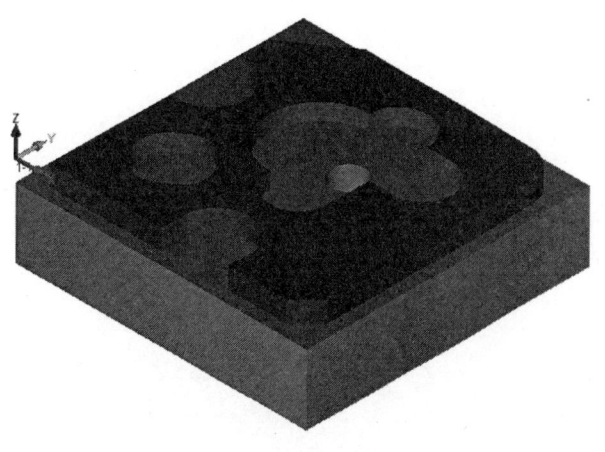

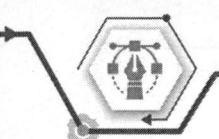

❹ [커맨드 매니저 → G코드 생성]을 클릭한다.

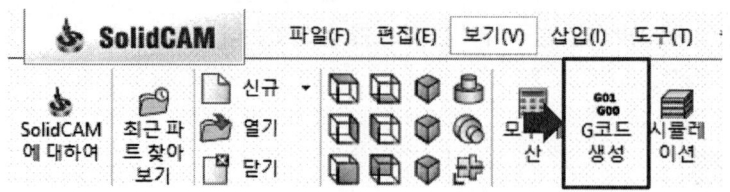

❺ G코드를 확인하고, [다른 이름으로 저장]을 선택하여 저장한다.

```
%
O1000
(DATE: 13-DEC-2019)
(GENERATED WITH SOLIDCAM KOREA-DMB)
(STOCK SIZE: X=70 Y=69 Z=26.5)
(USED TOOLS)
(T5  -  D80 )
(T1  -  D4 )
(T2  -  D8 )
(T3  -  D10 )

G90 G17 G21 G40 G80
G00 G91 G28 Z0
G00 G28 X0 Y0
G90 G54
T5 M06 ( D80 )
S800 M03
(JOB NR:1 )
G00 X-48. Y34.5
G43 H05 Z25.
G00 Z3.
G01 Z0. F80
```

05. 컴퓨터응용밀링기능사 따라 하기

1 도면

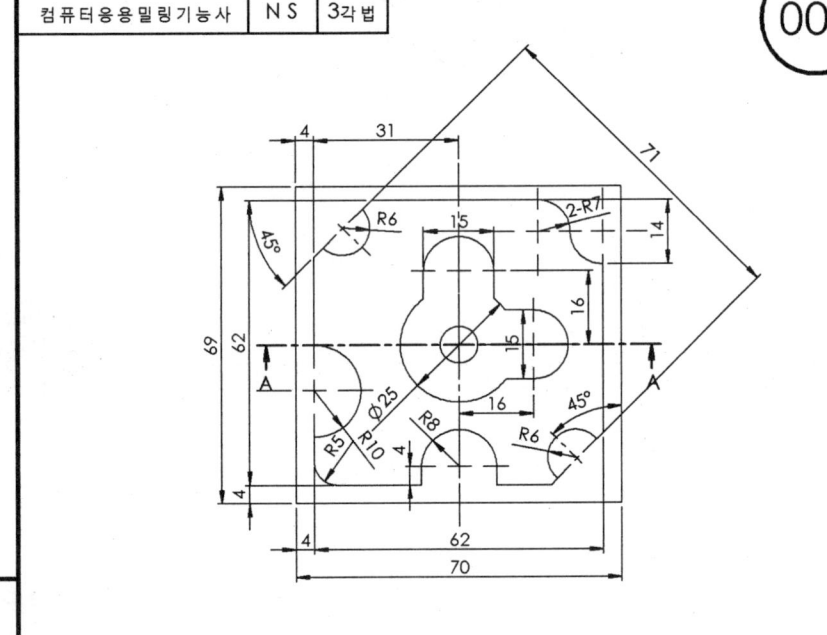

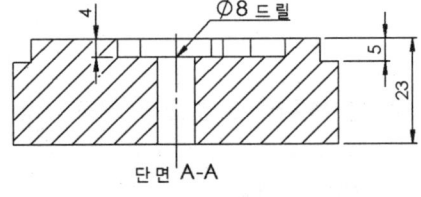

공구 번호	작업 내용	공구조건		절삭조건		
		종류	직경	회전수 (rpm)	이송 (mm/min)	1회 절입량 (mm)
5	페이스밀링	페이스공구	⌀80	1000	100	
1	센터드릴	센터드릴	⌀3	800	80	
2	드릴	드릴	⌀8	800	80	3
3	포켓가공	평엔드밀	⌀10	1000	1000	3

(주)솔리드캠코리아

② CAM

(1) SolidCAM 원점, 소재 정의

❶ [주메뉴 바 → 열기]를 통해 파일을 불러온다.

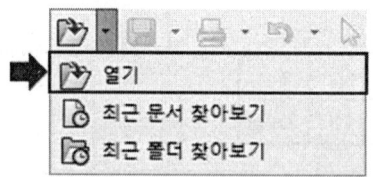

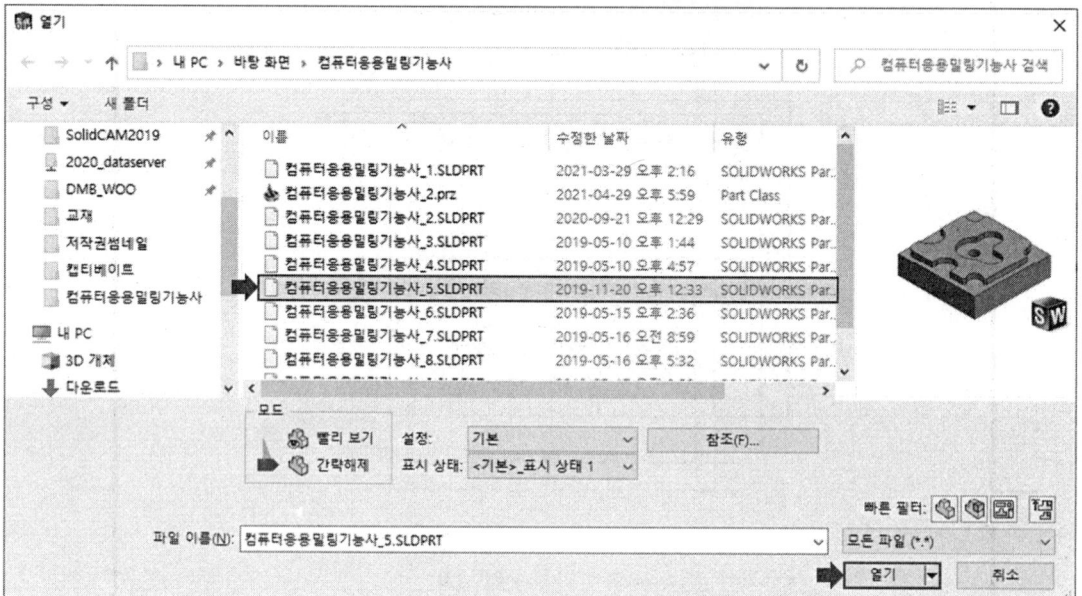

❷ [커맨드 매니저 → SolidCAM 파트 설정 탭 → 신규 → 밀링]을 클릭한다.

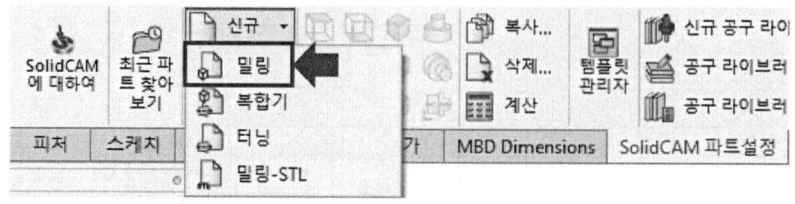

❸ [신규 밀링파트 → 캠-파트 생성방법 → 솔리드캠의 파일로 저장 → 단위 → 미터]를 클릭한 후 확인을 클릭한다.

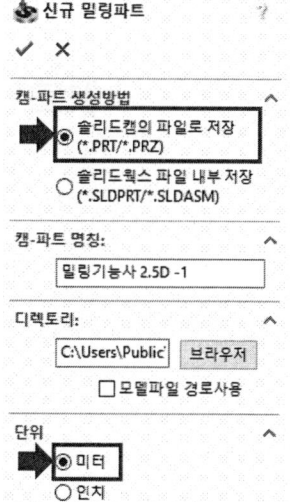

❹ [CNC → 컨트롤러 → gMilling_3x]를 설정한 후 [정의 → 원점]을 클릭한다.

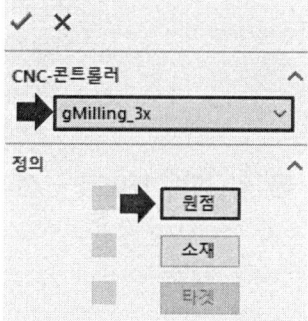

❺ [솔리드캠 관리자 → 평면원점 → 모델박스의 코너]를 설정하고, 모델을 클릭한 후 확인을 클릭한다.

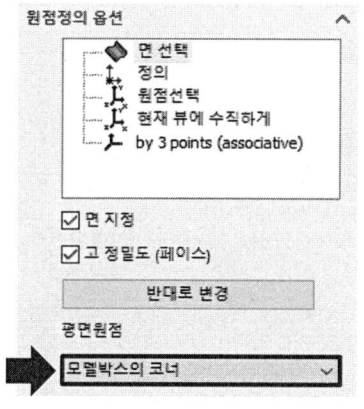
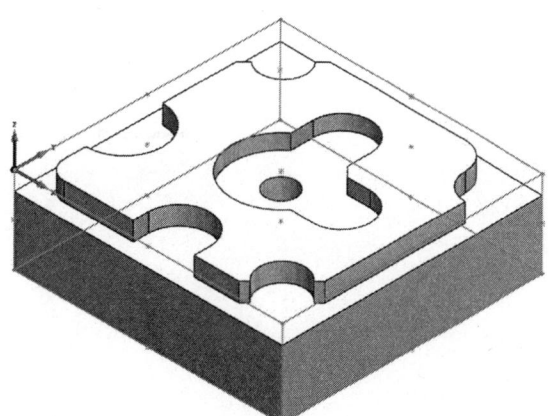

❻ [원점 데이터 → 확인 → 원점 관리자 → 확인]을 클릭한다.

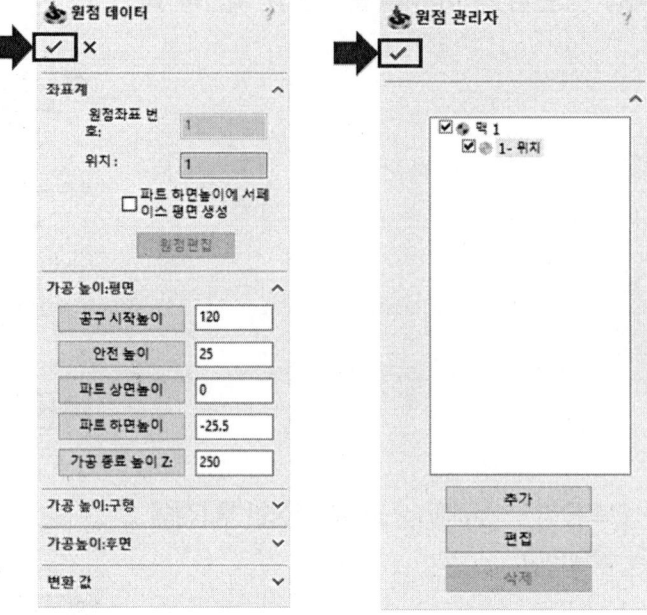

❼ [밀링파트 데이터 → 정의 → 소재]를 클릭한다.

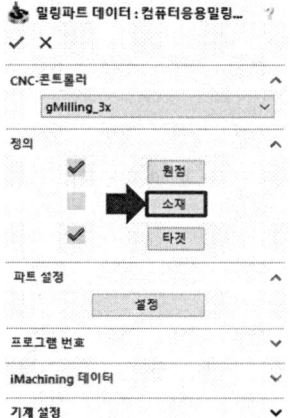

❽ 형상을 [클릭]하여 소재를 정의하고, [박스확장]에서 모든 확장을 0으로 하고 [Z+]만 1로 설정한 후 확인을 클릭한다.

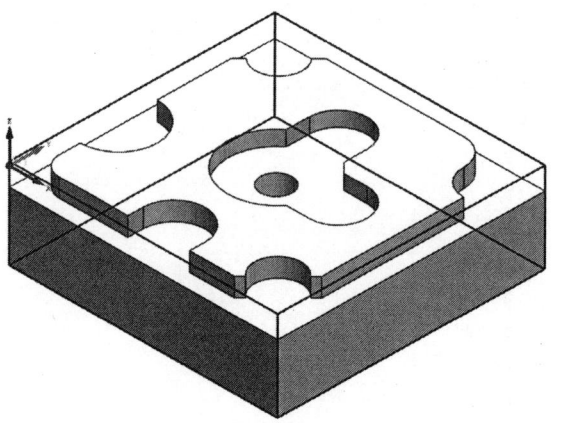
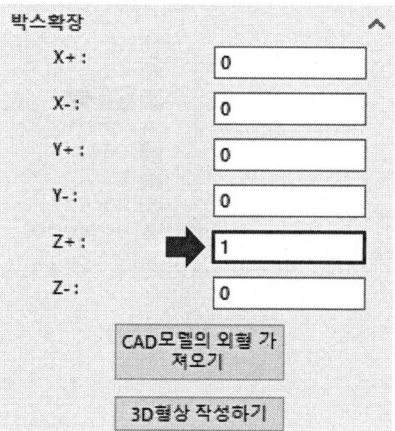

❾ 정의를 완료하고 [밀링파트 데이터]의 확인을 클릭한다.

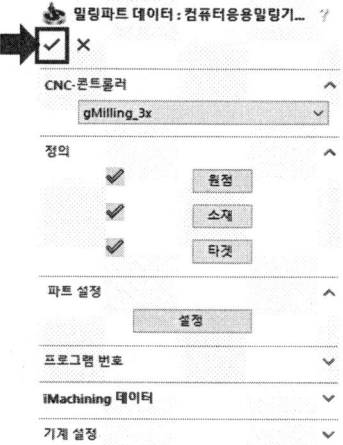

(2) 페이스 밀링 작업

❶ [커맨드 매니저 → 2.5D → 페이스]를 클릭한다.

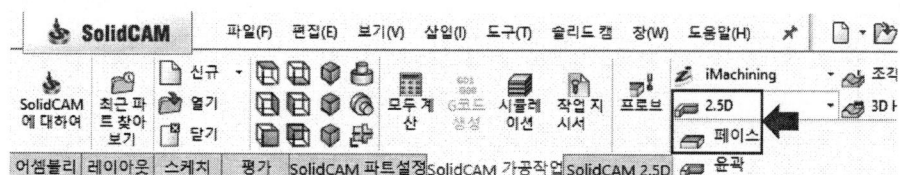

❷ 좌측의 메뉴에서 [공구 → 공구 선택]을 클릭한다.

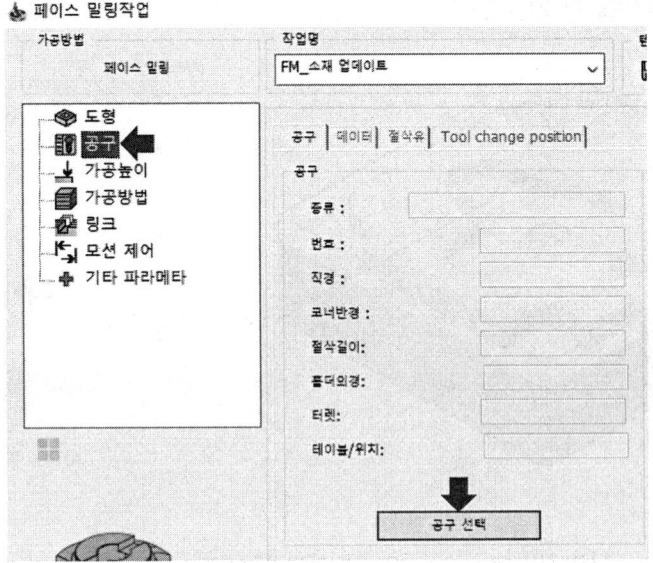

❸ [밀링 공구 추가 → 페이스 커터]를 클릭한다.

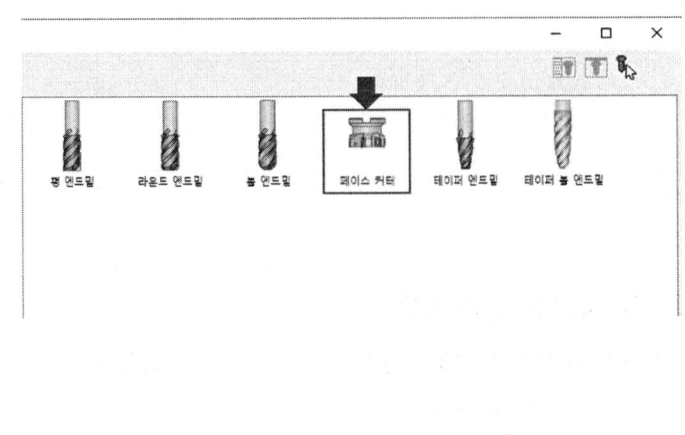

❹ [번호 : 5 → 직경(D) : 80]을 입력하고, [디폴트 공구 데이터]를 클릭한다.

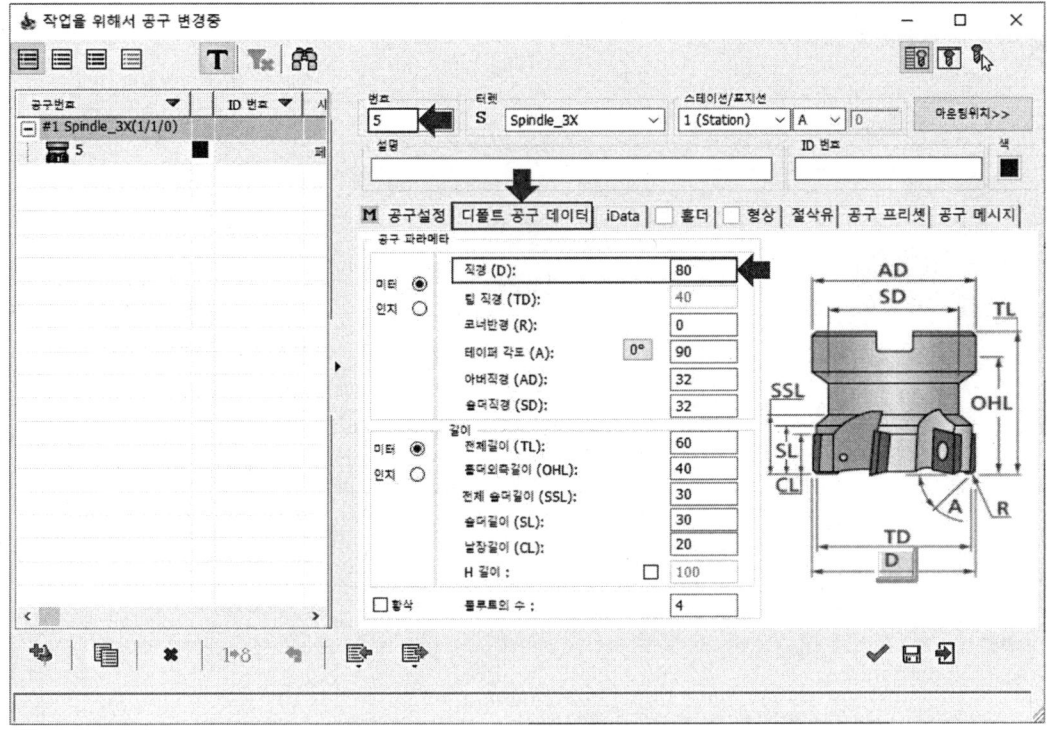

❺ [XY피드 : 100 → Z피드 : 100 → 회전율 : 1000]을 입력하고 확인을 클릭한다.

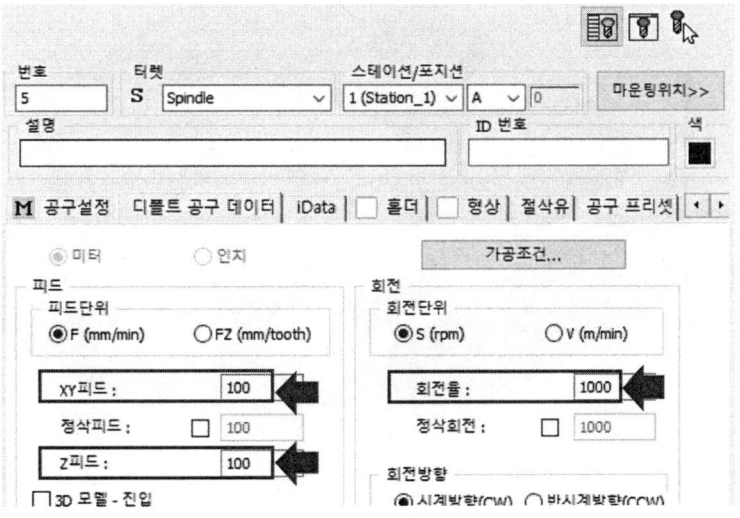

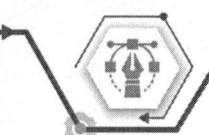

❻ [가공높이 → 상면높이]를 클릭한다.

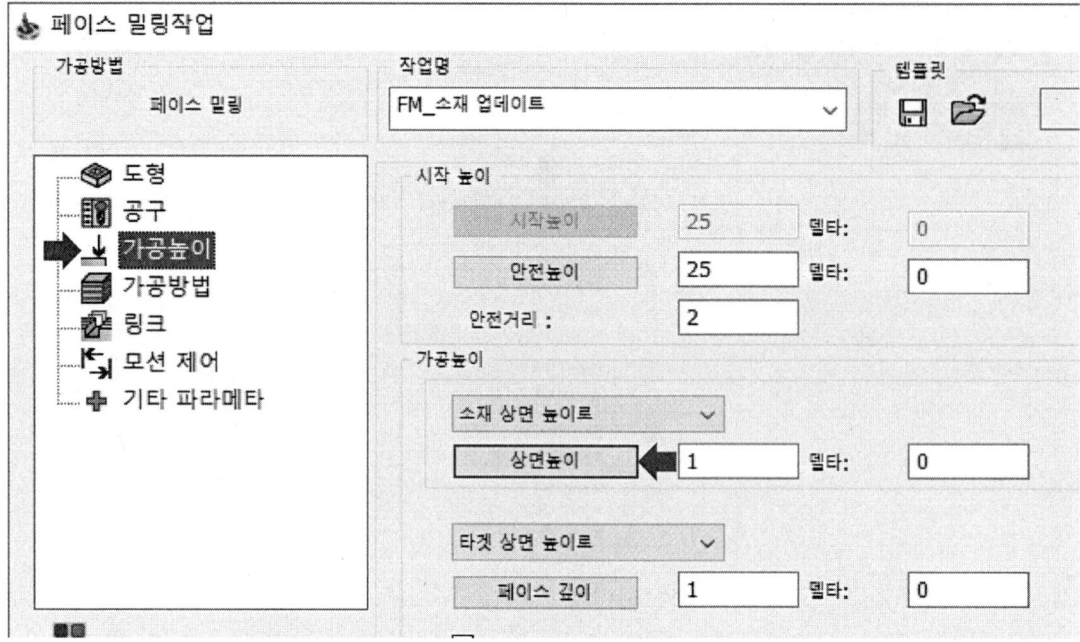

❼ 형상의 윗면을 클릭한 후 확인을 클릭한다.

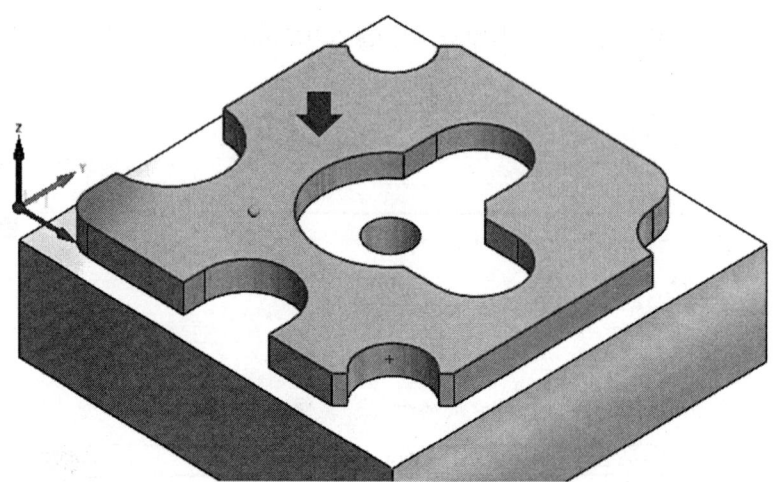

❽ [가공방법 → 한 경로]를 클릭한다.

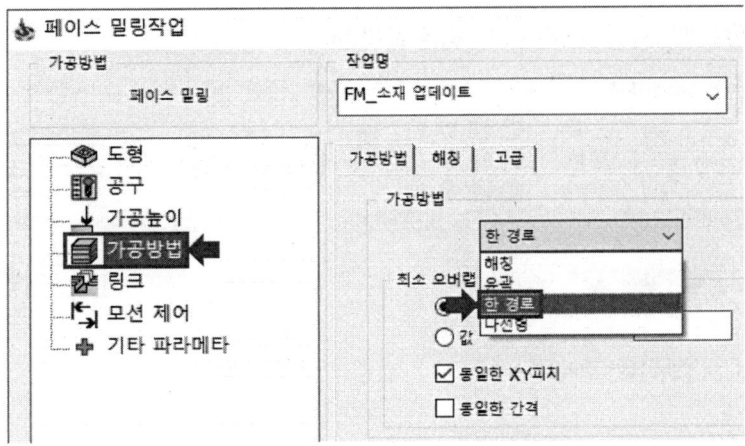

❾ [저장&계산 → 나가기]를 클릭한다.

❿ 가공 경로를 확인하고, 화살표가 표시된 체크박스를 클릭한다.

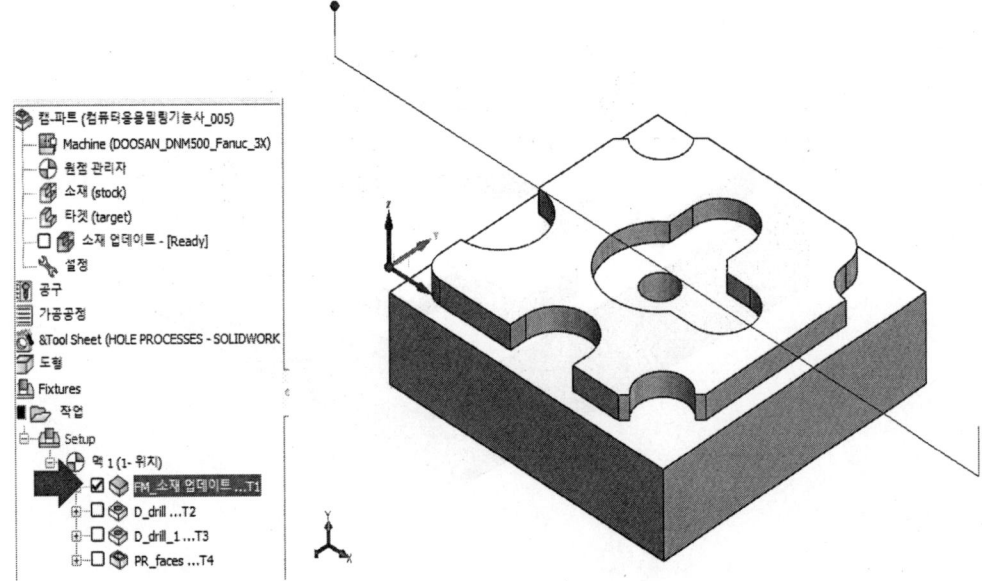

(3) 드릴 작업

❶ [커맨드 매니저 → 2.5D → 드릴]을 클릭한다.

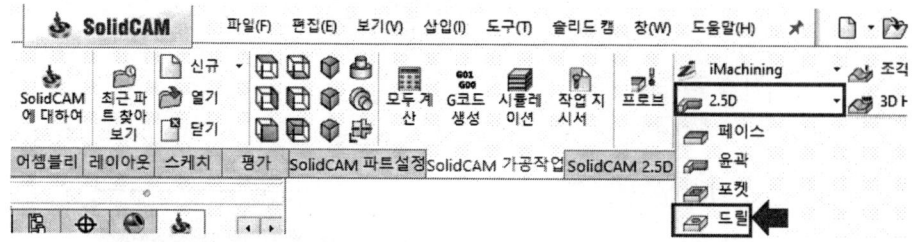

❷ [도형 → 신규]를 클릭한다.

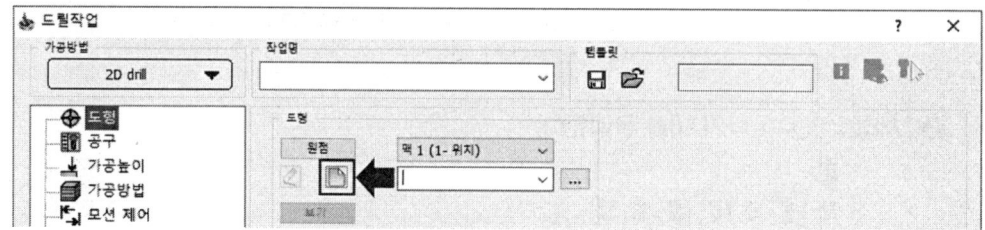

❸ 형상에서 드릴 가공할 위치인 화살표가 표시된 곳을 클릭한 후 확인을 클릭한다.

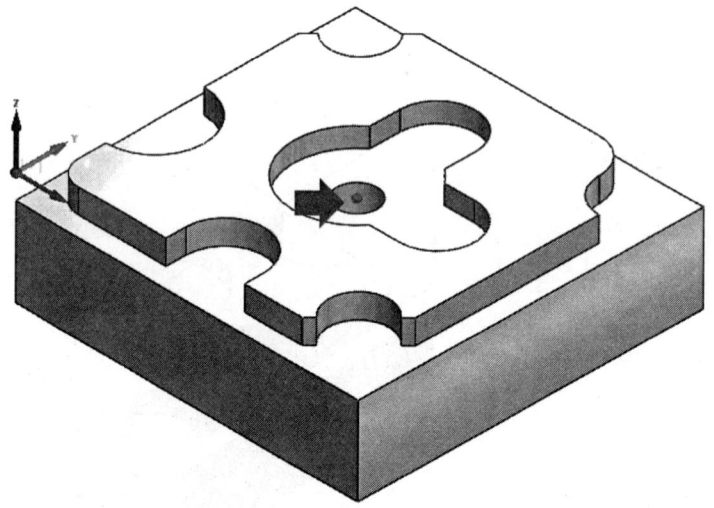

❹ 좌측의 메뉴에서 [공구 → 공구 선택]을 클릭한다.

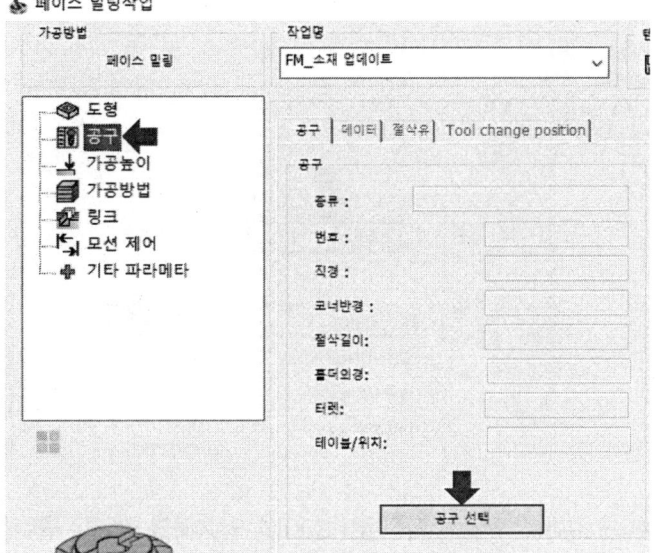

❺ [밀링 공구 추가 → 센터드릴]을 클릭한다.

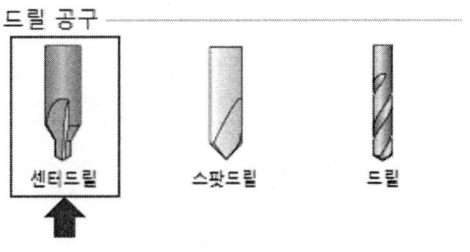

❻ [팁 직경 : 3]을 입력 후 [디폴트 공구 데이터]를 클릭한다.

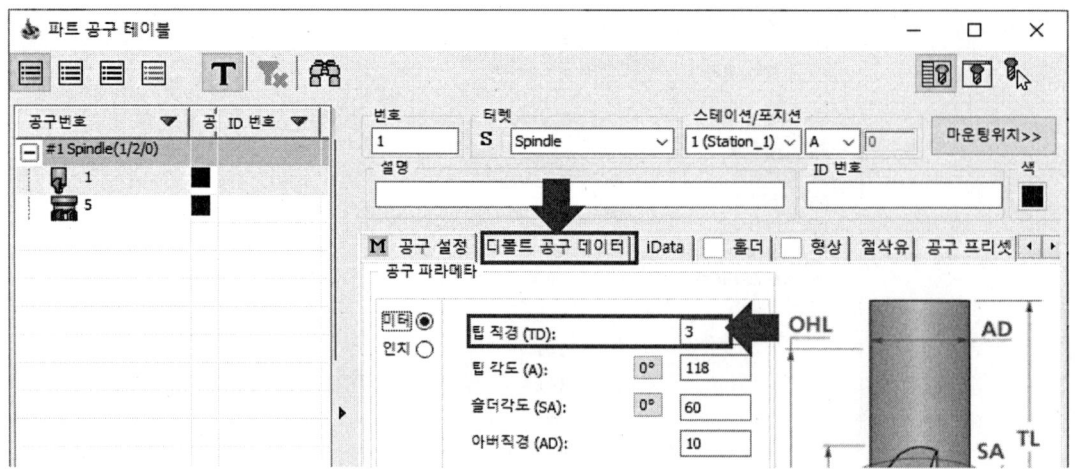

❼ [XY피드 : 80 → Z피드 : 80 → 회전율 : 800]을 입력하고 확인을 클릭한다.

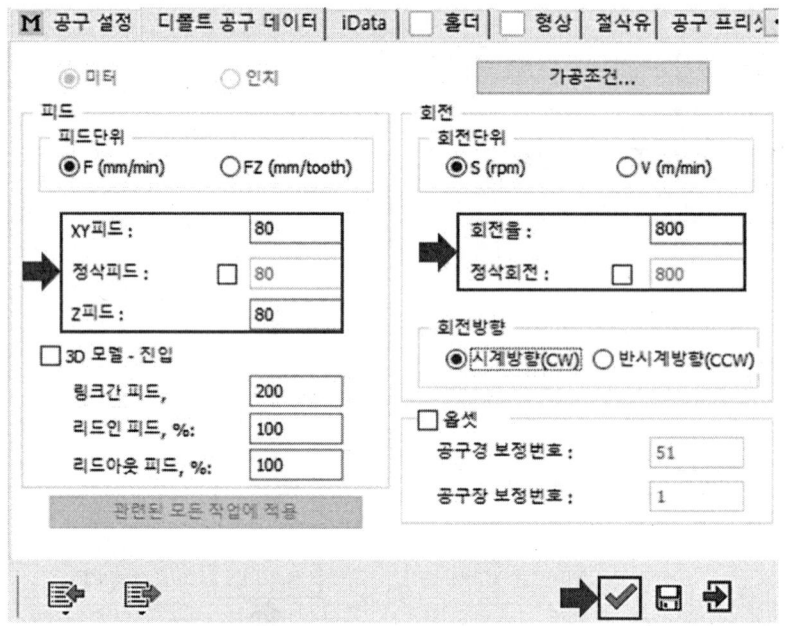

❽ [가공높이]를 클릭하고, [드릴깊이 : 3]을 입력한다.

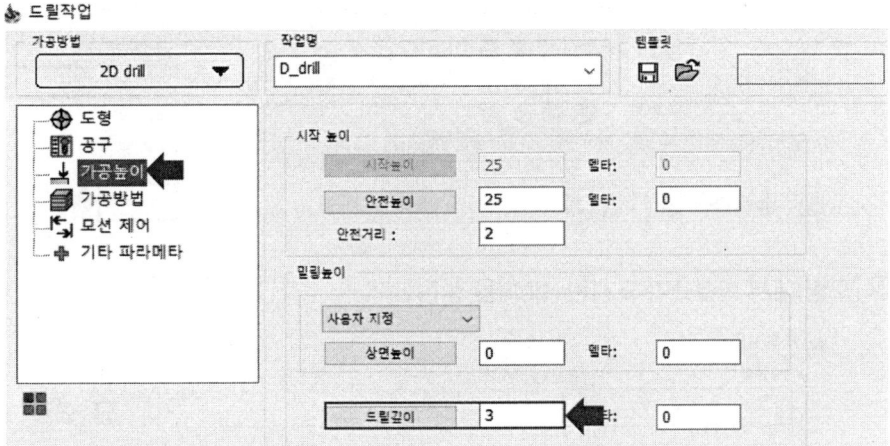

❾ [저장&계산 → 나가기]를 클릭한다.

❿ 가공 경로를 확인하고, 화살표가 표시된 체크박스를 클릭한다.

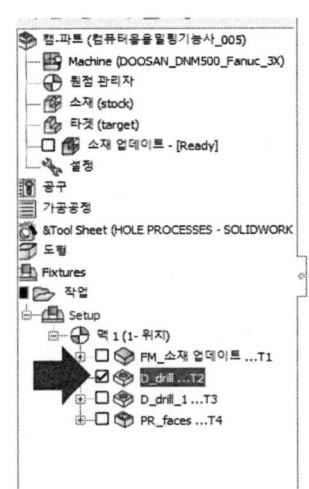
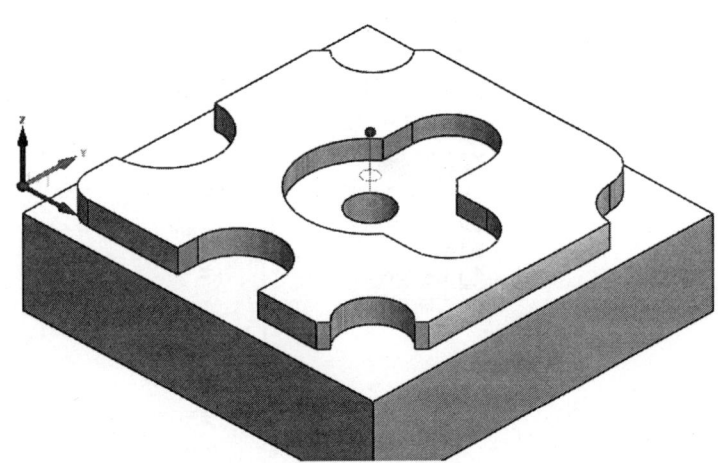

⓫ [커맨드 매니저 → 2.5D → 드릴]을 클릭한다.

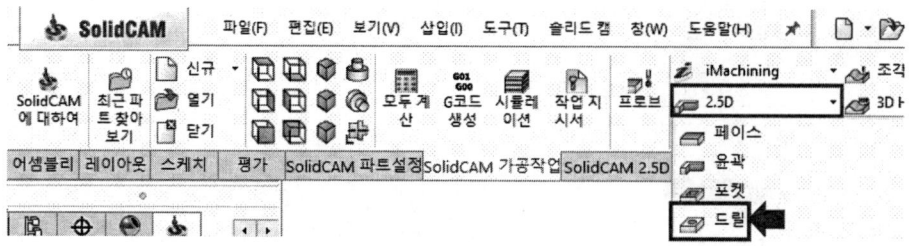

⓬ [도형]에서 화살표가 표시된 [drill]을 설정한다.

⓭ 좌측의 메뉴에서 [공구 → 공구 선택]을 클릭한다.

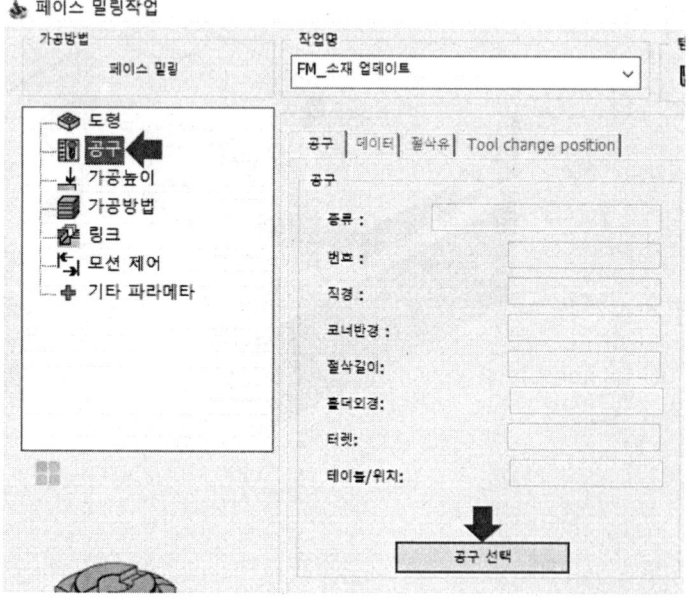

⓮ [밀링 공구 추가 → 드릴]을 클릭한다.

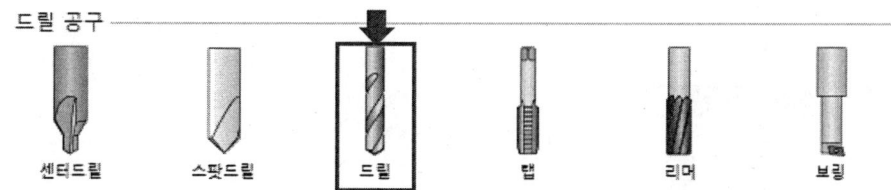

⓯ [직경 : 8 → 숄더 및 아버직경 : 8]을 입력하고, [디폴트 공구 데이터]를 클릭한다.

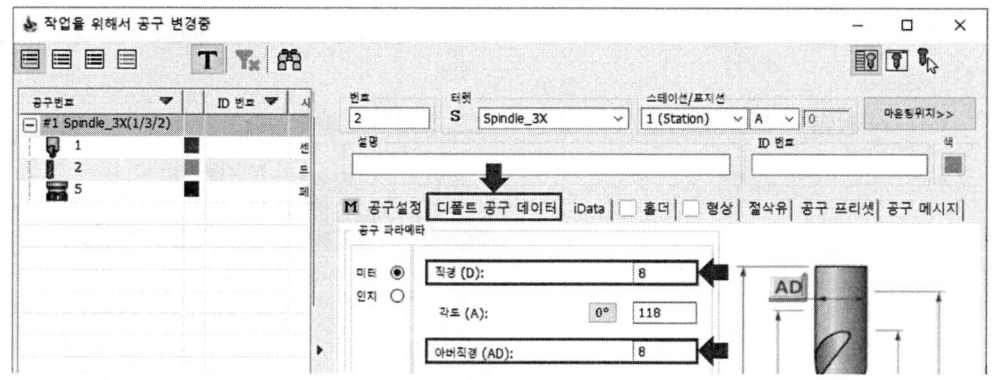

⓰ [XY피드 : 80 → Z피드 : 80 → 회전율 : 800]을 입력 후 오른쪽 상단의 색상을 파란색이 아닌 다른 색상으로 변경한다.

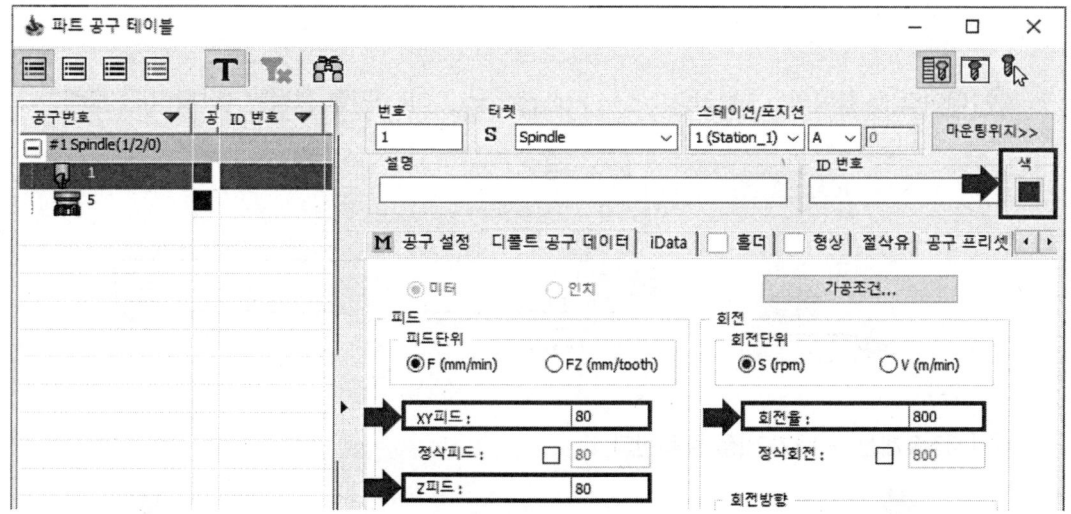

⓱ [가공높이 → 드릴깊이 → 델타 : −2]를 입력한다.

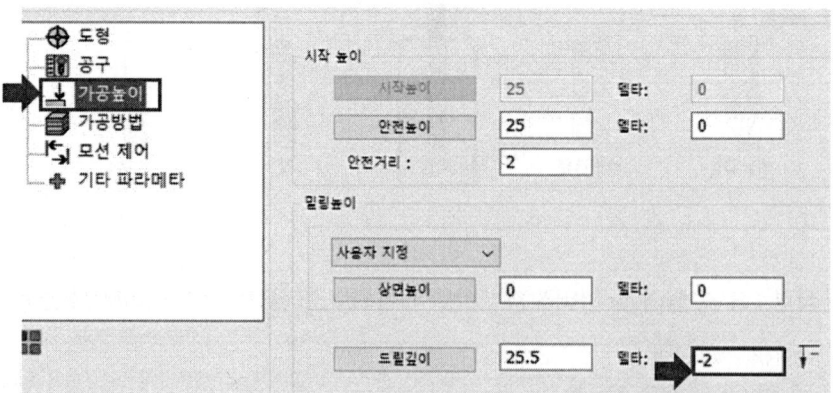

⓲ [가공방법 → 드릴 사이클 종류]를 클릭하고, [G83]을 클릭한다.

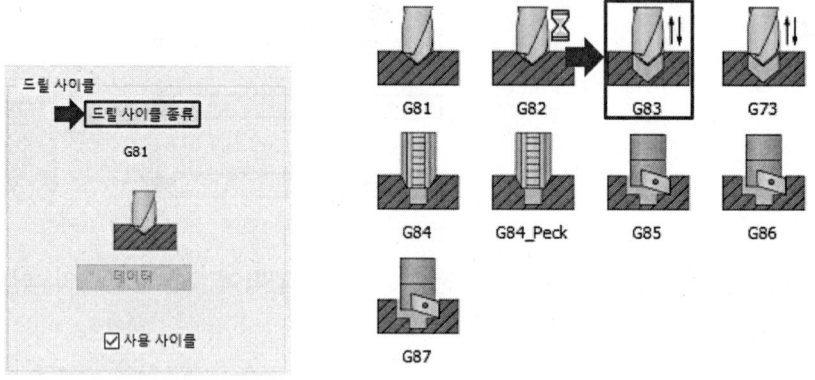

⓳ [데이터]를 클릭하고, [절입량 : 3 → Full retract : 아니오]를 설정한 후 [확인]을 클릭한다.

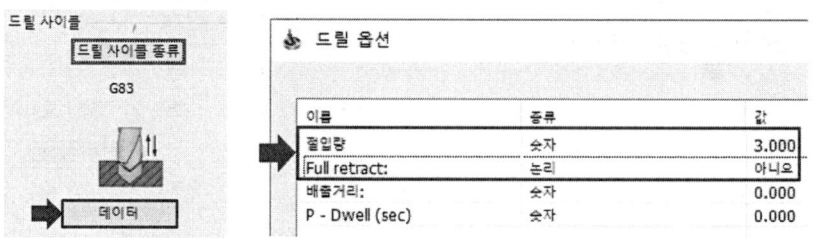

⓴ [저장&계산 → 나가기]를 클릭한다.

CHAPTER 01 컴퓨터응용밀링기능사 따라 하기

(4) 포켓자동인식 가공

❶ [커맨드 매니저 → 자동인식 가공 하위 항목 → 포켓자동인식]을 클릭한다.

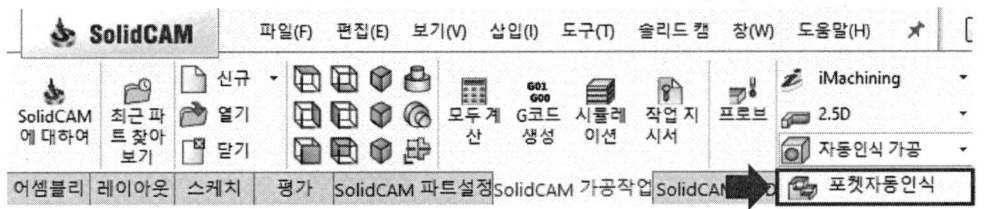

❷ [포켓자동인식 → 도형 → 신규]를 클릭한다.

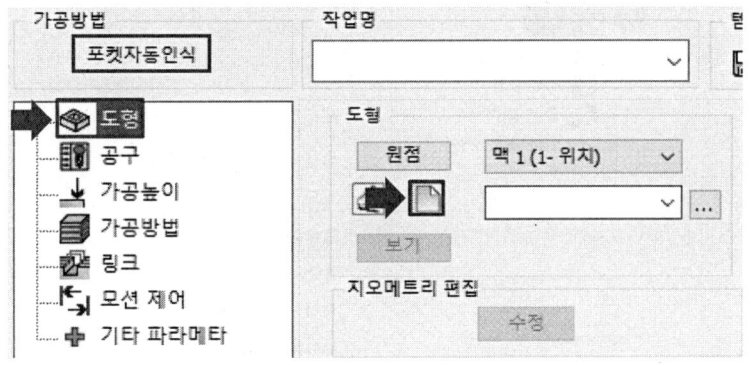

❸ 도형의 상단을 클릭하여 솔리드캠 관리자 선택 리스트에 3개의 면이 들어갔는지 확인한다.

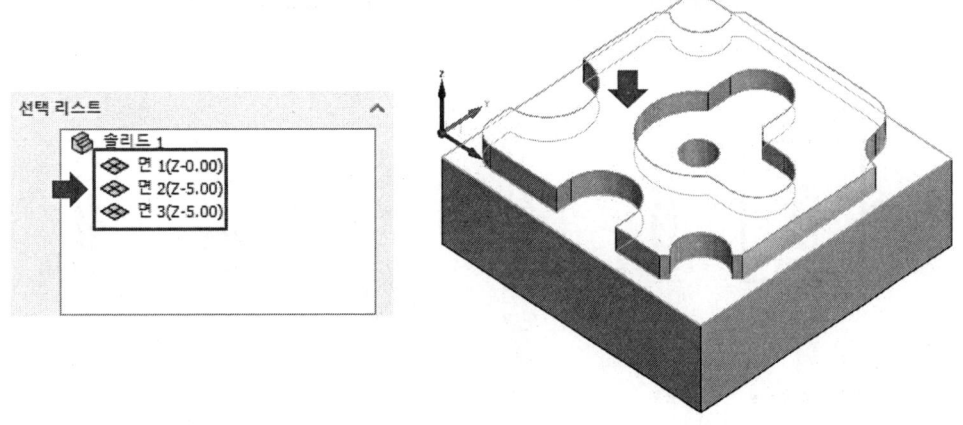

❹ 선택 리스트에서 상단 면을 찾아 마우스 오른쪽 클릭하고, [선택해제]를 클릭한다.

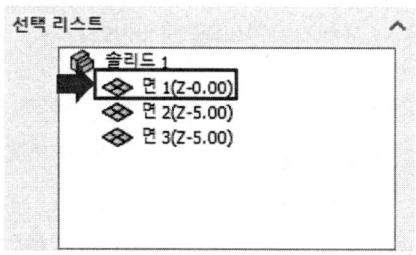 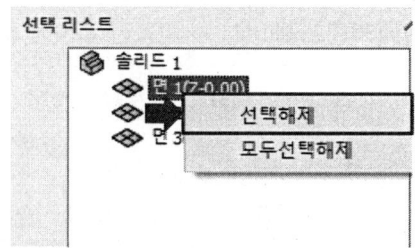

❺ [공구 → 선택 → 밀링 공구 추가 → 밀링 공구 → 평 엔드밀]을 클릭한다.

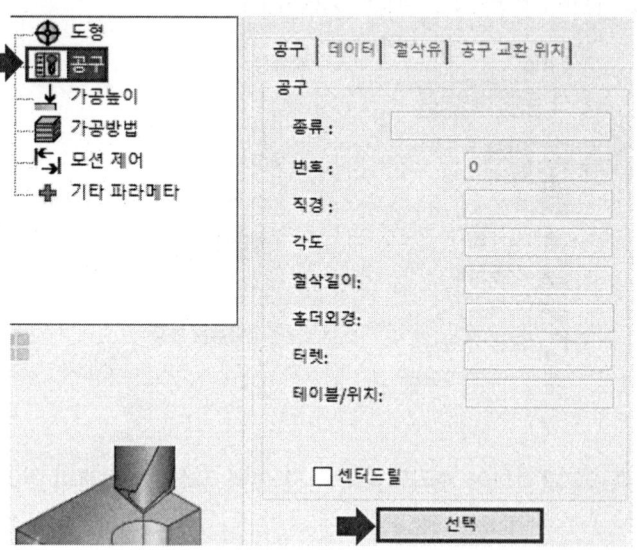

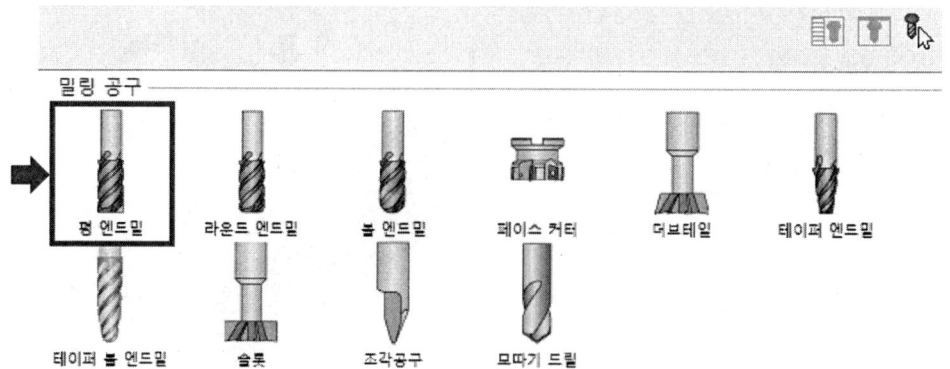

❻ [직경 : 10 → 숄더 및 아버직경 : 10]을 입력하고, [디폴트 공구 데이터]를 클릭한다.

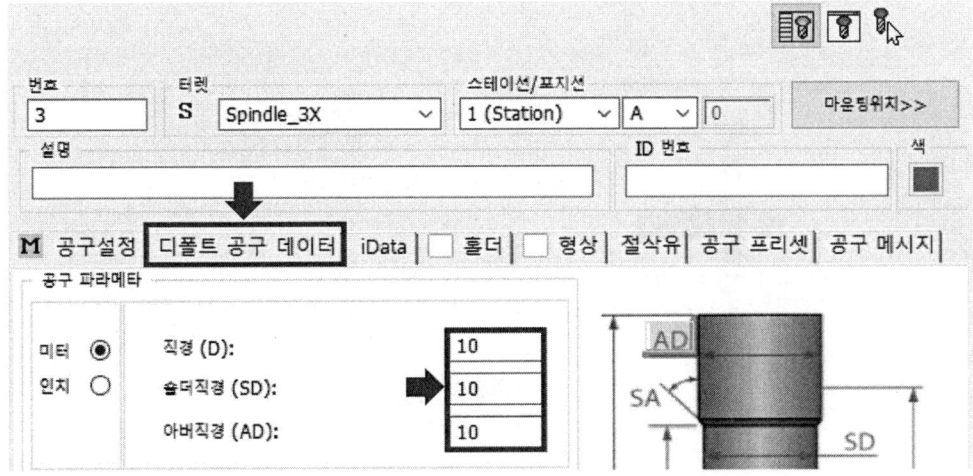

❼ [XY피드 : 100 → Z피드 : 100 → 회전율 : 1000]을 입력하고 확인을 클릭한다.

❽ [가공높이 → 최대 Z피치 : 3]을 입력해준다.

❾ [가공방법 → 열린 포켓 → 외부에서 어프로치]를 체크한다.

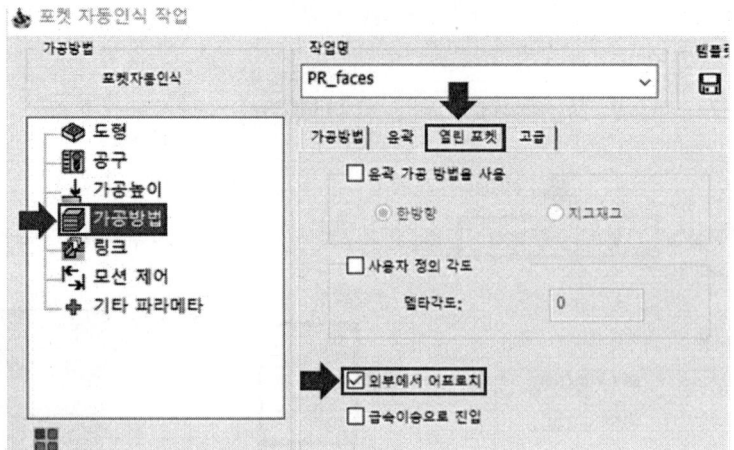

❿ [링크 → 램핑 → 수직]으로 변경한다.

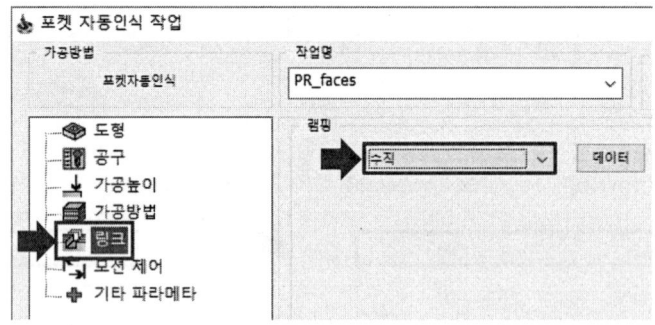

⓫ [데이터]를 클릭하고, 하단의 드릴 위치에서 [모두적용]을 클릭한다.

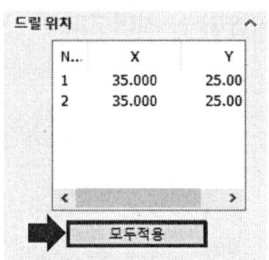

(5) 시뮬레이션 및 G코드 생성

❶ [작업]의 체크박스를 클릭하여 툴 패스를 활성화한다.

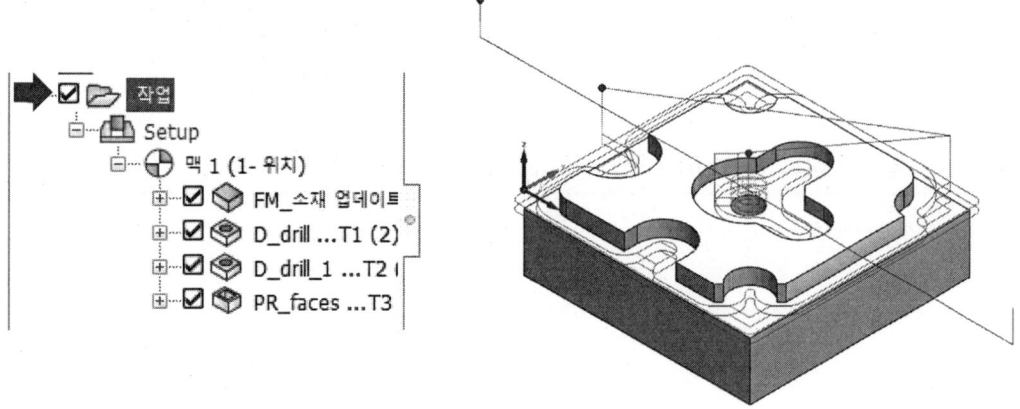

❷ [커맨드 매니저 → 시뮬레이션]을 클릭한다.

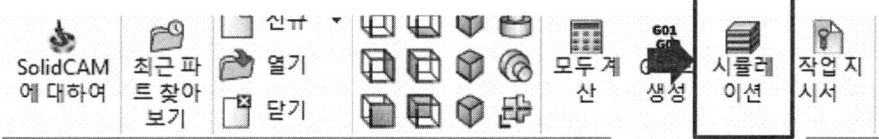

❸ 시뮬레이션 창에서 [SoildVerify]를 클릭하고, [재생]을 클릭해서 전체 시뮬레이션을 확인한다.

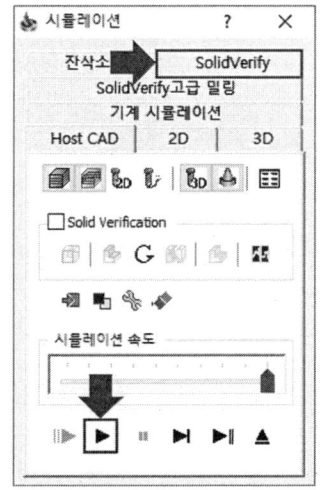
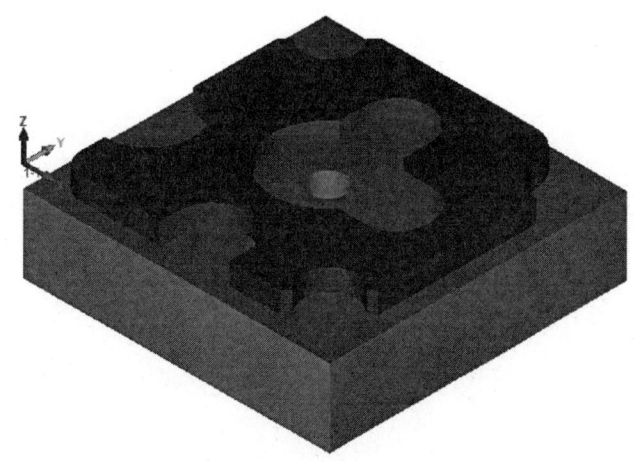

❹ [커맨드 매니저 → G코드 생성]을 클릭한다.

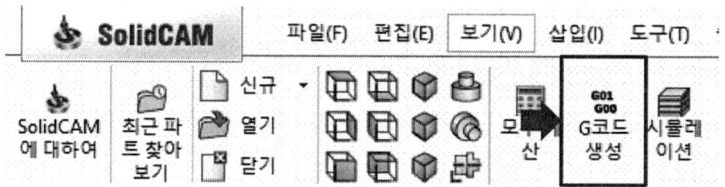

❺ G코드를 확인하고, [다른 이름으로 저장]을 선택하여 저장한다.

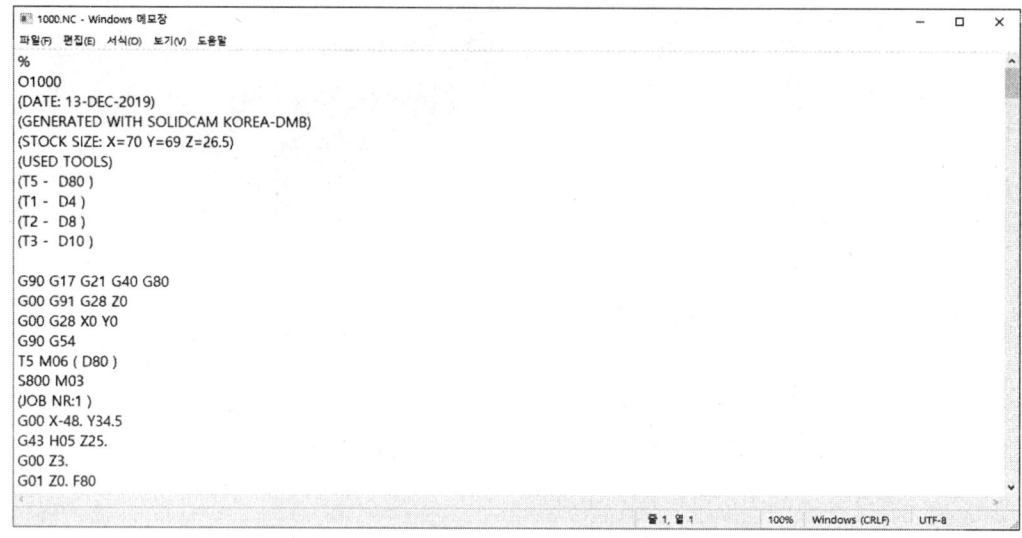

06 컴퓨터응용밀링기능사 따라 하기

1 도면

도 명	척도	투상
컴퓨터응용밀링기능사	N S	3각법

006

공구 번호	작업 내용	공구조건		절삭조건		
		종류	직경	회전수 (rpm)	이송 (mm/min)	1회 절입량 (mm)
5	페이스밀링	페이스공구	Ø80	1000	100	
1	센터드릴	센터드릴	Ø3	800	80	
2	드릴	드릴	Ø8	900	90	3
3	포켓가공	평엔드밀	Ø10	1000	1000	5

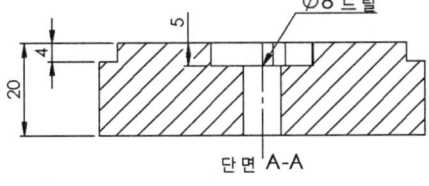

(주)솔리드캠코리아

② CAM

(1) SolidCAM 원점, 소재 정의

❶ [주메뉴 바 → 열기]를 통해 파일을 불러온다.

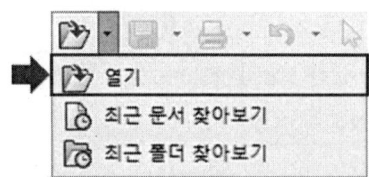

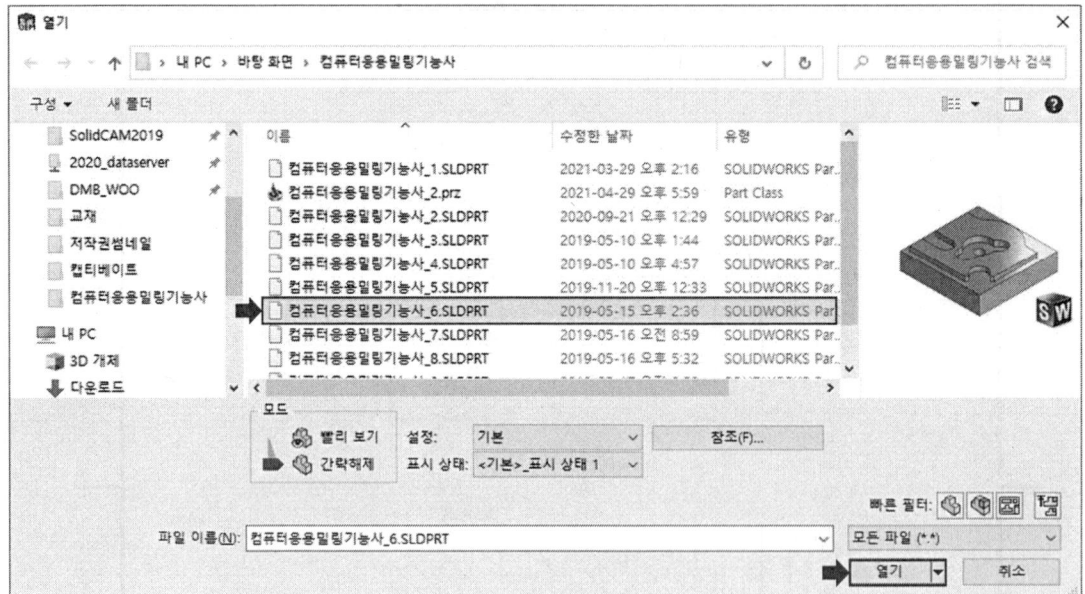

❷ [커맨드 매니저 → SolidCAM 파트 설정 탭 → 신규 → 밀링]을 클릭한다.

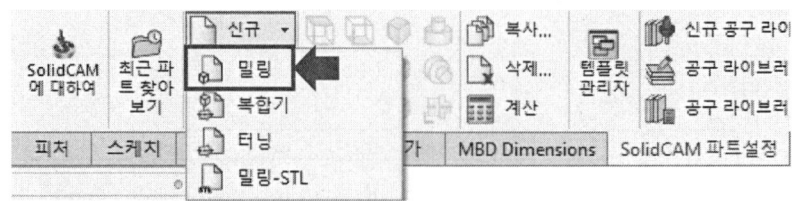

❸ [신규 밀링파트 → 캠-파트 생성방법 → 솔리드캠의 파일로 저장 → 단위 → 미터]를 클릭한 후 확인을 클릭한다.

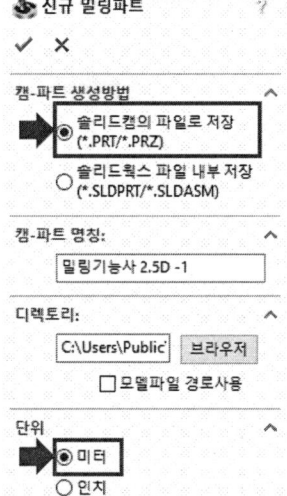

❹ [CNC → 컨트롤러 → gMilling_3x]를 설정한 후 [정의 → 원점]을 클릭한다.

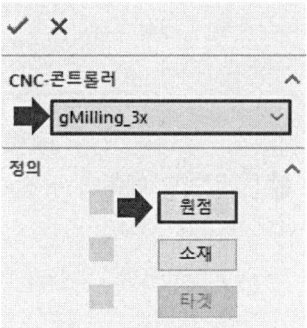

❺ [솔리드캠 관리자 → 평면원점 → 모델박스의 코너]를 설정하고, 모델을 클릭한 후 확인을 클릭한다.

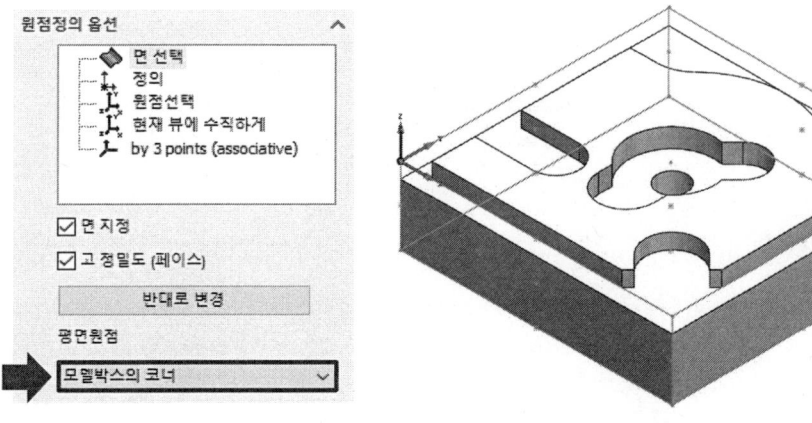

❻ [원점 데이터 → 확인 → 원점 관리자 → 확인]을 클릭한다.

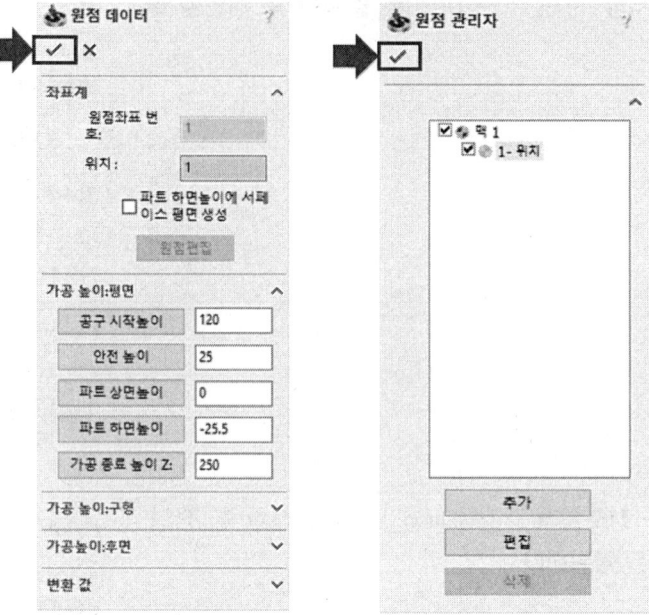

❼ [밀링파트 데이터 → 정의 → 소재]를 클릭한다.

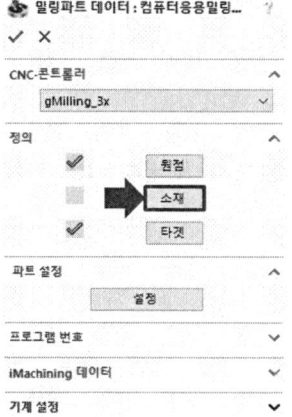

❽ 형상을 [클릭]하여 소재를 정의하고, [박스확장]에서 모든 확장을 0으로 하고 [Z+]만 1로 설정한 후 확인을 클릭한다.

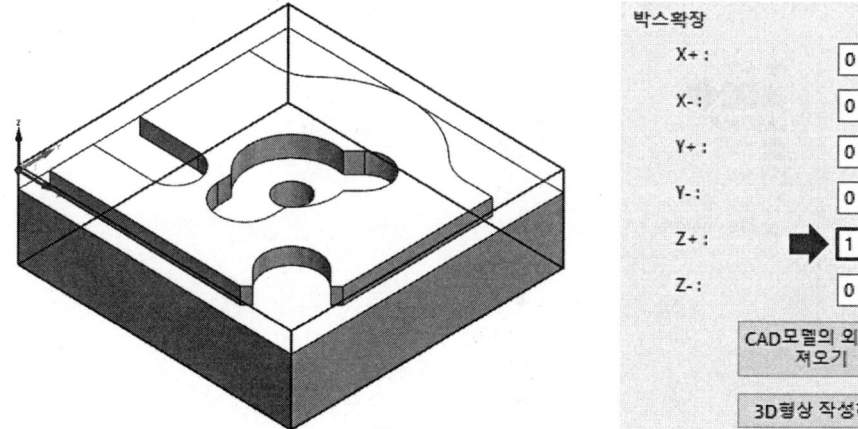

❾ 정의를 완료하고 [밀링파트 데이터]의 확인을 클릭한다.

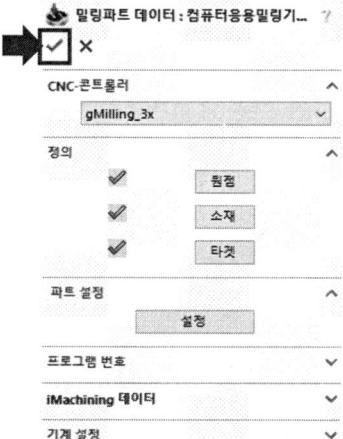

(2) 페이스 밀링 작업

❶ [커맨드 매니저 → 2.5D → 페이스]를 클릭한다.

❷ 좌측의 메뉴에서 [공구 → 공구 선택]을 클릭한다.

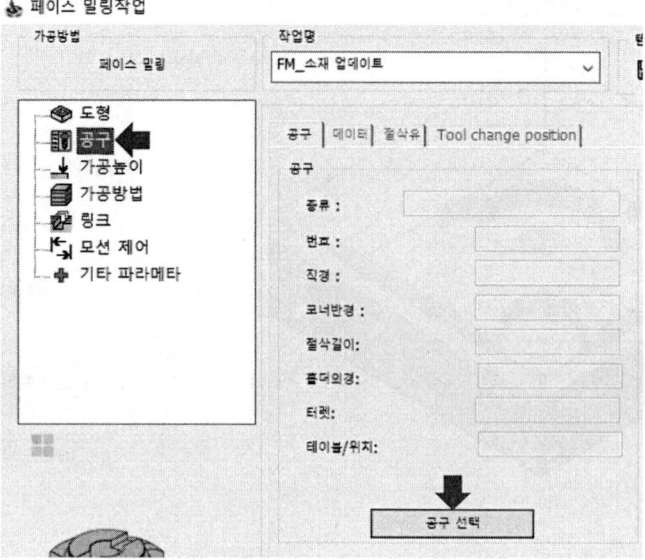

❸ [밀링 공구 추가 → 페이스 커터]를 클릭한다.

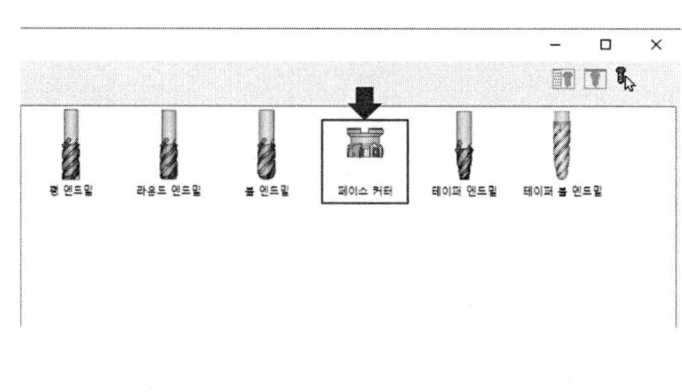

❹ [번호 : 5 → 직경(D) : 80]을 입력하고, [디폴트 공구 데이터]를 클릭한다.

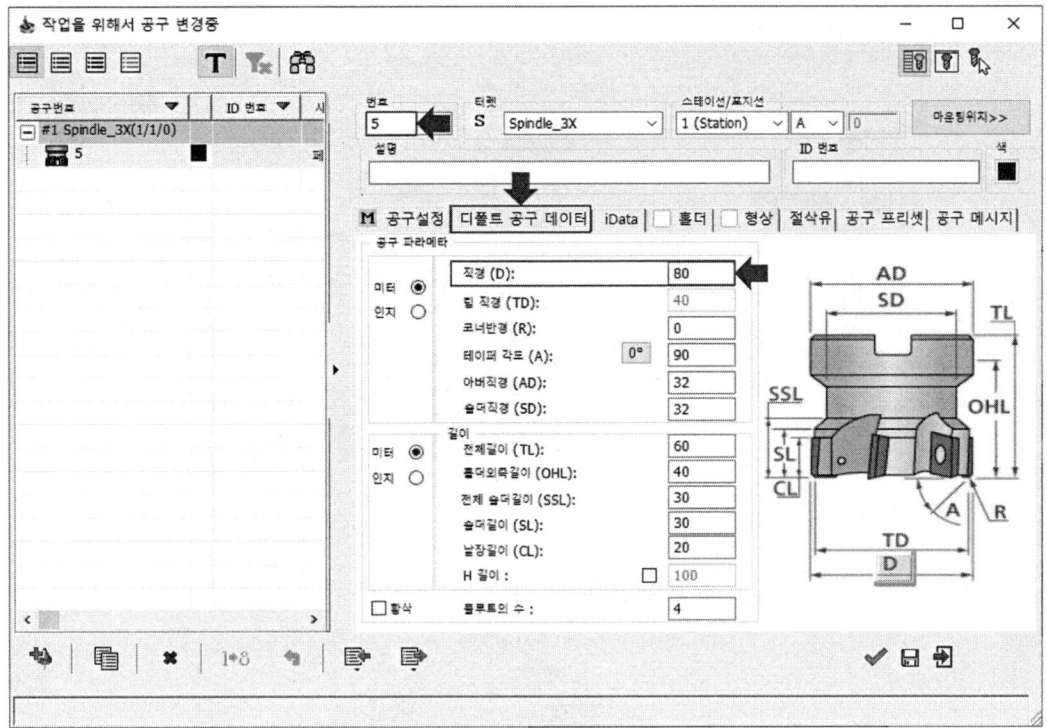

❺ [XY피드 : 100 → Z피드 : 100 → 회전율 : 1000]을 입력하고 확인을 클릭한다.

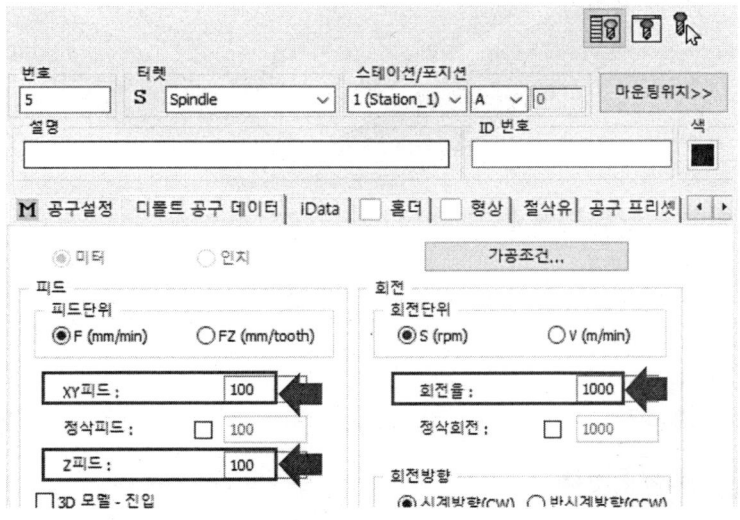

❻ [가공높이 → 상면높이]를 클릭한다.

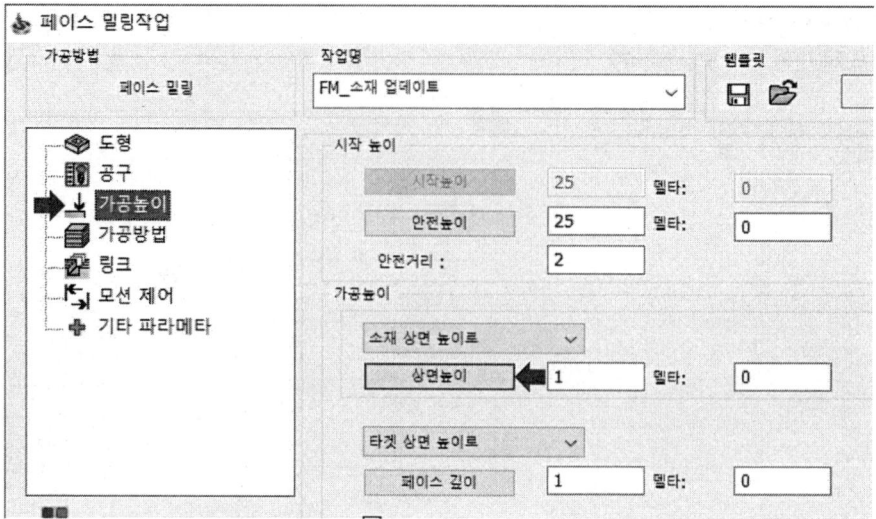

❼ 형상의 윗면을 클릭한 후 확인을 클릭한다.

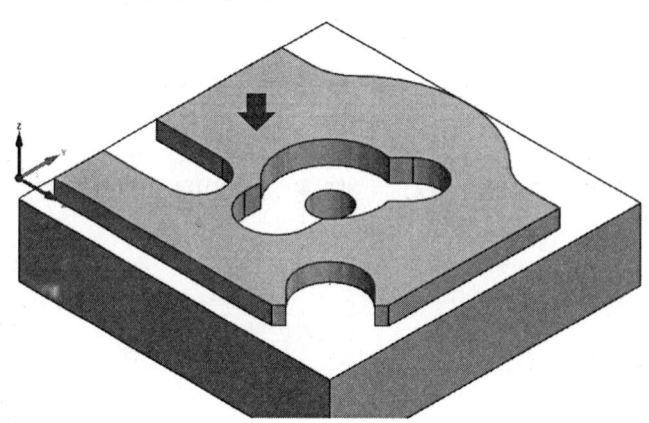

❽ [가공방법 → 한 경로]를 클릭한다.

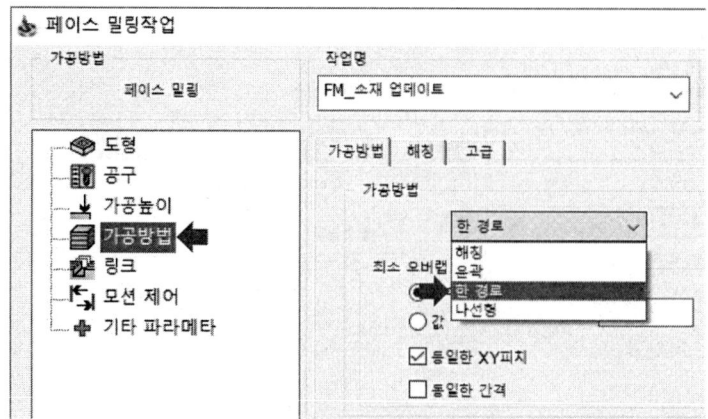

❾ [저장&계산 → 나가기]를 클릭한다.

❿ 가공 경로를 확인하고, 화살표가 표시된 체크박스를 클릭한다.

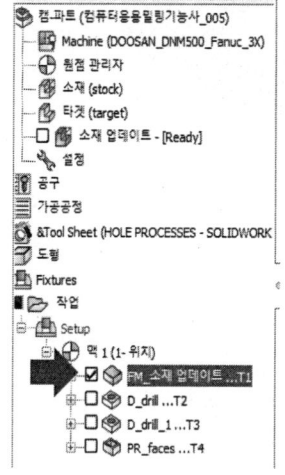
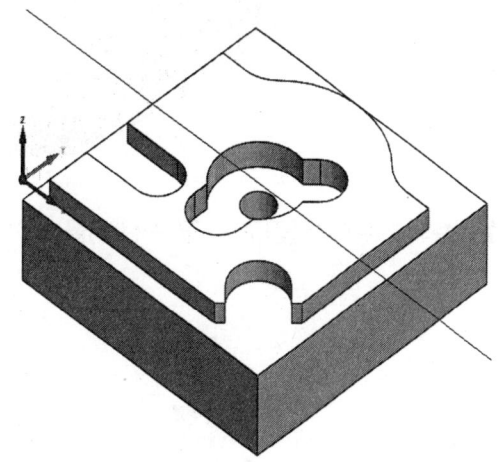

(3) 드릴 작업

❶ [커맨드 매니저 → 2.5D → 드릴]을 클릭한다.

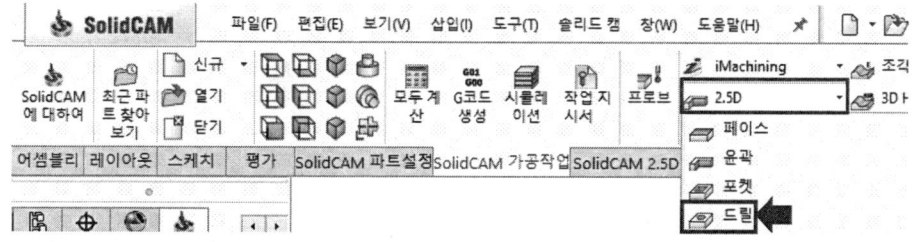

❷ [도형 → 신규]를 클릭한다.

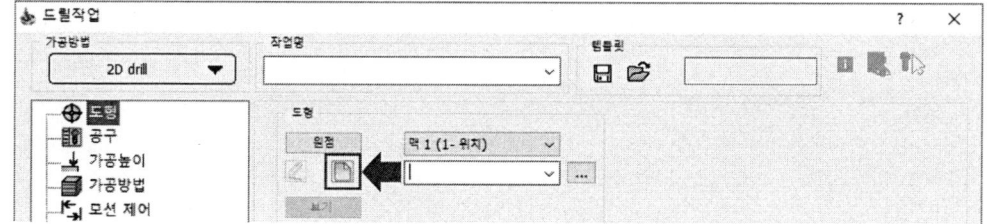

❸ 형상에서 드릴 가공할 위치인 화살표가 표시된 곳을 클릭한 후 확인을 클릭한다.

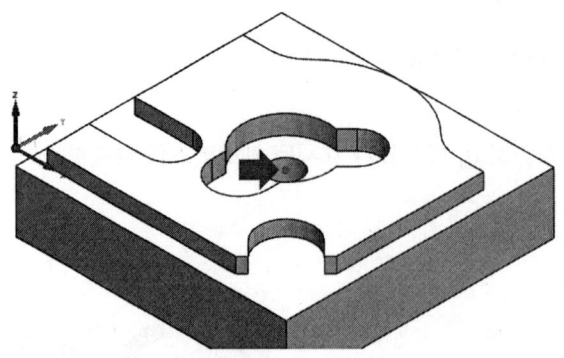

❹ 좌측의 메뉴에서 [공구 → 공구 선택]을 클릭한다.

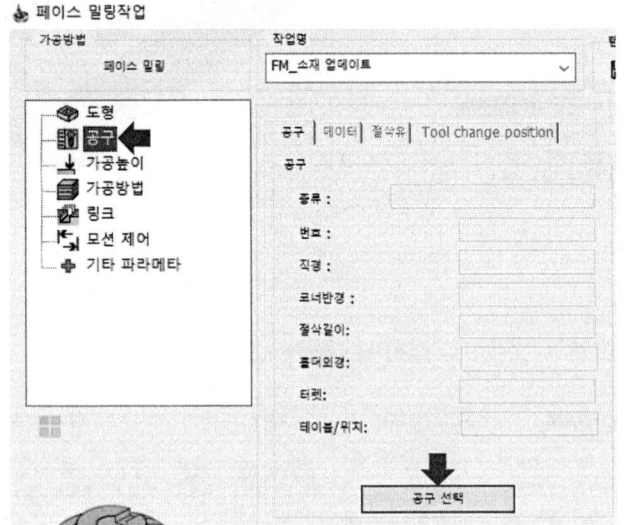

❺ [밀링 공구 추가 → 센터드릴]을 클릭한다.

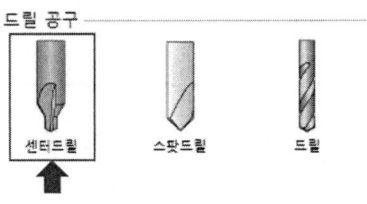

❻ [팁 직경 : 3]을 입력 후 [디폴트 공구 데이터]를 클릭한다.

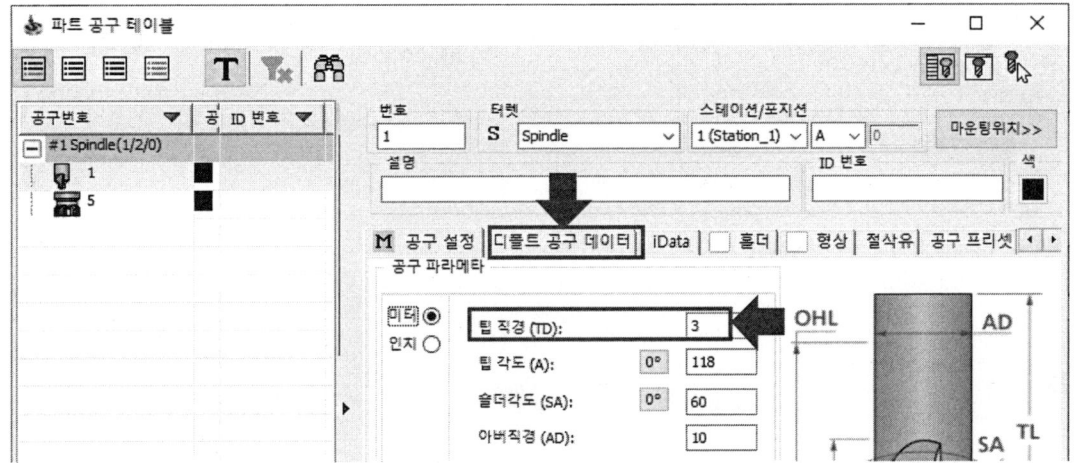

❼ [XY피드 : 80 → Z피드 : 80 → 회전율 : 800]을 입력하고 확인을 클릭한다.

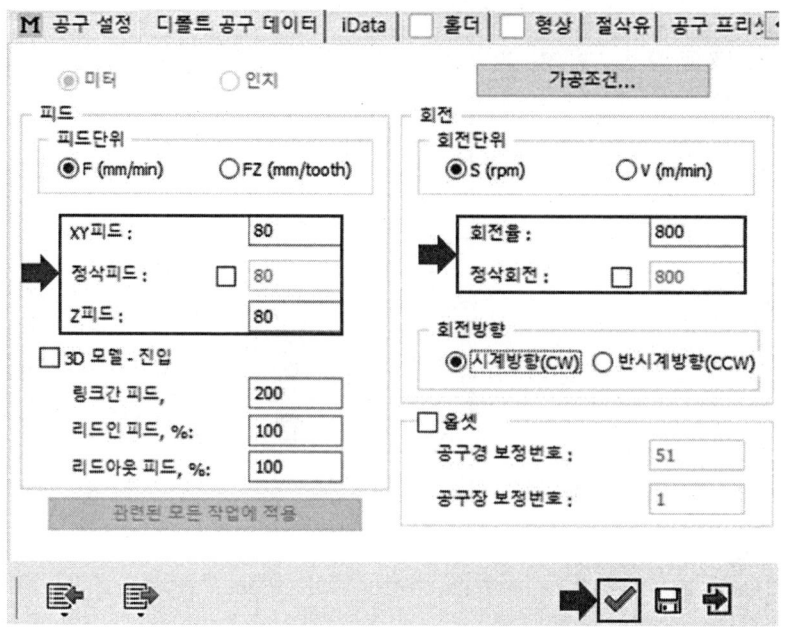

❽ [가공높이]를 클릭하고, [드릴깊이 : 3]을 입력한다.

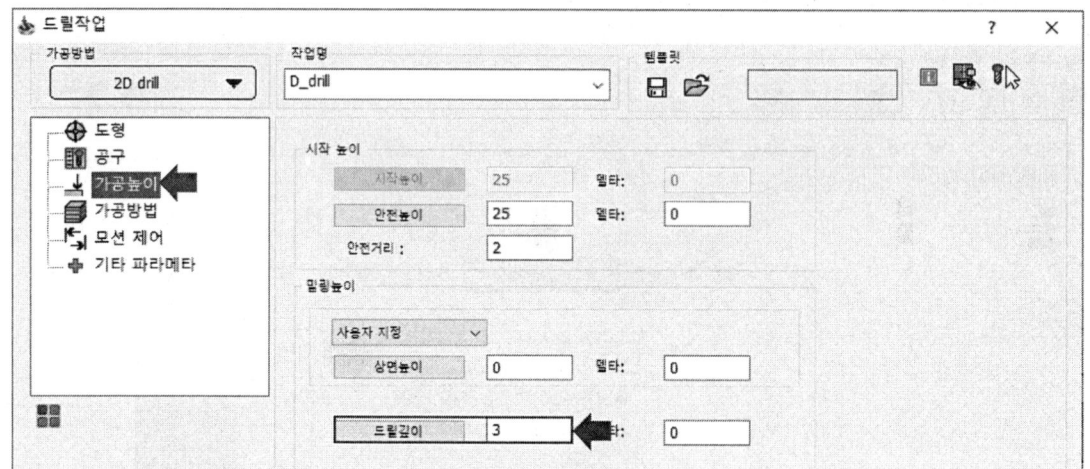

❾ [저장&계산 → 나가기]를 클릭한다.

❿ 가공 경로를 확인하고, 화살표가 표시된 체크박스를 클릭한다.

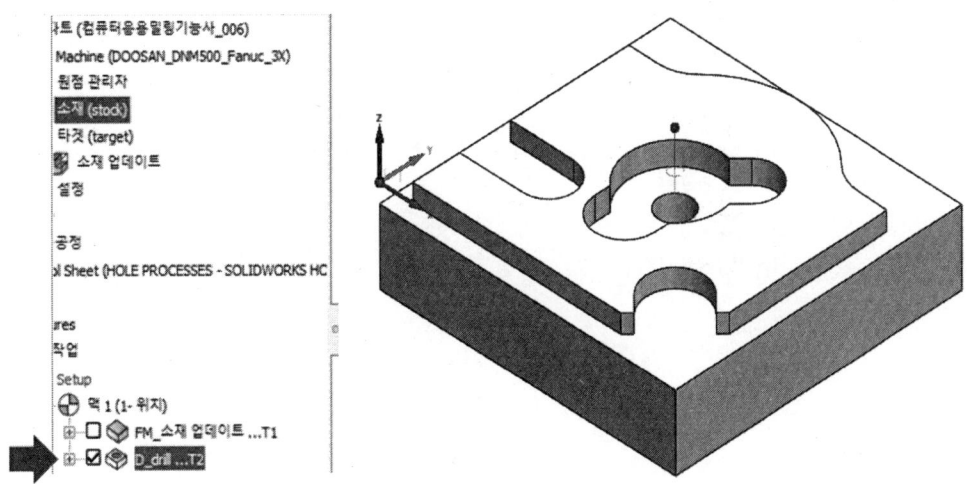

⓫ [커맨드 매니저 → 2.5D → 드릴]을 클릭한다.

⓬ [도형]에서 화살표가 표시된 [drill]을 설정한다.

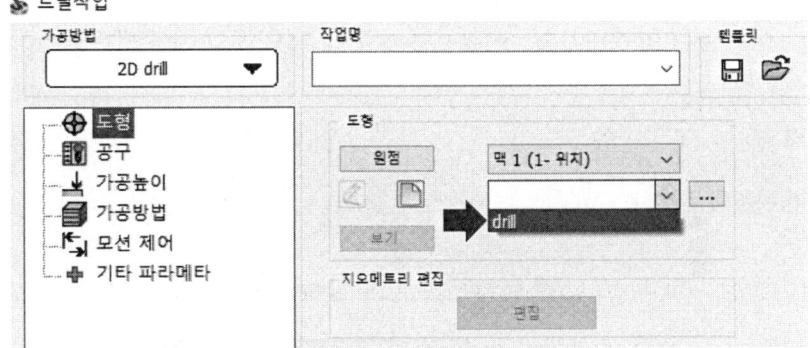

⓭ 좌측의 메뉴에서 [공구 → 공구 선택]을 클릭한다.

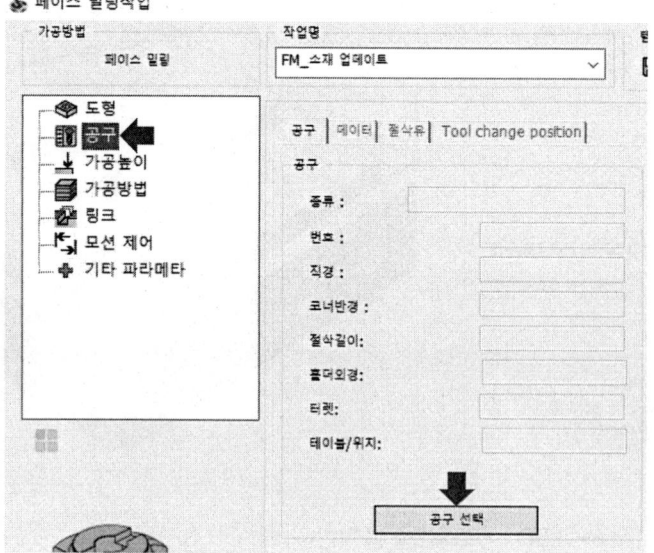

⓮ [밀링 공구 추가 → 드릴]을 클릭한다.

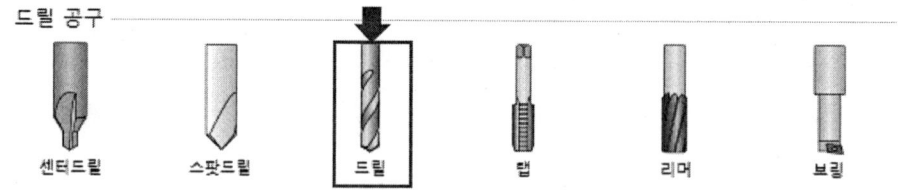

⓯ [직경 : 8 → 숄더 및 아버직경 : 8]을 입력하고, [디폴트 공구 데이터]를 클릭한다.

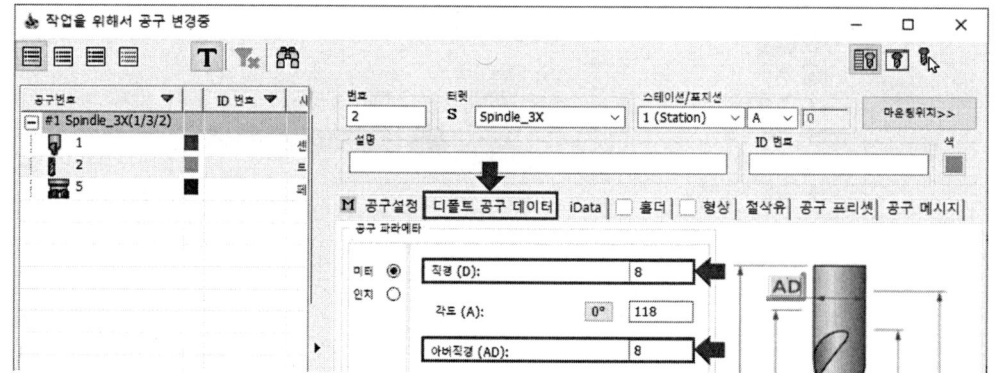

CHAPTER 01 컴퓨터응용밀링기능사 따라 하기

⑯ [XY피드 : 100 → Z피드 : 100 → 회전율 : 1000]을 입력하고 확인을 클릭한다.

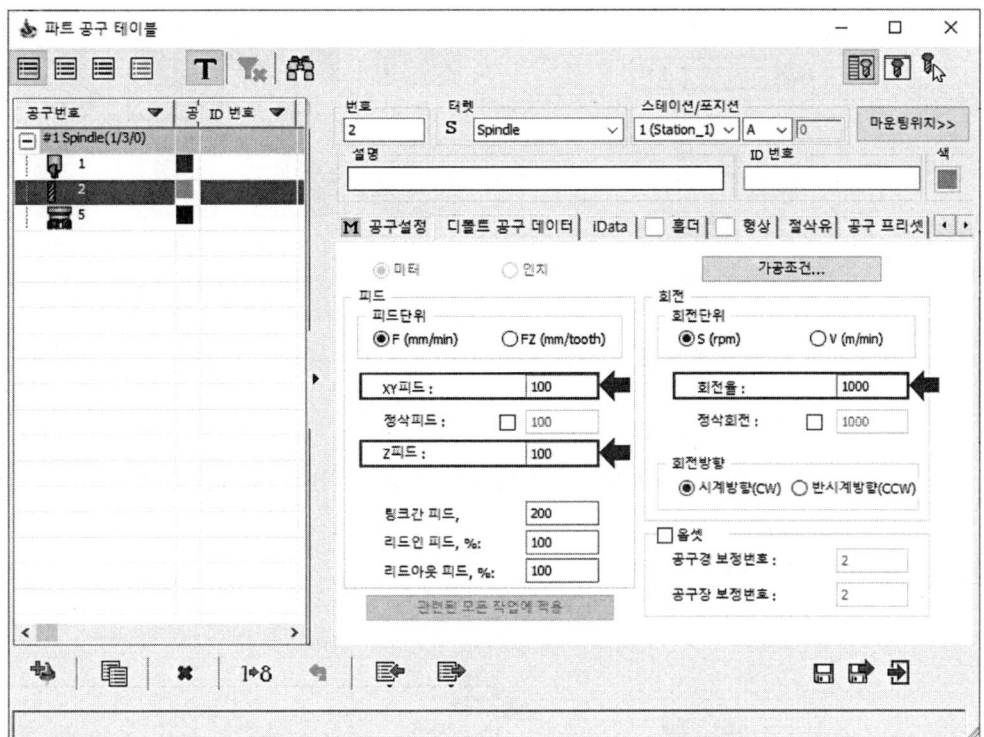

⑰ [가공높이 → 드릴깊이 → 델타 : −2]를 입력한다.

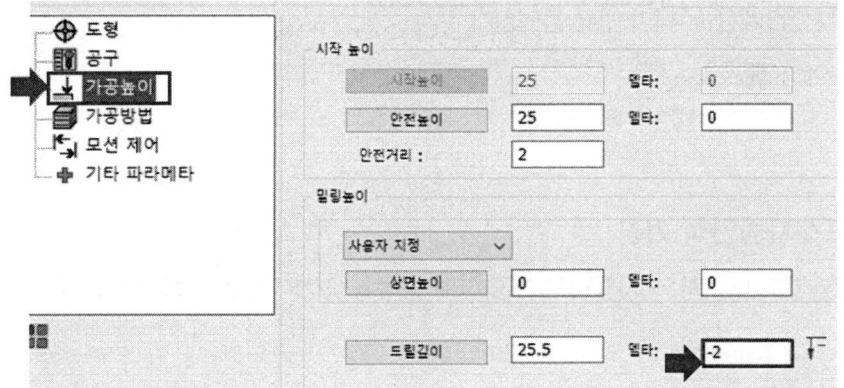

⑱ [가공방법 → 드릴 사이클 종류]를 클릭하고, [G83]을 클릭한다.

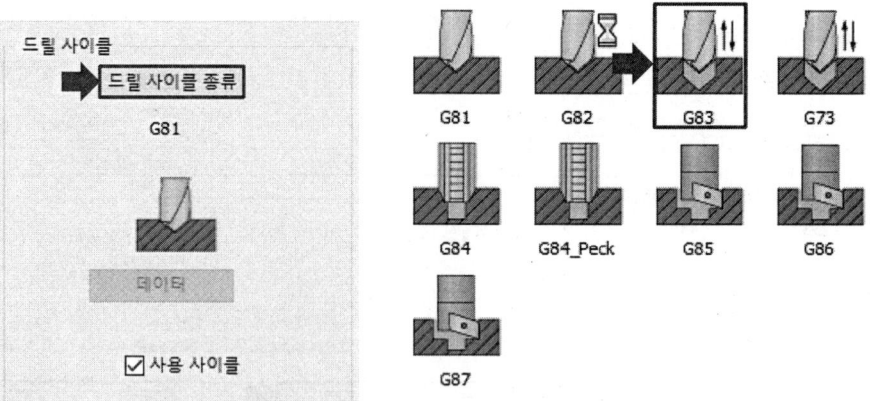

⑲ [데이터]를 클릭하고, [절입량 : 3 → Full retract : 아니오]를 설정한 후 [확인]을 클릭한다.

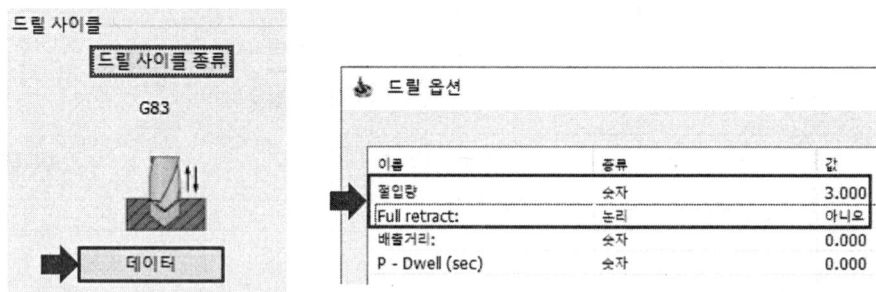

⑳ [저장&계산 → 나가기]를 클릭한다.

(4) 포켓자동인식 가공

❶ [커맨드 매니저 → 자동인식 가공 하위 항목 → 포켓자동인식]을 클릭한다.

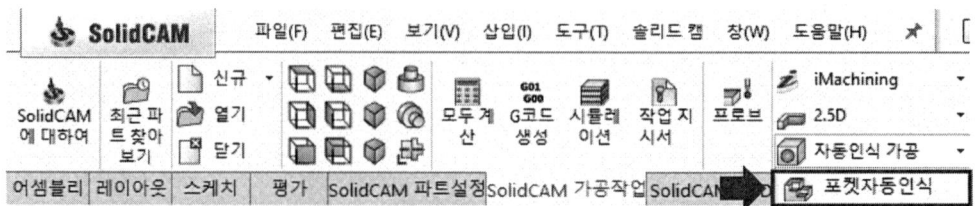

❷ [포켓자동인식 → 도형 → 신규]를 클릭한다.

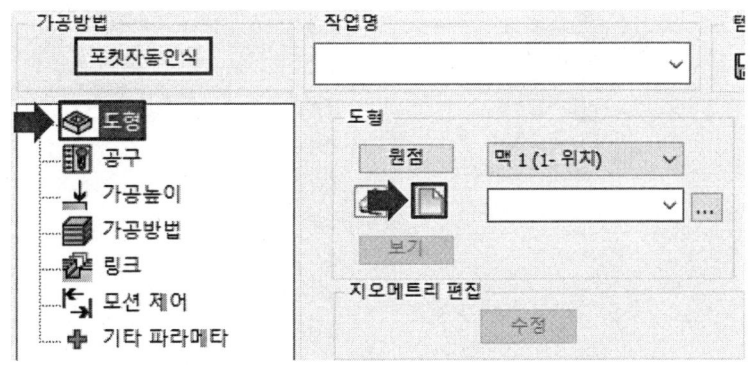

❸ 도형의 상단을 클릭하여 솔리드캠 관리자 선택 리스트에 3개의 면이 들어갔는지 확인한다.

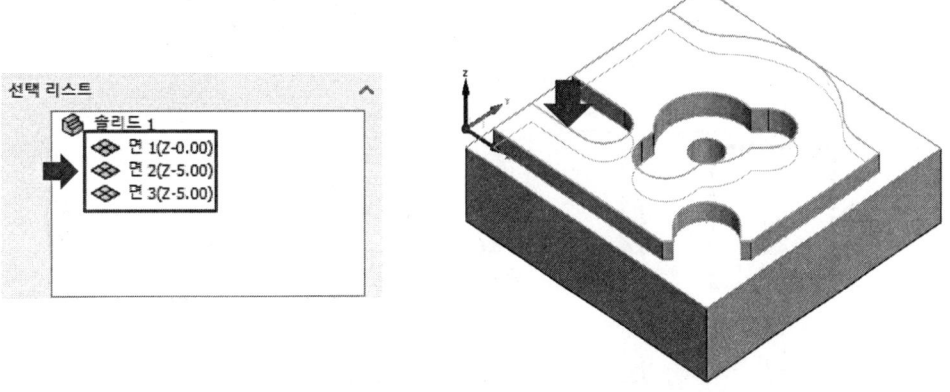

❹ 선택 리스트에서 상단 면을 찾아 마우스 오른쪽 클릭하고, [선택해제]를 클릭한다.

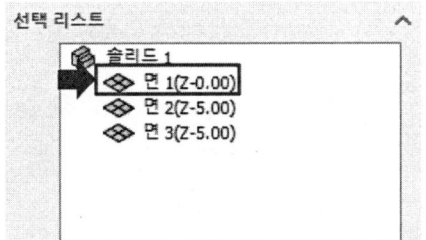 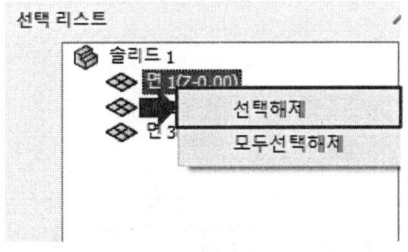

❺ [공구 → 선택 → 밀링 공구 추가 → 밀링 공구 → 평 엔드밀]을 클릭한다.

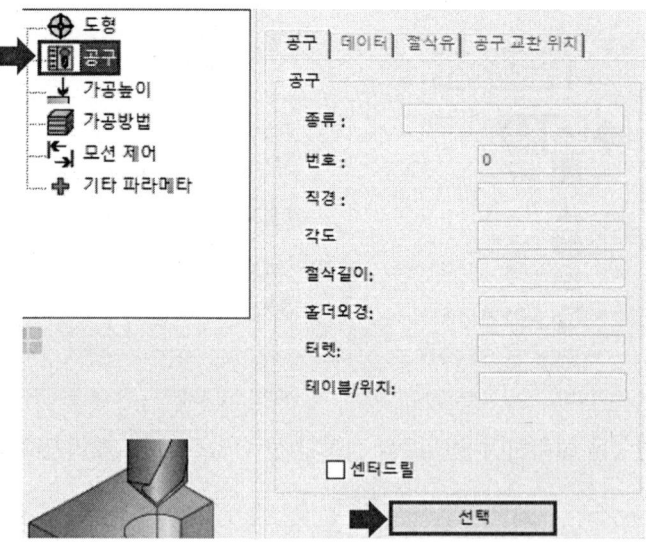

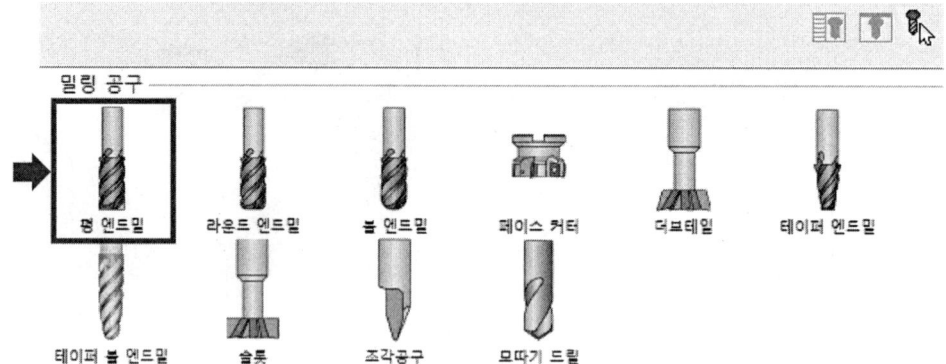

❻ [직경 : 10 → 숄더 및 아버직경 : 10]을 입력하고, [디폴트 공구 데이터]를 클릭한다.

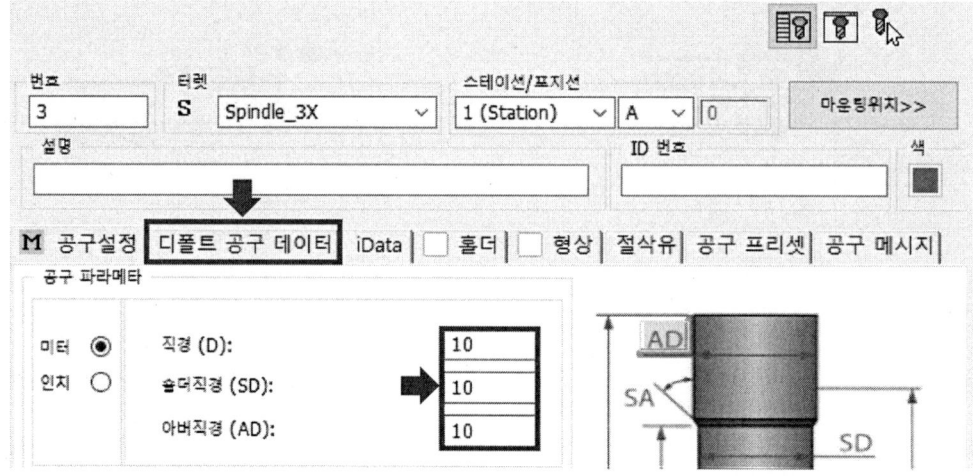

❼ [XY피드 : 100 → Z피드 : 100 → 회전율 : 1000]을 입력하고 확인을 클릭한다.

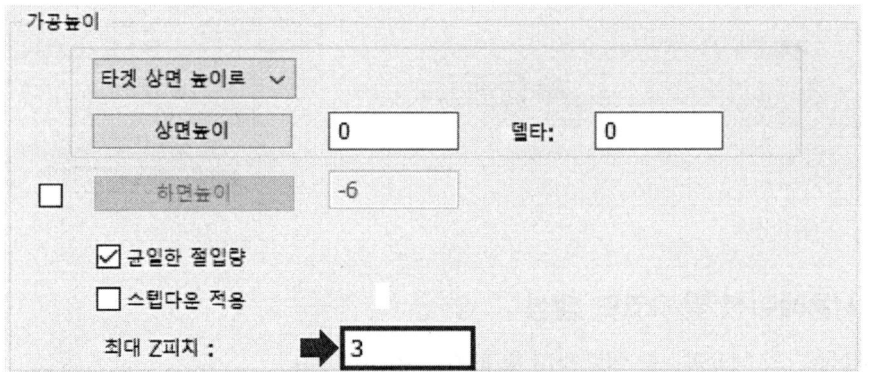

❽ [가공높이 → 최대 Z피치 : 3]을 입력해준다.

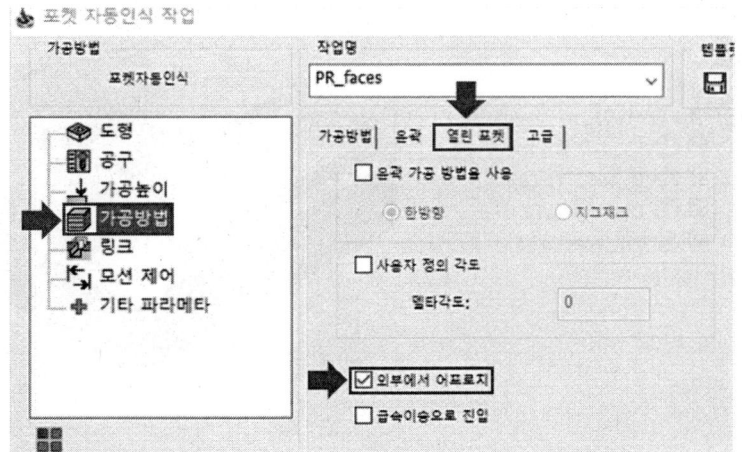

❾ [가공방법 → 열린 포켓 → 외부에서 어프로치]를 체크한다.

❿ [링크 → 램핑 → 수직]으로 변경한다.

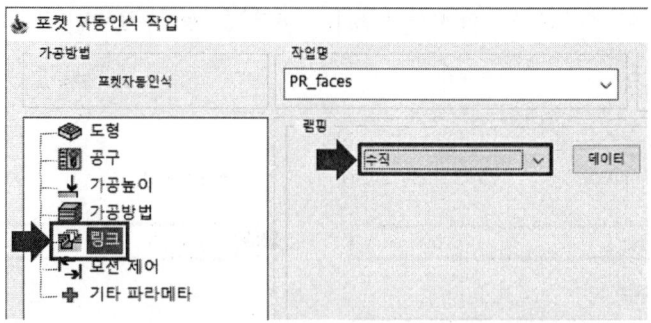

⓫ [데이터]를 클릭하고, 하단의 드릴 위치에서 [모두적용]을 클릭한다.

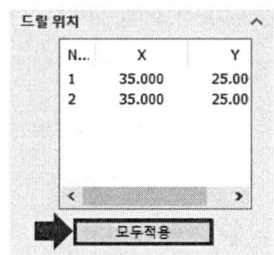

(5) 시뮬레이션 및 G코드 생성

❶ [작업]의 체크박스를 클릭하여 툴 패스를 활성화한다.

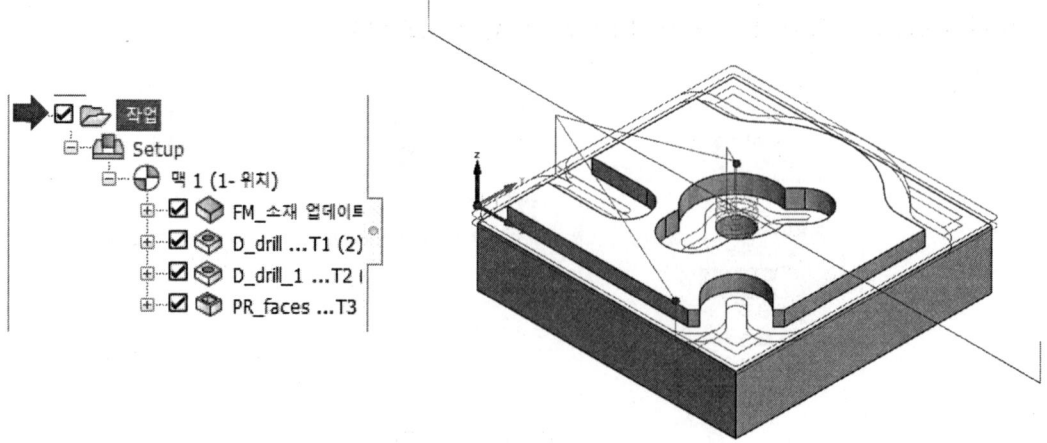

❷ [커맨드 매니저 → 시뮬레이션]을 클릭한다.

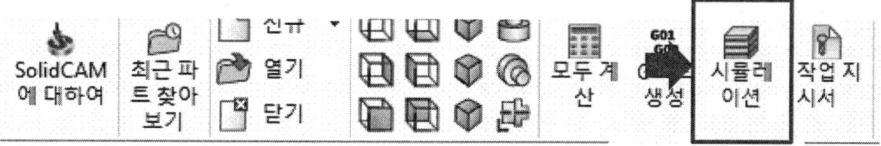

❸ 시뮬레이션 창에서 [SoildVerify]를 클릭하고, [재생]을 클릭해서 전체 시뮬레이션을 확인한다.

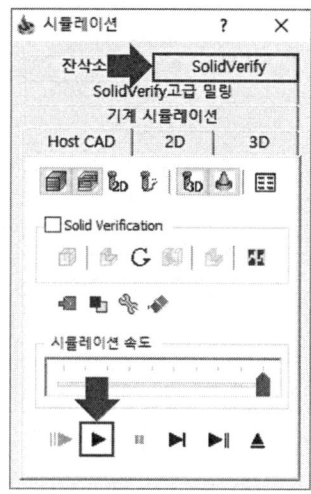
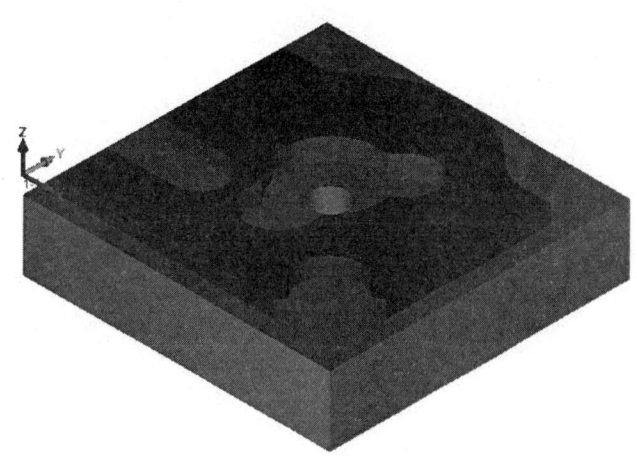

❹ [커맨드 매니저 → G코드 생성]을 클릭한다.

❺ G코드를 확인하고, [다른 이름으로 저장]을 선택하여 저장한다.

```
%
O1000
(DATE: 13-DEC-2019)
(GENERATED WITH SOLIDCAM KOREA-DMB)
(STOCK SIZE: X=70 Y=69 Z=26.5)
(USED TOOLS)
(T5 -  D80 )
(T1 -  D4 )
(T2 -  D8 )
(T3 -  D10 )

G90 G17 G21 G40 G80
G00 G91 G28 Z0
G00 G28 X0 Y0
G90 G54
T5 M06 ( D80 )
S800 M03
(JOB NR:1 )
G00 X-48. Y34.5
G43 H05 Z25.
G00 Z3.
G01 Z0. F80
```

07 컴퓨터응용밀링기능사 따라 하기

1 도면

도 명	척도	투상
컴퓨터응용밀링기능사	N S	3각법

007

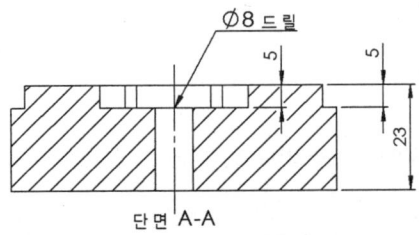

단면 A-A

공구 번호	작업 내용	공구조건		절삭조건		1회 절입량 (mm)
		종류	직경	회전수 (rpm)	이송 (mm/min)	
5	페이스밀링	페이스공구	Ø80	1000	100	
1	센터드릴	센터드릴	Ø3	800	80	
2	드릴	드릴	Ø8	800	80	3
3	포켓가공	평엔드밀	Ø10	900	90	3

(주)솔리드캠코리아

② CAM

(1) SolidCAM 원점, 소재 정의

❶ [주메뉴 바 → 열기]를 통해 파일을 불러온다.

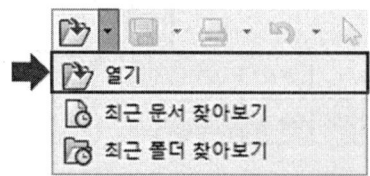

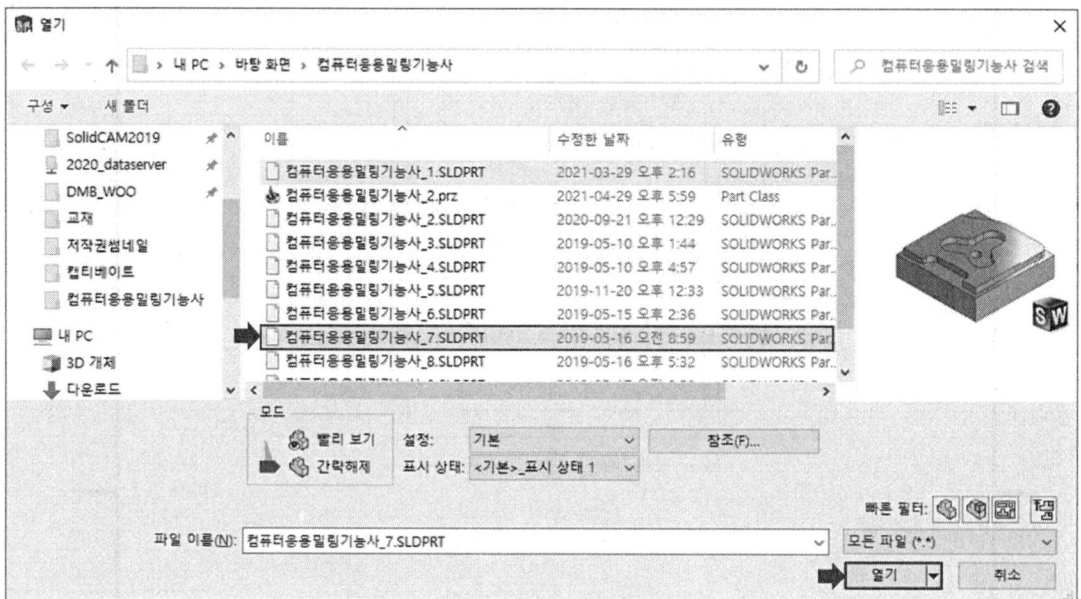

❷ [커맨드 매니저 → SolidCAM 파트 설정 탭 → 신규 → 밀링]을 클릭한다.

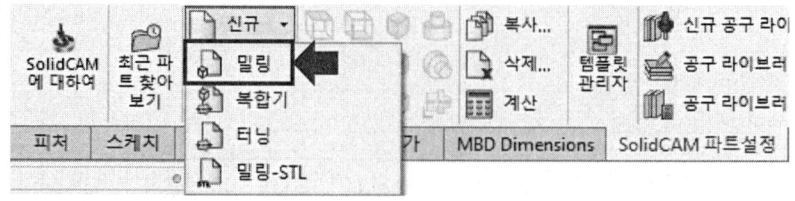

❸ [신규 밀링파트 → 캠-파트 생성방법 → 솔리드캠의 파일로 저장 → 단위 → 미터]를 클릭한 후 확인을 클릭한다.

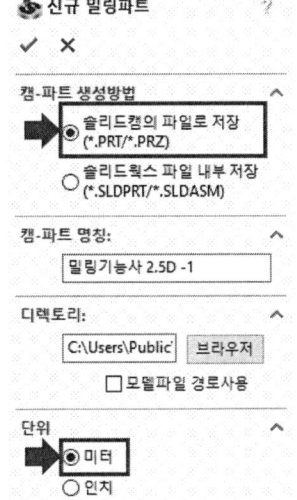

❹ [CNC → 컨트롤러 → gMilling_3x]를 설정한 후 [정의 → 원점]을 클릭한다.

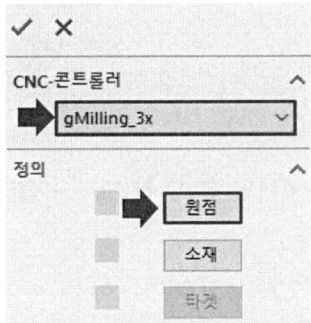

❺ [솔리드캠 관리자 → 평면원점 → 모델박스의 코너]를 설정하고, 모델을 클릭한 후 확인을 클릭한다.

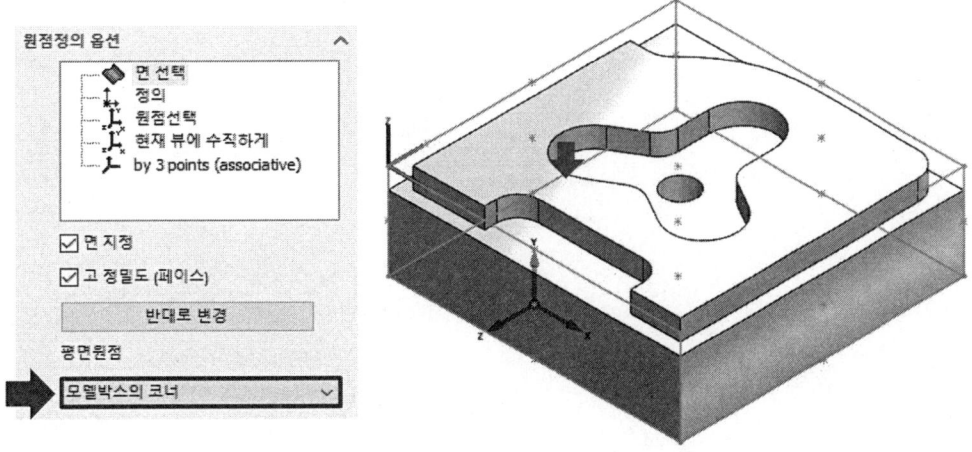

❻ [원점 데이터 → 확인 → 원점 관리자 → 확인]을 클릭한다.

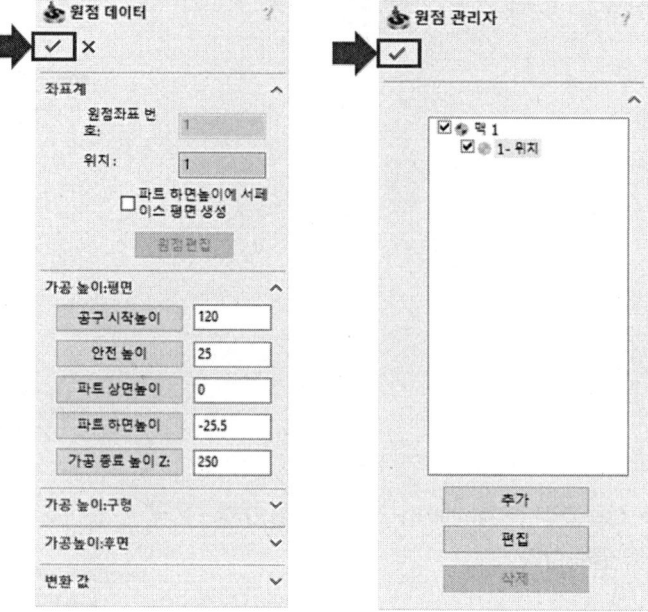

❼ [밀링파트 데이터 → 정의 → 소재]를 클릭한다.

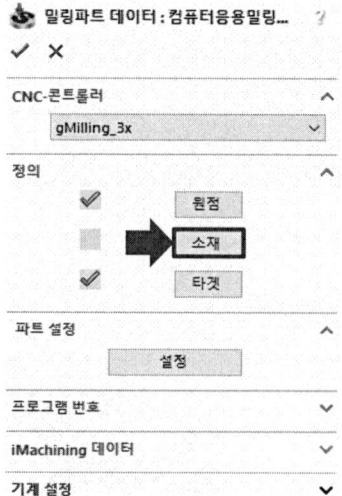

❽ 형상을 [클릭]하여 소재를 정의하고, [박스확장]에서 모든 확장을 0으로 하고 [Z+]만 1로 설정한 후 확인을 클릭한다.

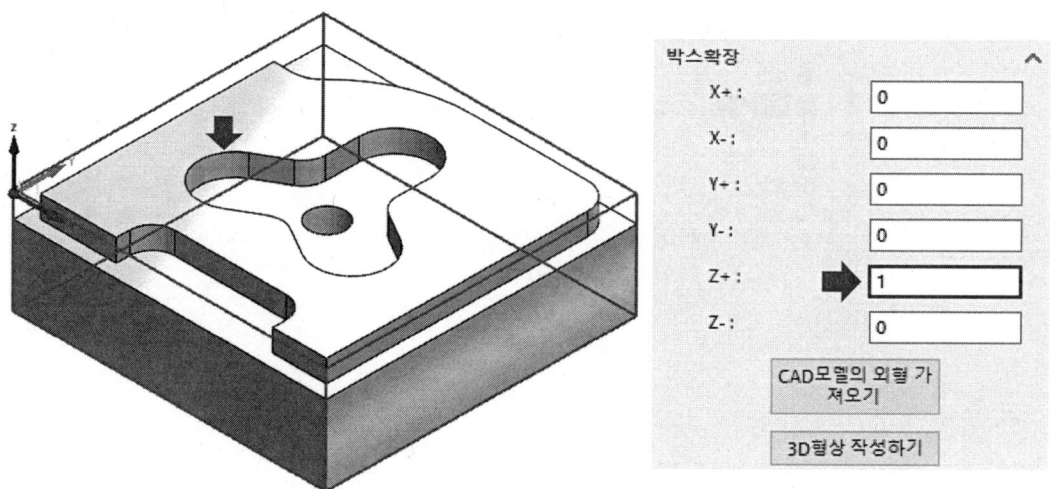

❾ 정의를 완료하고 [밀링파트 데이터]의 확인을 클릭한다.

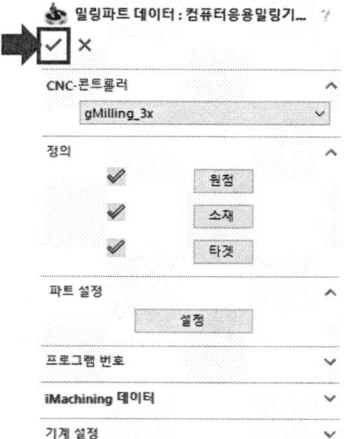

(2) 페이스 밀링 작업

❶ [커맨드 매니저 → 2.5D → 페이스]를 클릭한다.

❷ 좌측의 메뉴에서 [공구 → 공구 선택]을 클릭한다.

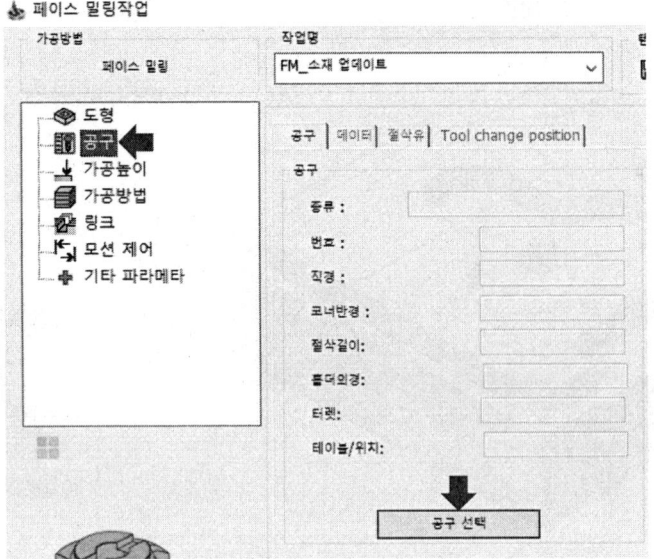

❸ [밀링 공구 추가 → 페이스 커터]를 클릭한다.

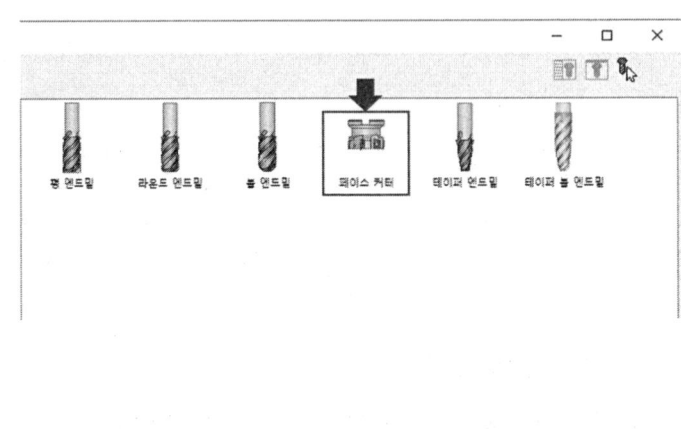

❹ [번호 : 5 → 직경(D) : 80]을 입력하고, [디폴트 공구 데이터]를 클릭한다.

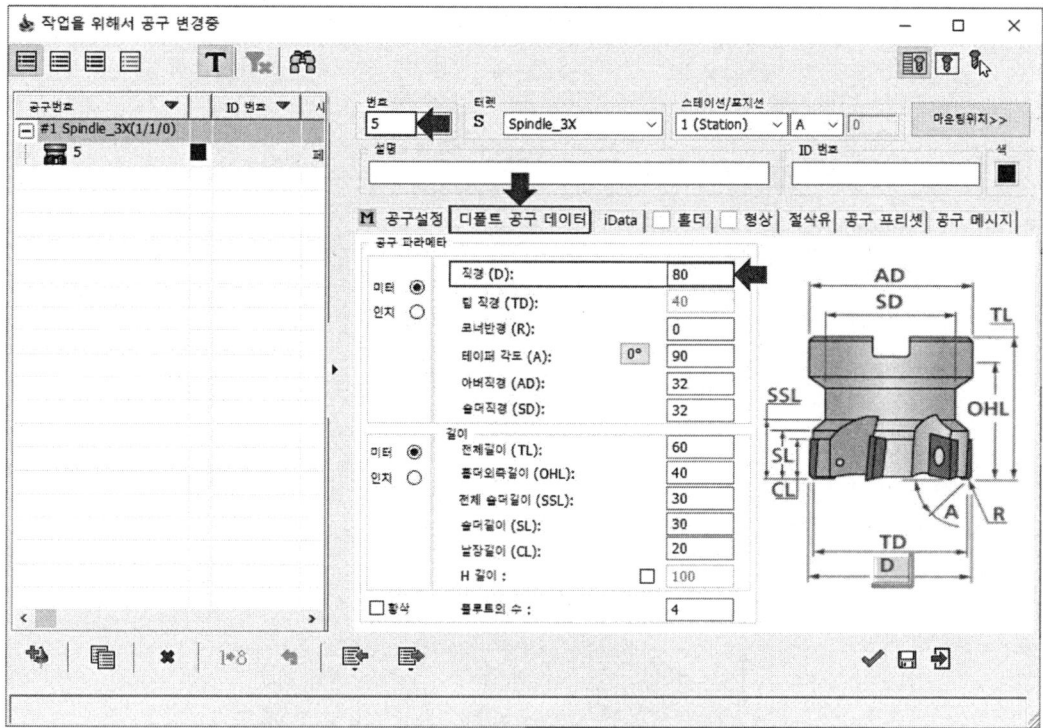

❺ [XY피드 : 100 → Z피드 : 100 → 회전율 : 1000]을 입력하고 확인을 클릭한다.

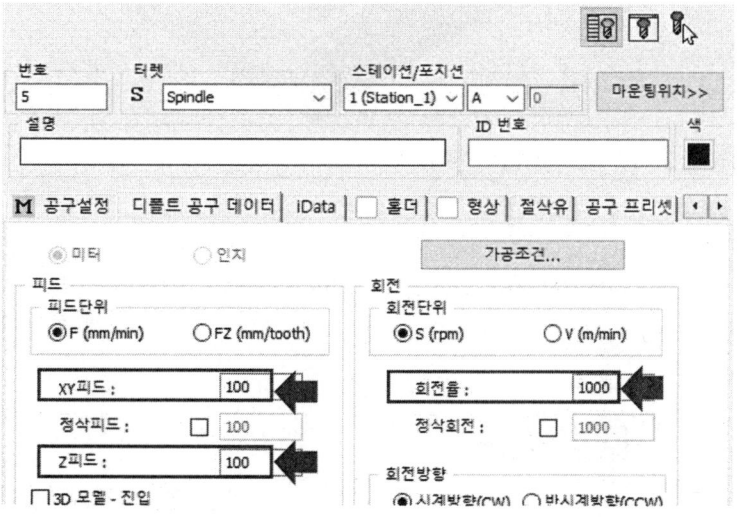

❻ [가공높이 → 상면높이]를 클릭한다.

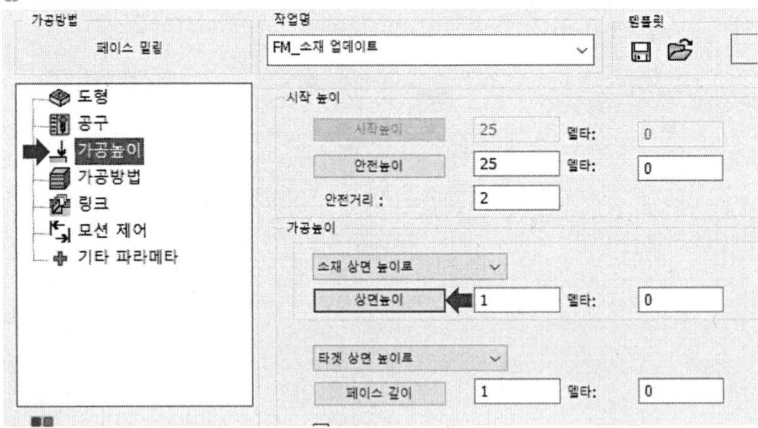

❼ 형상의 윗면을 클릭한 후 확인을 클릭한다.

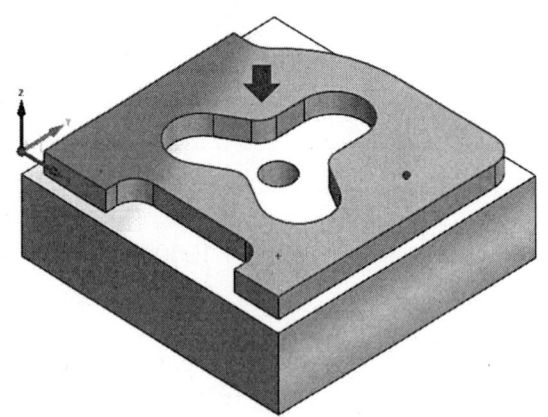

❽ [가공방법 → 한 경로]를 클릭한다.

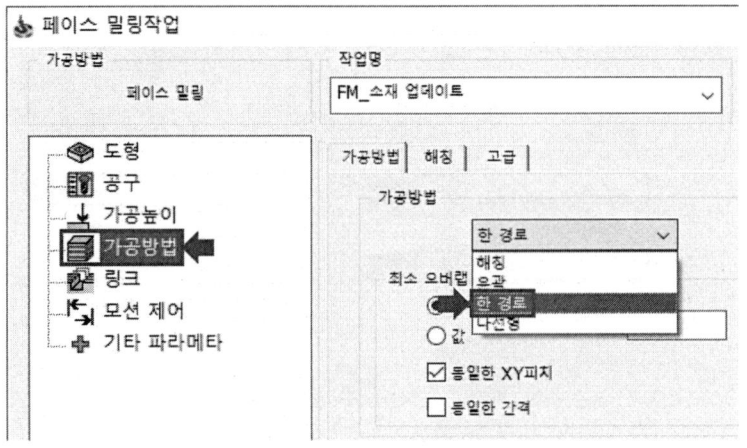

❾ [저장&계산 → 나가기]를 클릭한다.

❿ 가공 경로를 확인하고, 화살표가 표시된 체크박스를 클릭한다.

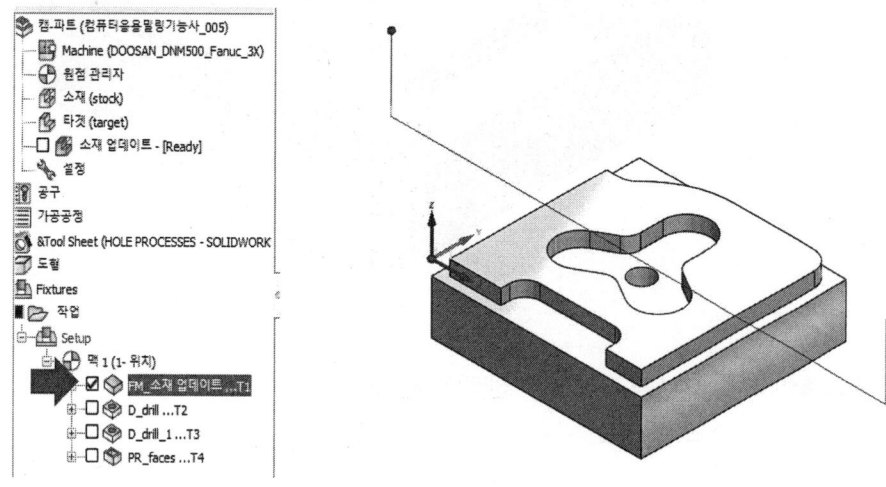

(3) 드릴 작업

❶ [커맨드 매니저 → 2.5D → 드릴]을 클릭한다.

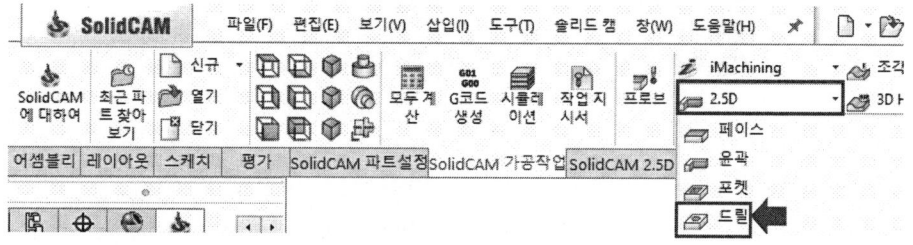

❷ [도형 → 신규]를 클릭한다.

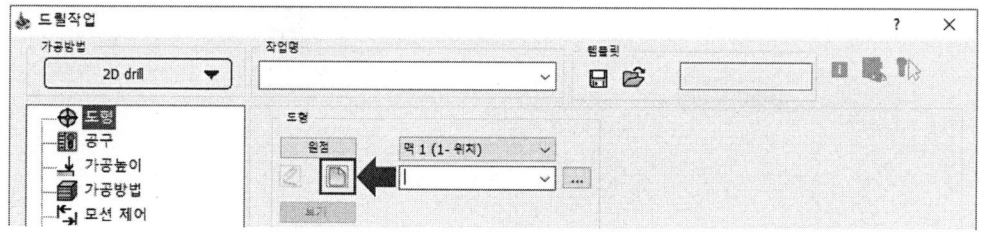

❸ 형상에서 드릴 가공할 위치인 화살표가 표시된 곳을 클릭한 후 확인을 클릭한다.

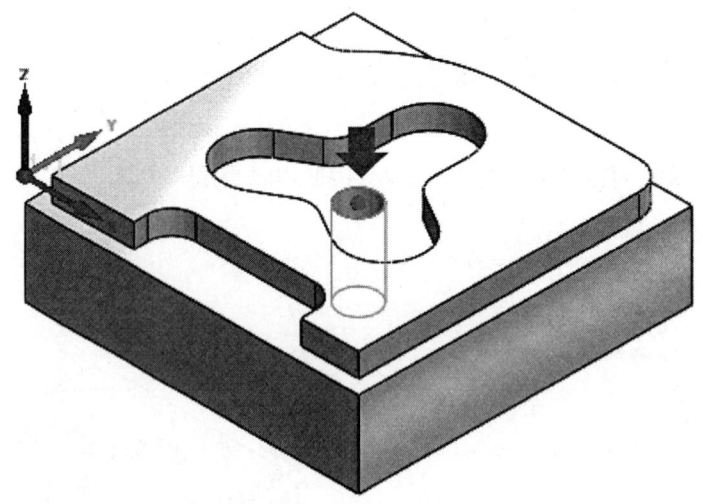

❹ 좌측의 메뉴에서 [공구 → 공구 선택]을 클릭한다.

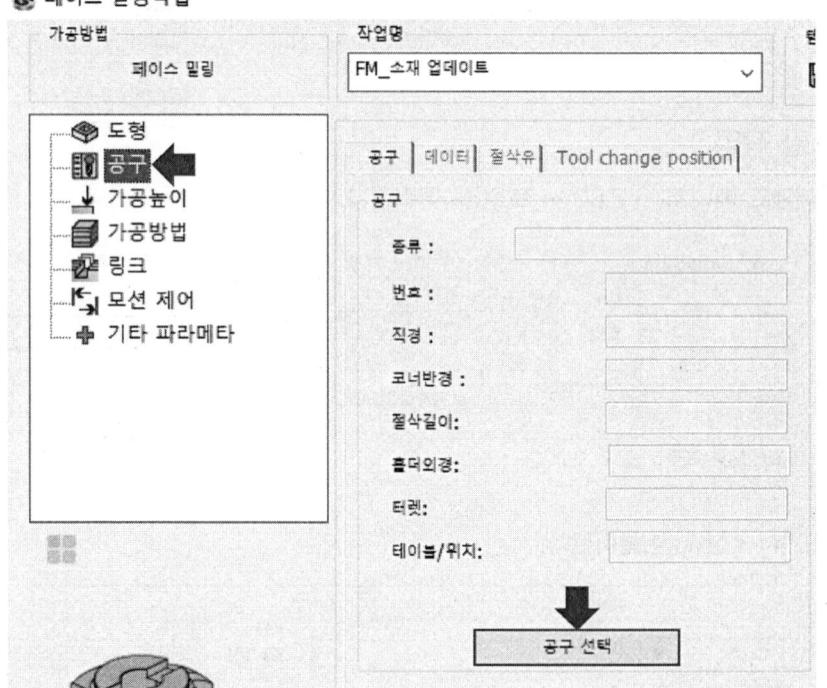

❺ [밀링 공구 추가 → 센터드릴]을 클릭한다.

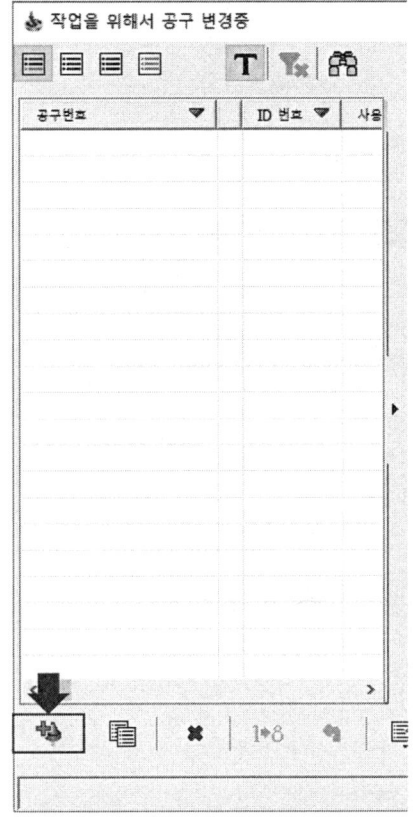

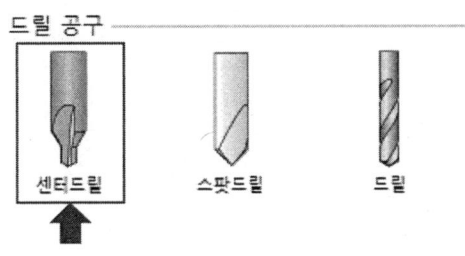

❻ [팁 직경 : 3]을 입력 후 [디폴트 공구 데이터]를 클릭한다.

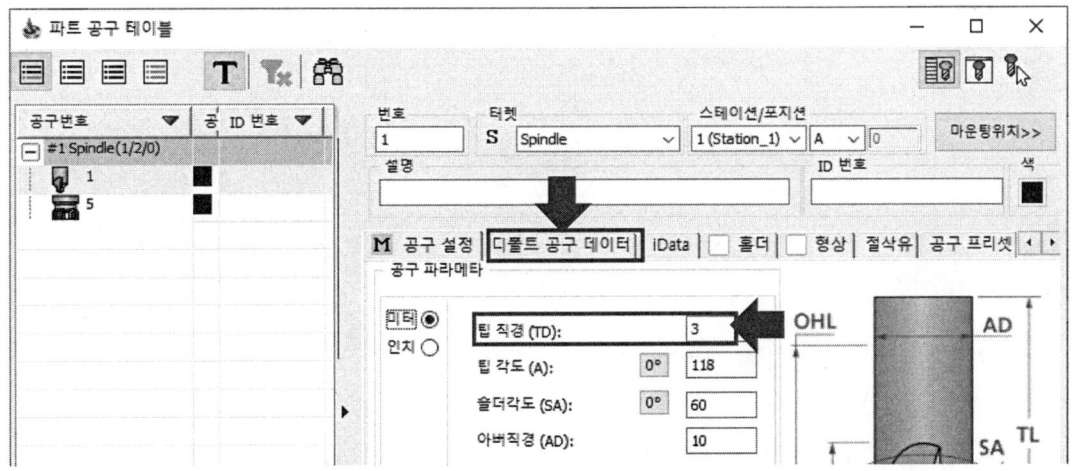

❼ [XY피드 : 80 → Z피드 : 80 → 회전율 : 800]을 입력하고 확인을 클릭한다.

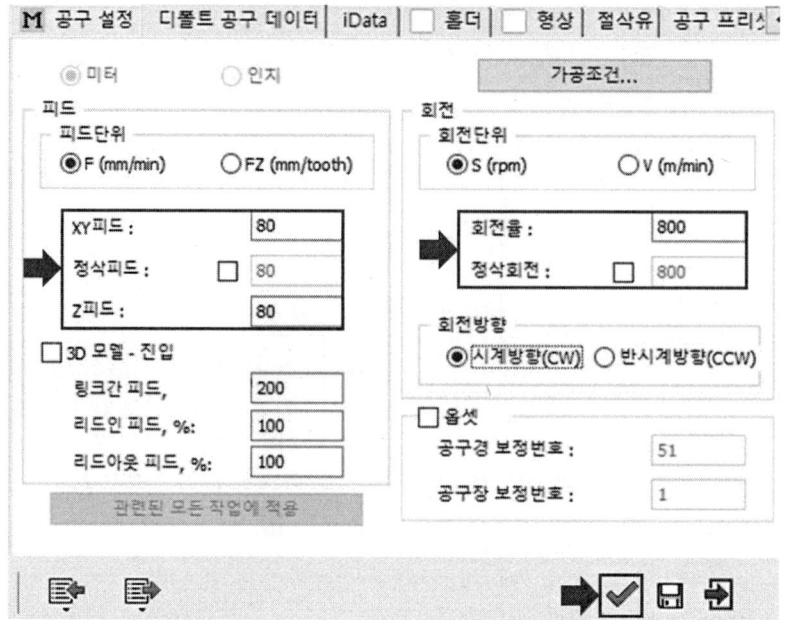

❽ [가공높이]를 클릭하고, [드릴깊이 : 3]을 입력한다.

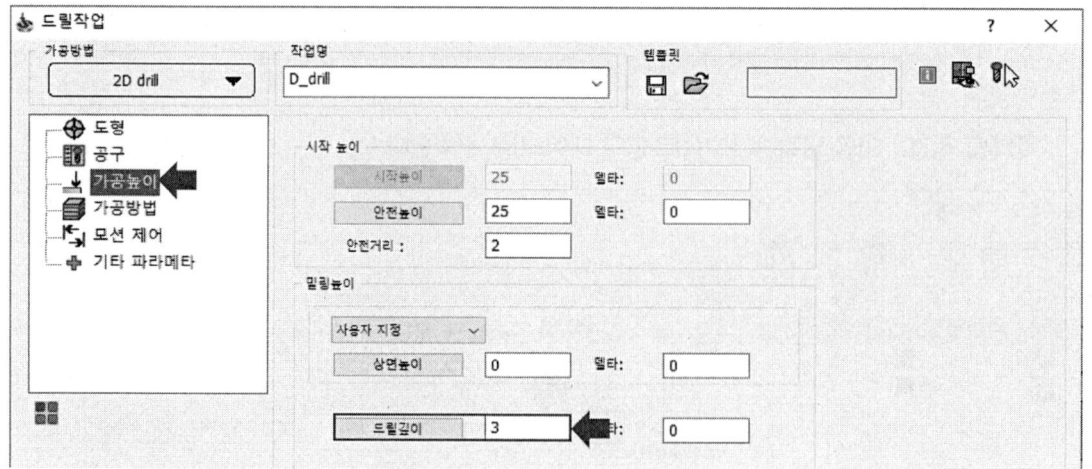

❾ [저장&계산 → 나가기]를 클릭한다.

❿ 가공 경로를 확인하고, 화살표가 표시된 체크박스를 클릭한다.

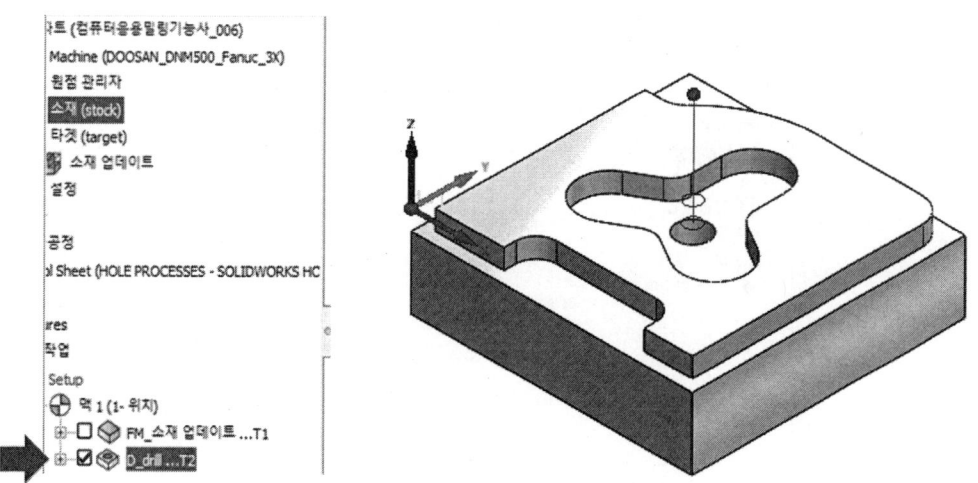

⓫ [커맨드 매니저 → 2.5D → 드릴]을 클릭한다.

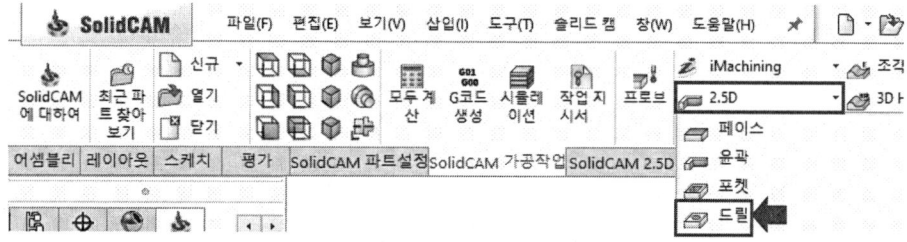

⓬ [도형]에서 화살표가 표시된 [drill]을 설정한다.

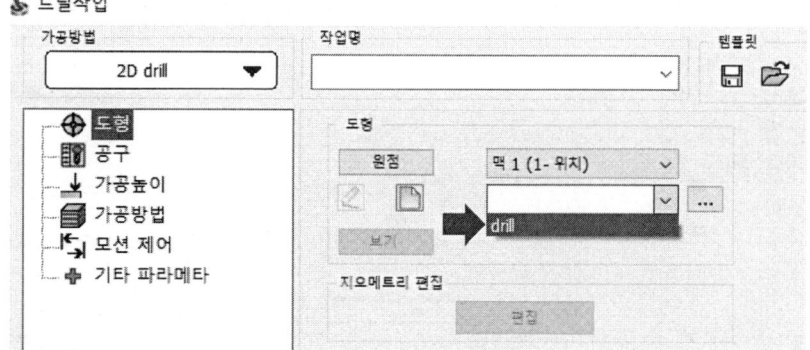

⓭ 좌측의 메뉴에서 [공구 → 공구 선택]을 클릭한다.

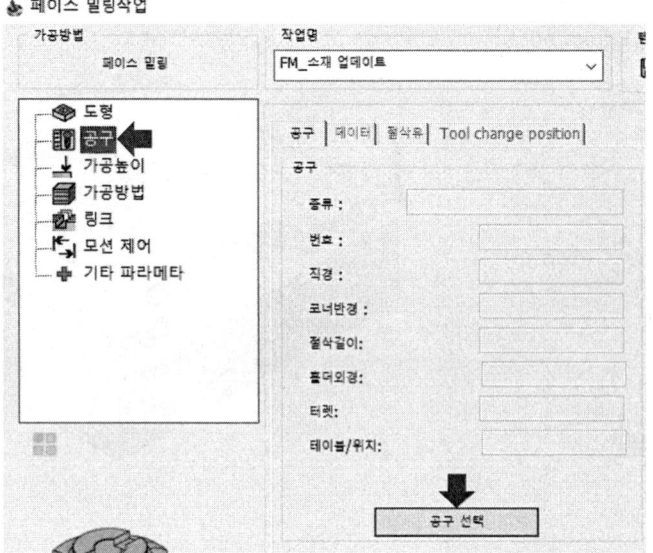

⓮ [밀링 공구 추가 → 드릴]을 클릭한다.

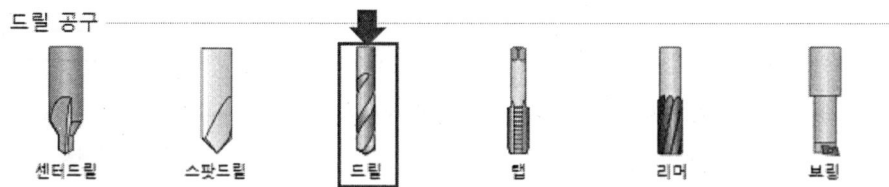

⓯ [직경 : 8 → 숄더 및 아버직경 : 8]을 입력하고, [디폴트 공구 데이터]를 클릭한다.

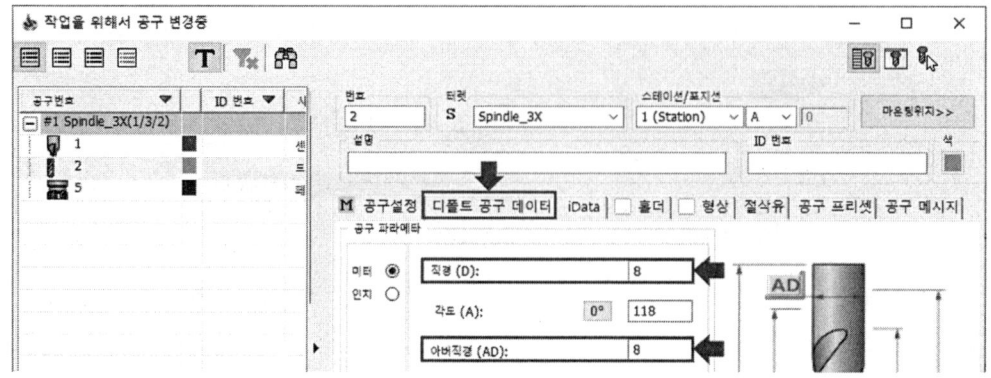

⓰ [XY피드 : 80 → Z피드 : 80 → 회전율 : 800]을 입력하고 확인을 클릭한다.

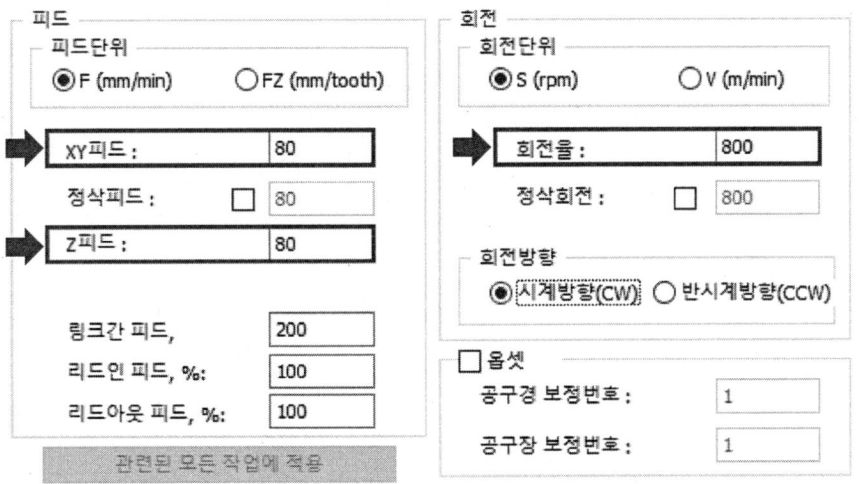

⓱ [가공높이 → 드릴깊이 → 델타 : −2]를 입력한다.

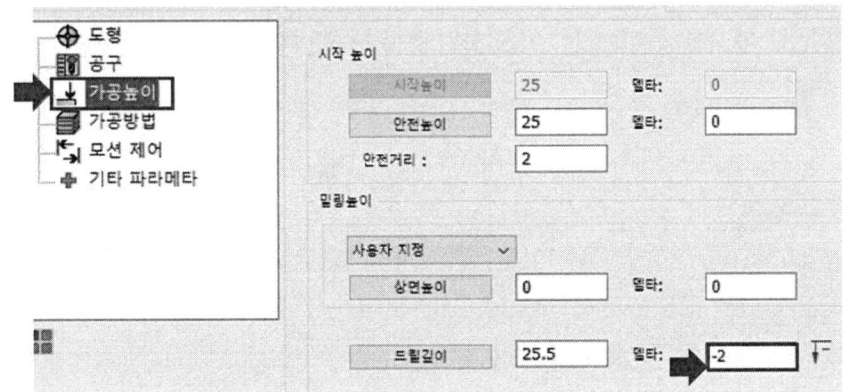

⓲ [가공방법 → 드릴 사이클 종류]를 클릭하고, [G83]을 클릭한다.

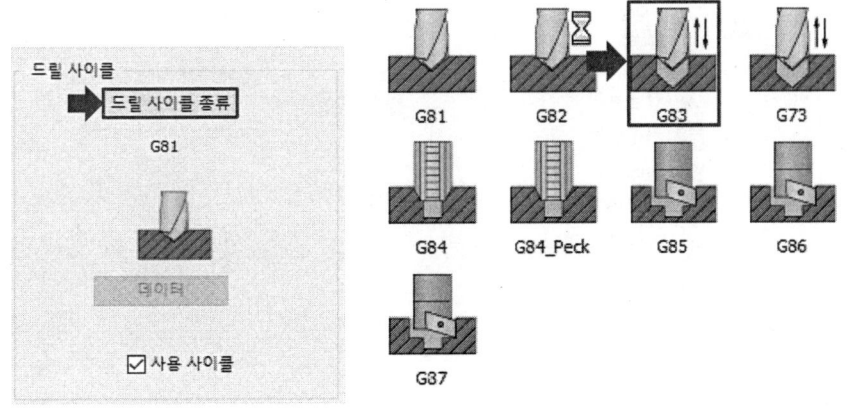

⑲ [데이터]를 클릭하고, [절입량 : 3 → Full retract : 아니오]를 설정한 후 [확인]을 클릭한다.

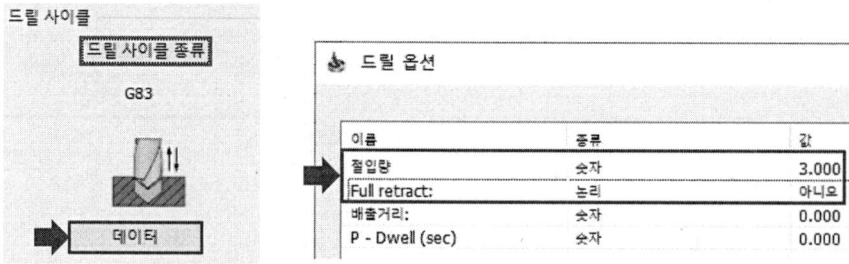

⑳ [저장&계산 → 나가기]를 클릭한다.

(4) 포켓자동인식 가공

❶ [커맨드 매니저 → 자동인식 가공 하위 항목 → 포켓자동인식]을 클릭한다.

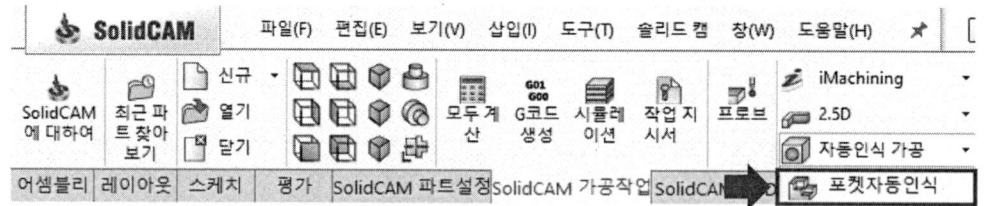

❷ [포켓자동인식 → 도형 → 신규]를 클릭한다.

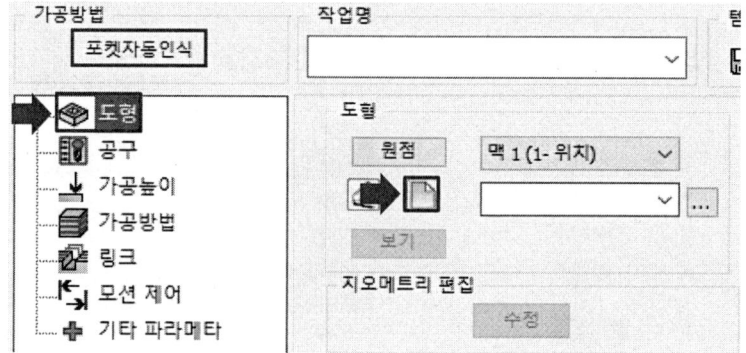

❸ 도형의 상단을 클릭하여 솔리드캠 관리자 선택 리스트에 3개의 면이 들어갔는지 확인한다.

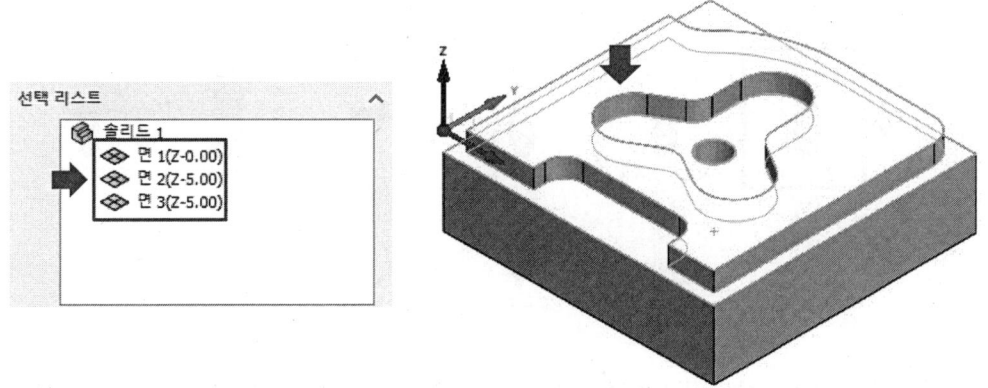

❹ 선택 리스트에서 상단 면을 찾아 마우스 오른쪽 클릭하고, [선택해제]를 클릭한다.

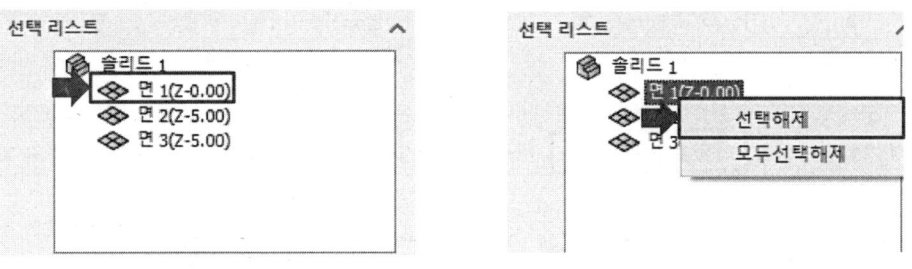

❺ [공구 → 선택 → 밀링 공구 추가 → 밀링 공구 → 평 엔드밀]을 클릭한다.

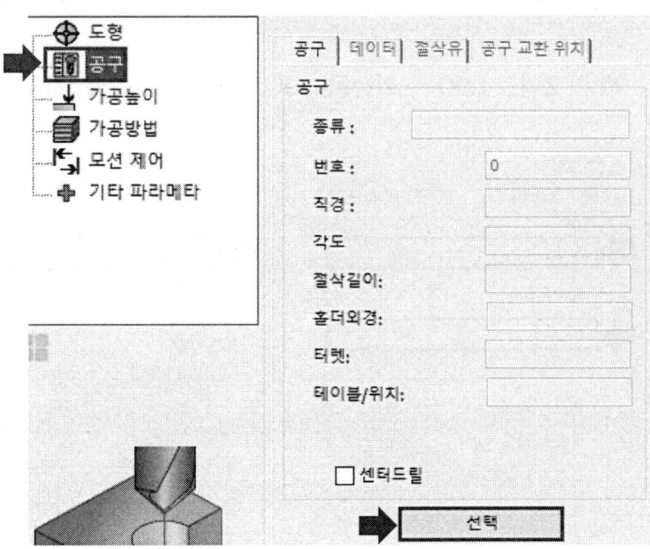

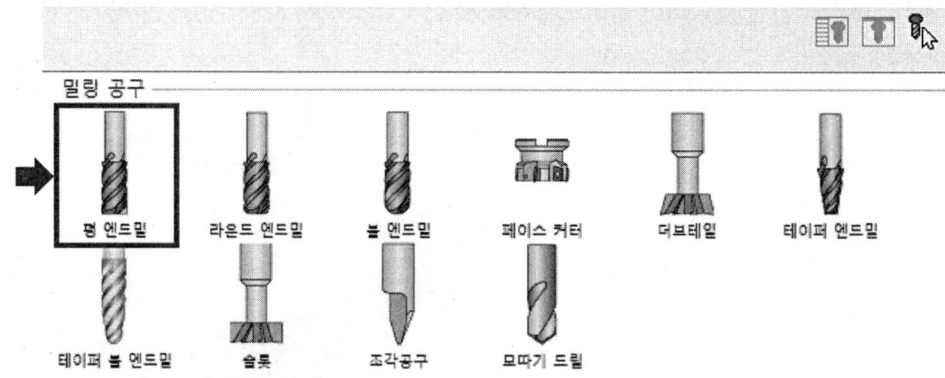

❻ [직경 : 10 → 숄더 및 아버직경 : 10]을 입력하고, [디폴트 공구 데이터]를 클릭한다.

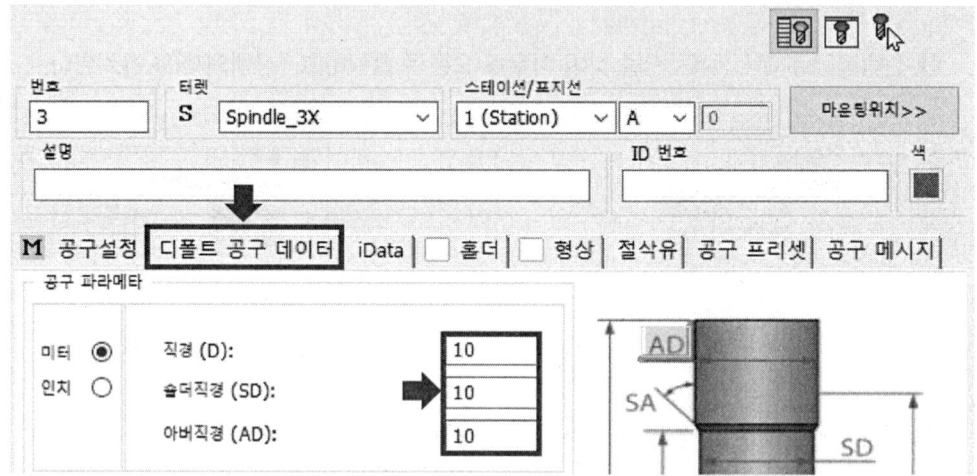

❼ [XY피드 : 90 → Z피드 : 90 → 회전율 : 900]을 입력하고 확인을 클릭한다.

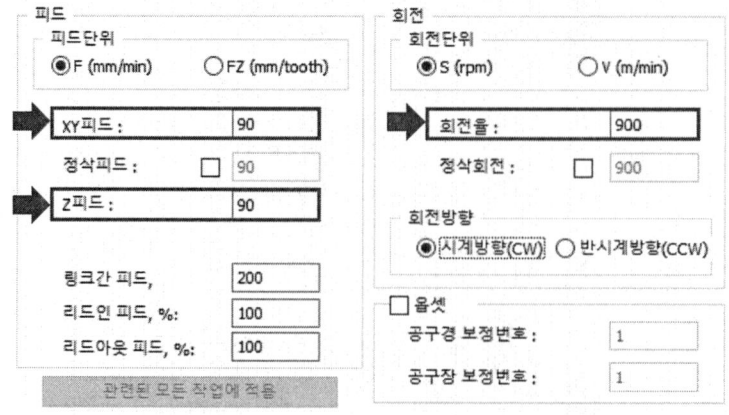

❽ [가공높이 → 최대 Z피치 : 3]을 입력해준다.

❾ [가공방법 → 열린 포켓 → 외부에서 어프로치]를 체크한다.

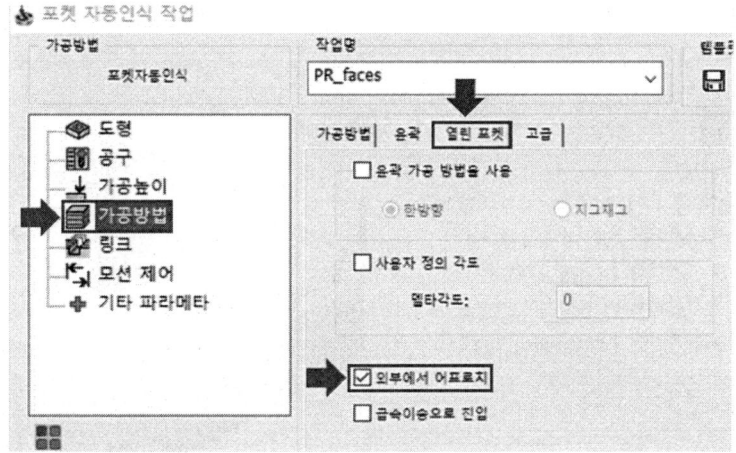

❿ [링크 → 램핑 → 수직]으로 변경한다.

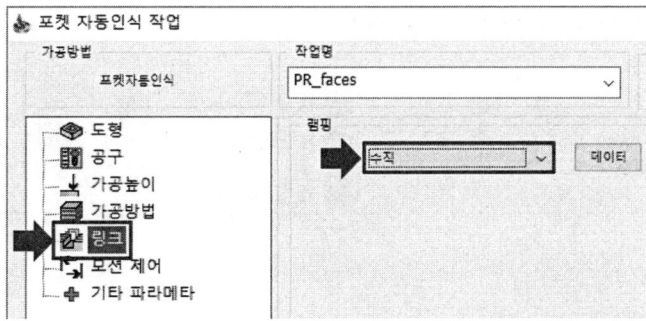

⓫ [데이터]를 클릭하고, 하단의 드릴 위치에서 [모두적용]을 클릭한다.

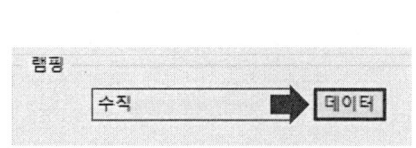
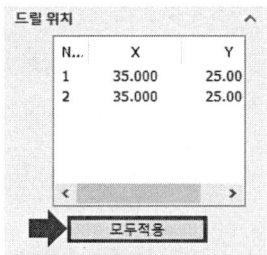

(5) 시뮬레이션 및 G코드 생성

❶ [작업]의 체크박스를 클릭하여 툴 패스를 활성화한다.

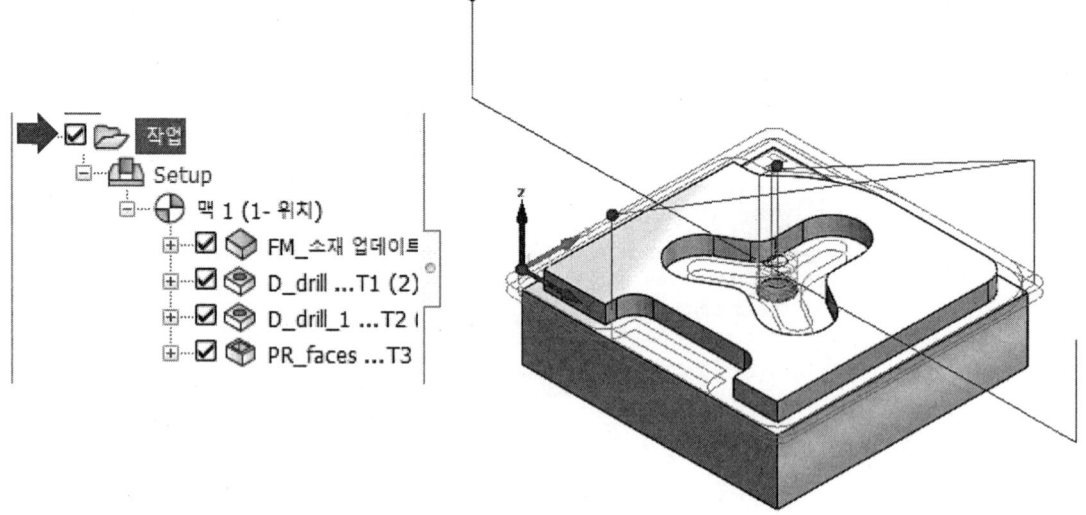

❷ [커맨드 매니저 → 시뮬레이션]을 클릭한다.

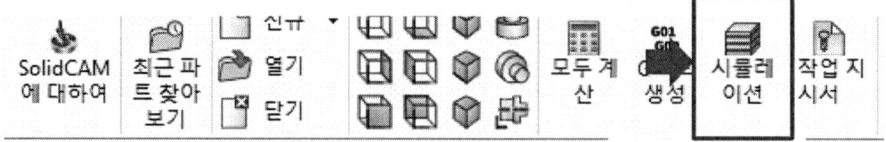

❸ 시뮬레이션 창에서 [SoildVerify]를 클릭하고, [재생]을 클릭해서 전체 시뮬레이션을 확인한다.

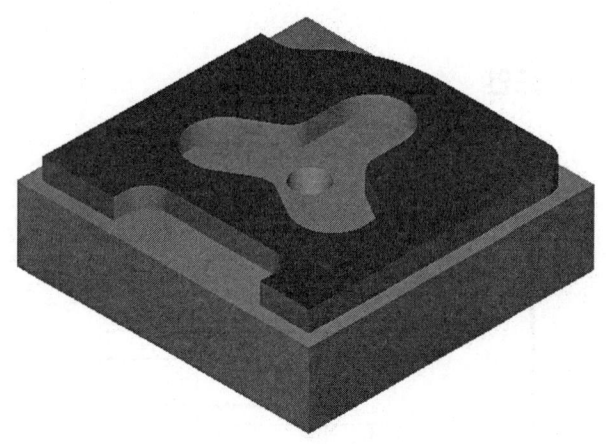

❹ [커맨드 매니저 → G코드 생성]을 클릭한다.

❺ G코드를 확인하고, [다른 이름으로 저장]을 선택하여 저장한다.

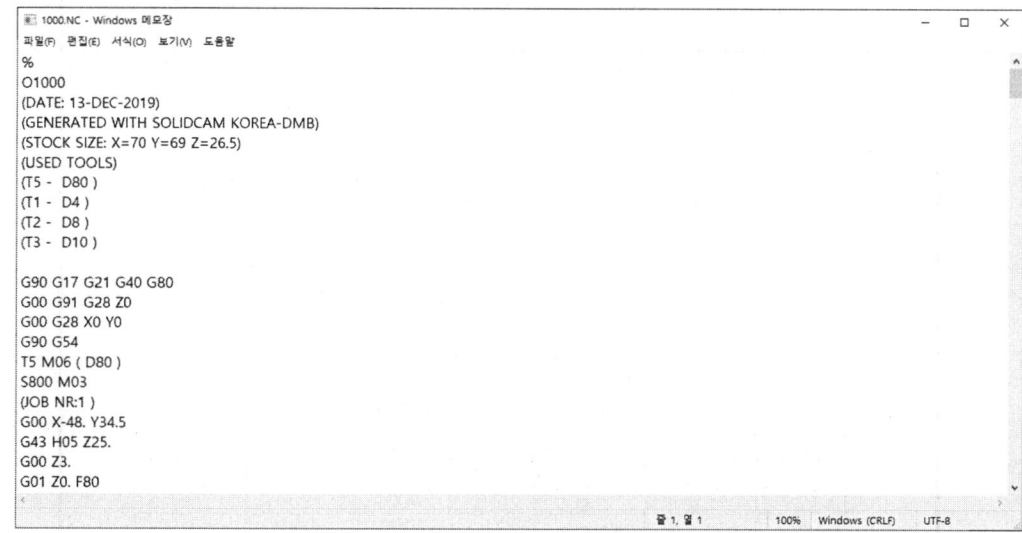

08 컴퓨터응용밀링기능사 따라 하기

1 도면

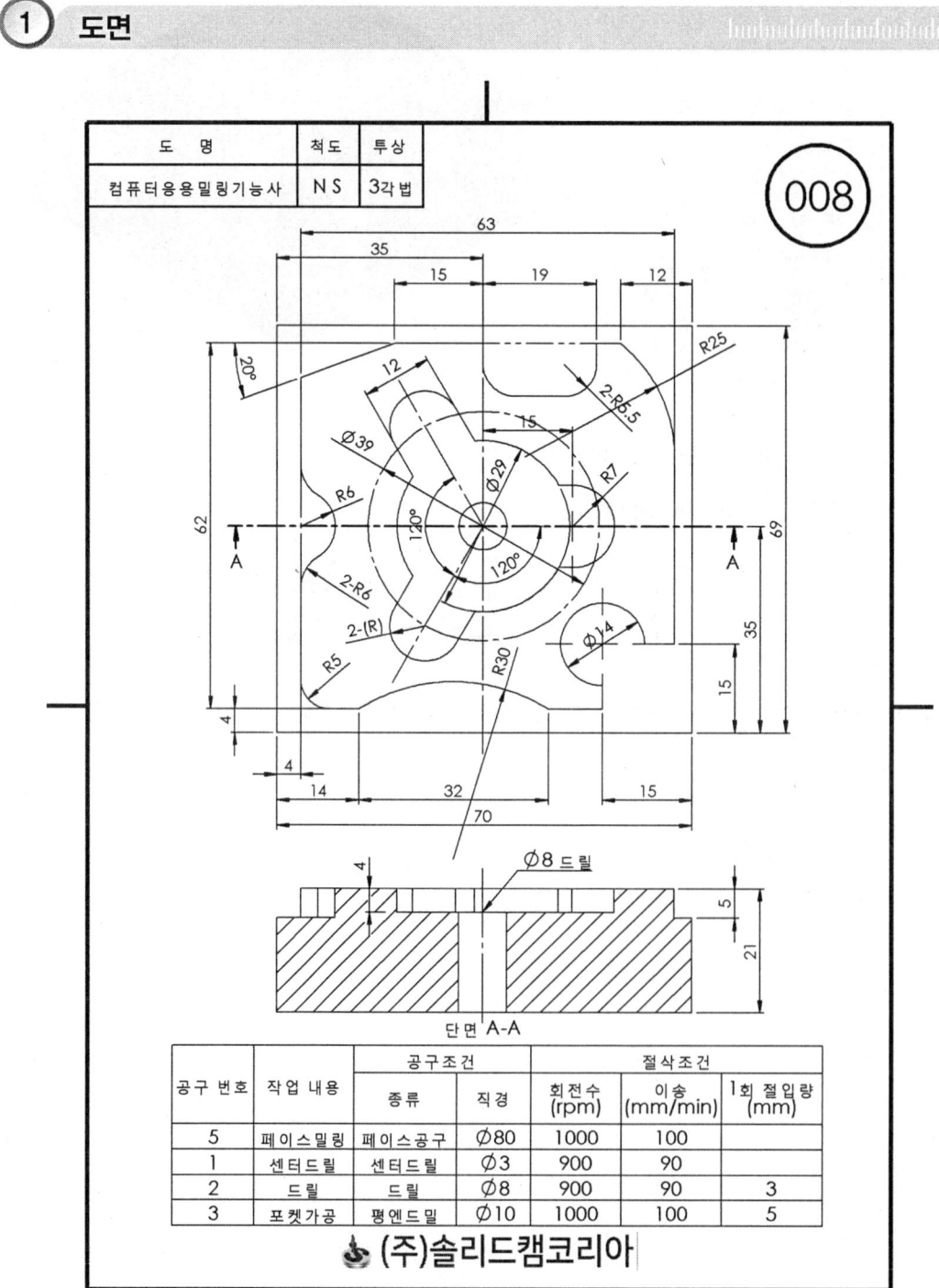

② CAM

(1) SolidCAM 원점, 소재 정의

❶ [주메뉴 바 → 열기]를 통해 파일을 불러온다.

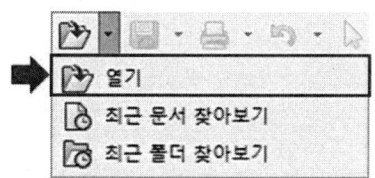

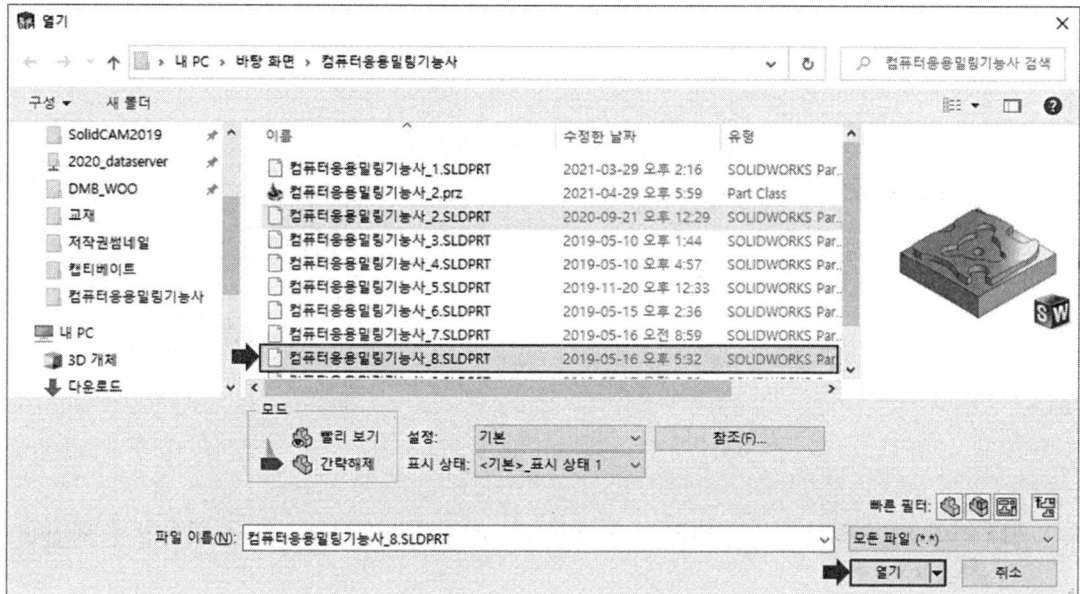

❷ [커맨드 매니저 → SolidCAM 파트 설정 탭 → 신규 → 밀링]을 클릭한다.

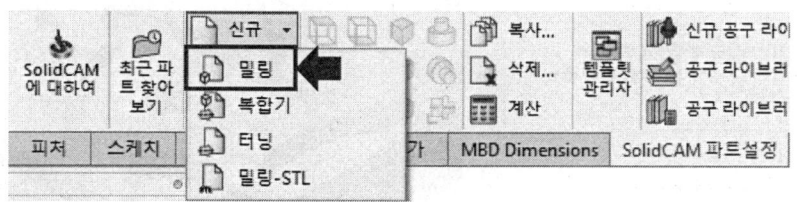

❸ [신규 밀링파트 → 캠-파트 생성방법 → 솔리드캠의 파일로 저장 → 단위 → 미터]를 클릭한 후 확인을 클릭한다.

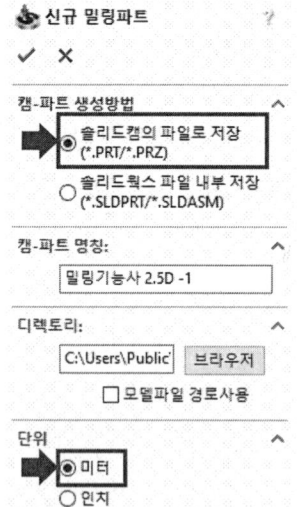

❹ [CNC → 컨트롤러 → gMilling_3x]를 설정한 후 [정의 → 원점]을 클릭한다.

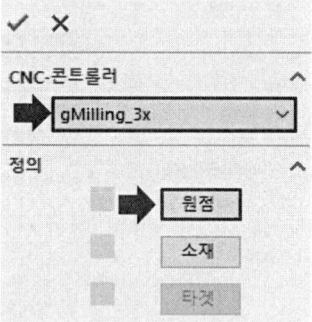

❺ [솔리드캠 관리자 → 평면원점 → 모델박스의 코너]를 설정하고, 모델을 클릭한 후 확인을 클릭한다.

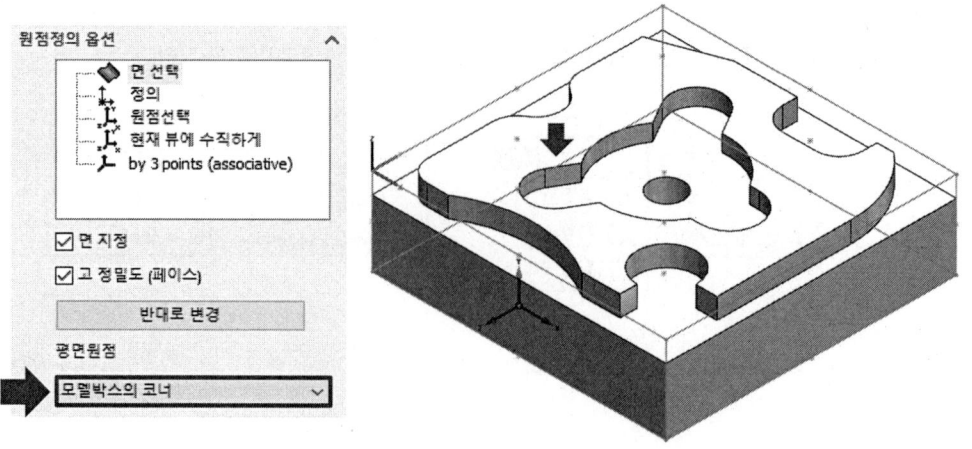

❻ [원점 데이터 → 확인 → 원점 관리자 → 확인]을 클릭한다.

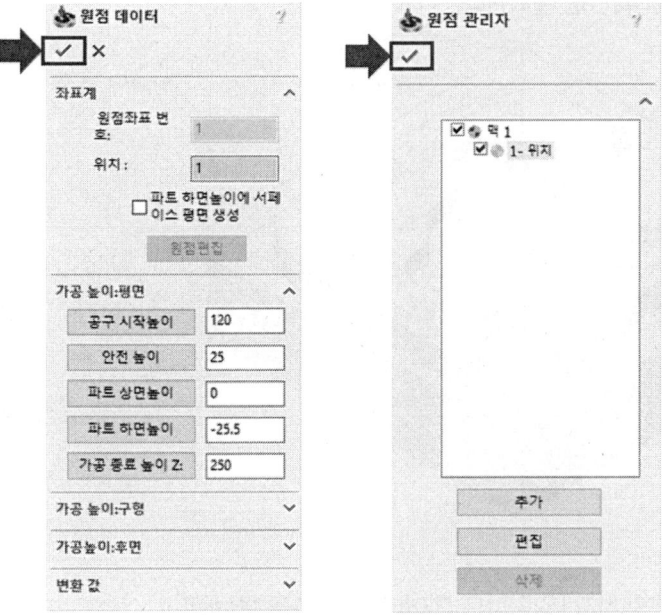

❼ [밀링파트 데이터 → 정의 → 소재]를 클릭한다.

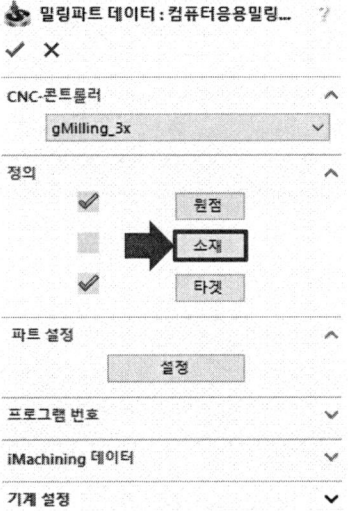

❽ 형상을 [클릭]하여 소재를 정의하고, [박스확장]에서 모든 확장을 0으로 하고 [Z+]만 1로 설정한 후 확인을 클릭한다.

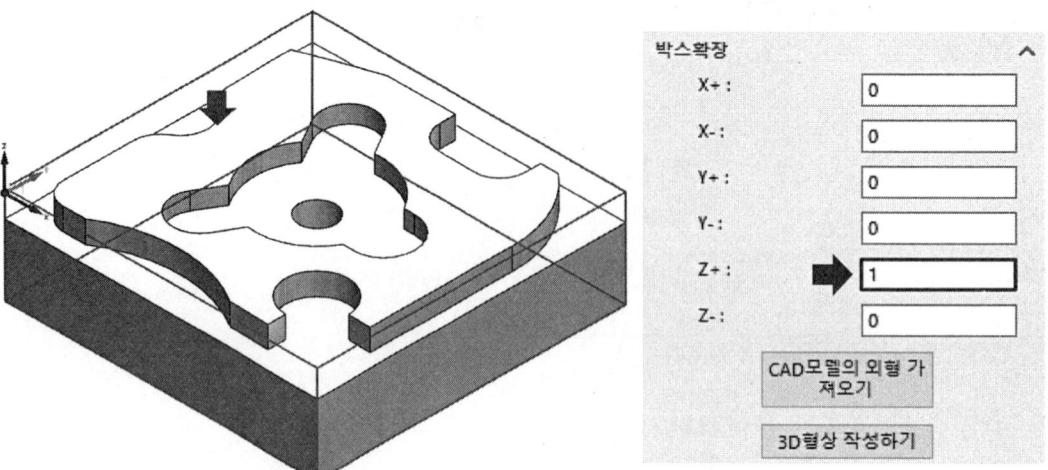

❾ 정의를 완료하고 [밀링파트 데이터]의 확인을 클릭한다.

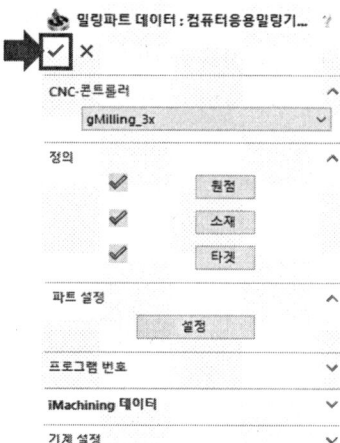

(2) 페이스 밀링 작업

❶ [커맨드 매니저 → 2.5D → 페이스]를 클릭한다.

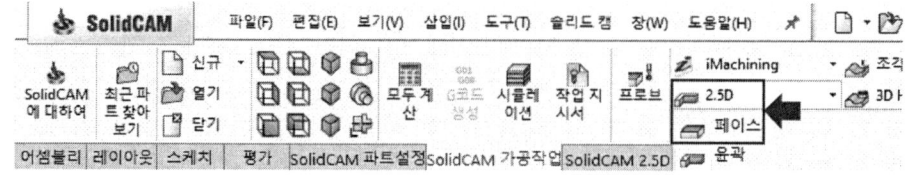

❷ 좌측의 메뉴에서 [공구 → 공구 선택]을 클릭한다.

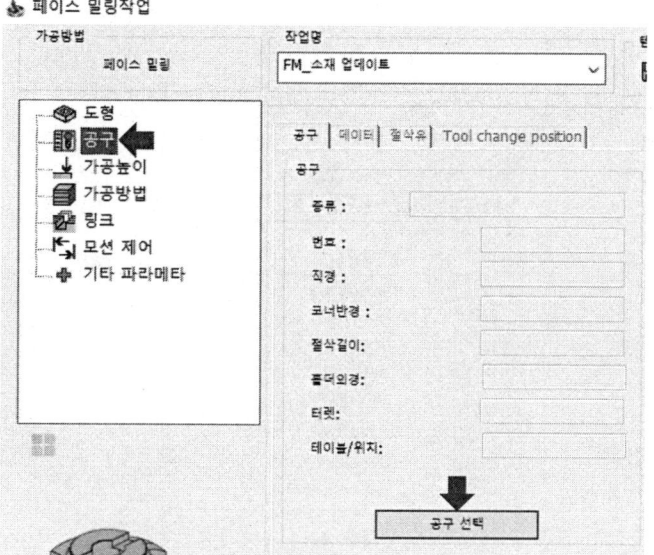

❸ [밀링 공구 추가 → 페이스 커터]를 클릭한다.

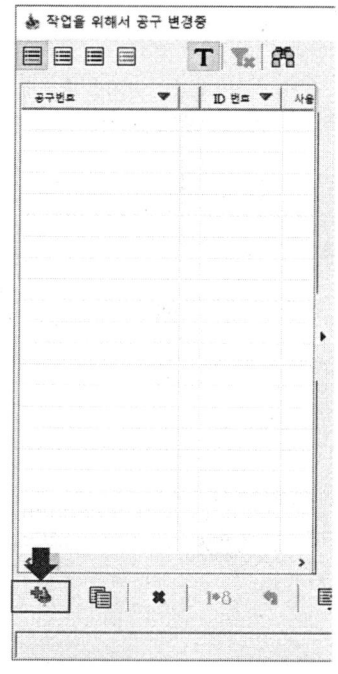

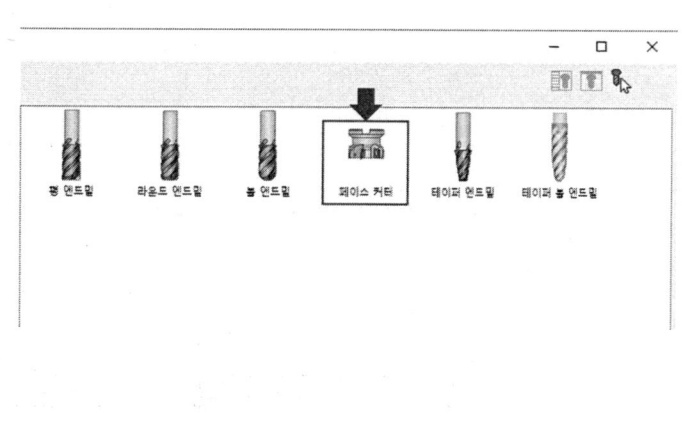

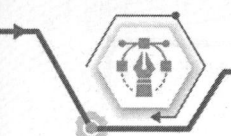

❹ [번호 : 5 → 직경(D) : 80]을 입력하고, [디폴트 공구 데이터]를 클릭한다.

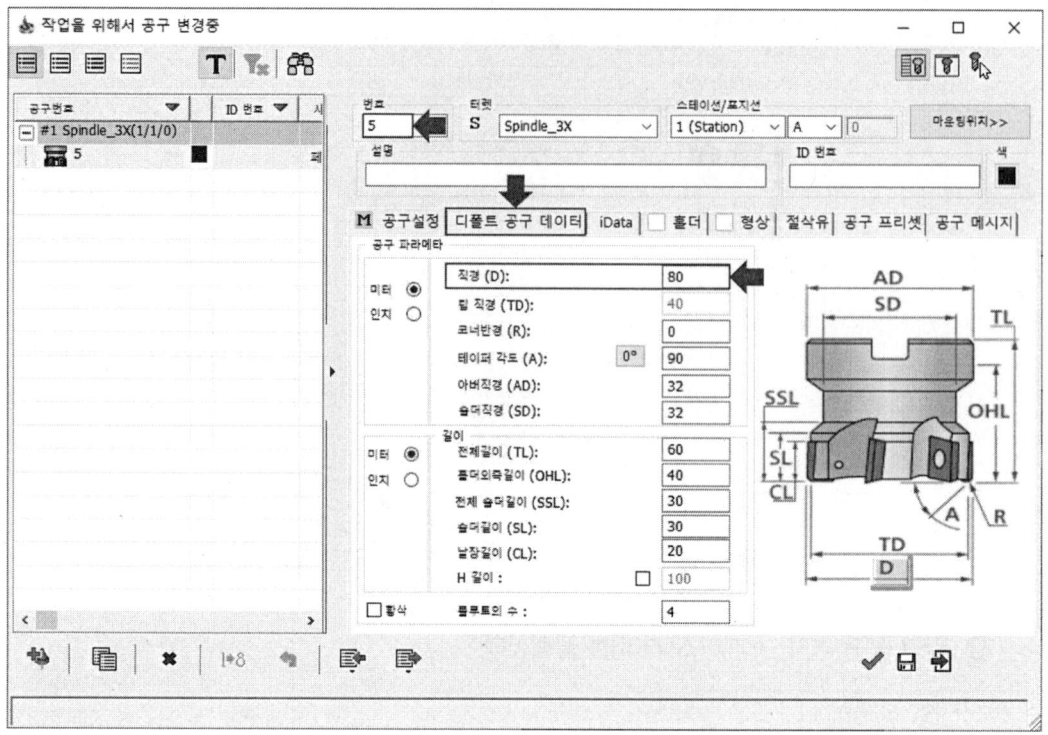

❺ [XY피드 : 100 → Z피드 : 100 → 회전율 : 1000]을 입력하고 확인을 클릭한다.

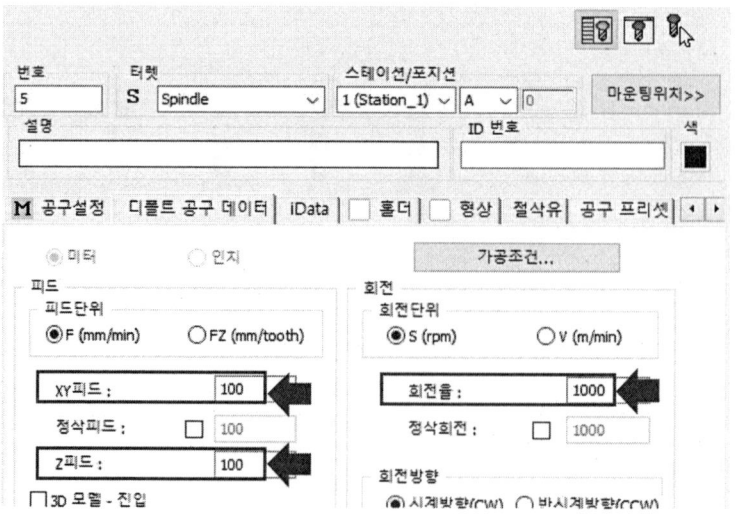

❻ [가공높이 → 상면높이]를 클릭한다.

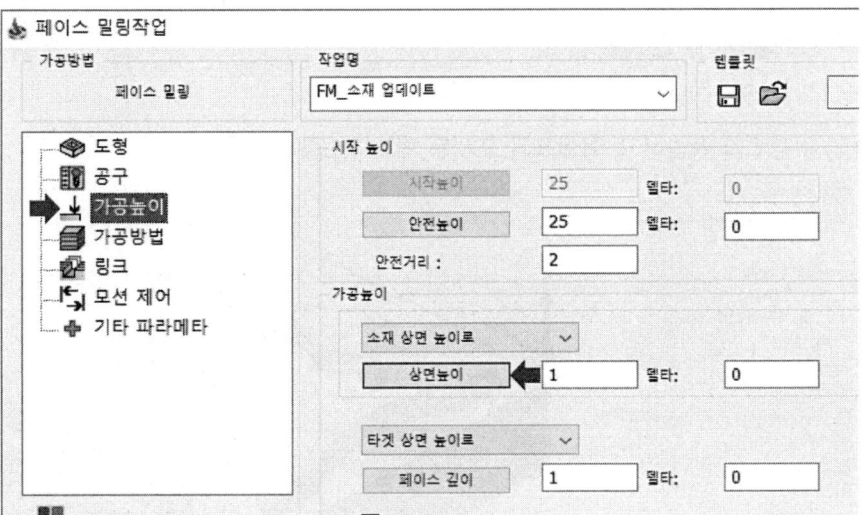

❼ 형상의 윗면을 클릭한 후 확인을 클릭한다.

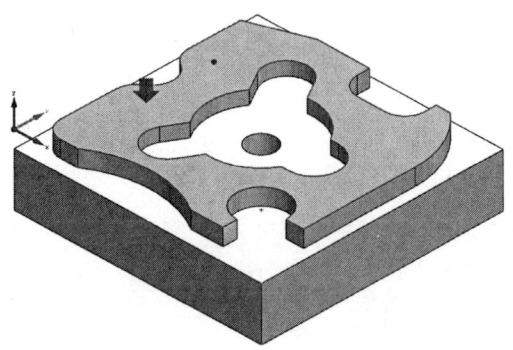

❽ [가공방법 → 한 경로]를 클릭한다.

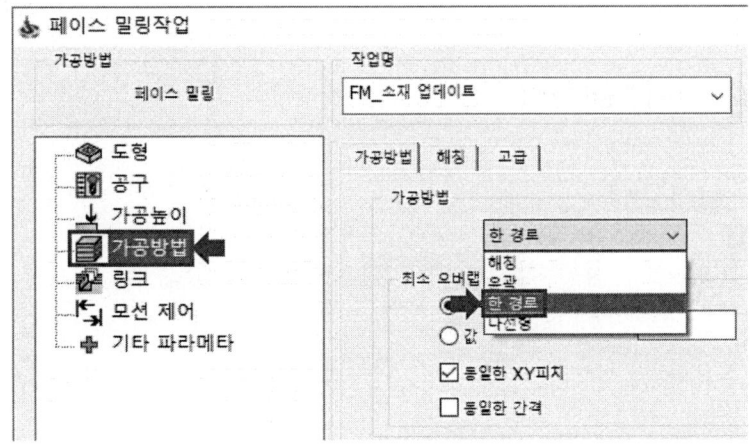

❾ [저장&계산 → 나가기]를 클릭한다.

❿ 가공 경로를 확인하고, 화살표가 표시된 체크박스를 클릭한다.

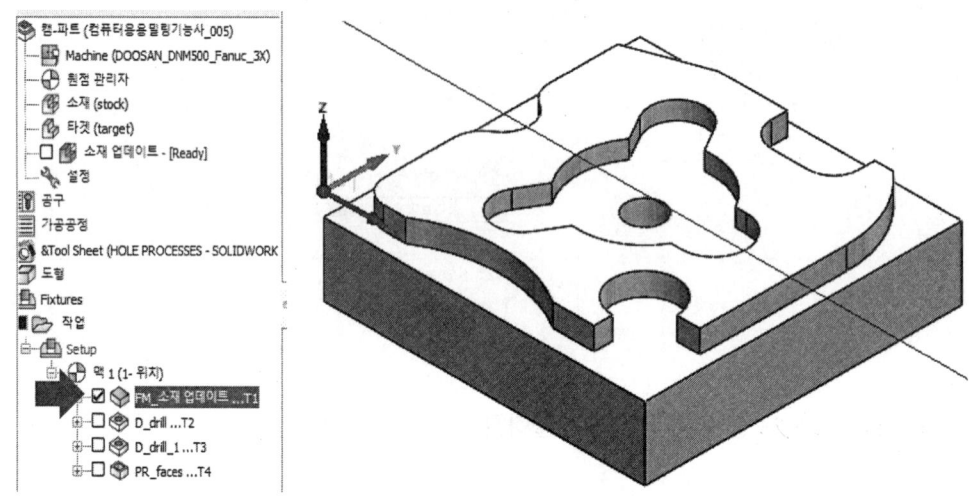

(3) 드릴 작업

❶ [커맨드 매니저 → 2.5D → 드릴]을 클릭한다.

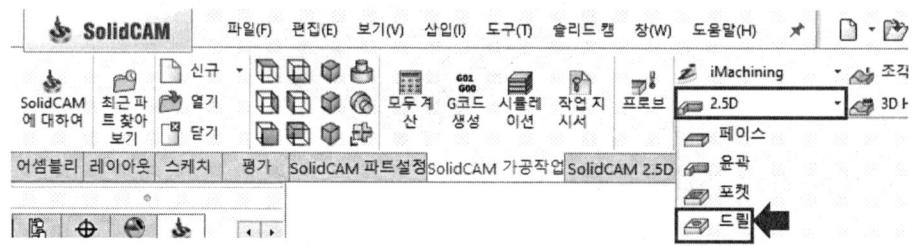

❷ [도형 → 신규]를 클릭한다.

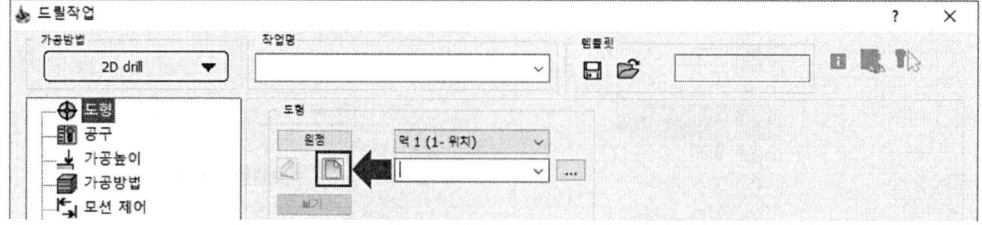

❸ 형상에서 드릴 가공할 위치인 화살표가 표시된 곳을 클릭한 후 확인을 클릭한다.

❹ 좌측의 메뉴에서 [공구 → 공구 선택]을 클릭한다.

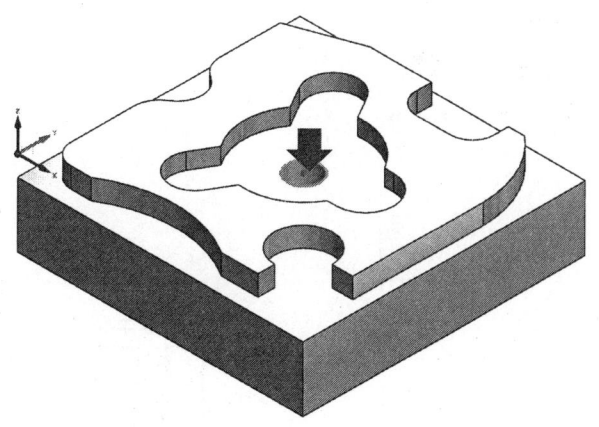

❺ [밀링 공구 추가 → 센터드릴]을 클릭한다.

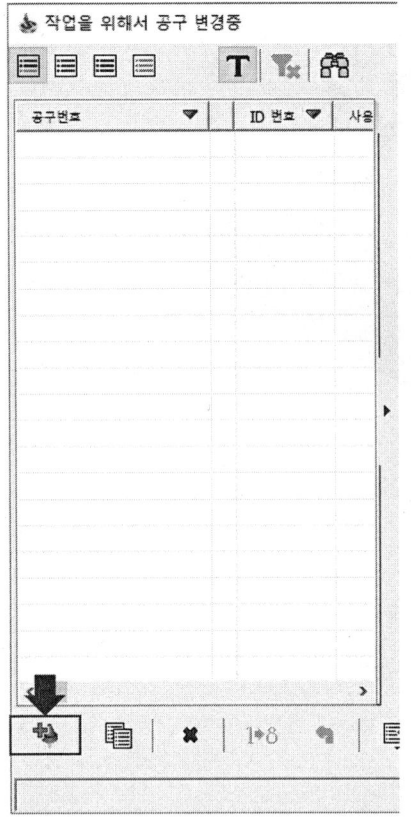

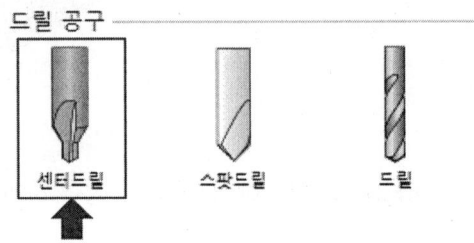

❻ [팁 직경 : 3]을 입력 후 [디폴트 공구 데이터]를 클릭한다.

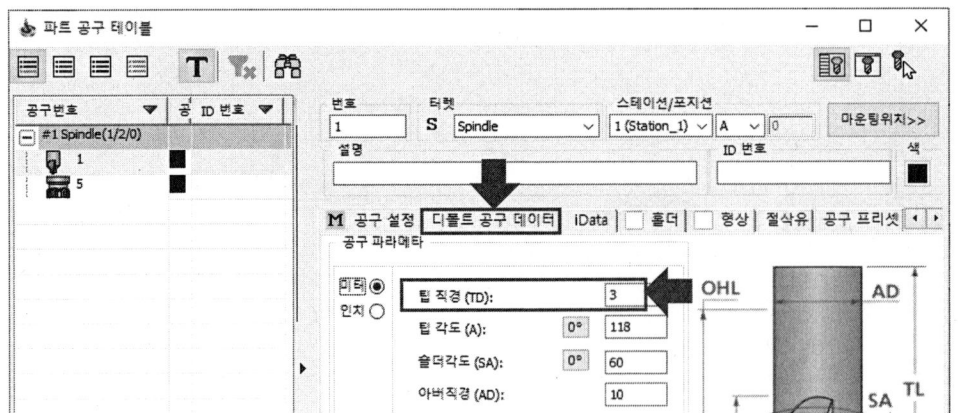

❼ [XY피드 : 90 → Z피드 : 90 → 회전율 : 900]을 입력하고 클릭한다.

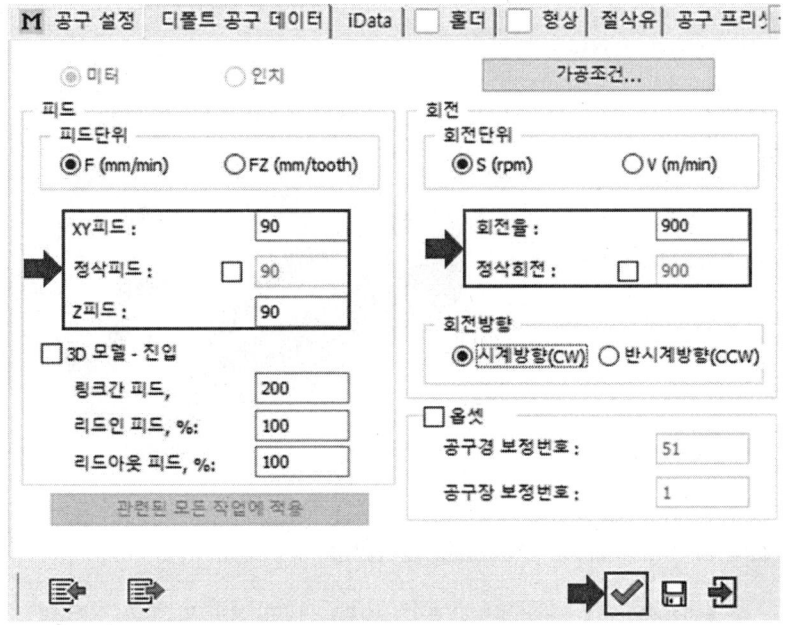

❽ [가공높이]를 클릭하고, [드릴깊이 : 3]을 입력한다.

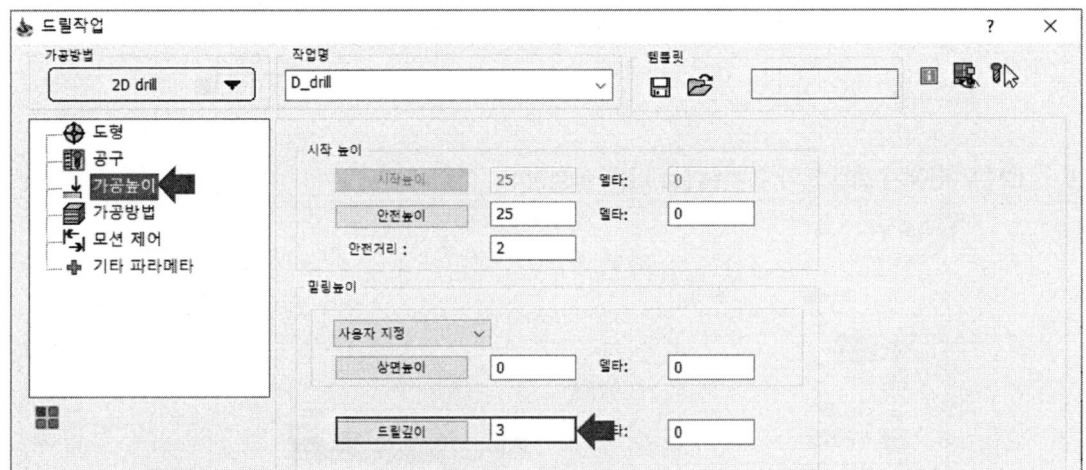

❾ [저장&계산 → 나가기]를 클릭한다.

⓾ 가공 경로를 확인하고, 화살표가 표시된 체크박스를 클릭한다.

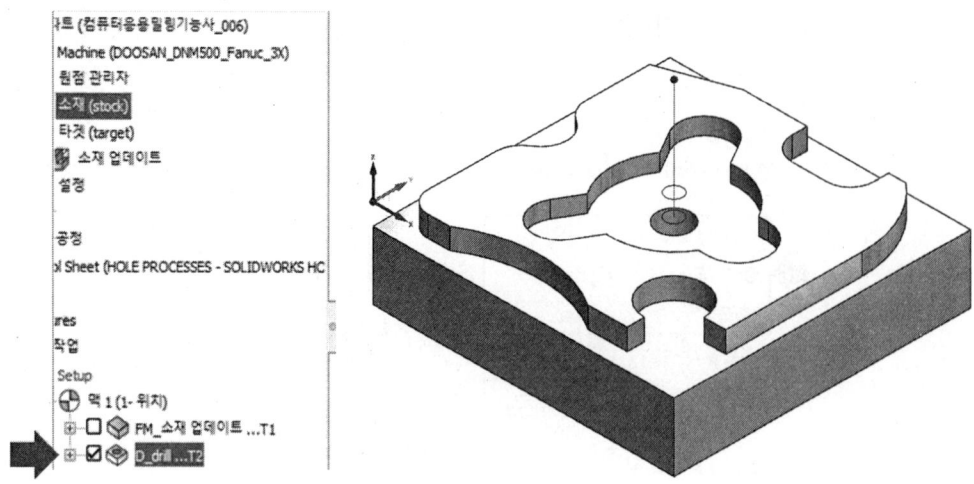

⓫ [커맨드 매니저 → 2.5D → 드릴]을 클릭한다.

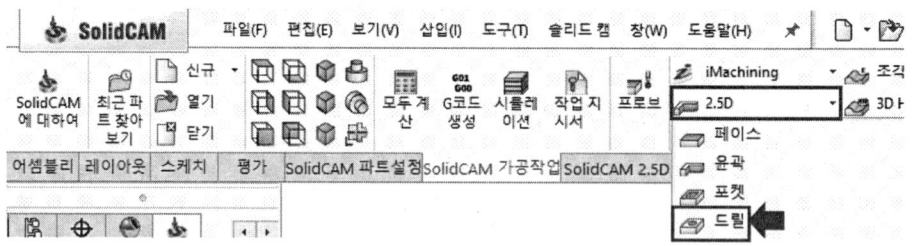

⓬ [도형]에서 화살표가 표시된 [drill]을 설정한다.

⑬ 좌측의 메뉴에서 [공구 → 공구 선택]을 클릭한다.

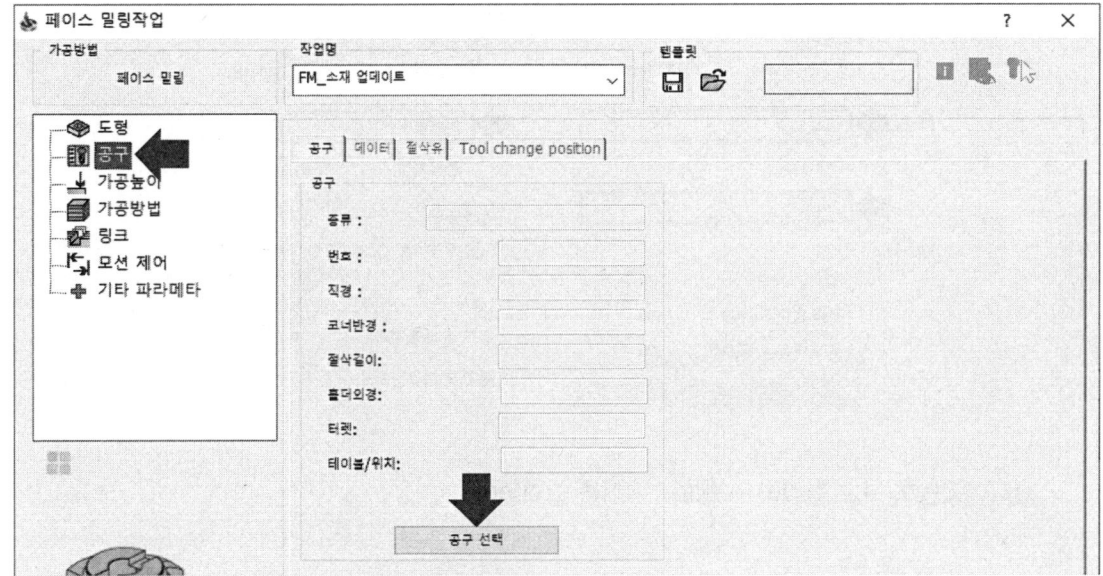

⑭ [밀링 공구 추가 → 드릴]을 클릭한다.

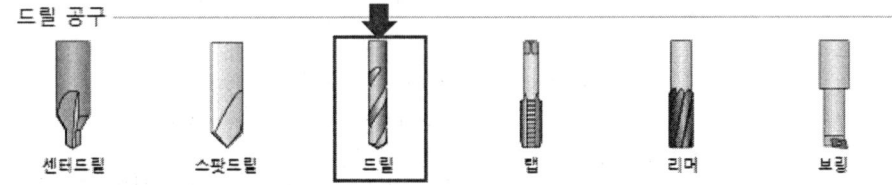

⑮ [직경 : 8 → 숄더 및 아버직경 : 8]을 입력하고, [디폴트 공구 데이터]를 클릭한다.

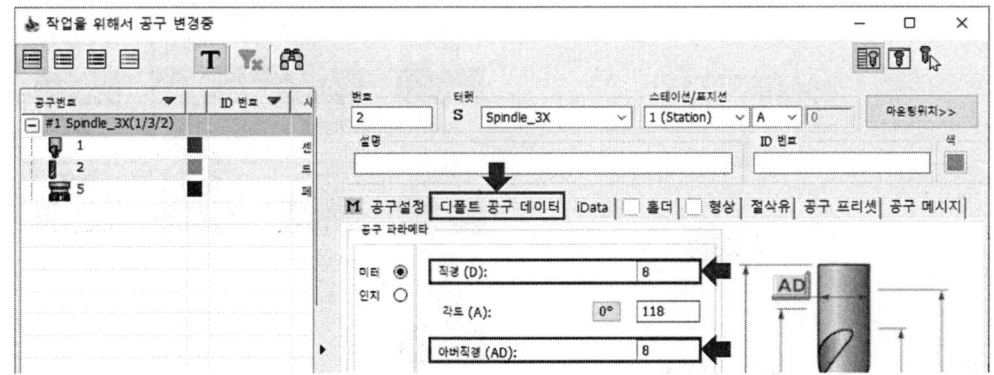

⓰ [XY피드 : 90 → Z피드 : 90 → 회전율 : 900]을 입력하고 확인을 클릭한다.

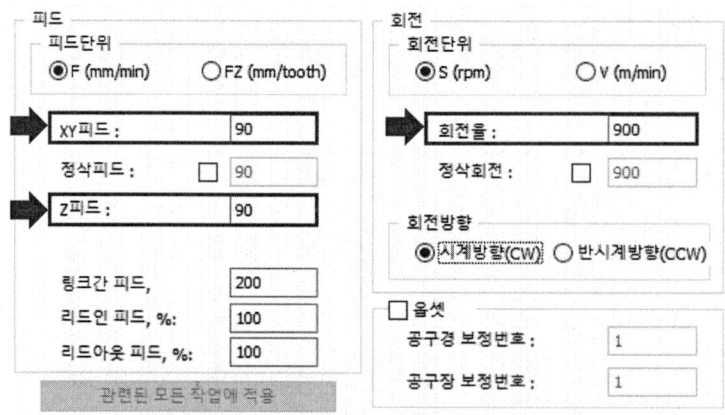

⓱ [가공높이 → 드릴깊이 → 델타 : −2]를 입력한다.

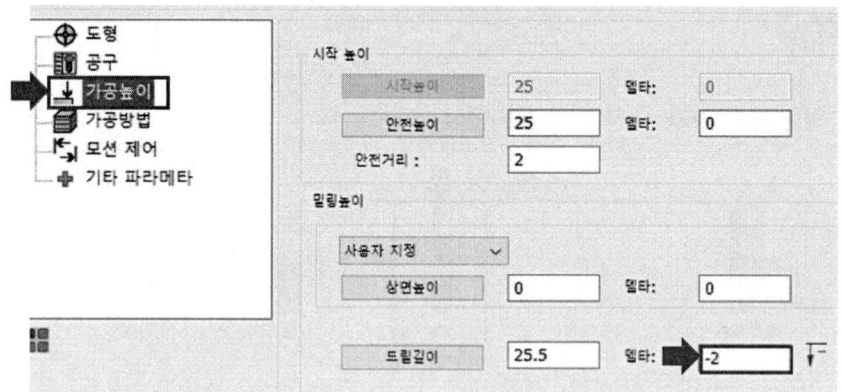

⓲ [가공방법 → 드릴 사이클 종류]를 클릭하고, [G83]을 클릭한다.

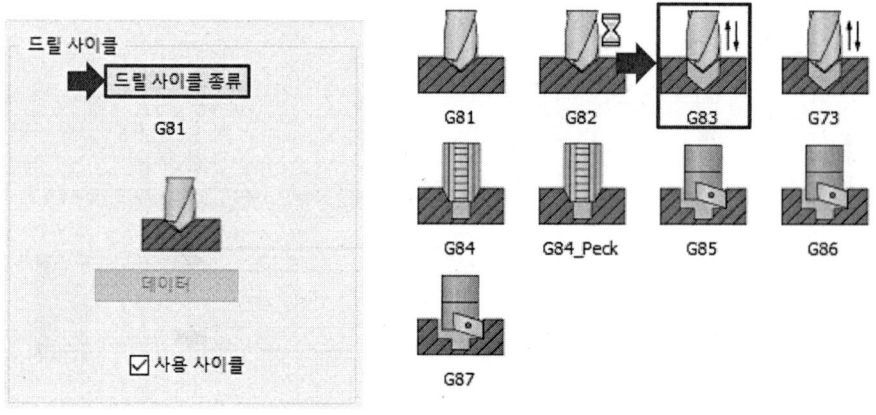

⓵⓽ [데이터]를 클릭하고, [절입량 : 3 → Full retract : 아니오]를 설정한 후 [확인]을 클릭한다.

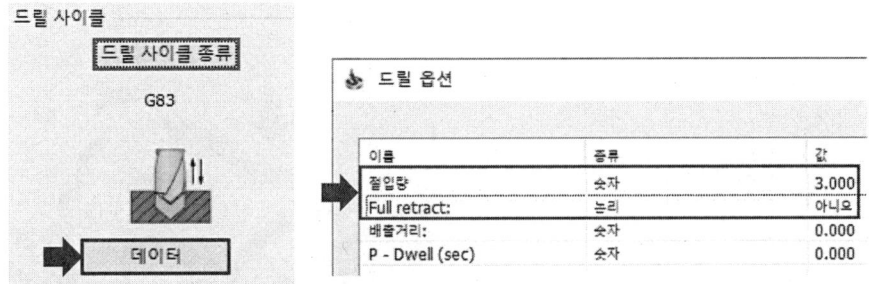

⓶⓪ [저장&계산 → 나가기]를 클릭한다.

(4) 포켓자동인식 가공

❶ [커맨드 매니저 → 자동인식 가공 하위 항목 → 포켓자동인식]을 클릭한다.

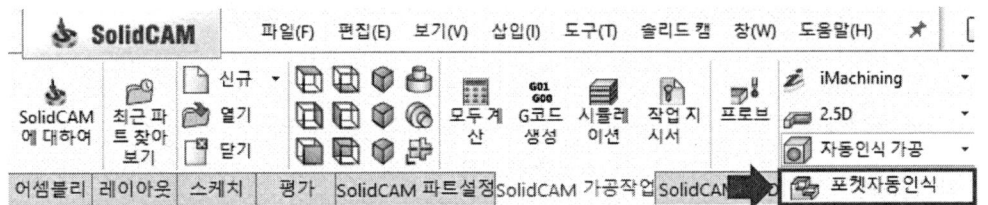

❷ [포켓자동인식 → 도형 → 신규]를 클릭한다.

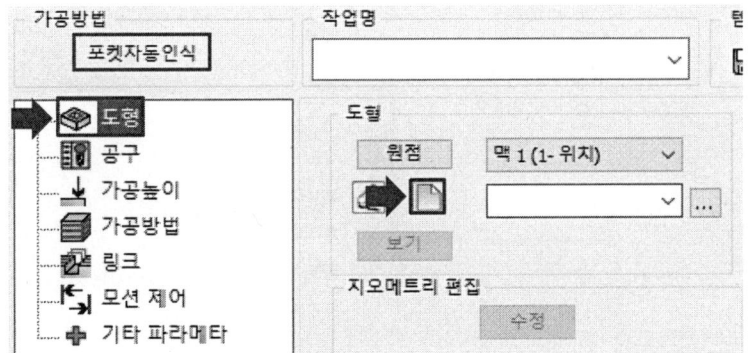

❸ 도형의 상단을 클릭하여 솔리드캠 관리자 선택 리스트에 3개의 면이 들어갔는지 확인한다.

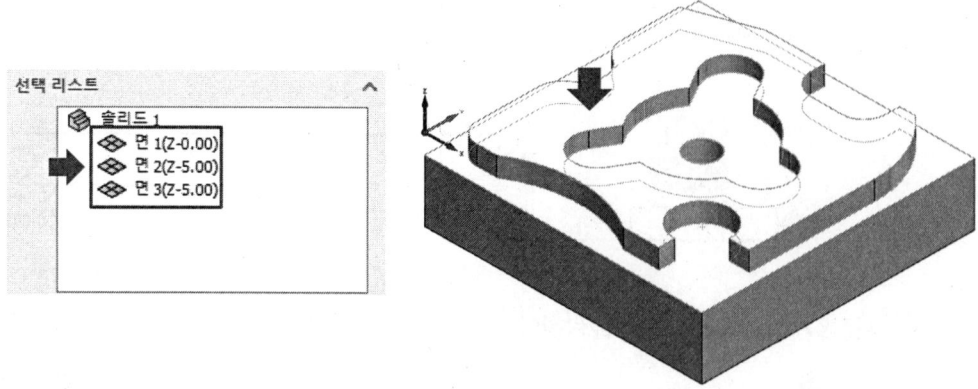

❹ 선택 리스트에서 상단 면을 찾아 마우스 오른쪽 클릭하고, [선택해제]를 클릭한다.

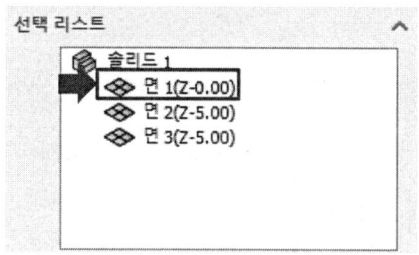 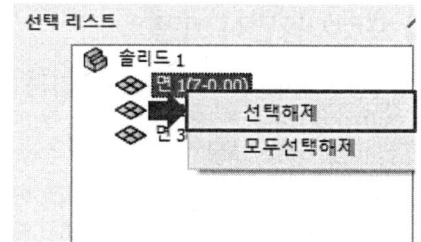

❺ [공구 → 선택 → 밀링 공구 추가 → 밀링 공구 → 평 엔드밀]을 클릭한다.

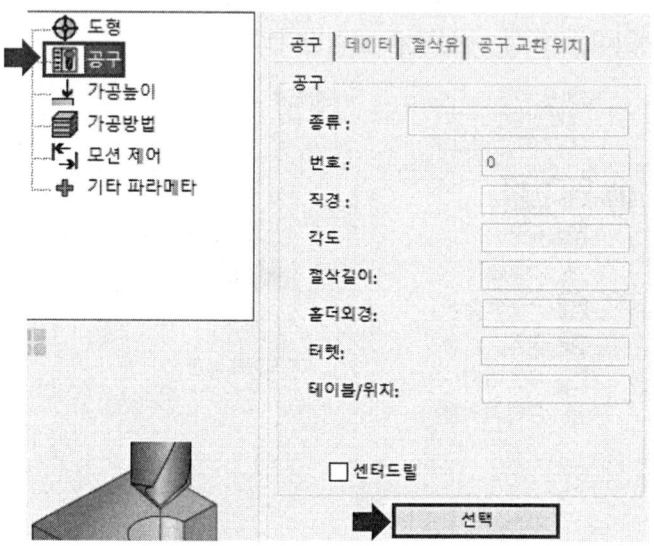

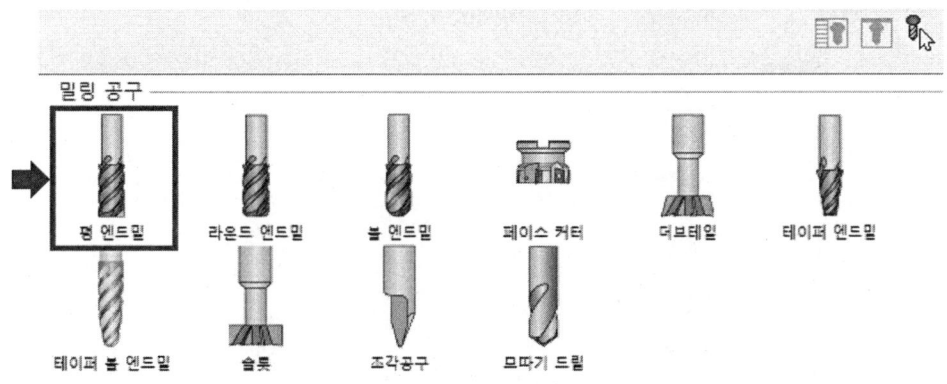

❻ [직경 : 10 → 솔더 및 아버직경 : 10]을 입력하고, [디폴트 공구 데이터]를 클릭한다.

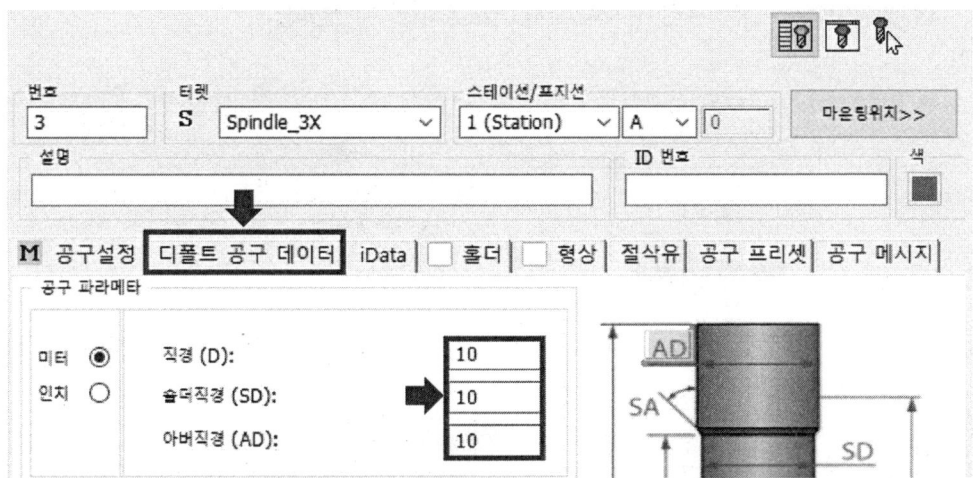

❼ [XY피드 : 100 → Z피드 : 100 → 회전율 : 1000]을 입력하고 확인을 클릭한다.

❽ [가공높이 → 최대 Z피치 : 3]을 입력해준다.

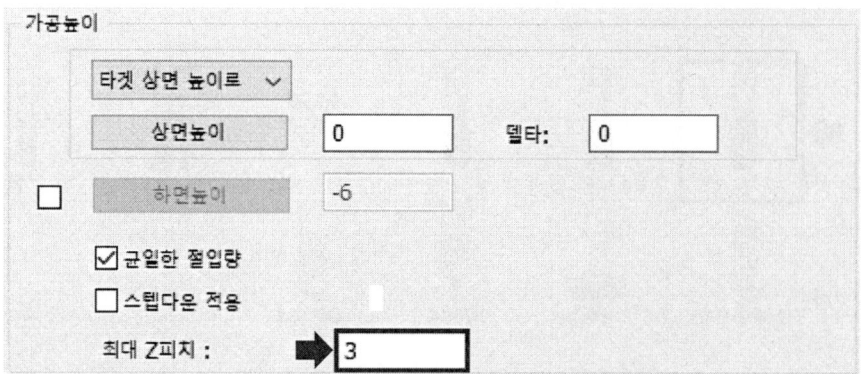

❾ [가공방법 → 열린 포켓 → 외부에서 어프로치]를 체크한다.

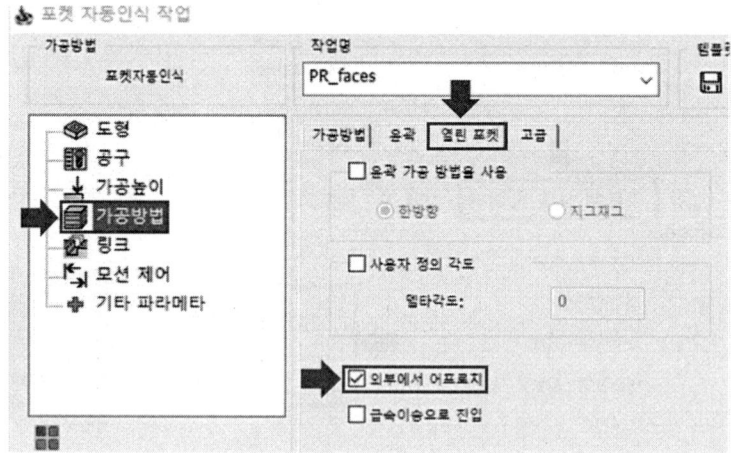

❿ [링크 → 램핑 → 수직]으로 변경한다.

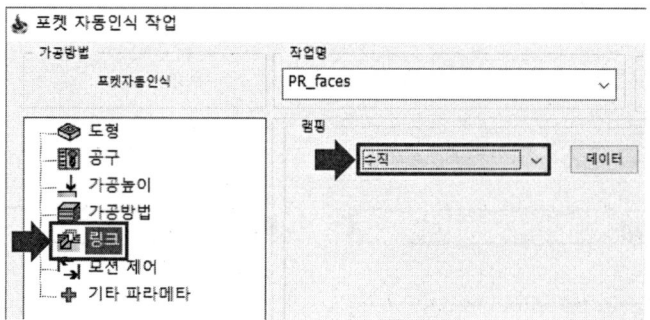

⓫ [데이터]를 클릭하고, 하단의 드릴 위치에서 [모두적용]을 클릭한다.

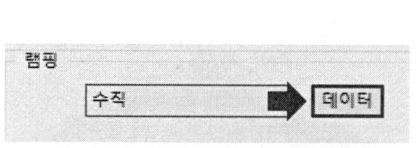 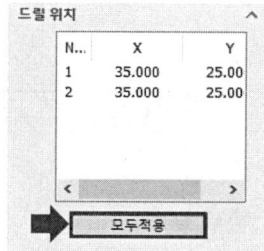

(5) 시뮬레이션 및 G코드 생성

❶ [작업]의 체크박스를 클릭하여 툴 패스를 활성화한다.

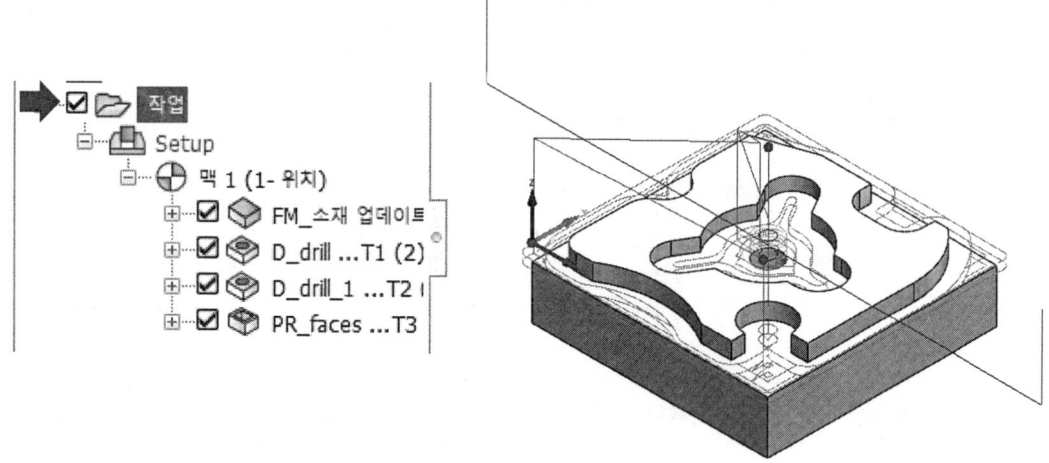

❷ [커맨드 매니저 → 시뮬레이션]을 클릭한다.

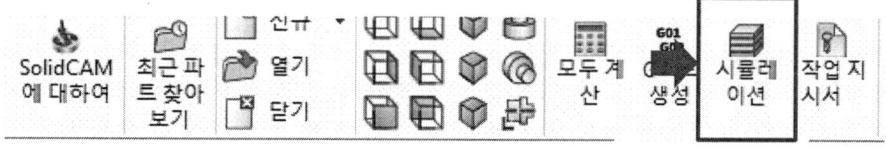

❸ 시뮬레이션 창에서 [SoildVerify]를 클릭하고, [재생]을 클릭해서 전체 시뮬레이션을 확인한다.

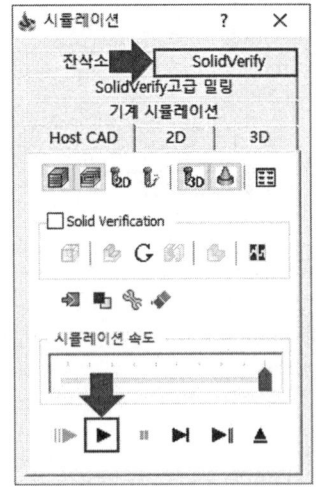
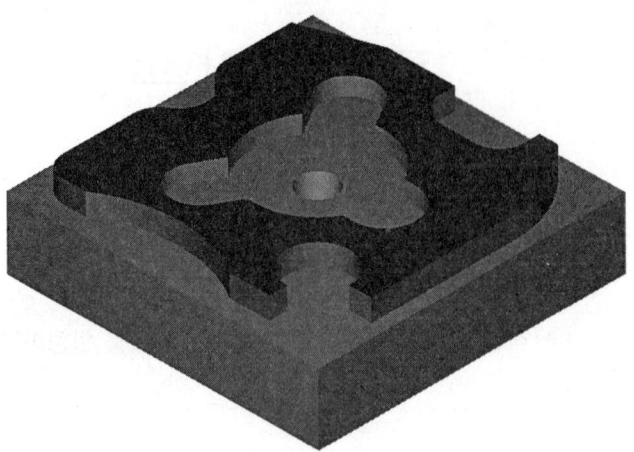

❹ [커맨드 매니저 → G코드 생성]을 클릭한다.

❺ G코드를 확인하고, [다른 이름으로 저장]을 선택하여 저장한다.

```
% 
O1000
(DATE: 13-DEC-2019)
(GENERATED WITH SOLIDCAM KOREA-DMB)
(STOCK SIZE: X=70 Y=69 Z=26.5)
(USED TOOLS)
(T5 -  D80 )
(T1 -  D4 )
(T2 -  D8 )
(T3 -  D10 )

G90 G17 G21 G40 G80
G00 G91 G28 Z0
G00 G28 X0 Y0
G90 G54
T5 M06 ( D80 )
S800 M03
(JOB NR:1 )
G00 X-48. Y34.5
G43 H05 Z25.
G00 Z3.
G01 Z0. F80
```

CHAPTER 01 컴퓨터응용밀링기능사 따라 하기

09 컴퓨터응용밀링기능사 따라 하기

1 도면

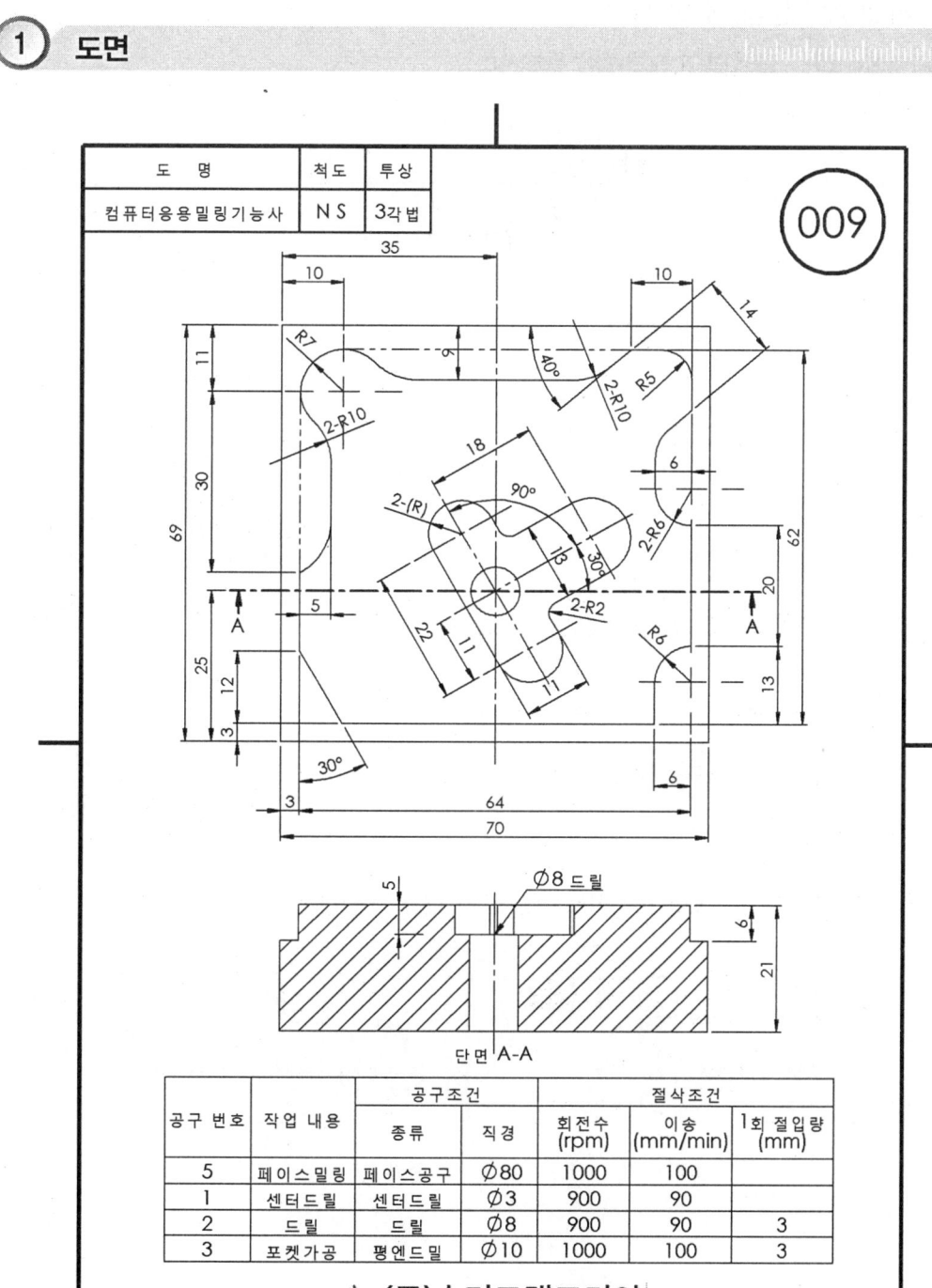

09. 컴퓨터응용밀링기능사 따라 하기

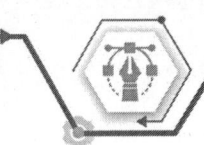

② CAM

(1) SolidCAM 원점, 소재 정의

❶ [주메뉴 바 → 열기]를 통해 파일을 불러온다.

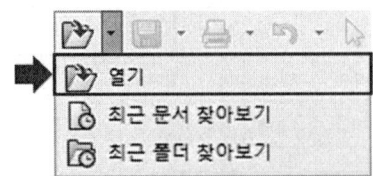

❷ [커맨드 매니저 → SolidCAM 파트 설정 탭 → 신규 → 밀링]을 클릭한다.

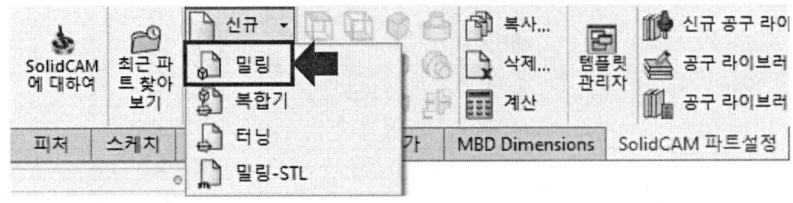

❸ [신규 밀링파트 → 캠-파트 생성방법 → 솔리드캠의 파일로 저장 → 단위 → 미터]를 클릭한 후 확인을 클릭한다.

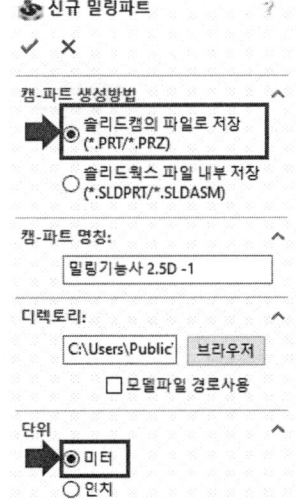

❹ [CNC → 컨트롤러 → gMilling_3x]를 설정한 후 [정의 → 원점]을 클릭한다.

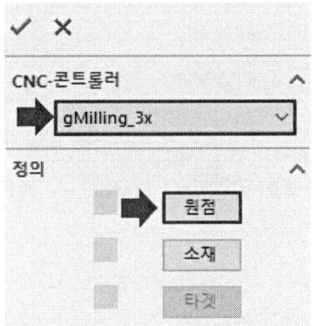

❺ [솔리드캠 관리자 → 평면원점 → 모델박스의 코너]를 설정하고, 모델을 클릭한 후 확인을 클릭한다.

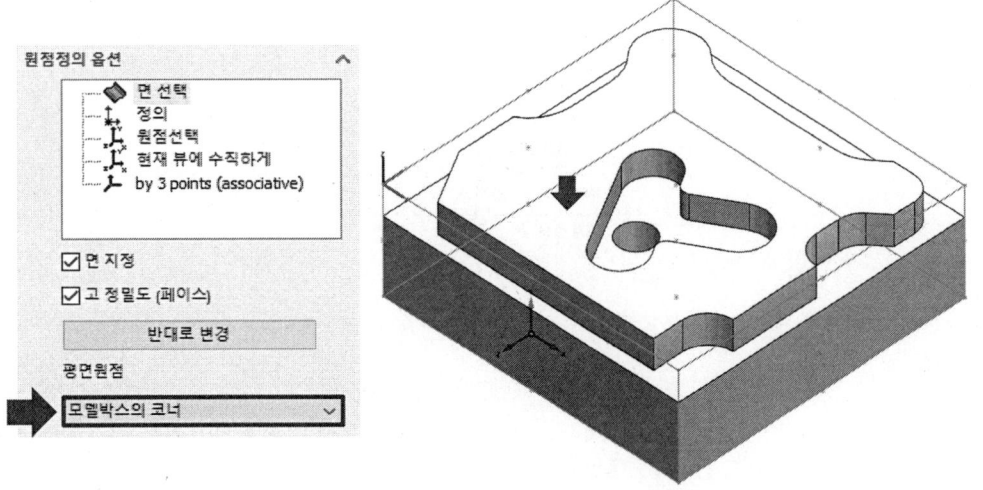

❻ [원점 데이터 → 확인 → 원점 관리자 → 확인]을 클릭한다.

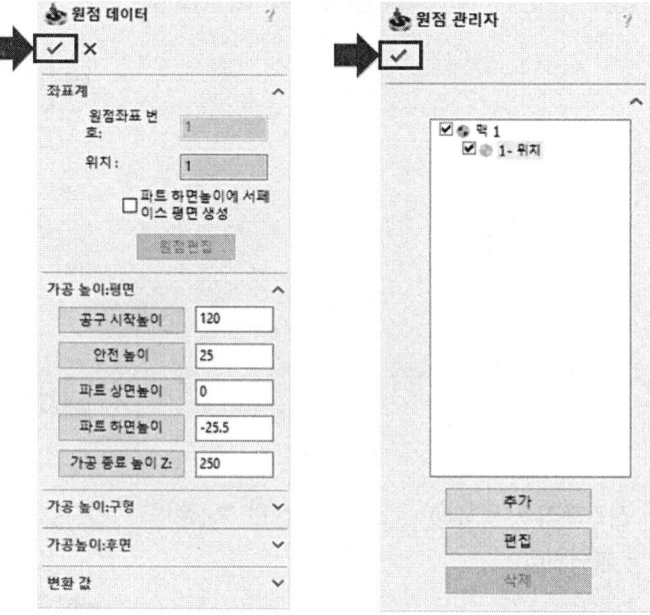

❼ [밀링파트 데이터 → 정의 → 소재]를 클릭한다.

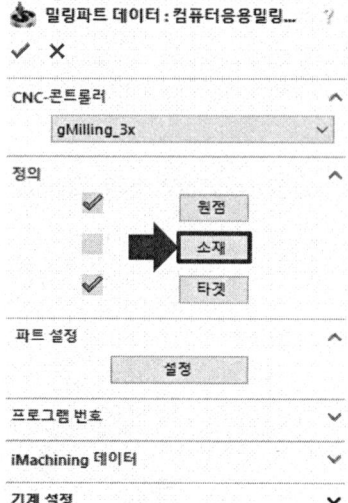

❽ 형상을 [클릭]하여 소재를 정의하고, [박스확장]에서 모든 확장을 0으로 하고 [Z+]만 1로 설정한 후 확인을 클릭한다.

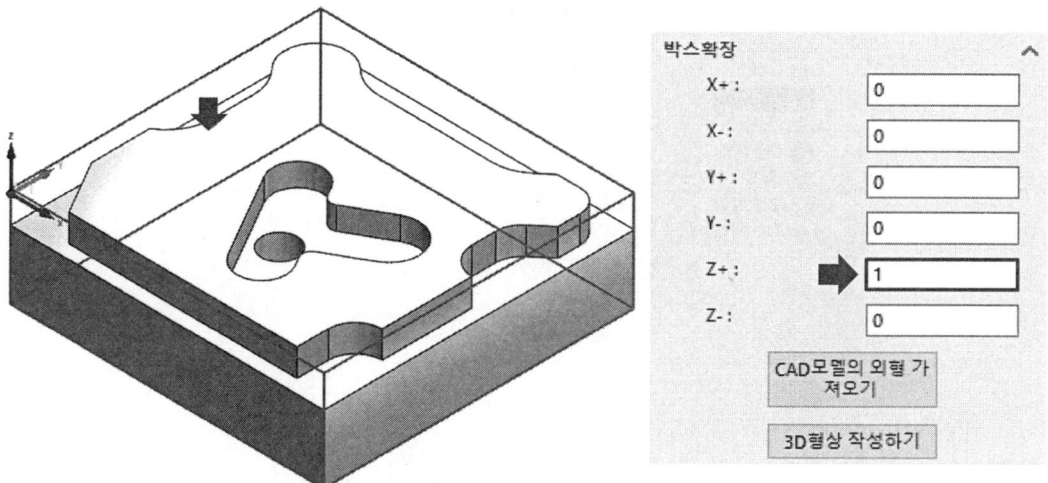

❾ 정의를 완료하고 [밀링파트 데이터]의 확인을 클릭한다.

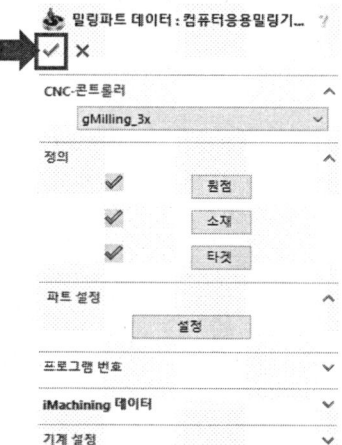

(2) 페이스 밀링 작업

❶ [커맨드 매니저 → 2.5D → 페이스]를 클릭한다.

❷ 좌측의 메뉴에서 [공구 → 공구 선택]을 클릭한다.

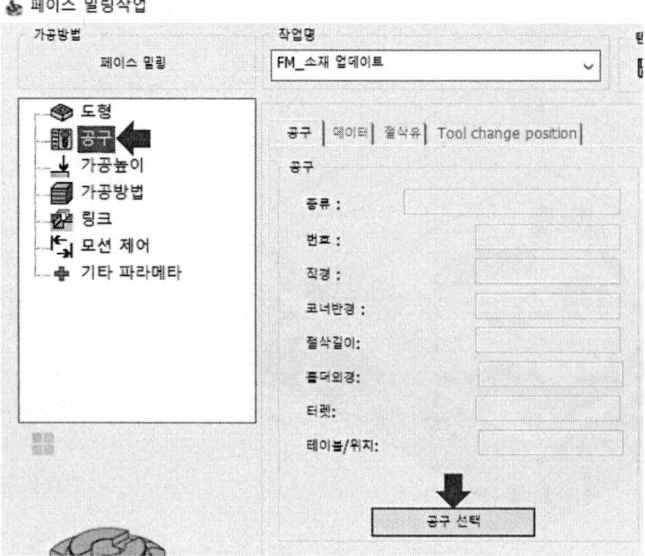

❸ [밀링 공구 추가 → 페이스 커터]를 클릭한다.

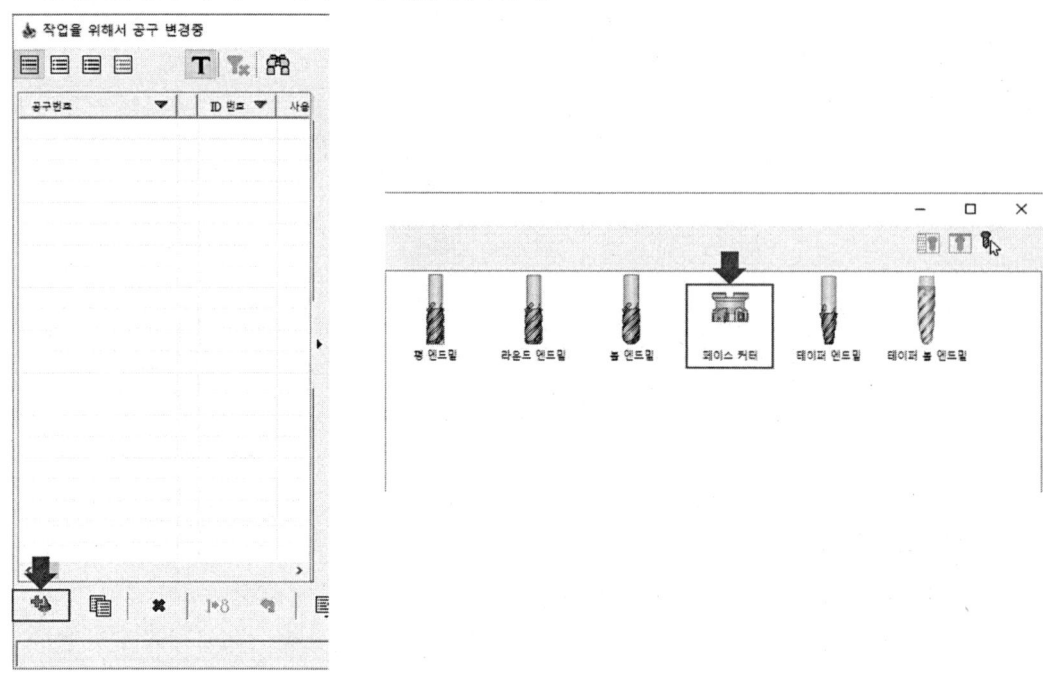

❹ [번호 : 5 → 직경(D) : 80]을 입력하고, [디폴트 공구 데이터]를 클릭한다.

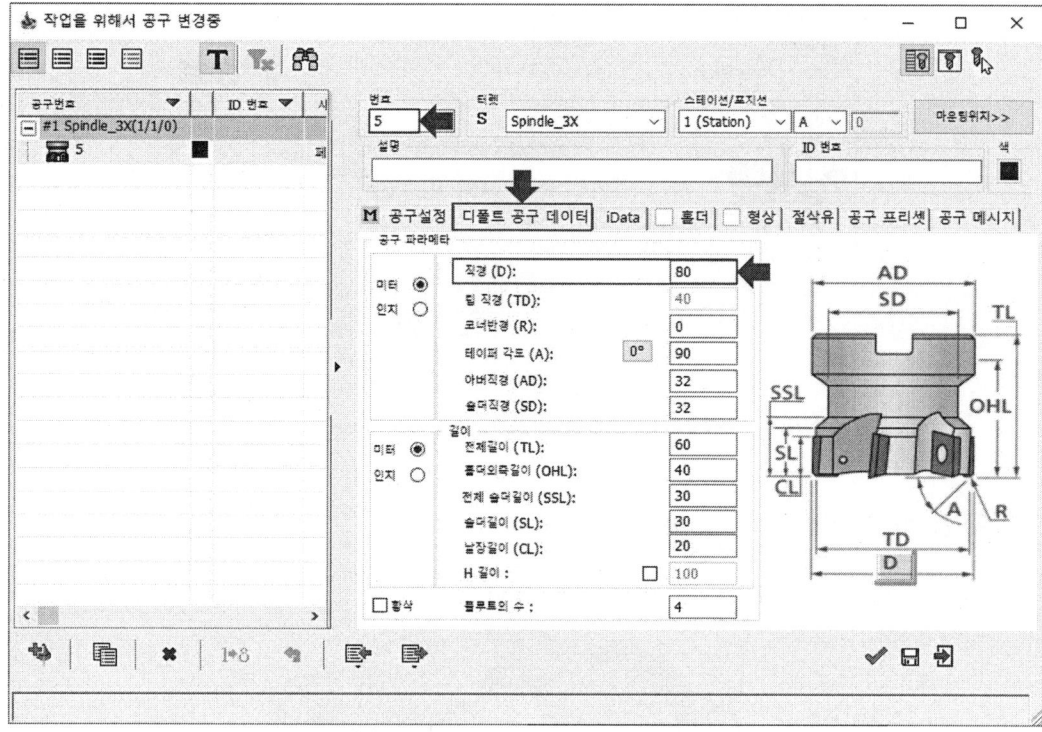

❺ [XY피드 : 100 → Z피드 : 100 → 회전율 : 1000]을 입력하고 확인을 클릭한다.

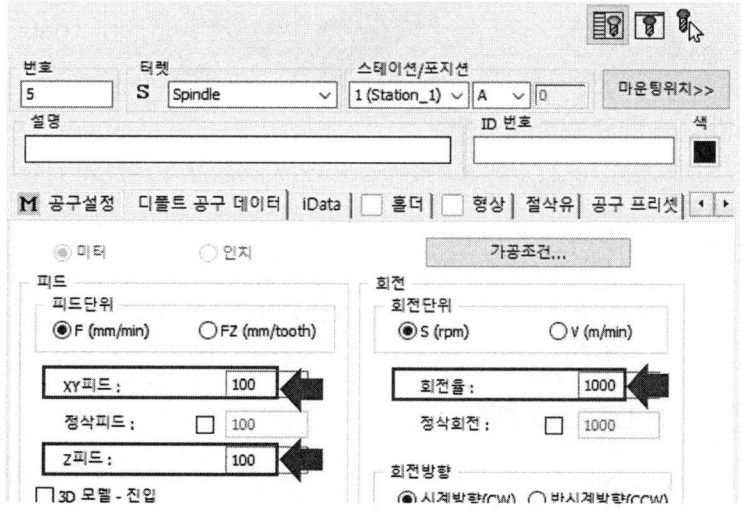

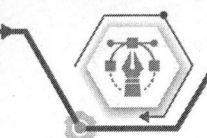

❻ [가공높이 → 상면높이]를 클릭한다.

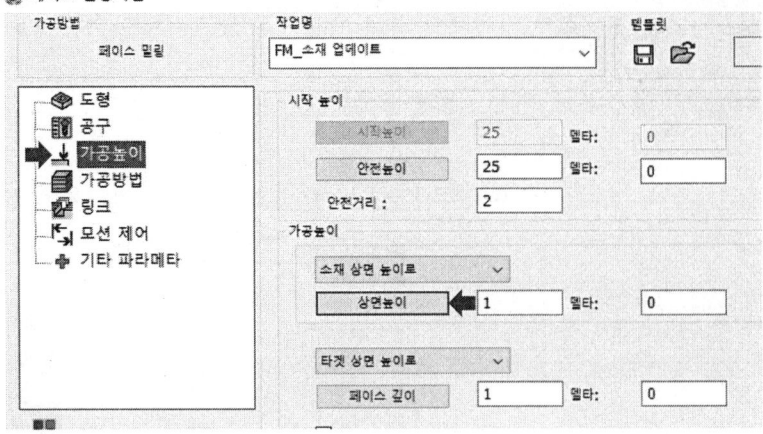

❼ 형상의 윗면을 클릭한 후 확인을 클릭한다.

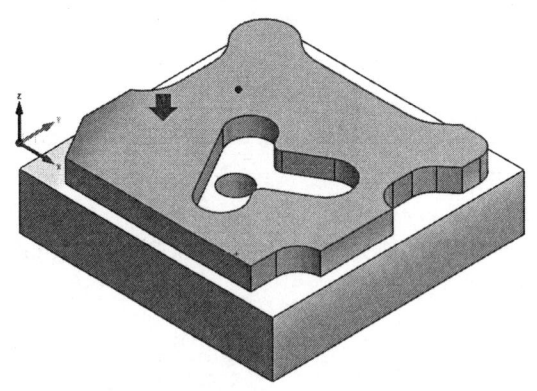

❽ [가공방법 → 한 경로]를 클릭한다.

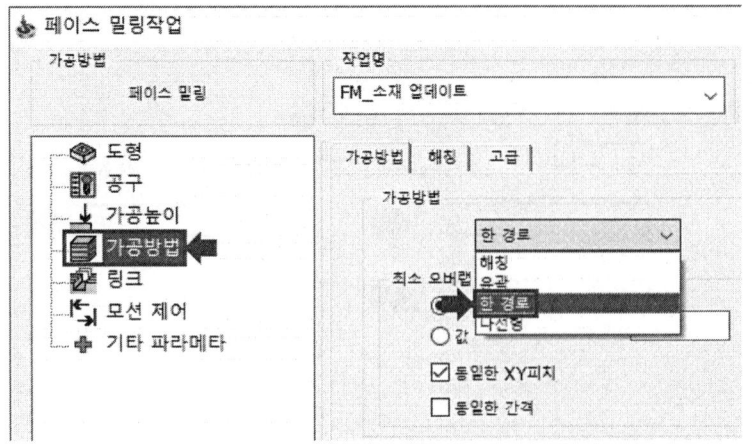

❾ [저장&계산 → 나가기]를 클릭한다.

❿ 가공 경로를 확인하고, 화살표가 표시된 체크박스를 클릭한다.

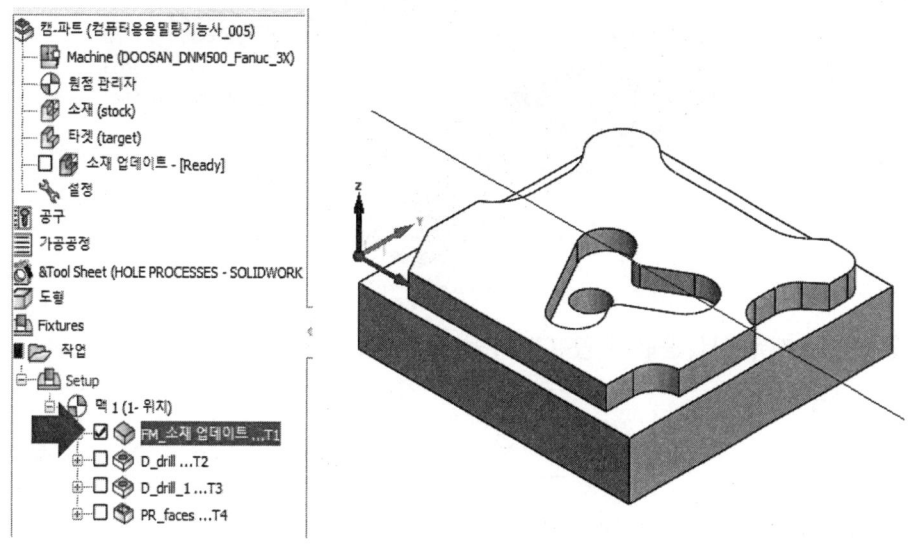

(3) 드릴 작업

❶ [커맨드 매니저 → 2.5D → 드릴]을 클릭한다.

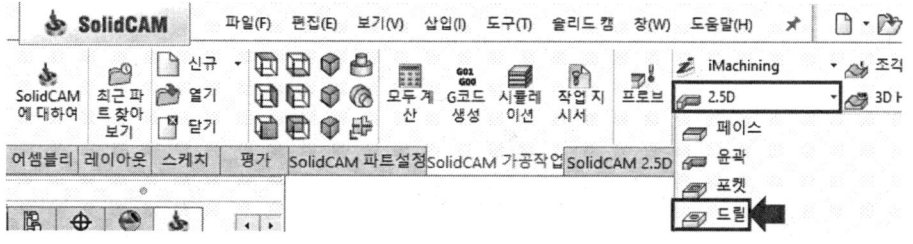

❷ [도형 → 신규]를 클릭한다.

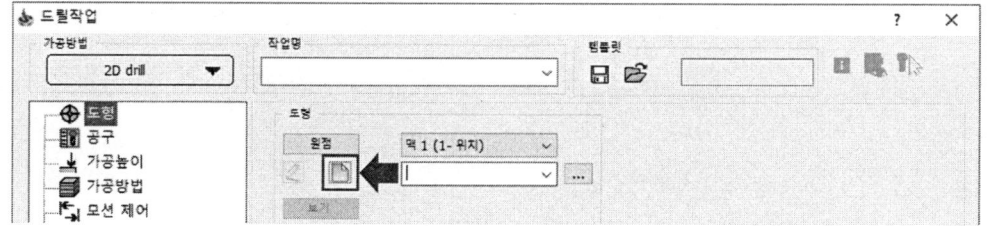

❸ 형상에서 드릴 가공할 위치인 화살표가 표시된 곳을 클릭한 후 확인을 클릭한다.

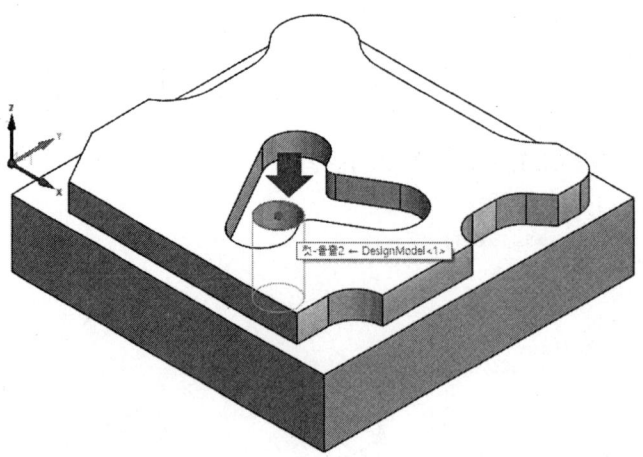

❹ 좌측의 메뉴에서 [공구 → 공구 선택]을 클릭한다.

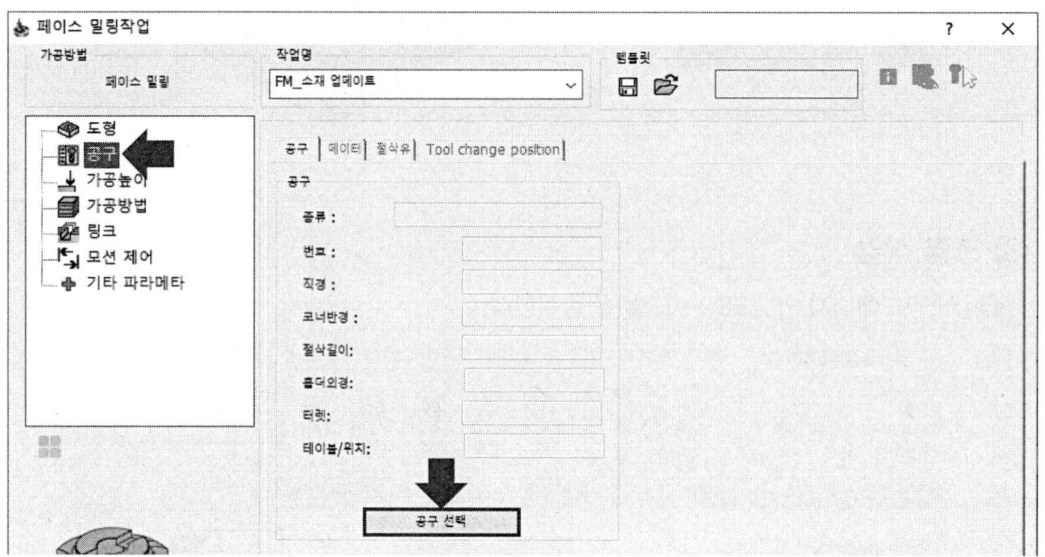

❺ [밀링 공구 추가 → 센터드릴]을 클릭한다.

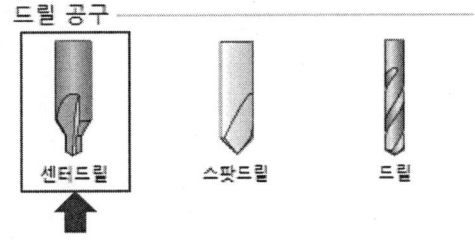

❻ [팁 직경 : 3]을 입력 후 [디폴트 공구 데이터]를 클릭한다.

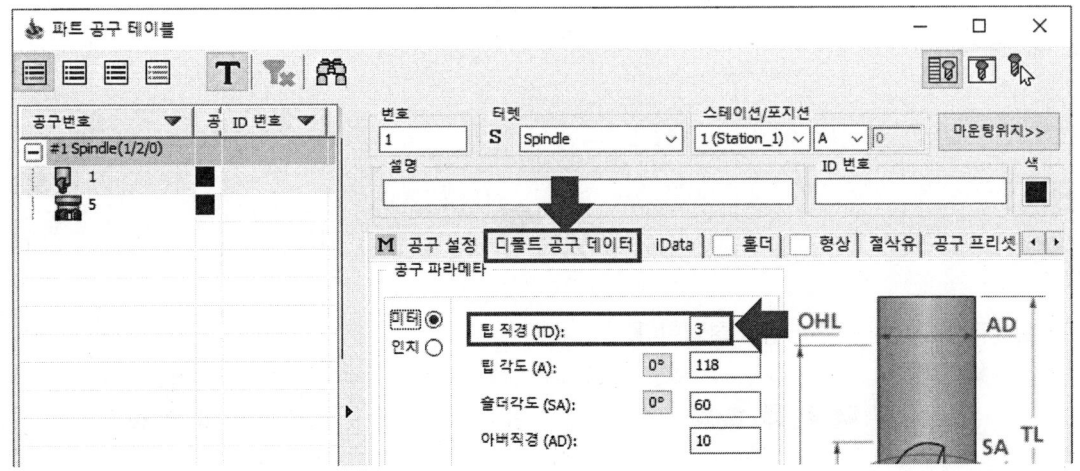

❼ [XY피드 : 90 → Z피드 : 90 → 회전율 : 900]을 입력하고 확인을 클릭한다.

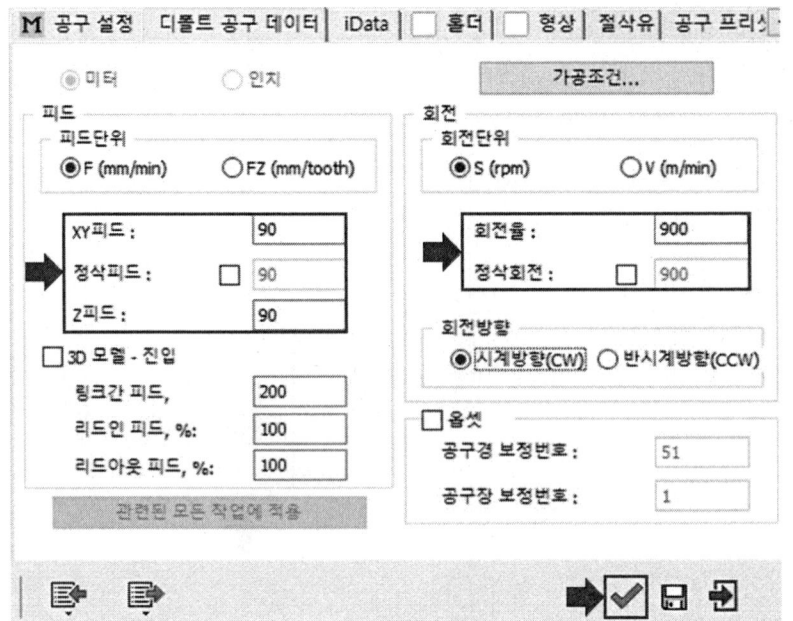

❽ [가공높이]를 클릭하고, [드릴깊이 : 3]을 입력한다.

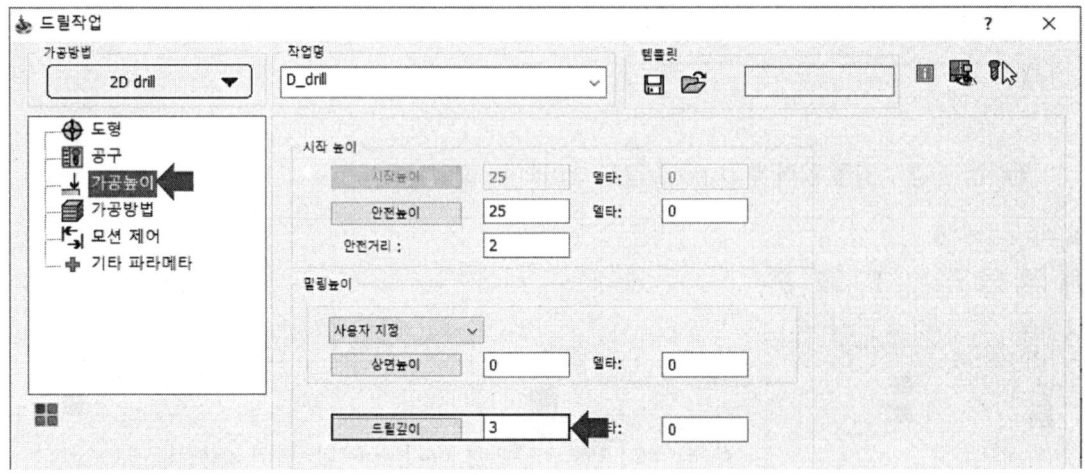

❾ [저장&계산 → 나가기]를 클릭한다.

❿ 가공 경로를 확인하고, 화살표가 표시된 체크박스를 클릭한다.

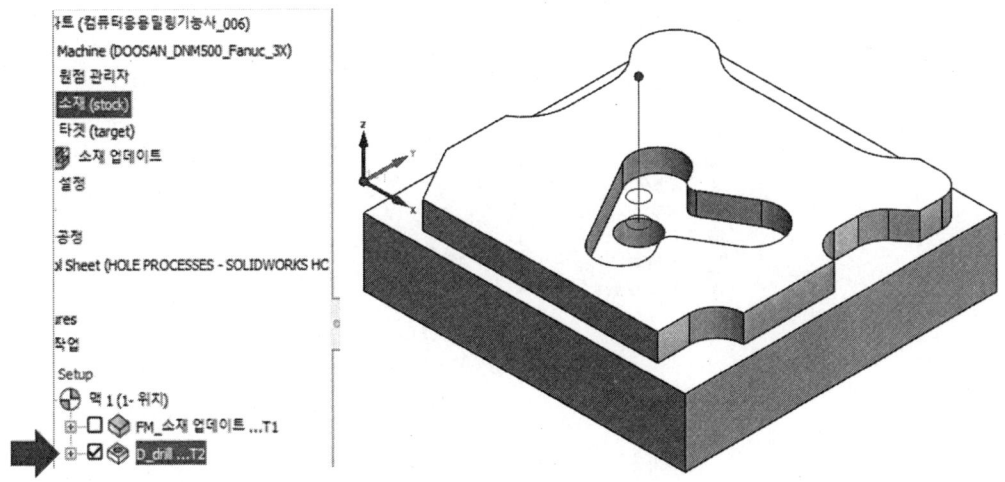

⓫ [커맨드 매니저 → 2.5D → 드릴]을 클릭한다.

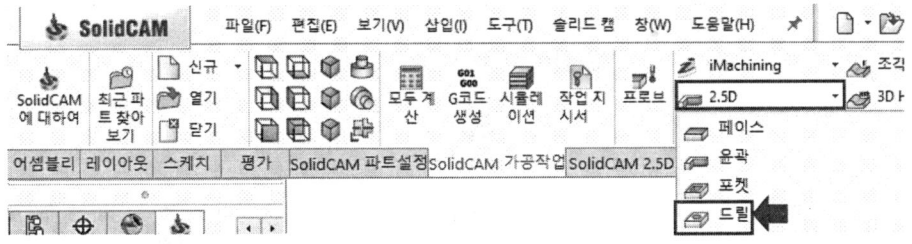

⓬ [도형]에서 화살표가 표시된 [drill]을 설정한다.

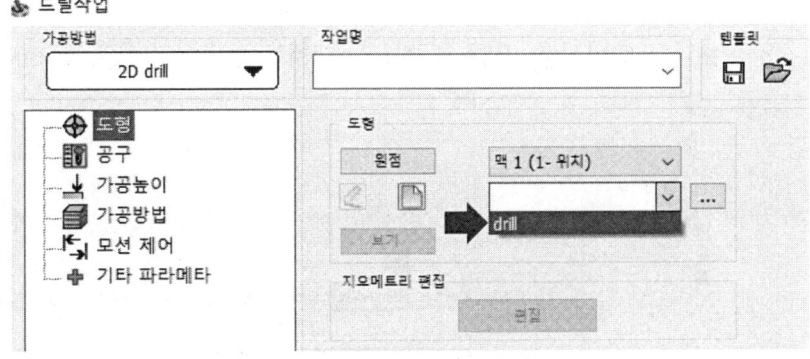

⑬ 좌측의 메뉴에서 [공구 → 공구 선택]을 클릭한다.

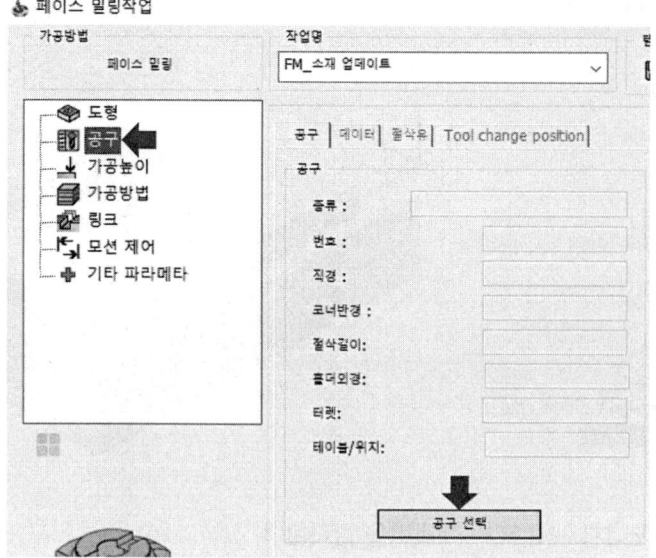

⑭ [밀링 공구 추가 → 드릴]을 클릭한다.

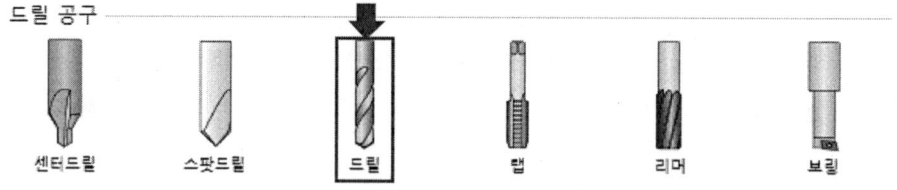

⑮ [직경 : 8 → 숄더 및 아버직경 : 8]을 입력하고, [디폴트 공구 데이터]를 클릭한다.

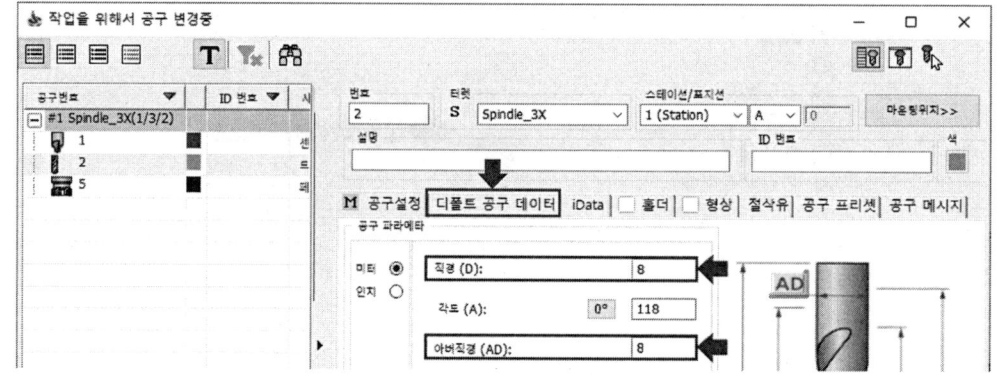

256 CHAPTER 01 컴퓨터응용밀링기능사 따라 하기

⓰ [XY피드 : 90 → Z피드 : 90 → 회전율 : 900]을 입력하고 확인을 클릭한다.

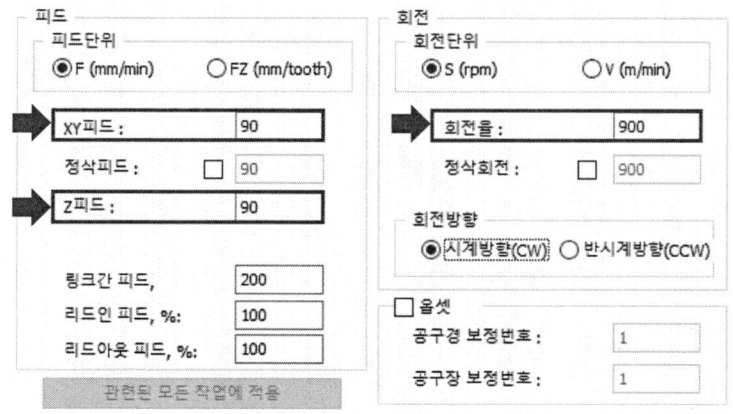

⓱ [가공높이 → 드릴깊이 → 델타 : −2]를 입력한다.

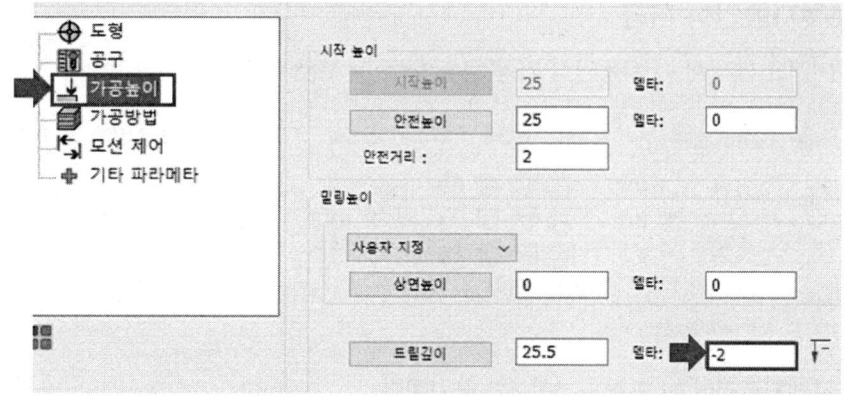

⓲ [가공방법 → 드릴 사이클 종류]를 클릭하고, [G83]을 클릭한다.

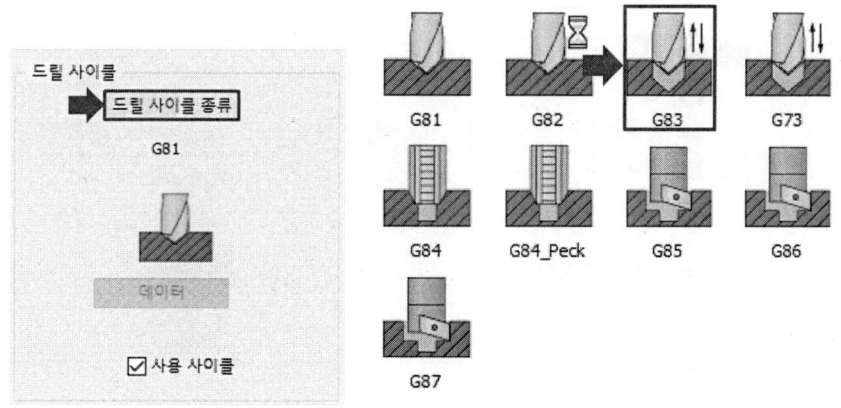

⑲ [데이터]를 클릭하고, [절입량 : 3 → Full retract : 아니오]를 설정한 후 [확인]을 클릭한다.

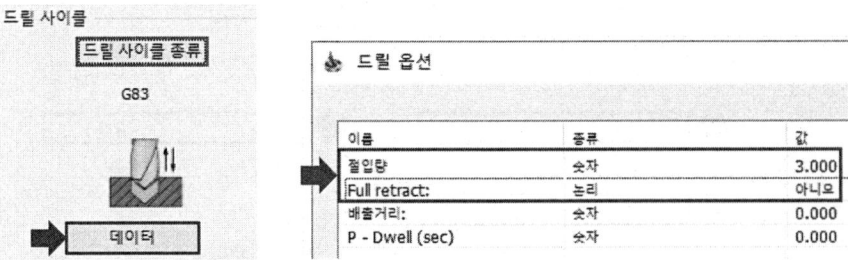

⑳ [저장&계산 → 나가기]를 클릭한다.

(4) 포켓자동인식 가공

❶ [커맨드 매니저 → 자동인식 가공 하위 항목 → 포켓자동인식]을 클릭한다.

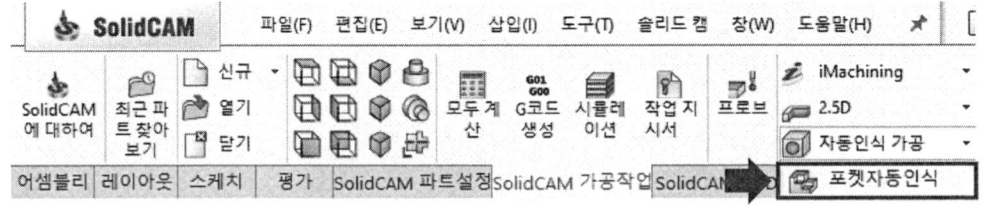

❷ [포켓자동인식 → 도형 → 신규]를 클릭한다.

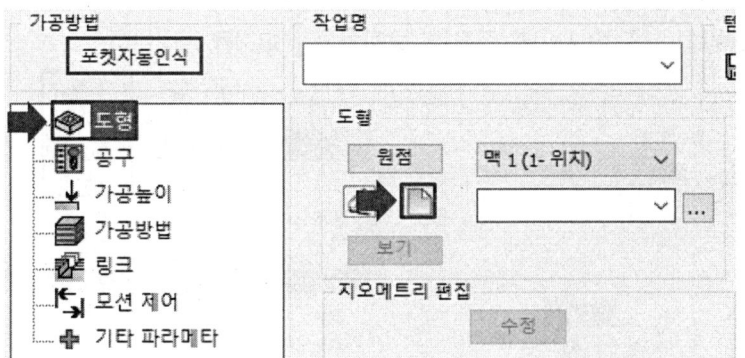

❸ 도형의 상단을 클릭하여 솔리드캠 관리자 선택 리스트에 3개의 면이 들어갔는지 확인한다.

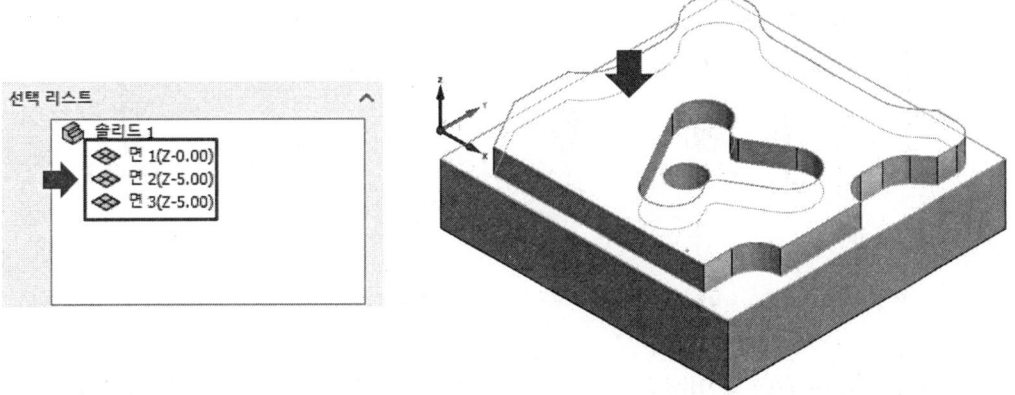

❹ 선택 리스트에서 상단 면을 찾아 마우스 오른쪽 클릭하고, [선택해제]를 클릭한다.

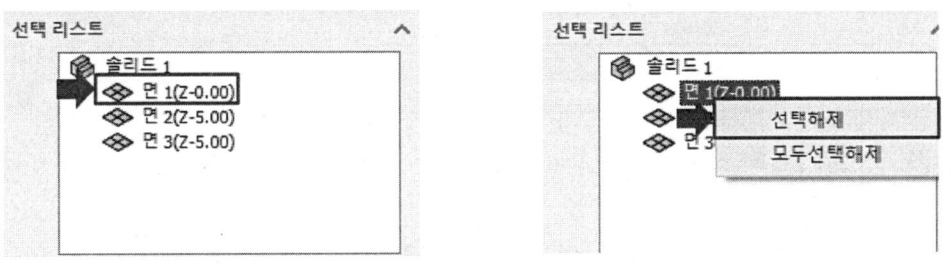

❺ [공구 → 선택 → 밀링 공구 추가 → 밀링 공구 → 평 엔드밀]을 클릭한다.

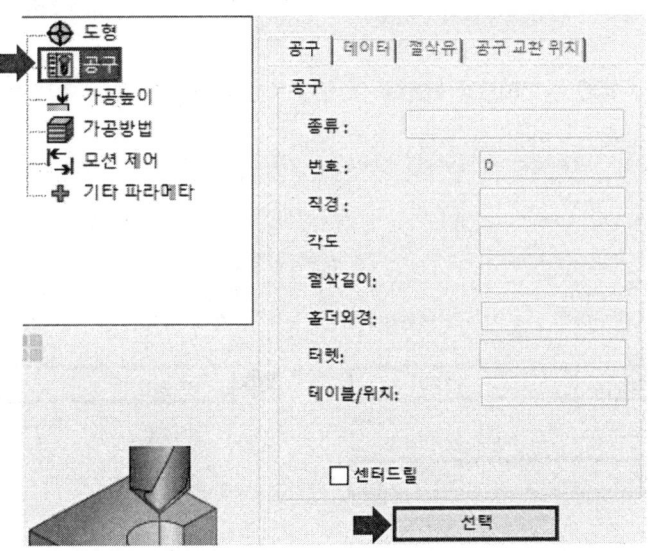

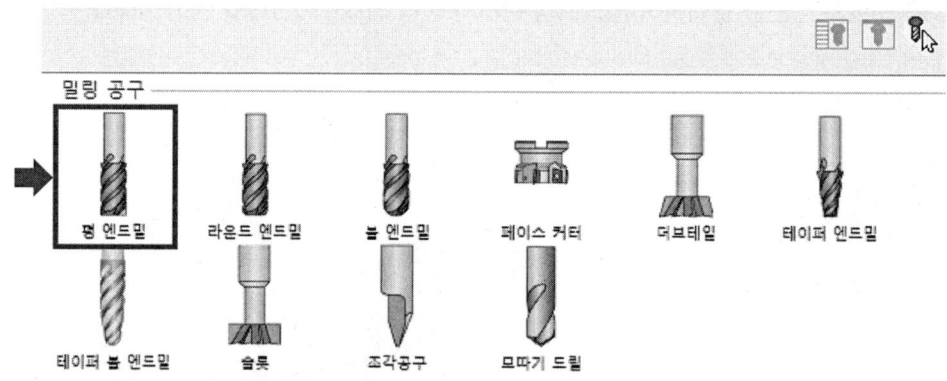

❻ [직경 : 10 → 숄더 및 아버직경 : 10]을 입력하고, [디폴트 공구 데이터]를 클릭한다.

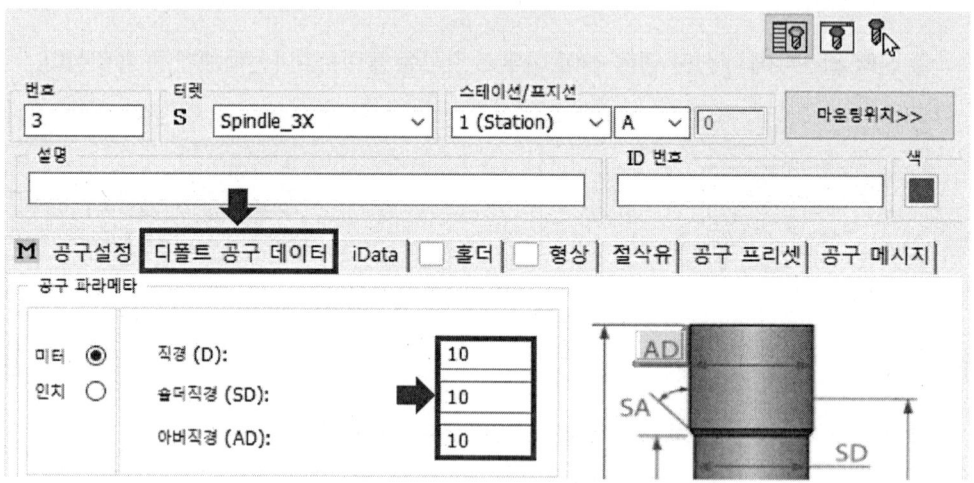

❼ [XY피드 : 100 → Z피드 : 100 → 회전율 : 1000]을 입력하고 확인을 클릭한다.

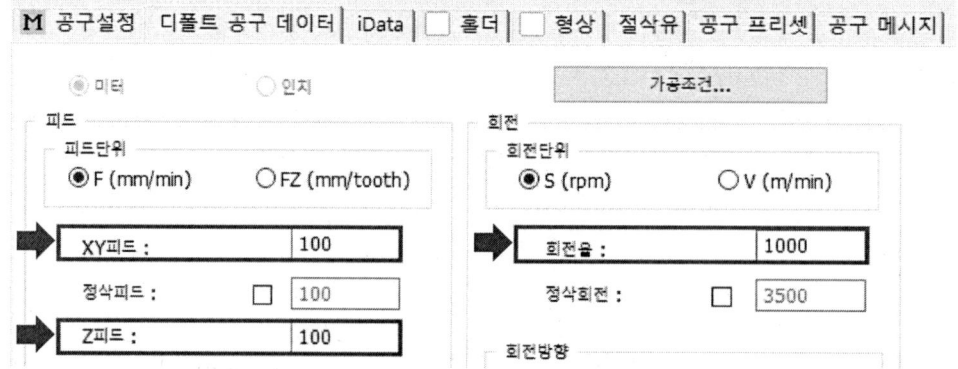

❽ [가공높이 → 최대 Z피치 : 3]을 입력해준다.

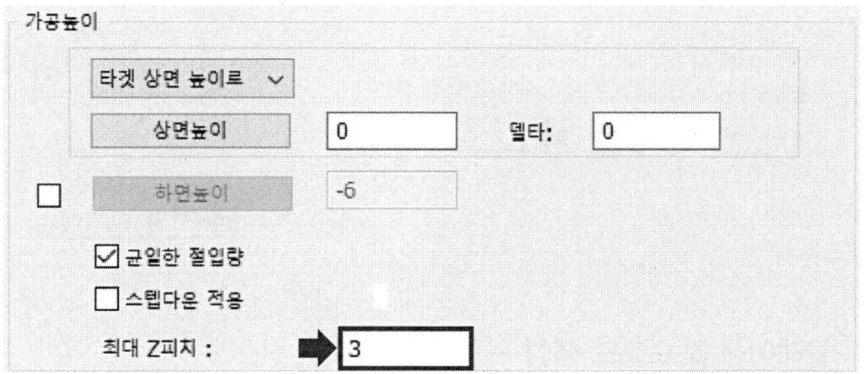

❾ [가공방법 → 열린 포켓 → 외부에서 어프로치]를 체크한다.

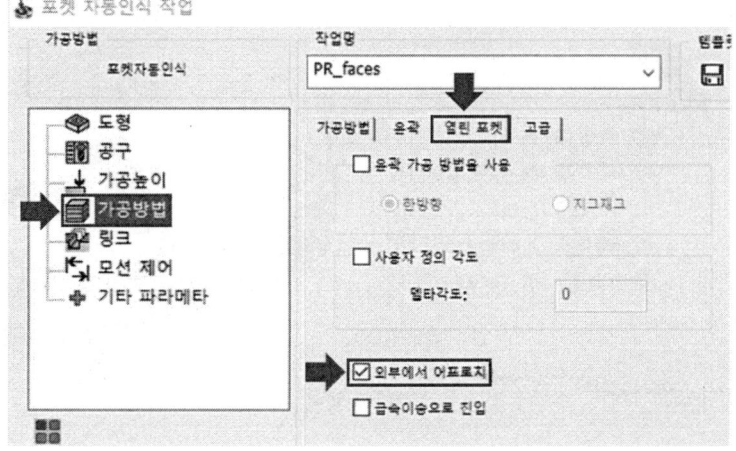

❿ [링크 → 램핑 → 수직]으로 변경한다.

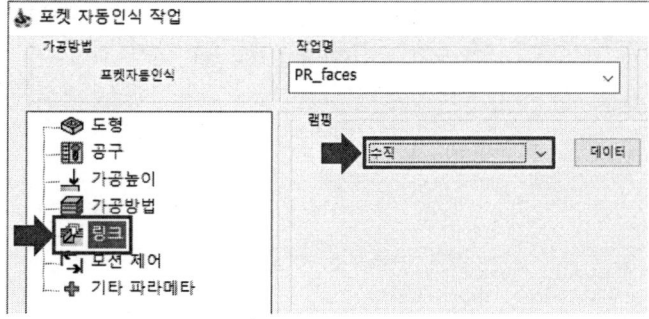

⓫ [데이터]를 클릭하고, 하단의 드릴 위치에서 [모두적용]을 클릭한다.

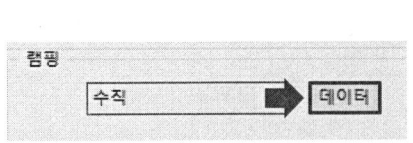
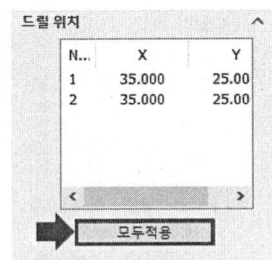

(5) 시뮬레이션 및 G코드 생성

❶ [작업]의 체크박스를 클릭하여 툴 패스를 활성화한다.

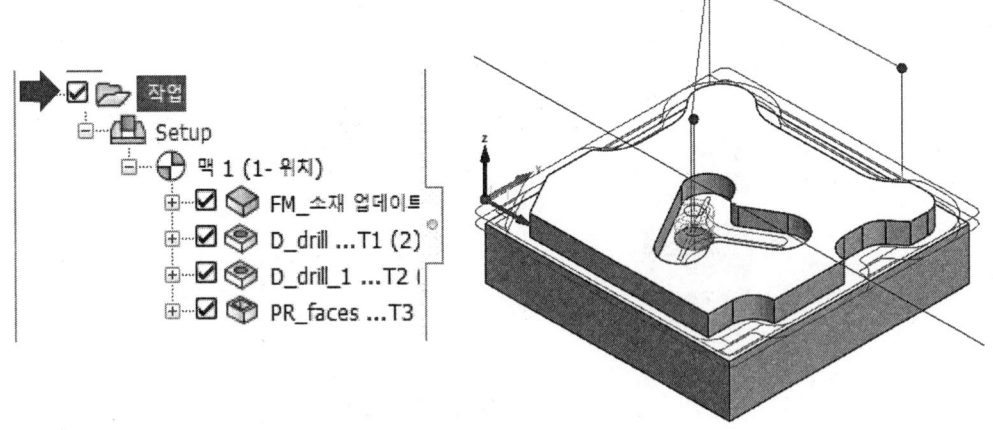

❷ [커맨드 매니저 → 시뮬레이션]을 클릭한다.

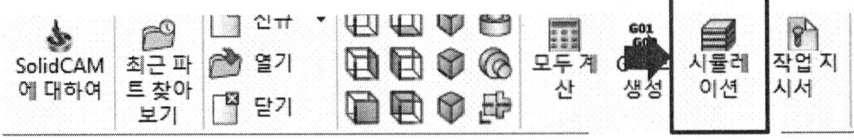

❸ 시뮬레이션 창에서 [SoildVerify]를 클릭하고, [재생]을 클릭해서 전체 시뮬레이션을 확인한다.

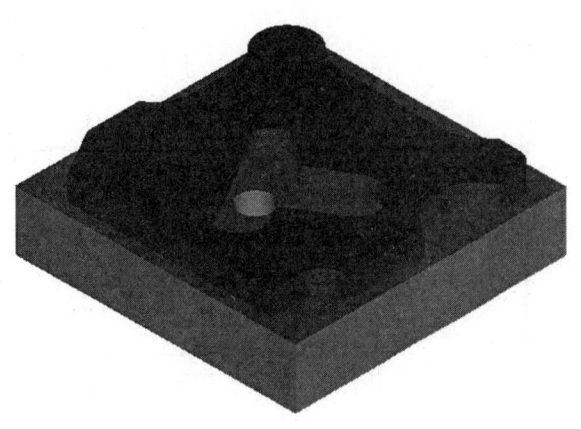

❹ [커맨드 매니저 → G코드 생성]을 클릭한다.

❺ G코드를 확인하고, [다른 이름으로 저장]을 선택하여 저장한다.

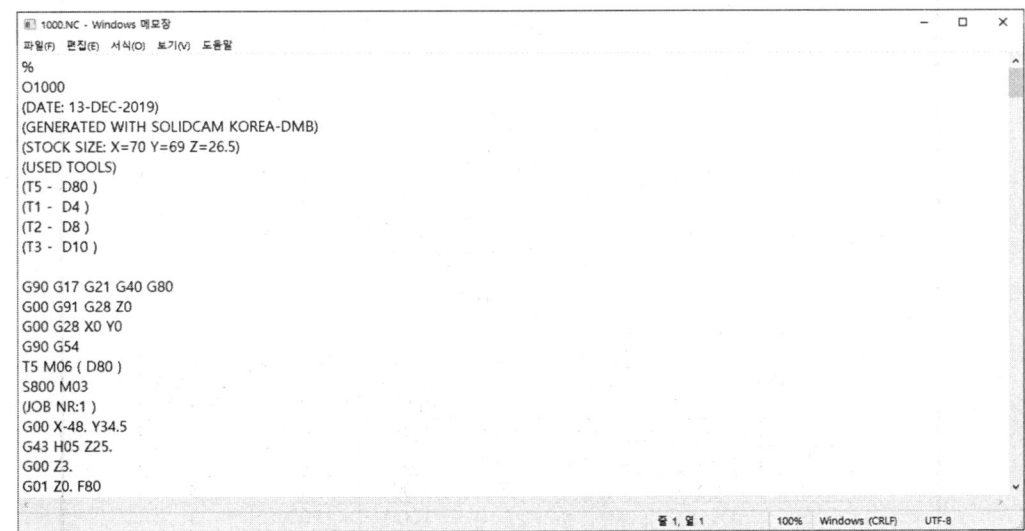

10 컴퓨터응용밀링기능사 따라 하기

1 도면

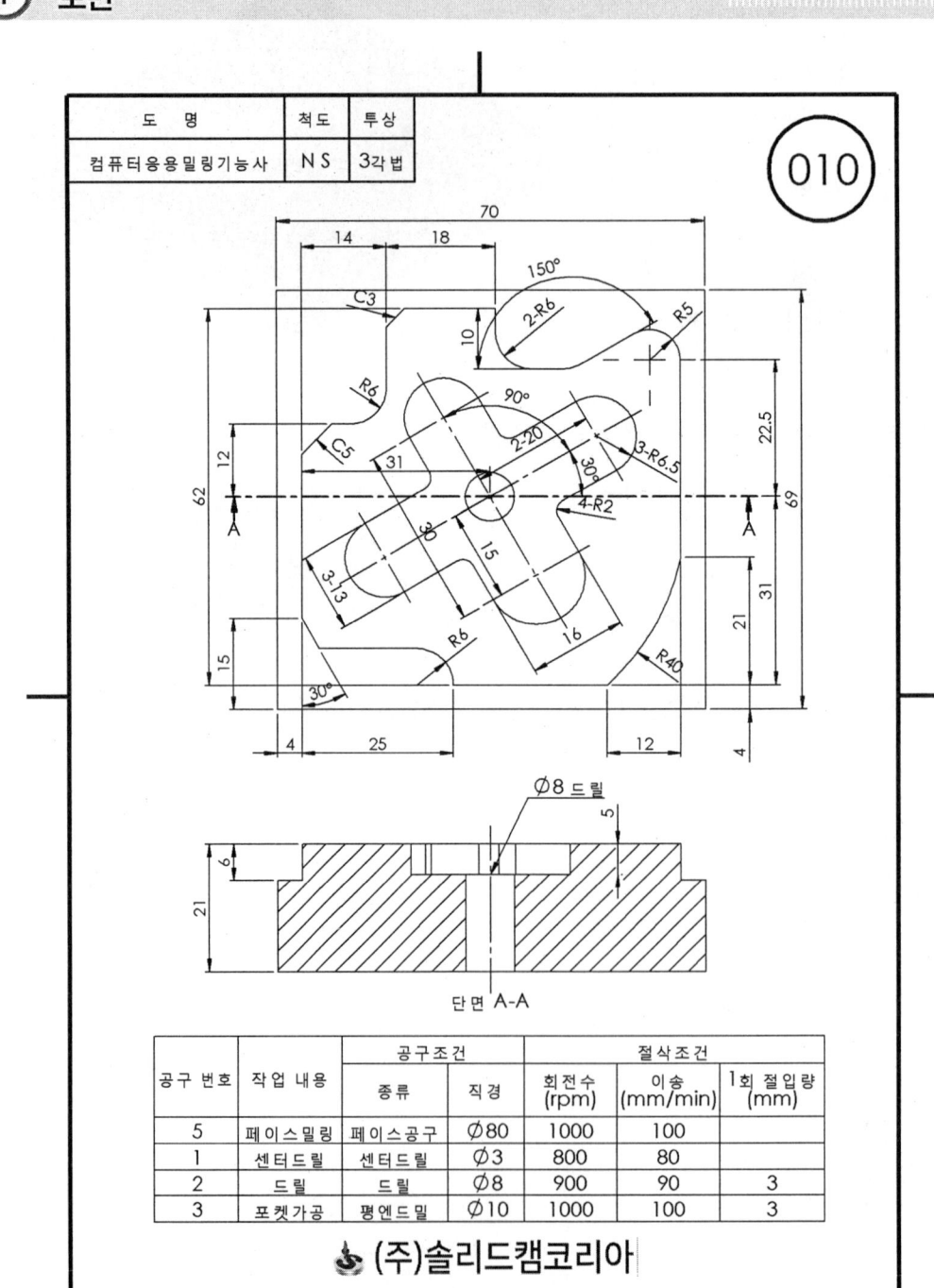

② CAM

(1) SolidCAM 원점, 소재 정의

❶ [주메뉴 바 → 열기]를 통해 파일을 불러온다.

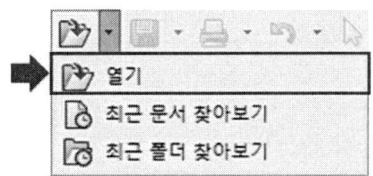

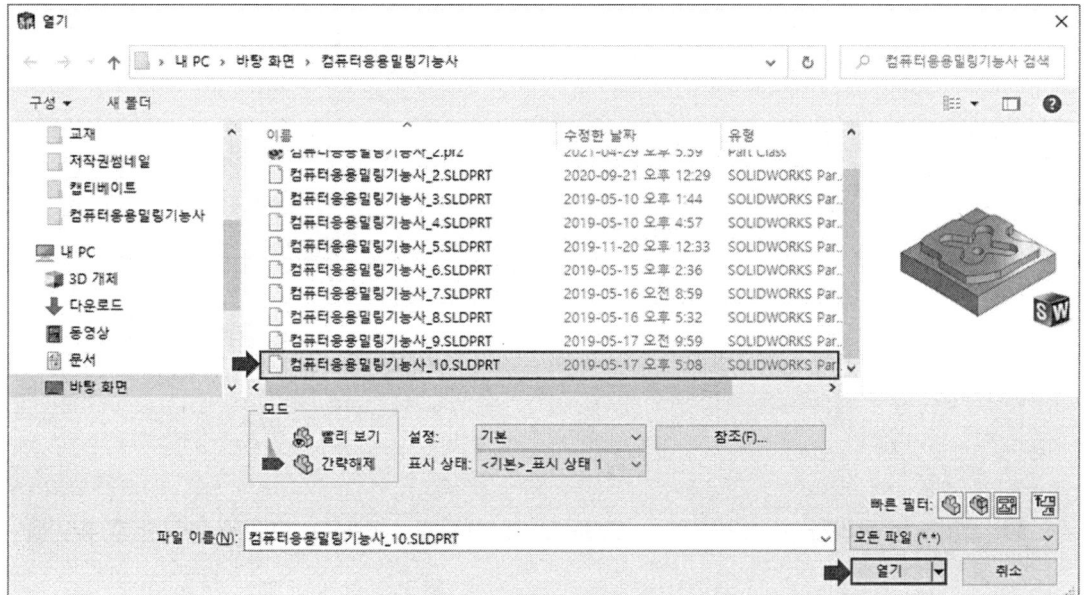

❷ [커맨드 매니저 → SolidCAM 파트 설정 탭 → 신규 → 밀링]을 클릭한다.

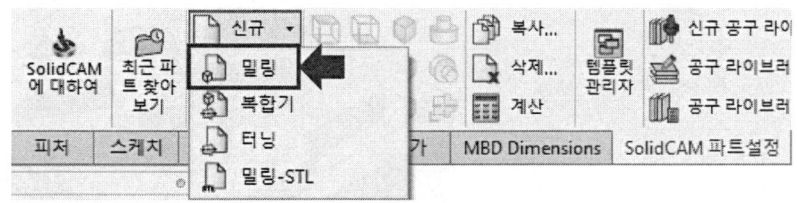

❸ [신규 밀링파트 → 캠-파트 생성방법 → 솔리드캠의 파일로 저장 → 단위 → 미터]를 클릭한 후 확인을 클릭한다.

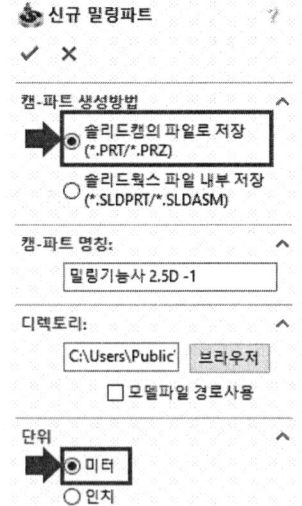

❹ [CNC → 컨트롤러 → gMilling_3x]를 설정한 후 [정의 → 원점]을 클릭한다.

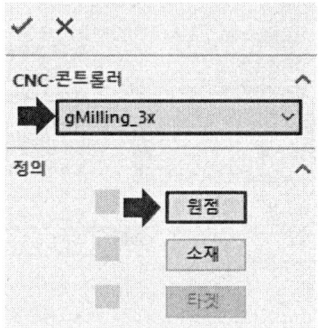

❺ [솔리드캠 관리자 → 평면원점 → 모델박스의 코너]를 설정하고, 모델을 클릭한 후 확인을 클릭한다.

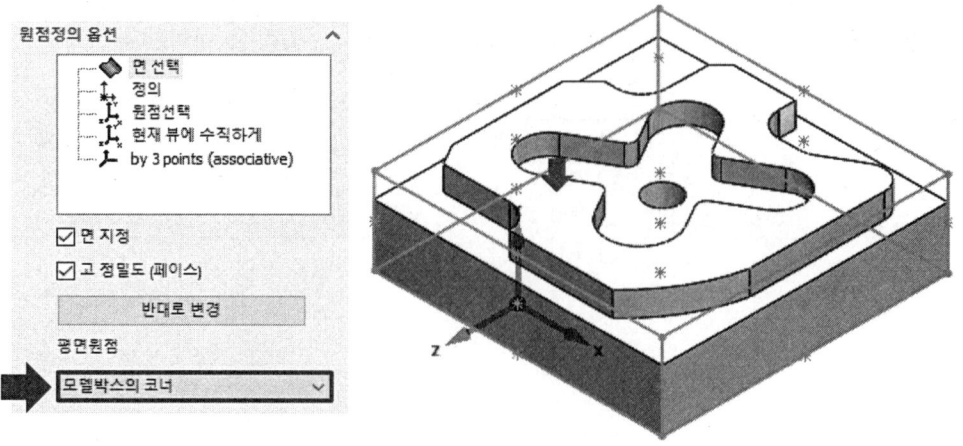

컴퓨터응용밀링기능사 실기

❻ [원점 데이터 → 확인 → 원점 관리자 → 확인]을 클릭한다.

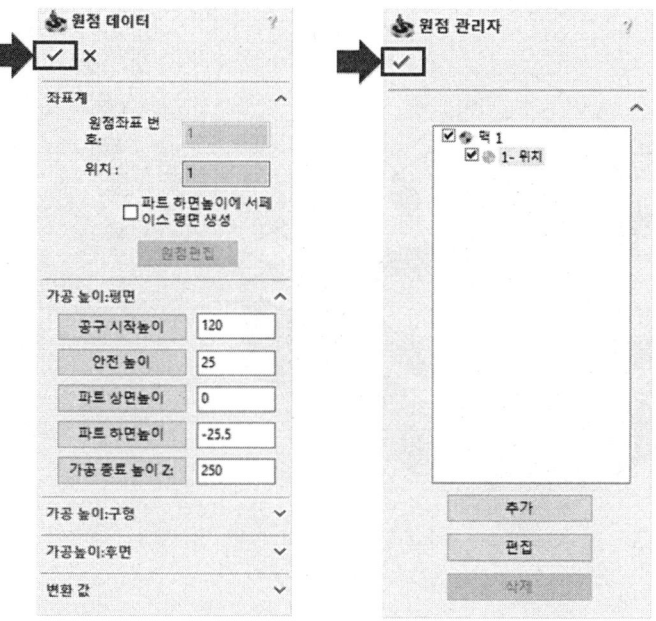

❼ [밀링파트 데이터 → 정의 → 소재]를 클릭한다.

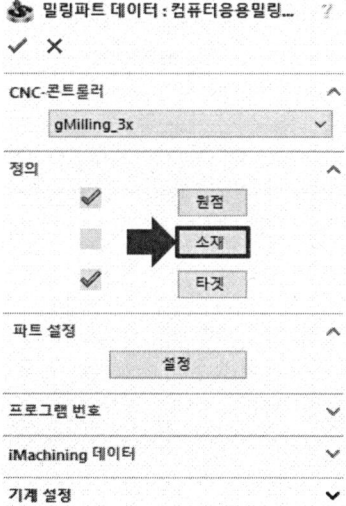

10. 컴퓨터응용밀링기능사 따라 하기

❽ 형상을 [클릭]하여 소재를 정의하고, [박스확장]에서 모든 확장을 0으로 하고 [Z+]만 1로 설정한 후 확인을 클릭한다.

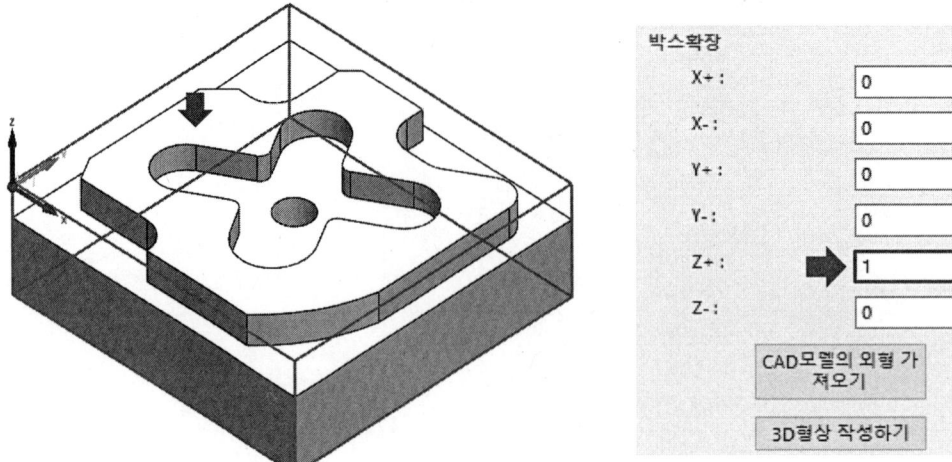

❾ 정의를 완료하고 [밀링파트 데이터]의 확인을 클릭한다.

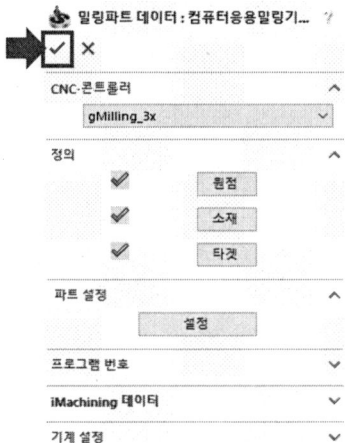

(2) 페이스 밀링 작업

❶ [커맨드 매니저 → 2.5D → 페이스]를 클릭한다.

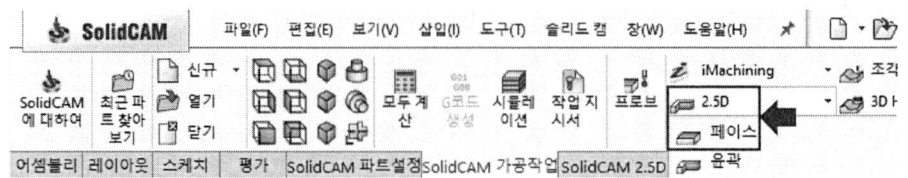

❷ 좌측의 메뉴에서 [공구 → 공구 선택]을 클릭한다.

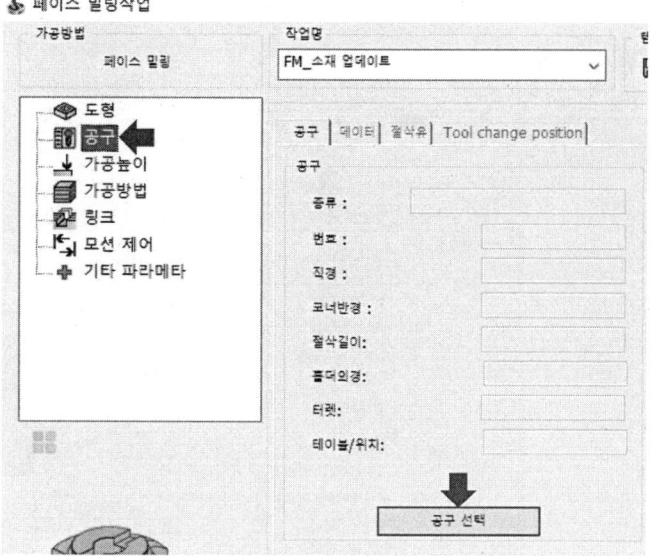

❸ [밀링 공구 추가 → 페이스 커터]를 클릭한다.

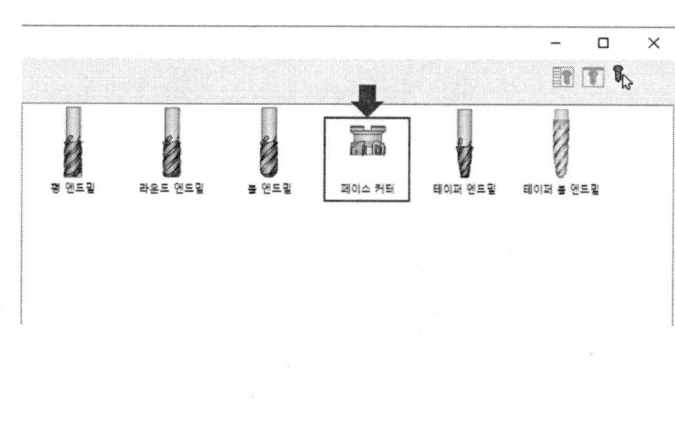

❹ [번호 : 5 → 직경(D) : 80]을 입력하고, [디폴트 공구 데이터]를 클릭한다.

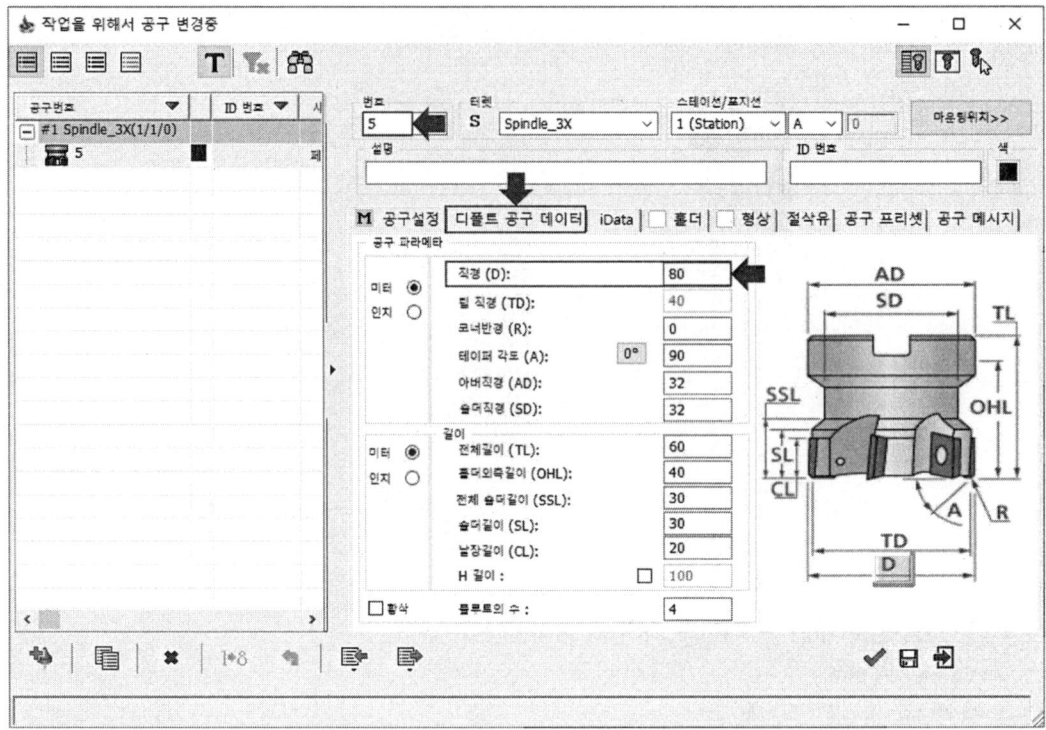

❺ [XY피드 : 100 → Z피드 : 100 → 회전율 : 1000]을 입력하고 확인을 클릭한다.

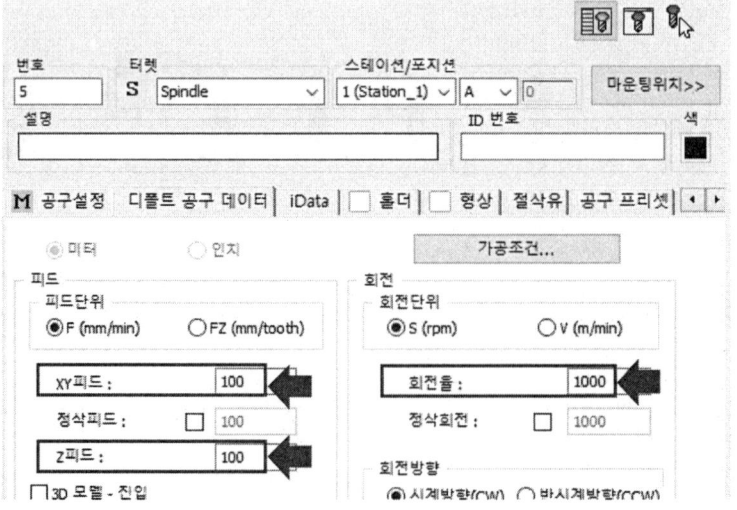

❻ [가공높이 → 상면높이]를 클릭한다.

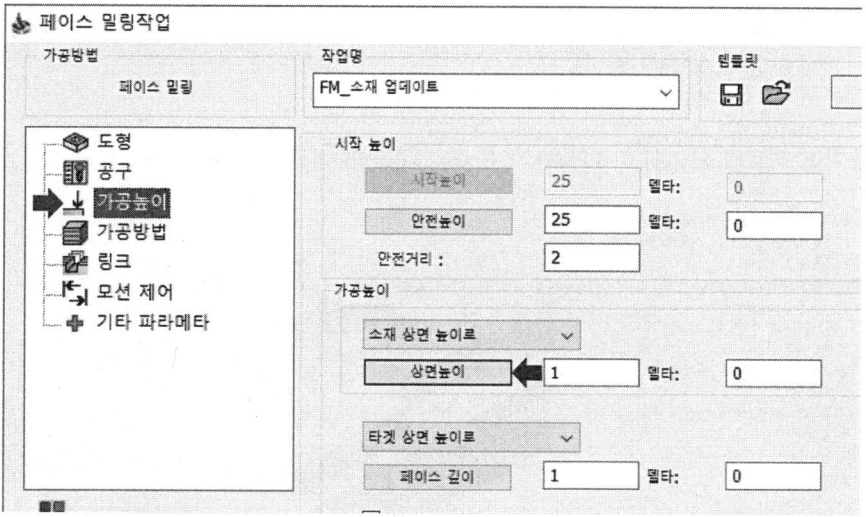

❼ 형상의 윗면을 클릭한 후 확인을 클릭한다.

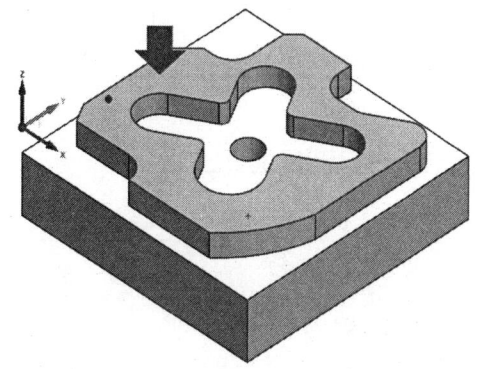

❽ [가공방법 → 한 경로]를 클릭한다.

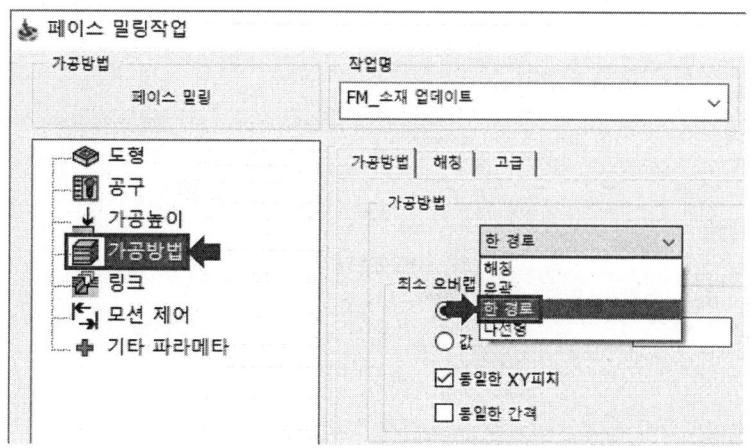

❾ [저장&계산 → 나가기]를 클릭한다.

❿ 가공 경로를 확인하고, 화살표가 표시된 체크박스를 클릭한다.

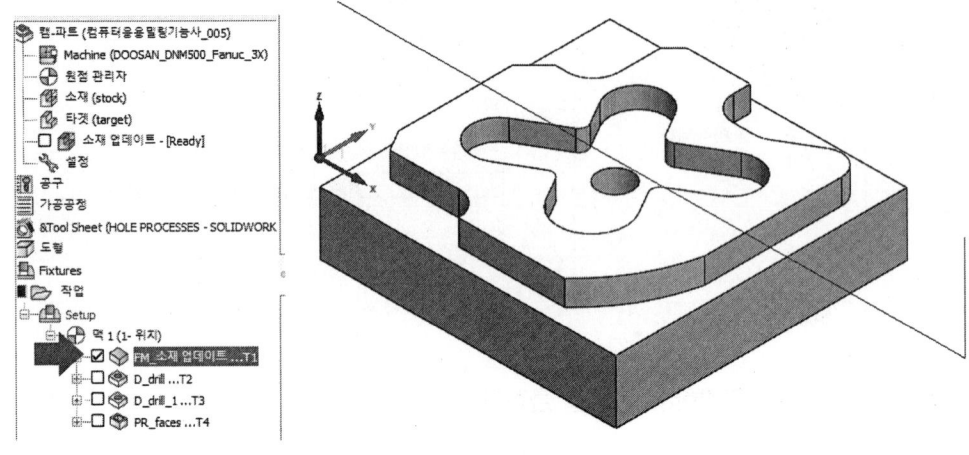

(3) 드릴 작업

❶ [커맨드 매니저 → 2.5D → 드릴]을 클릭한다.

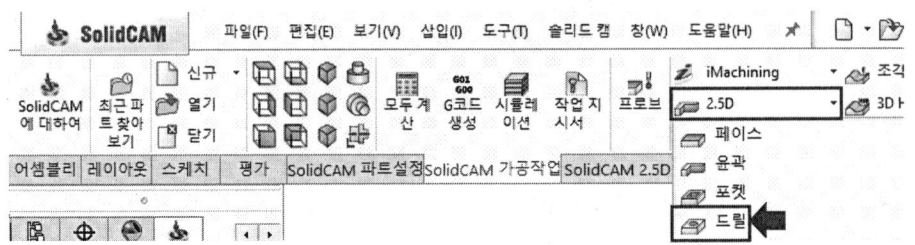

❷ [도형 → 신규]를 클릭한다.

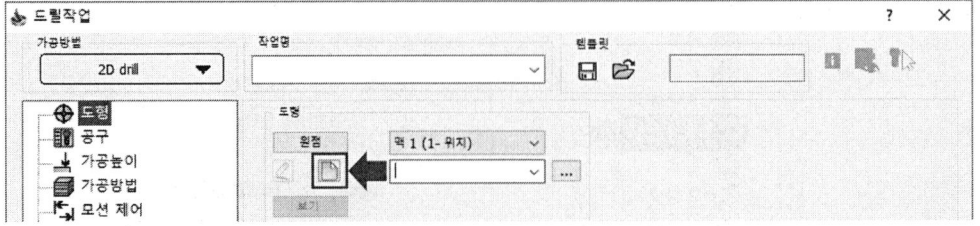

❸ 형상에서 드릴 가공할 위치인 화살표가 표시된 곳을 클릭한 후 확인을 클릭한다.

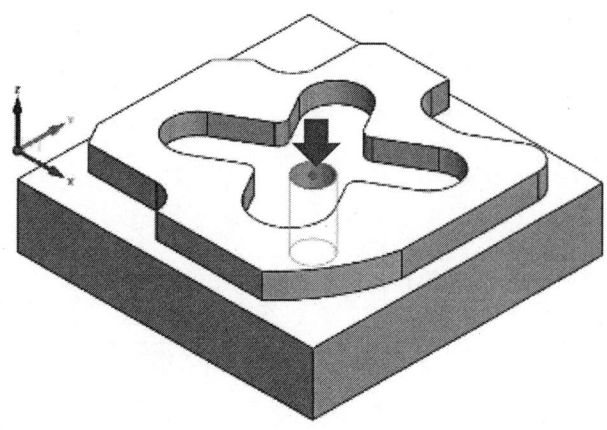

❹ 좌측의 메뉴에서 [공구 → 공구 선택]을 클릭한다.

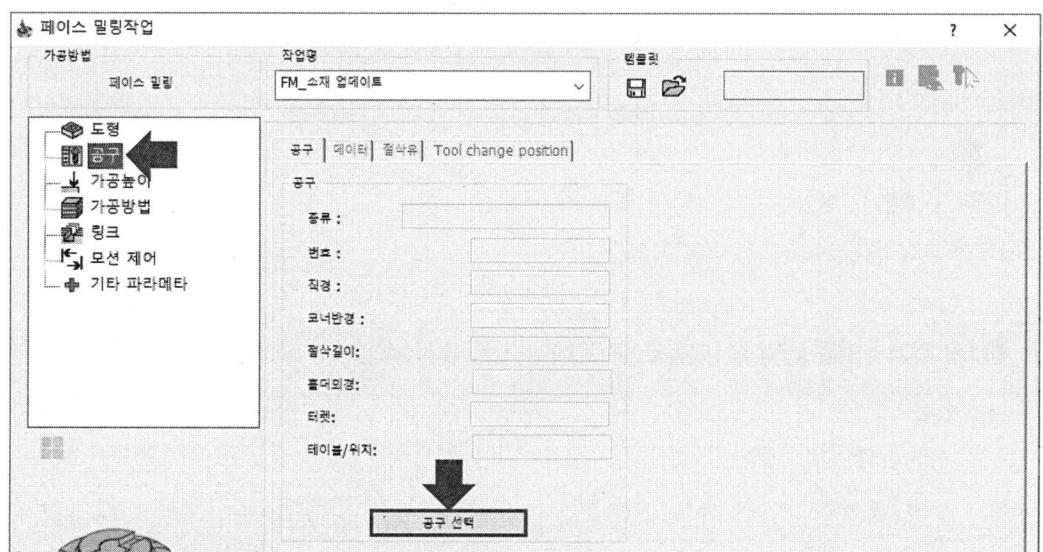

❺ [밀링 공구 추가 → 센터드릴]을 클릭한다.

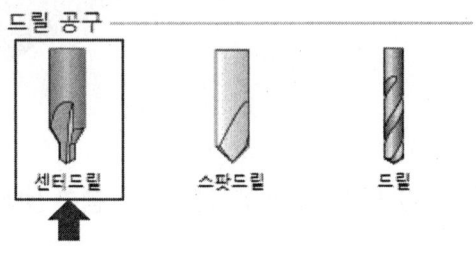

❻ [팁 직경 : 3]을 입력 후 [디폴트 공구 데이터]를 클릭한다.

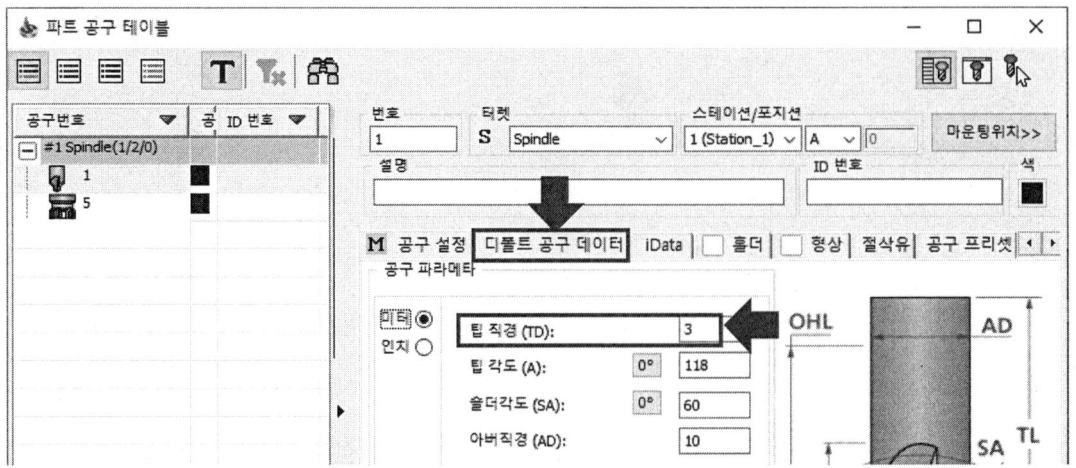

❼ [XY피드 : 80 → Z피드 : 80 → 회전율 : 800]을 입력하고 확인을 클릭한다.

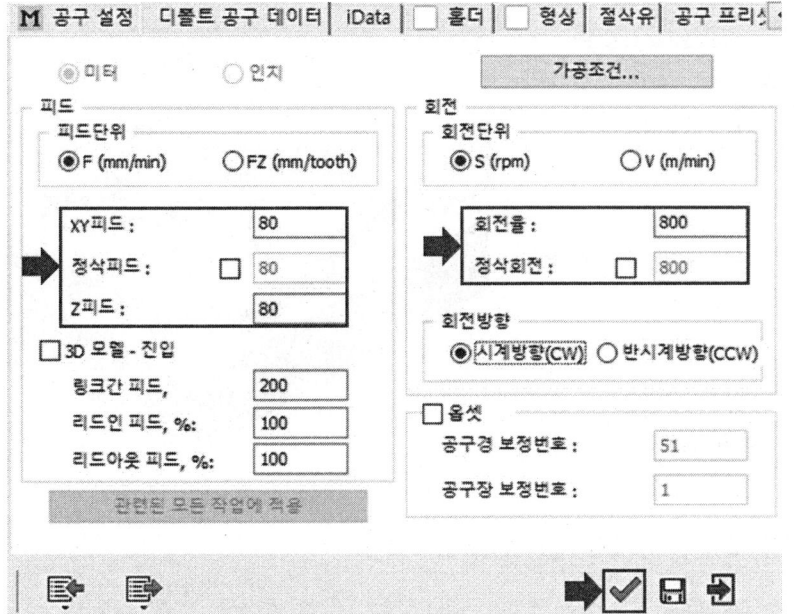

❽ [가공높이]를 클릭하고, [드릴깊이 : 3]을 입력한다.

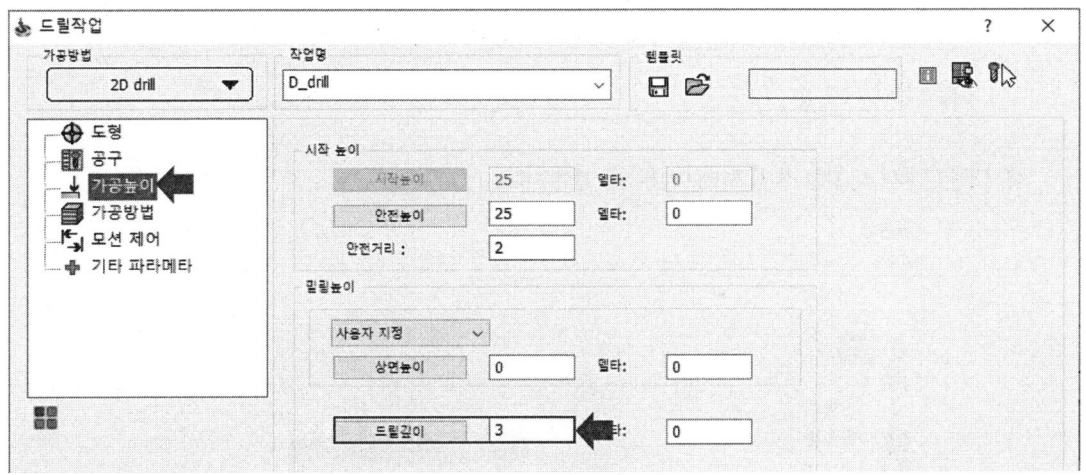

❾ [저장&계산 → 나가기]를 클릭한다.

❿ 가공 경로를 확인하고, 화살표가 표시된 체크박스를 클릭한다.

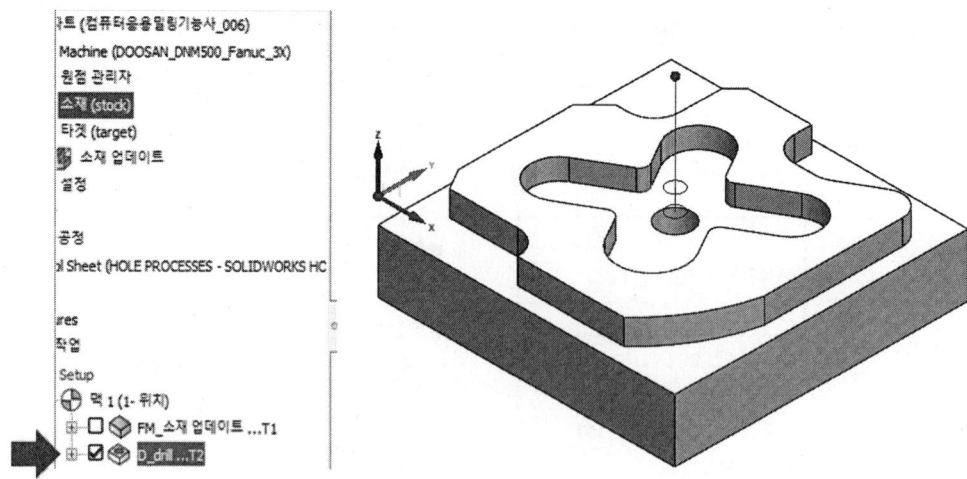

⓫ [커맨드 매니저 → 2.5D → 드릴]을 클릭한다.

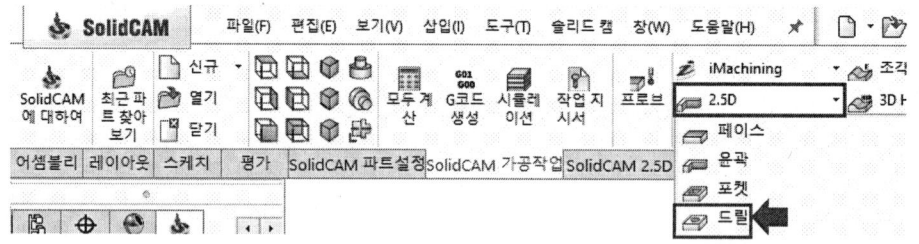

⓬ [도형]에서 화살표가 표시된 [drill]을 설정한다.

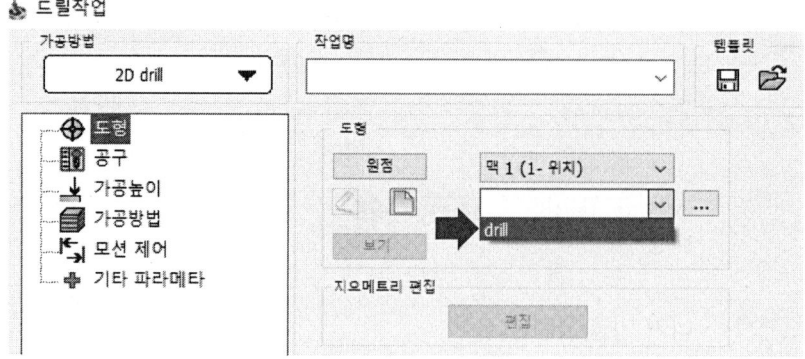

⓭ 좌측의 메뉴에서 [공구 → 공구 선택]을 클릭한다.

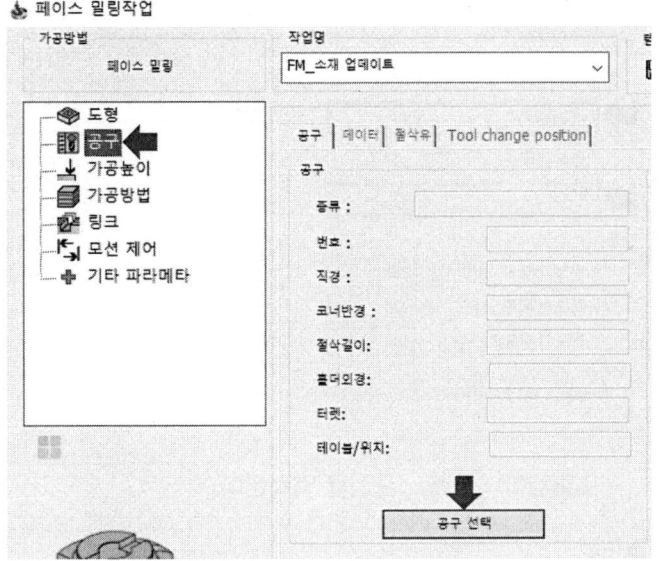

⓮ [밀링 공구 추가 → 드릴]을 클릭한다.

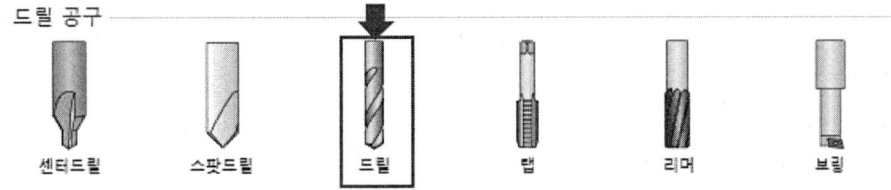

⓯ [직경 : 8 → 숄더 및 아버직경 : 8]을 입력하고, [디폴트 공구 데이터]를 클릭한다.

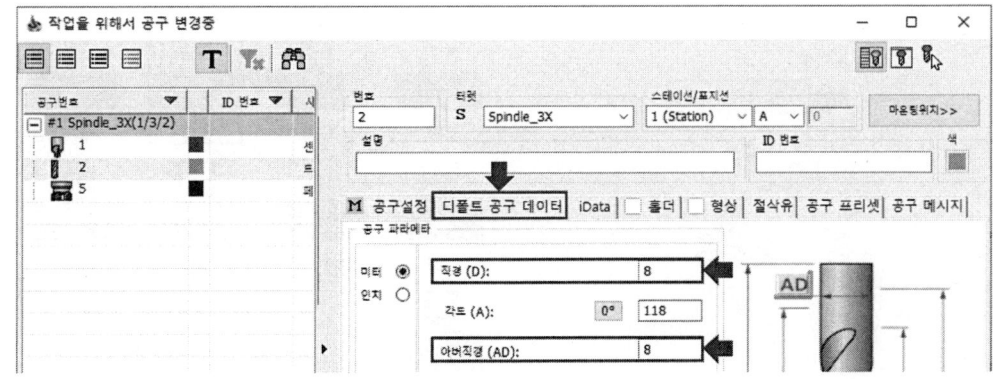

10. 컴퓨터응용밀링기능사 따라 하기

⓰ [XY피드 : 90 → Z피드 : 90 → 회전율 : 900]을 입력하고 확인을 클릭한다.

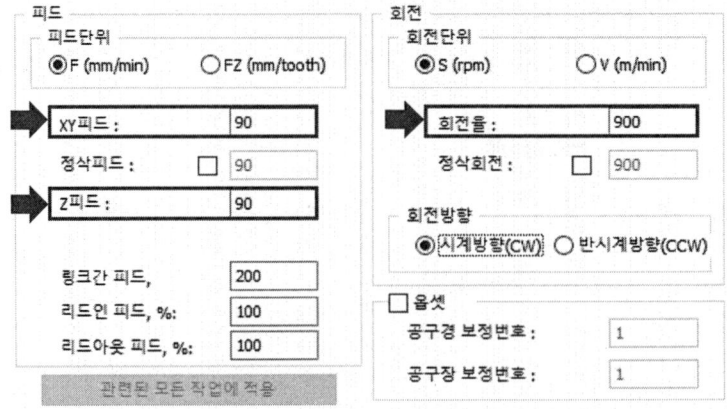

⓱ [가공높이 → 드릴깊이 → 델타 : –2]를 입력한다.

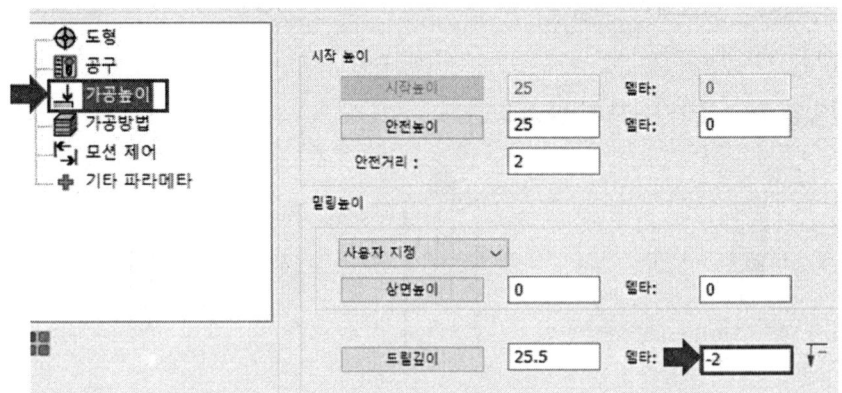

⓲ [가공방법 → 드릴 사이클 종류]를 클릭하고, [G83]을 클릭한다.

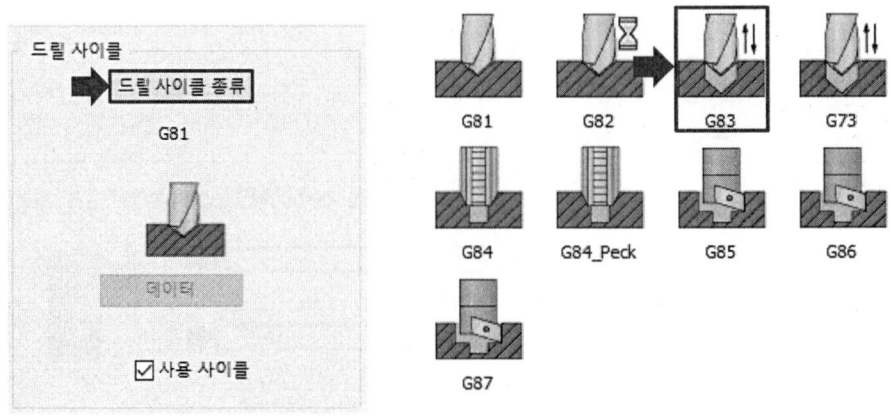

⑲ [데이터]를 클릭하고, [절입량 : 3 → Full retract : 아니오]를 설정한 후 [확인]을 클릭한다.

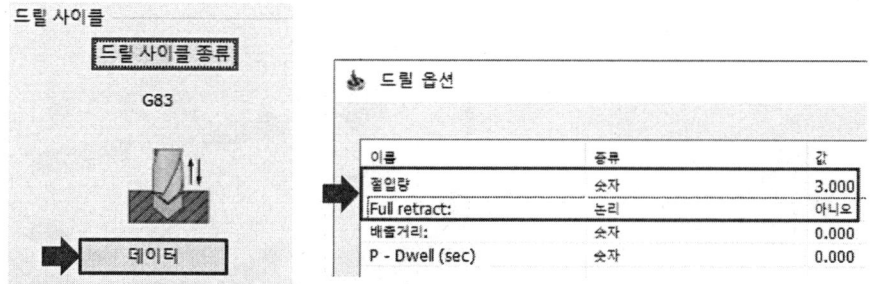

⑳ [저장&계산 → 나가기]를 클릭한다.

(4) 포켓자동인식 가공

❶ [커맨드 매니저 → 자동인식 가공 하위 항목 → 포켓자동인식]을 클릭한다.

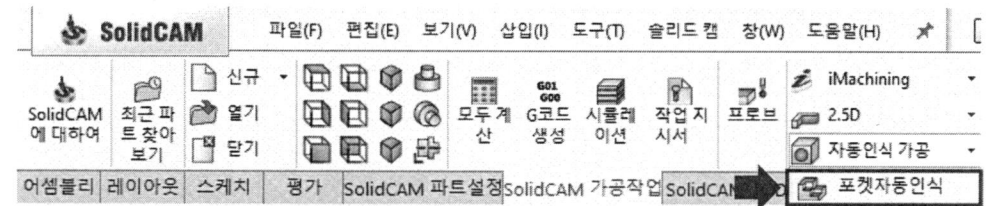

❷ [포켓자동인식 → 도형 → 신규]를 클릭한다.

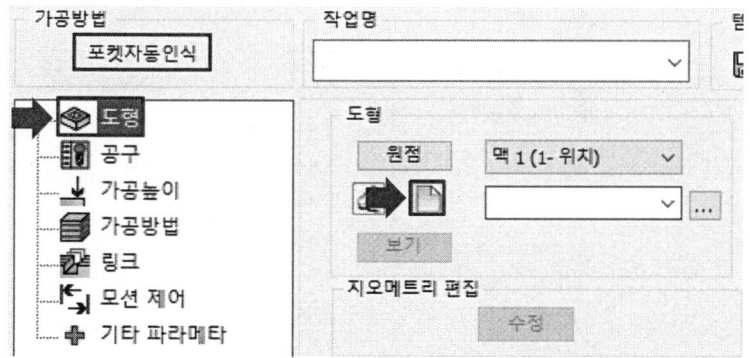

❸ 도형의 상단을 클릭하여 솔리드캠 관리자 선택 리스트에 3개의 면이 들어갔는지 확인한다.

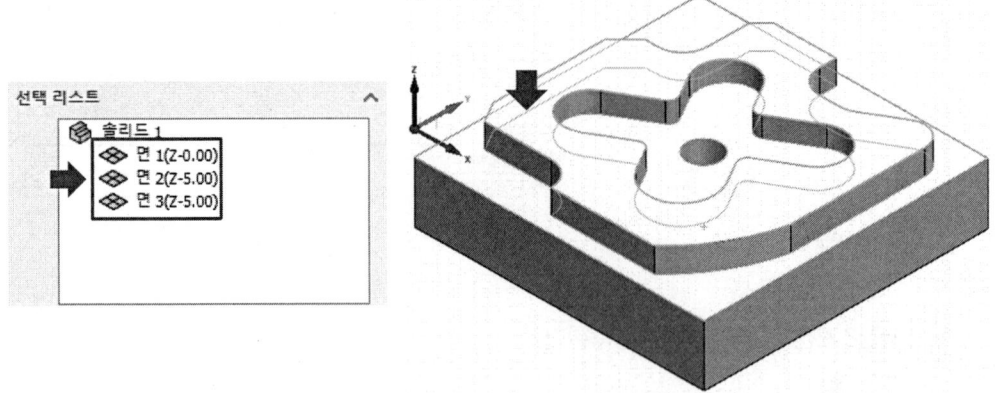

❹ 선택 리스트에서 상단 면을 찾아 마우스 오른쪽 클릭하고, [선택해제]를 클릭한다.

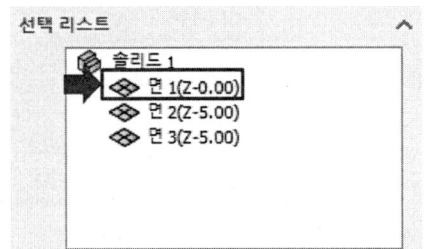
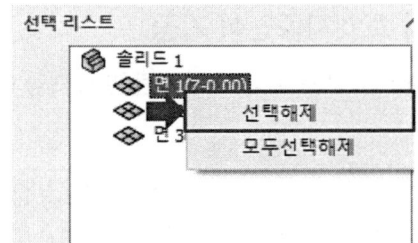

❺ [공구 → 선택 → 밀링 공구 추가 → 밀링 공구 → 평 엔드밀]을 클릭한다.

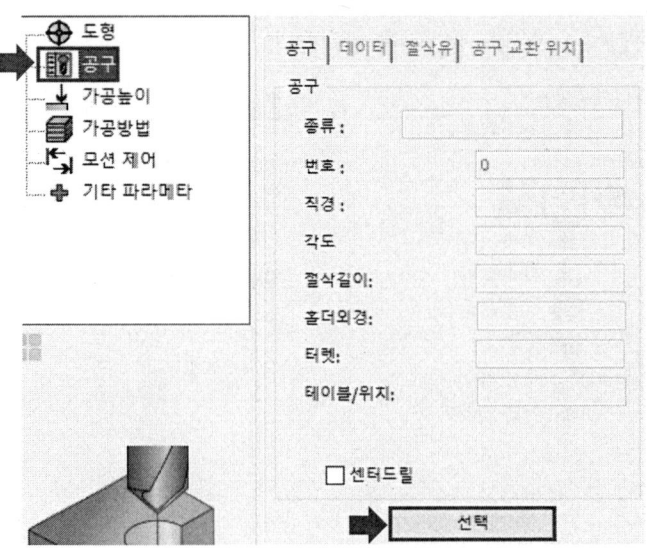

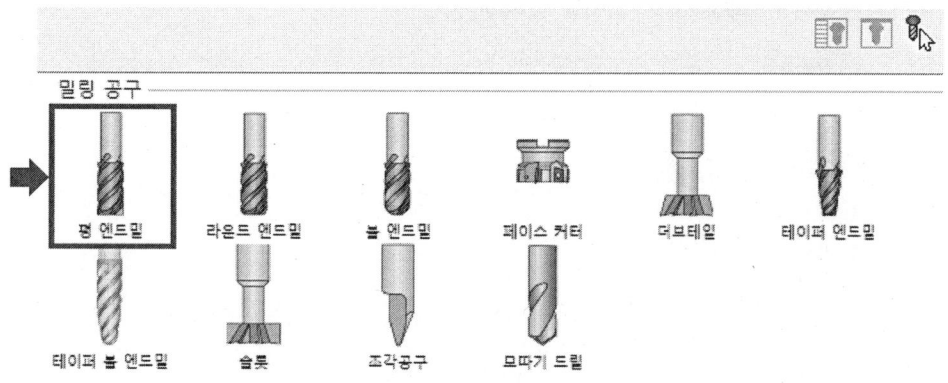

❻ [직경 : 10 → 숄더 및 아버직경 : 10]을 입력하고, [디폴트 공구 데이터]를 클릭한다.

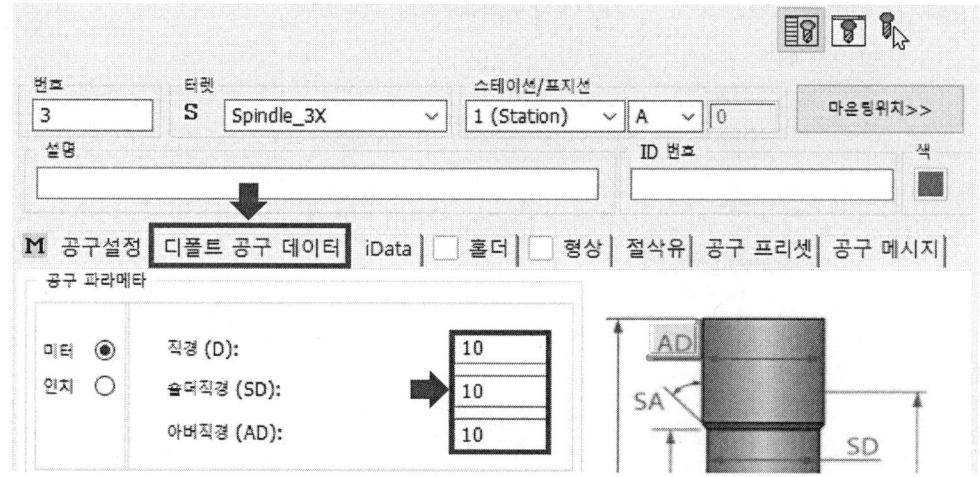

❼ [XY피드 : 100 → Z피드 : 100 → 회전율 : 1000]을 입력하고 확인을 클릭한다.

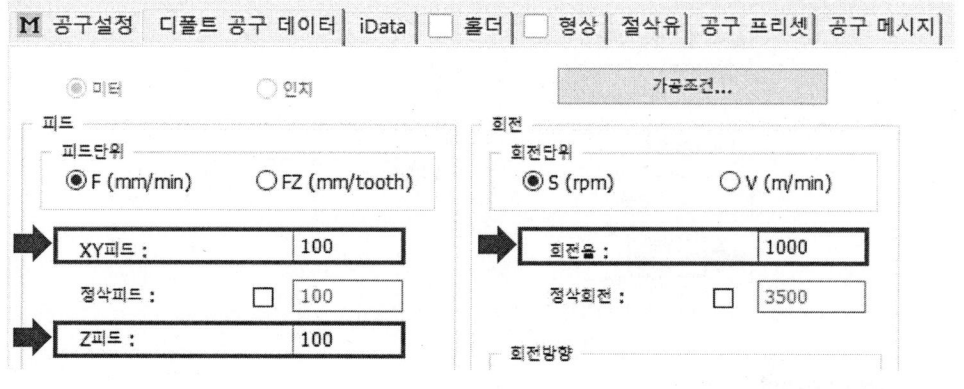

❽ [가공높이 → 최대 Z피치 : 3]을 입력해준다.

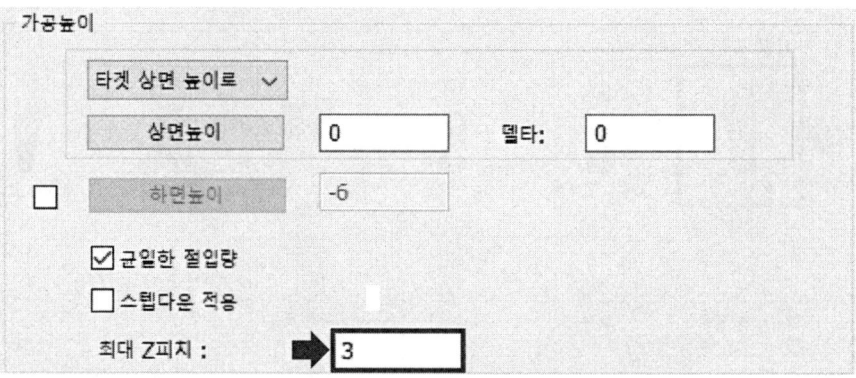

❾ [가공방법 → 열린 포켓 → 외부에서 어프로치]를 체크한다.

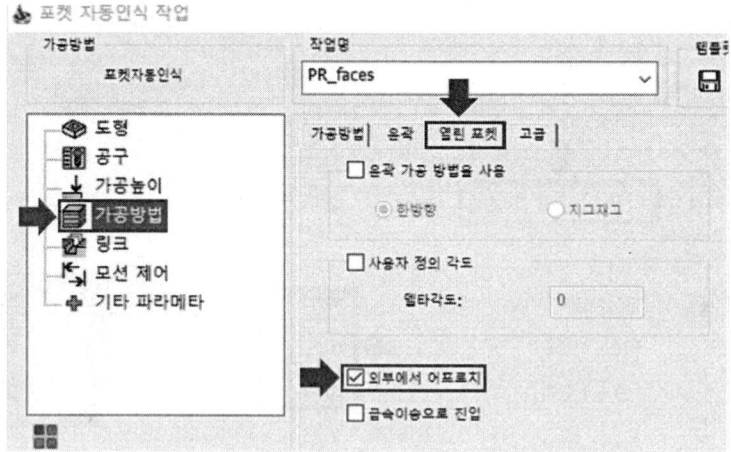

❿ [링크 → 램핑 → 수직]으로 변경한다.

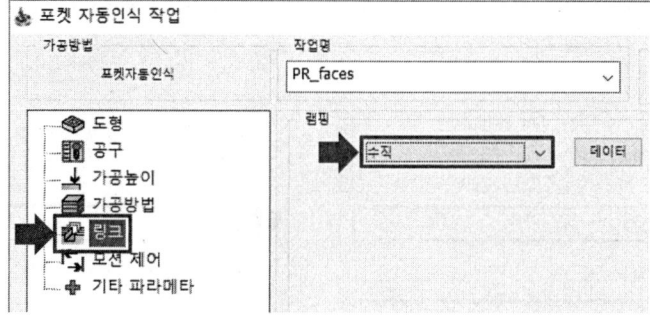

⓫ [데이터]를 클릭하고, 하단의 드릴 위치에서 [모두적용]을 클릭한다.

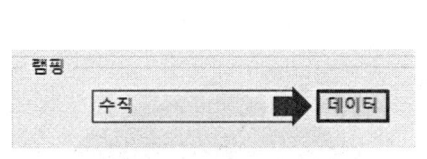
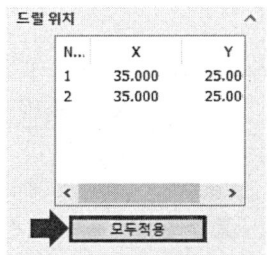

(5) 시뮬레이션 및 G코드 생성

❶ [작업]의 체크박스를 클릭하여 툴 패스를 활성화한다.

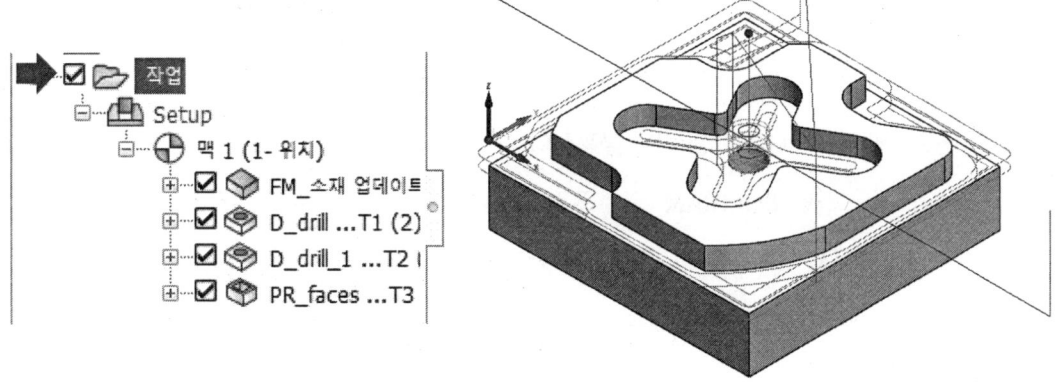

❷ [커맨드 매니저 → 시뮬레이션]을 클릭한다.

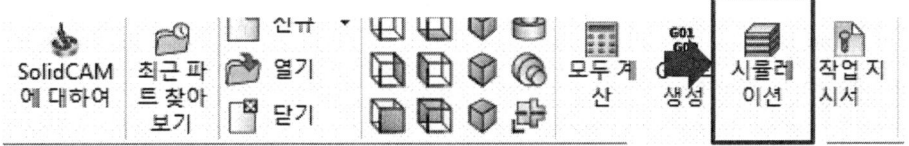

❸ 시뮬레이션 창에서 [SoildVerify]를 클릭하고, [재생]을 클릭해서 전체 시뮬레이션을 확인한다.

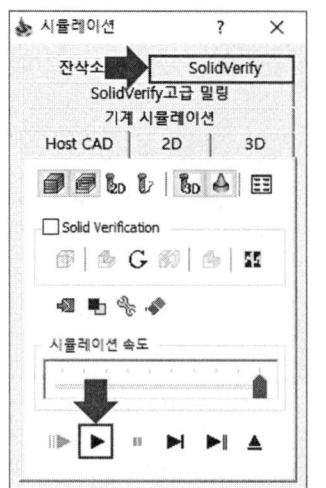

❹ [커맨드 매니저 → G코드 생성]을 클릭한다.

❺ G코드를 확인하고, [다른 이름으로 저장]을 선택하여 저장한다.

```
%
O1000
(DATE: 13-DEC-2019)
(GENERATED WITH SOLIDCAM KOREA-DMB)
(STOCK SIZE: X=70 Y=69 Z=26.5)
(USED TOOLS)
(T5 -  D80 )
(T1 -  D4 )
(T2 -  D8 )
(T3 -  D10 )

G90 G17 G21 G40 G80
G00 G91 G28 Z0
G00 G28 X0 Y0
G90 G54
T5 M06 ( D80 )
S800 M03
(JOB NR:1 )
G00 X-48. Y34.5
G43 H05 Z25.
G00 Z3.
G01 Z0. F80
```

컴퓨터응용밀링기능사 예제 도면

1 컴퓨터응용밀링기능사 예제 도면

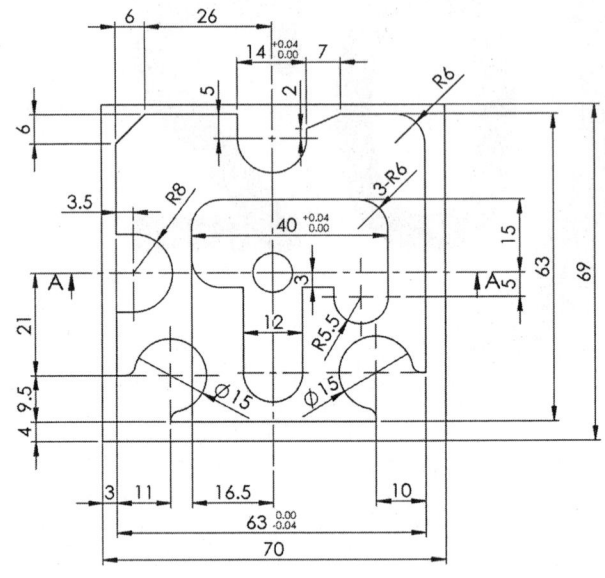

도 명	척도	투상
컴퓨터응용밀링기능사	N S	3각법

001

단면 A-A

도시되고 지시 없는 R은 R2

공구 번호	작업 내용	공구조건		절삭조건		1회 절입량 (mm)
		종류	직경	회전수 (rpm)	이송 (mm/min)	
5	페이스밀링	페이스공구	Ø80	1000	100	
1	센터드릴	센터드릴	Ø3	800	80	
2	드릴	드릴	Ø8	900	90	3
3	포켓가공	평엔드밀	Ø10	1000	100	3

(주)솔리드캠코리아

2 컴퓨터응용밀링기능사 예제 도면

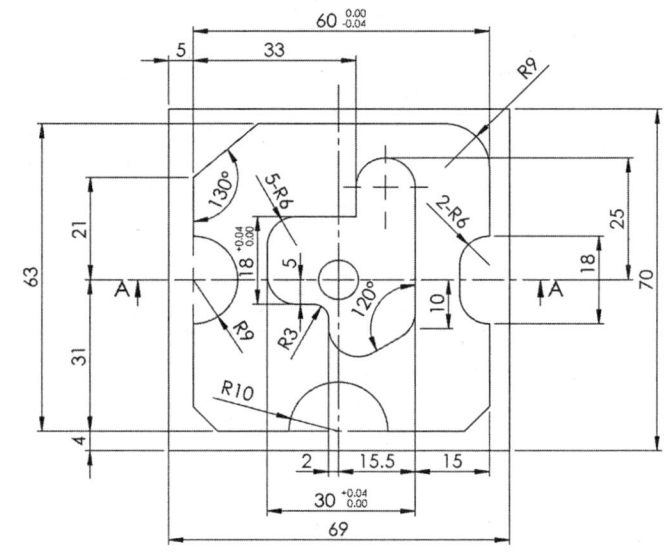

도 명	척도	투상
컴퓨터응용밀링기능사	N S	3각법

(002)

단면 A-A

도시되고 지시 없는 모따기 C6

공구 번호	작업 내용	공구조건		절삭조건		
		종류	직경	회전수 (rpm)	이송 (mm/min)	1회 절입량 (mm)
5	페이스밀링	페이스공구	⌀80	1000	100	
1	센터드릴	센터드릴	⌀3	900	90	
2	드릴	드릴	⌀8	900	90	3
3	포켓가공	평엔드밀	⌀10	1000	100	3

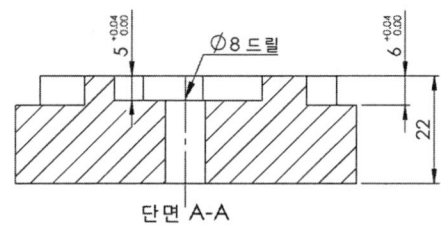
(주)솔리드캠코리아

③ 컴퓨터응용밀링기능사 예제 도면

도 명	척도	투상
컴퓨터응용밀링기능사	N S	3각법

(003)

단면 A-A

도시되고 지시 없는 R은 R3

공구 번호	작업 내용	공구조건		절삭조건		
		종류	직경	회전수 (rpm)	이송 (mm/min)	1회 절입량 (mm)
5	페이스밀링	페이스공구	⌀80	1000	100	
1	센터드릴	센터드릴	⌀3	800	80	
2	드릴	드릴	⌀8	800	80	3
3	포켓가공	평엔드밀	⌀10	1000	100	3

(주)솔리드캠코리아

4 컴퓨터응용밀링기능사 예제 도면

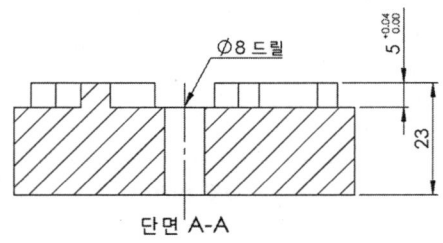

공구 번호	작업 내용	공구조건		절삭조건		
		종류	직경	회전수 (rpm)	이송 (mm/min)	1회 절입량 (mm)
5	페이스밀링	페이스공구	⌀80	1000	100	
1	센터드릴	센터드릴	⌀3	900	90	
2	드릴	드릴	⌀8	800	80	3
3	포켓가공	평엔드밀	⌀10	1000	100	3

(주)솔리드캠코리아

5 컴퓨터응용밀링기능사 예제 도면

도 명	척도	투상
컴퓨터응용밀링기능사	N S	3각법

(005)

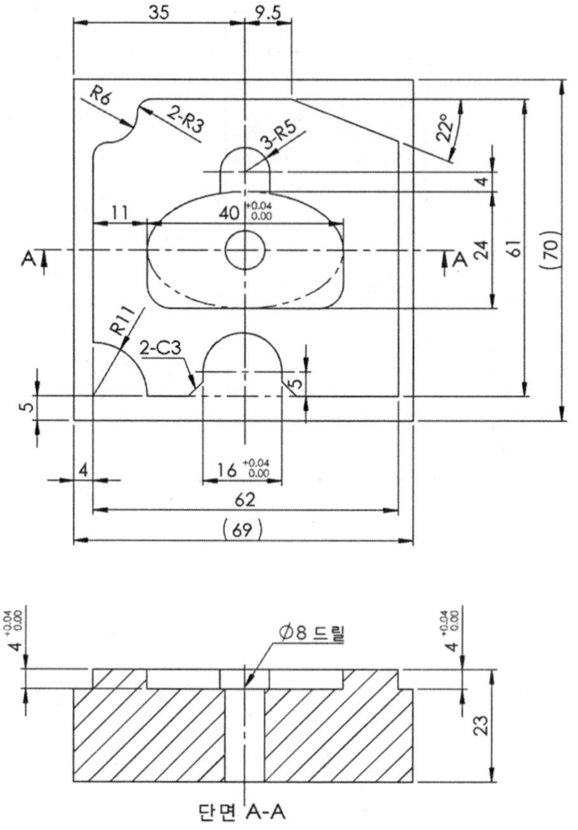

단면 A-A

공구 번호	작업 내용	공구조건		절삭조건		
		종류	직경	회전수 (rpm)	이송 (mm/min)	1회 절입량 (mm)
5	페이스밀링	페이스공구	⌀80	1100	110	
1	센터드릴	센터드릴	⌀3	800	80	
2	드릴	드릴	⌀8	900	90	3
3	포켓가공	평엔드밀	⌀10	1000	100	3

(주)솔리드캠코리아

6 컴퓨터응용밀링기능사 예제 도면

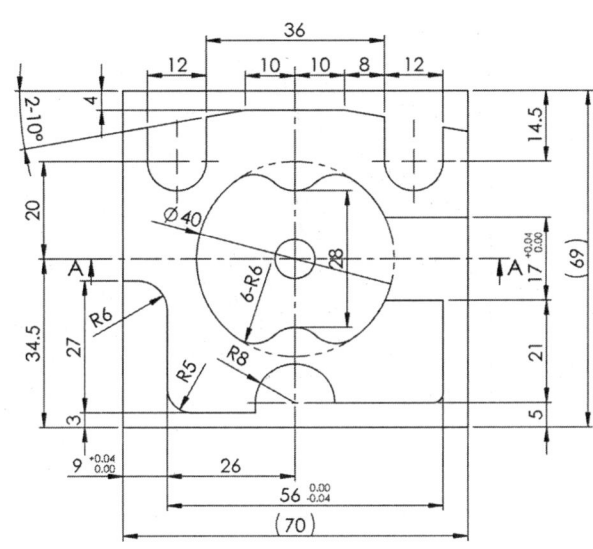

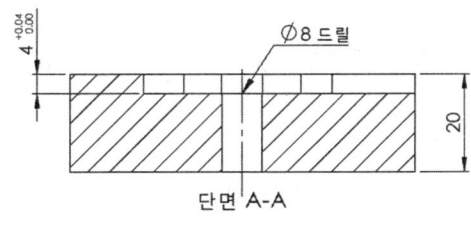

공구 번호	작업 내용	공구조건		절삭조건		
		종류	직경	회전수 (rpm)	이송 (mm/min)	1회 절입량 (mm)
5	페이스밀링	페이스공구	⌀80	1000	100	
1	센터드릴	센터드릴	⌀3	800	80	
2	드릴	드릴	⌀8	900	90	3
3	포켓가공	평엔드밀	⌀10	900	90	3

(주)솔리드캠코리아

7. 컴퓨터응용밀링기능사 예제 도면

도 명	척도	투상
컴퓨터응용밀링기능사	N S	3각법

(007)

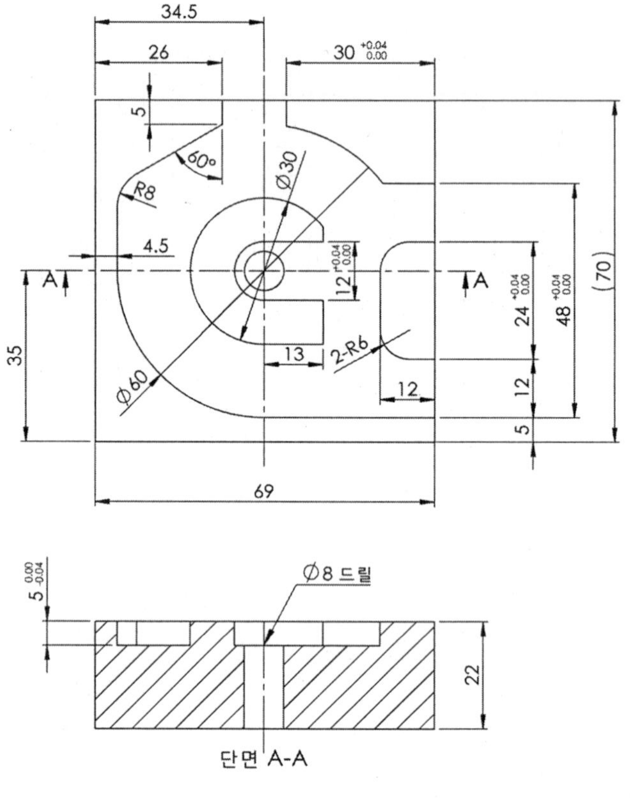

단면 A-A

공구 번호	작업 내용	공구조건		절삭조건		
		종류	직경	회전수 (rpm)	이송 (mm/min)	1회 절입량 (mm)
5	페이스밀링	페이스공구	∅80	1000	100	
1	센터드릴	센터드릴	∅3	800	80	
2	드릴	드릴	∅8	900	90	3
3	포켓가공	평엔드밀	∅10	1000	100	3

(주)솔리드캠코리아

8 컴퓨터응용밀링기능사 예제 도면

도 명	척도	투상
컴퓨터응용밀링기능사	N S	3각법

008

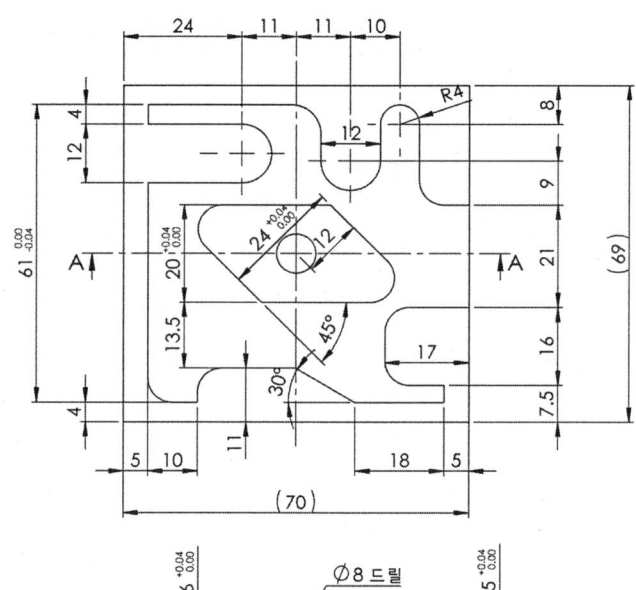

단면 A-A

도시되고 지시없는 R은 R5

공구 번호	작업 내용	공구조건		절삭조건		
		종류	직경	회전수 (rpm)	이송 (mm/min)	1회 절입량 (mm)
5	페이스밀링	페이스공구	⌀80	1200	120	
1	센터드릴	센터드릴	⌀3	800	80	
2	드릴	드릴	⌀8	900	90	3
3	포켓가공	평엔드밀	⌀10	1000	100	3

(주)솔리드캠코리아

9 컴퓨터응용밀링기능사 예제 도면

도 명	척도	투상
컴퓨터응용밀링기능사	NS	3각법

(009)

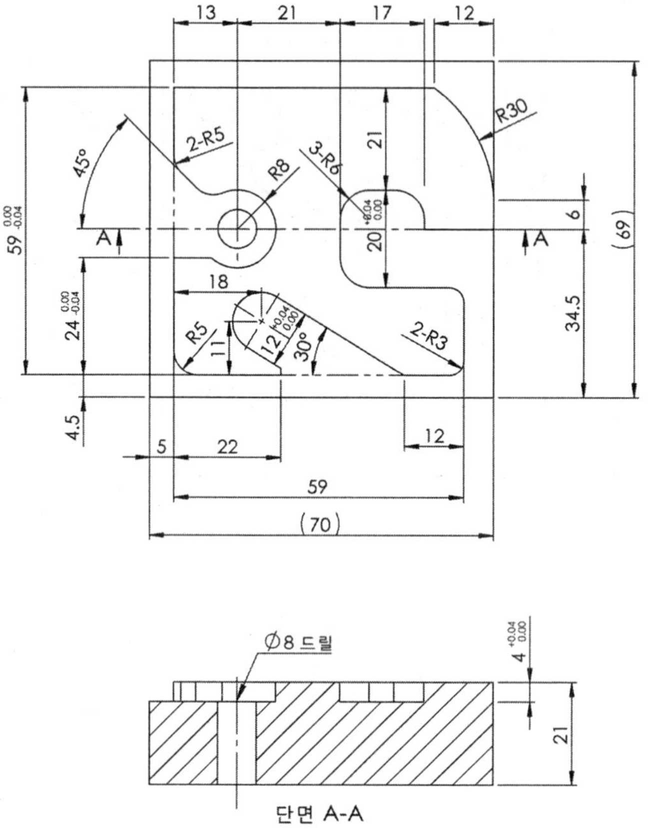

공구 번호	작업 내용	공구조건		절삭조건		
		종류	직경	회전수 (rpm)	이송 (mm/min)	1회 절입량 (mm)
5	페이스밀링	페이스공구	⌀80	1000	100	
1	센터드릴	센터드릴	⌀3	700	70	
2	드릴	드릴	⌀8	900	90	3
3	포켓가공	평엔드밀	⌀10	1000	100	3

(주)솔리드캠코리아

⑩ 컴퓨터응용밀링기능사 예제 도면

도 명	척도	투상
컴퓨터응용밀링기능사	N S	3각법

(010)

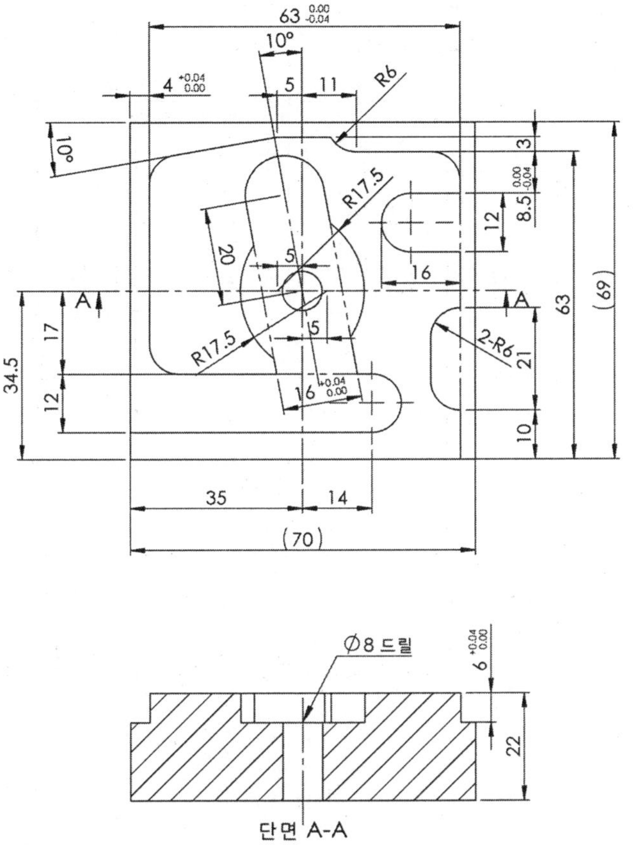

단면 A-A

공구 번호	작업 내용	공구조건		절삭조건		
		종류	직경	회전수 (rpm)	이송 (mm/min)	1회 절입량 (mm)
5	페이스밀링	페이스공구	Ø80	1000	100	
1	센터드릴	센터드릴	Ø3	800	80	
2	드릴	드릴	Ø8	700	70	3
3	포켓가공	평엔드밀	Ø10	1000	100	3

(주)솔리드캠코리아

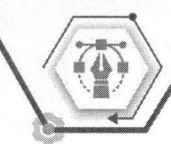

11 컴퓨터응용밀링기능사 예제 도면

도 명	척도	투상
컴퓨터응용밀링기능사	NS	3각법

011

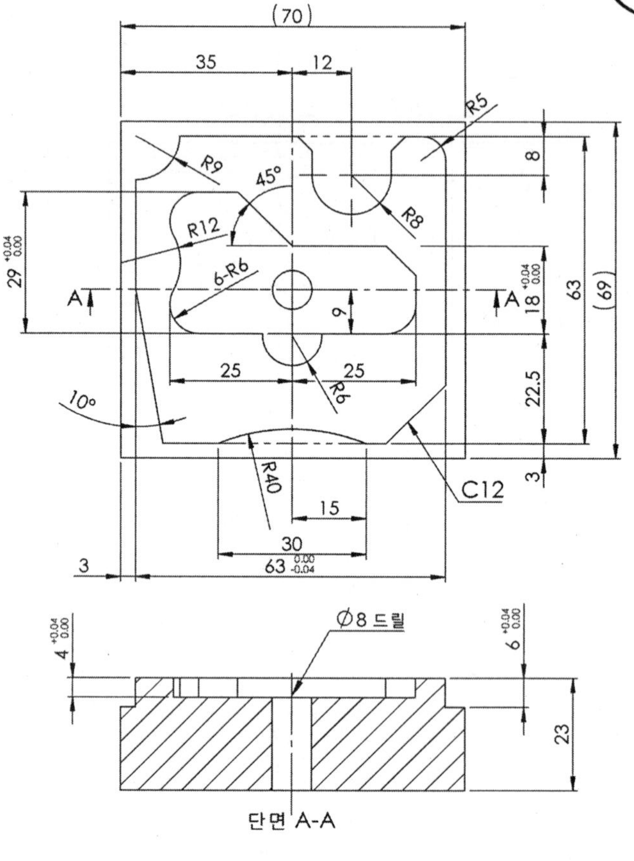

도시되고 지시 없는 모따기 C5

공구 번호	작업 내용	공구조건		절삭조건		
		종류	직경	회전수 (rpm)	이송 (mm/min)	1회 절입량 (mm)
5	페이스밀링	페이스공구	Ø80	1200	120	
1	센터드릴	센터드릴	Ø3	700	70	
2	드릴	드릴	Ø8	800	80	3
3	포켓가공	평엔드밀	Ø10	1000	100	3

(주)솔리드캠코리아

12 컴퓨터응용밀링기능사 예제 도면

도 명	척도	투상
컴퓨터응용밀링기능사	N S	3각법

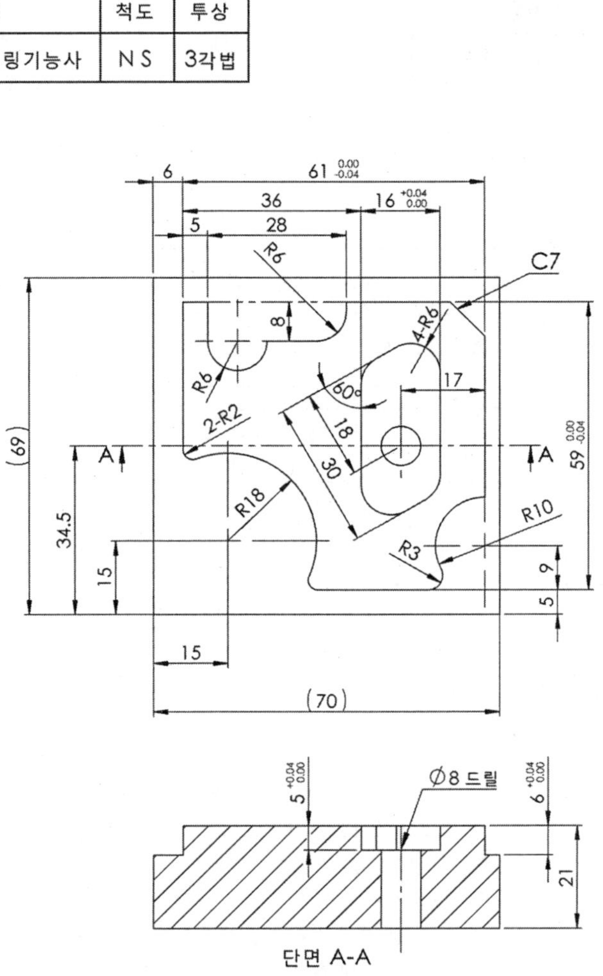

(012)

단면 A-A

공구 번호	작업 내용	공구조건		절삭조건		
		종류	직경	회전수 (rpm)	이송 (mm/min)	1회 절입량 (mm)
5	페이스밀링	페이스공구	Ø80	800	80	
1	센터드릴	센터드릴	Ø3	900	90	
2	드릴	드릴	Ø8	950	90	3
3	포켓가공	평엔드밀	Ø10	1000	100	3

(주)솔리드캠코리아

13 컴퓨터응용밀링기능사 예제 도면

도 명	척도	투상
컴퓨터응용밀링기능사	N S	3각법

(013)

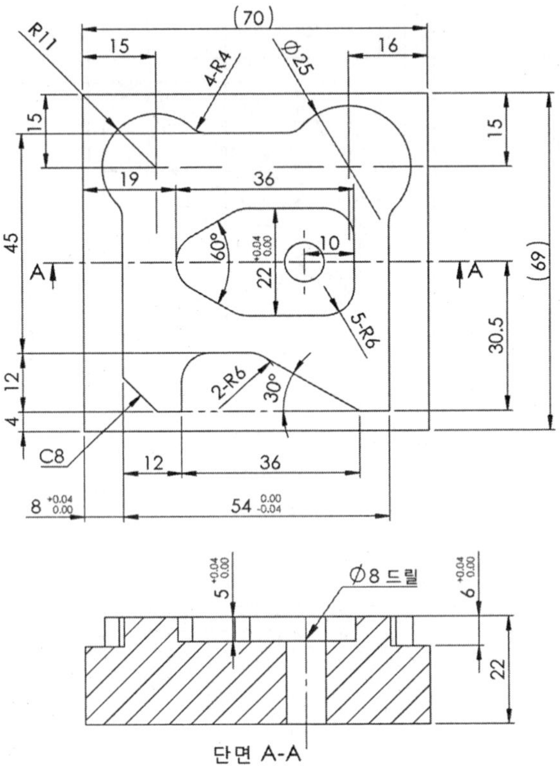

단면 A-A

공구 번호	작업 내용	공구조건		절삭조건		
		종류	직경	회전수 (rpm)	이송 (mm/min)	1회 절입량 (mm)
5	페이스밀링	페이스공구	⌀80	900	90	
1	센터드릴	센터드릴	⌀3	800	80	
2	드릴	드릴	⌀8	900	90	3
3	포켓가공	평엔드밀	⌀10	1100	110	3

(주)솔리드캠코리아

14 컴퓨터응용밀링기능사 예제 도면

도 명	척도	투상
컴퓨터응용밀링기능사	N S	3각법

(014)

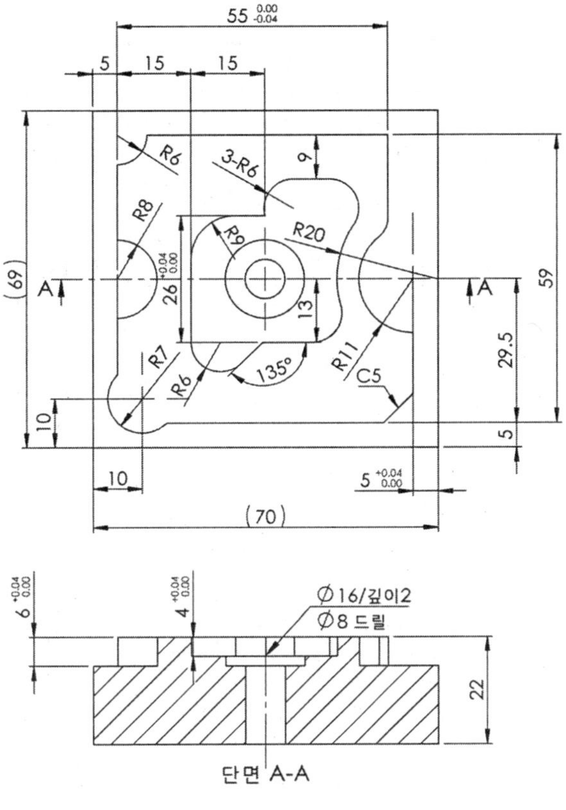

공구 번호	작업 내용	공구조건		절삭조건		
		종류	직경	회전수 (rpm)	이송 (mm/min)	1회 절입량 (mm)
5	페이스밀링	페이스공구	Ø80	1000	100	
1	센터드릴	센터드릴	Ø3	850	85	
2	드릴	드릴	Ø8	900	90	3
3	포켓가공	평엔드밀	Ø10	1000	100	3

(주)솔리드캠코리아

15 컴퓨터응용밀링기능사 예제 도면

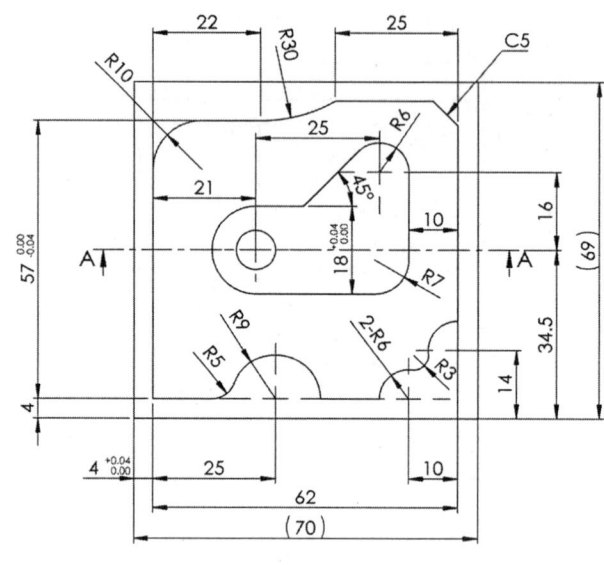

도 명	척도	투상
컴퓨터응용밀링기능사	N S	3각법

단면 A-A

공구 번호	작업 내용	공구조건		절삭조건		
		종류	직경	회전수 (rpm)	이송 (mm/min)	1회 절입량 (mm)
5	페이스밀링	페이스공구	∅80	1100	110	
1	센터드릴	센터드릴	∅3	800	80	
2	드릴	드릴	∅8	900	90	3
3	포켓가공	평엔드밀	∅10	1000	100	3

(주)솔리드캠코리아

16 컴퓨터응용밀링기능사 예제 도면

도 명	척도	투상
컴퓨터응용밀링기능사	NS	3각법

(016)

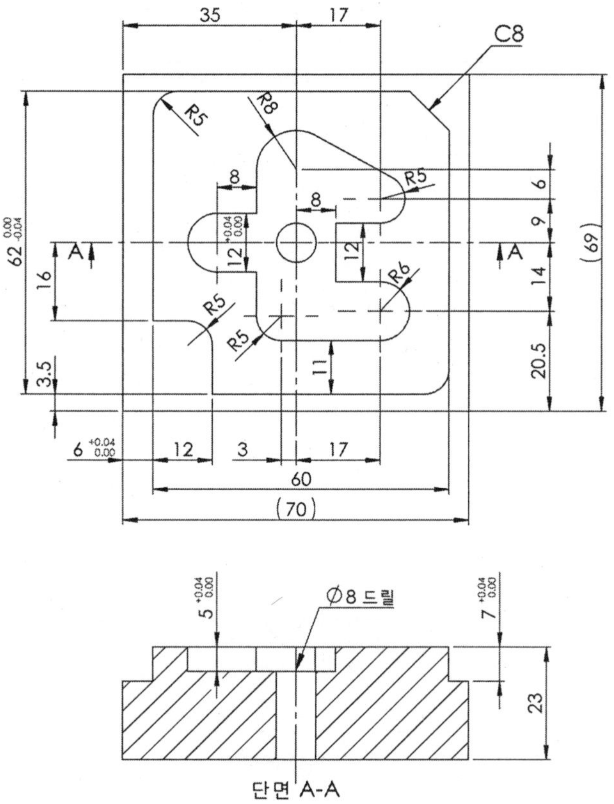

단면 A-A

공구 번호	작업 내용	공구조건		절삭조건		
		종류	직경	회전수 (rpm)	이송 (mm/min)	1회 절입량 (mm)
5	페이스밀링	페이스공구	⌀80	1000	100	
1	센터드릴	센터드릴	⌀3	900	90	
2	드릴	드릴	⌀8	900	90	3
3	포켓가공	평엔드밀	⌀10	1000	100	3

(주)솔리드캠코리아

17 컴퓨터응용밀링기능사 예제 도면

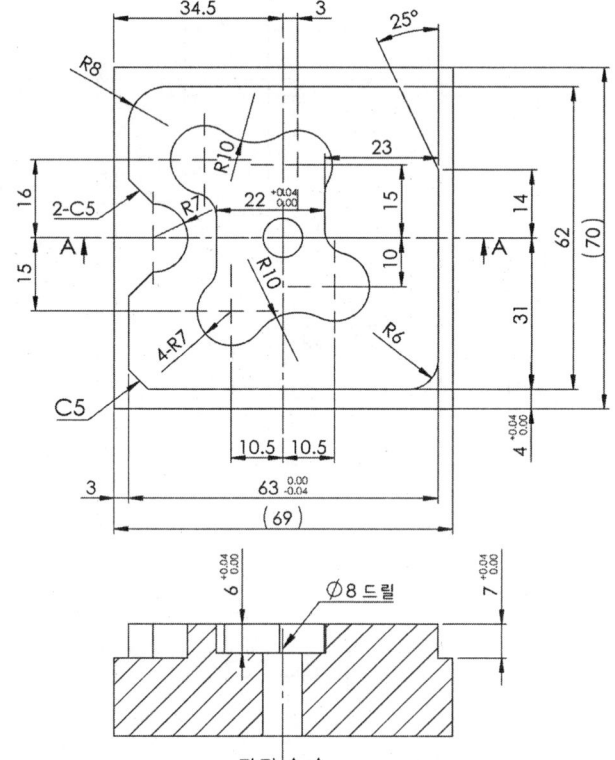

공구 번호	작업 내용	공구조건		절삭조건		
		종류	직경	회전수 (rpm)	이송 (mm/min)	1회 절입량 (mm)
5	페이스밀링	페이스공구	Ø80	1000	100	
1	센터드릴	센터드릴	Ø3	800	80	
2	드릴	드릴	Ø8	980	90	3
3	포켓가공	평엔드밀	Ø10	1000	100	3

(주)솔리드캠코리아

18 컴퓨터응용밀링기능사 예제 도면

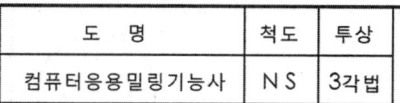

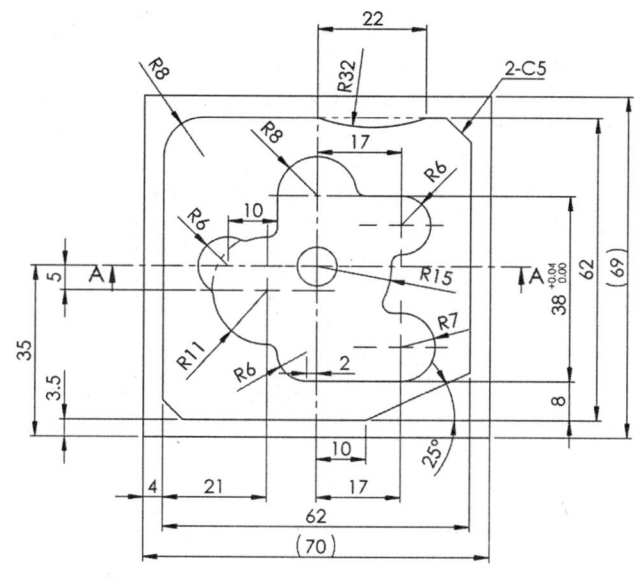

도시되고 지시 없는 R은 R2

공구 번호	작업 내용	공구조건		절삭조건		
		종류	직경	회전수 (rpm)	이송 (mm/min)	1회 절입량 (mm)
5	페이스밀링	페이스공구	∅80	900	90	
1	센터드릴	센터드릴	∅3	800	80	
2	드릴	드릴	∅8	900	90	3
3	포켓가공	평엔드밀	∅10	1000	100	3

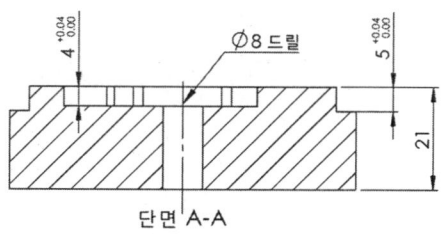

19 컴퓨터응용밀링기능사 예제 도면

도 명	척도	투상
컴퓨터응용밀링기능사	N S	3각법

(019)

단면 A-A

공구 번호	작업 내용	공구조건		절삭조건		
		종류	직경	회전수 (rpm)	이송 (mm/min)	1회 절입량 (mm)
5	페이스밀링	페이스공구	⌀80	1000	100	
1	센터드릴	센터드릴	⌀3	800	80	
2	드릴	드릴	⌀8	900	90	3
3	포켓가공	평엔드밀	⌀10	1100	110	3

(주)솔리드캠코리아

20 컴퓨터응용밀링기능사 예제 도면

도 명	척도	투상
컴퓨터응용밀링기능사	N S	3각법

○20

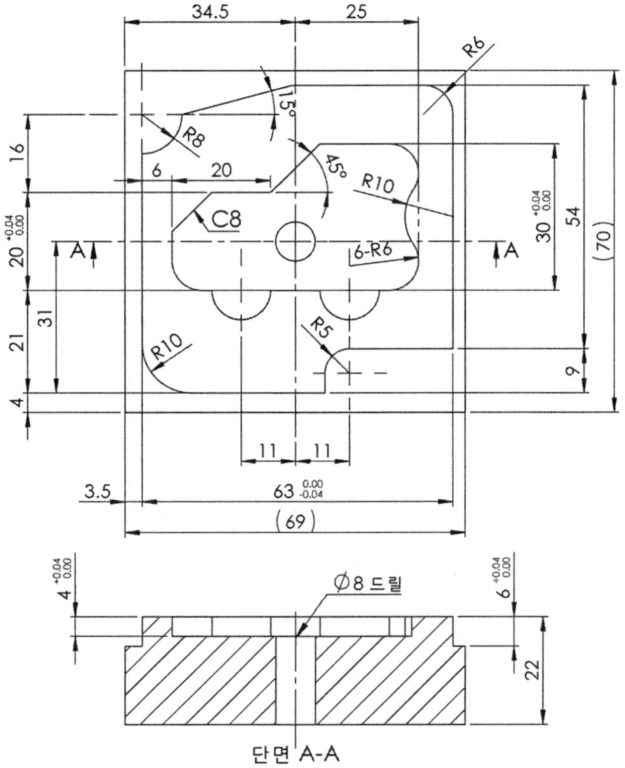

단면 A-A

공구 번호	작업 내용	공구조건		절삭조건		
		종류	직경	회전수 (rpm)	이송 (mm/min)	1회 절입량 (mm)
5	페이스밀링	페이스공구	∅80	1000	100	
1	센터드릴	센터드릴	∅3	900	90	
2	드릴	드릴	∅8	900	90	3
3	포켓가공	평엔드밀	∅10	1000	100	3

(주)솔리드캠코리아

21 컴퓨터응용밀링기능사 예제 도면

도 명	척도	투상
컴퓨터응용밀링기능사	N S	3각법

(021)

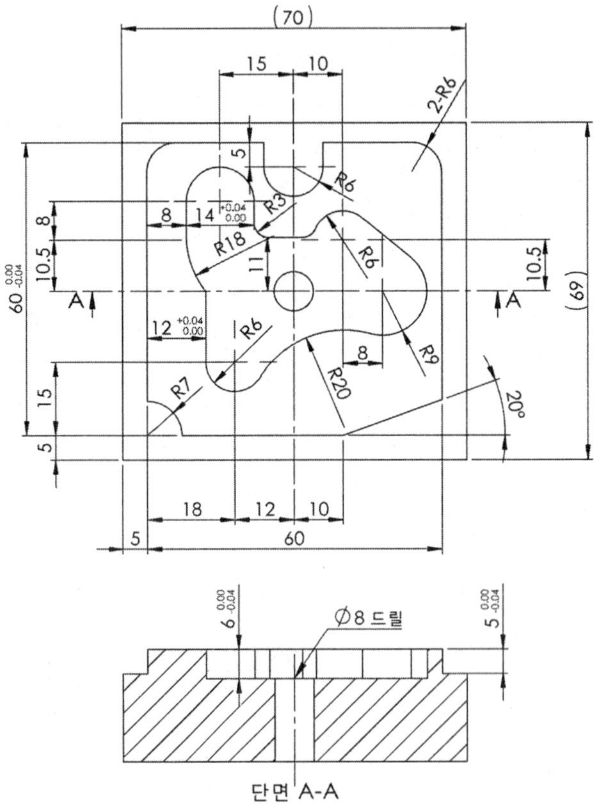

단면 A-A

공구 번호	작업 내용	공구조건		절삭조건		
		종류	직경	회전수 (rpm)	이송 (mm/min)	1회 절입량 (mm)
5	페이스밀링	페이스공구	Ø80	1000	100	
1	센터드릴	센터드릴	Ø3	900	90	
2	드릴	드릴	Ø8	800	80	3
3	포켓가공	평엔드밀	Ø10	1000	100	3

(주)솔리드캠코리아

22 컴퓨터응용밀링기능사 예제 도면

도 명	척도	투상
컴퓨터응용밀링기능사	N S	3각법

(022)

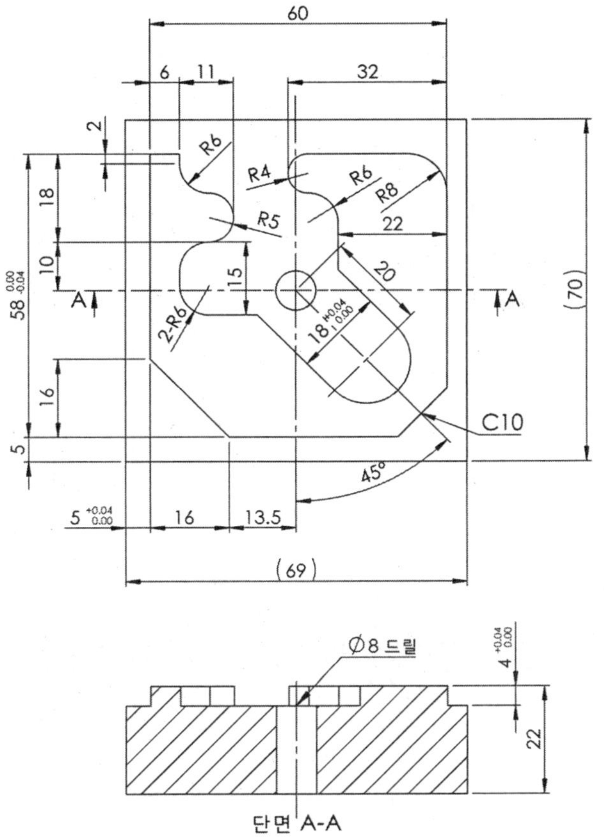

공구 번호	작업 내용	공구조건 종류	공구조건 직경	절삭조건 회전수 (rpm)	절삭조건 이송 (mm/min)	1회 절입량 (mm)
5	페이스밀링	페이스공구	∅80	1000	100	
1	센터드릴	센터드릴	∅3	800	80	
2	드릴	드릴	∅8	900	90	3
3	포켓가공	평엔드밀	∅10	1000	100	3

(주)솔리드캠코리아

23 컴퓨터응용밀링기능사 예제 도면

도 명	척도	투상
컴퓨터응용밀링기능사	N S	3각법

(023)

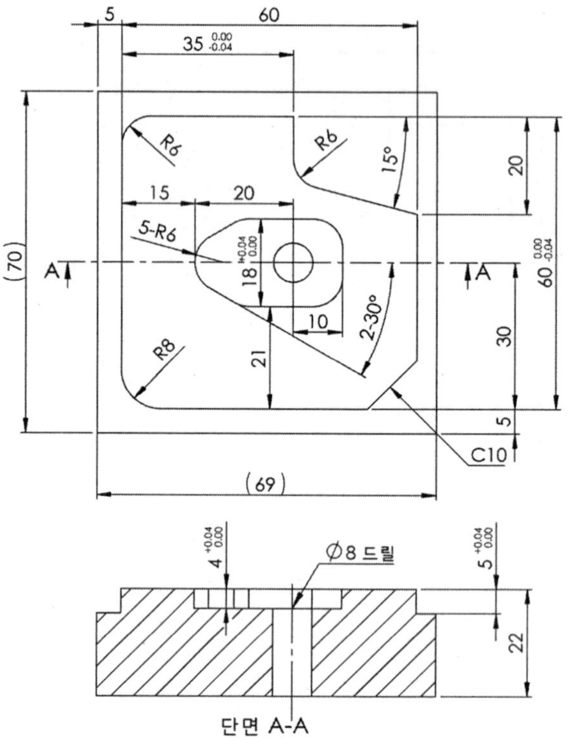

단면 A-A

공구 번호	작업 내용	공구조건		절삭조건		
		종류	직경	회전수 (rpm)	이송 (mm/min)	1회 절입량 (mm)
5	페이스밀링	페이스공구	⌀80	1000	100	
1	센터드릴	센터드릴	⌀3	900	90	
2	드릴	드릴	⌀8	900	90	3
3	포켓가공	평엔드밀	⌀10	1200	120	3

(주)솔리드캠코리아

24 컴퓨터응용밀링기능사 예제 도면

도 명	척도	투상
컴퓨터응용밀링기능사	N S	3각법

024

단면 A-A

공구 번호	작업 내용	공구조건		절삭조건		
		종류	직경	회전수 (rpm)	이송 (mm/min)	1회 절입량 (mm)
5	페이스밀링	페이스공구	Ø80	1000	100	
1	센터드릴	센터드릴	Ø3	900	90	
2	드릴	드릴	Ø8	800	80	3
3	포켓가공	평엔드밀	Ø10	1000	100	3

(주)솔리드캠코리아

25 컴퓨터응용밀링기능사 예제 도면

도 명	척도	투상
컴퓨터응용밀링기능사	N S	3각법

(025)

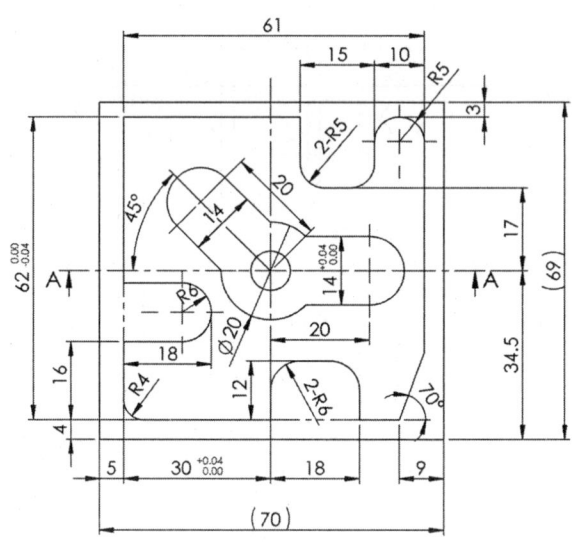

단면 A-A

공구 번호	작업 내용	공구조건		절삭조건		
		종류	직경	회전수 (rpm)	이송 (mm/min)	1회 절입량 (mm)
5	페이스밀링	페이스공구	∅80	1100	110	
1	센터드릴	센터드릴	∅3	900	90	
2	드릴	드릴	∅8	900	90	3
3	포켓가공	평엔드밀	∅10	1000	100	3

(주)솔리드캠코리아

26 컴퓨터응용밀링기능사 예제 도면

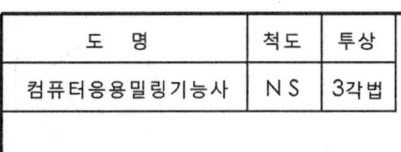

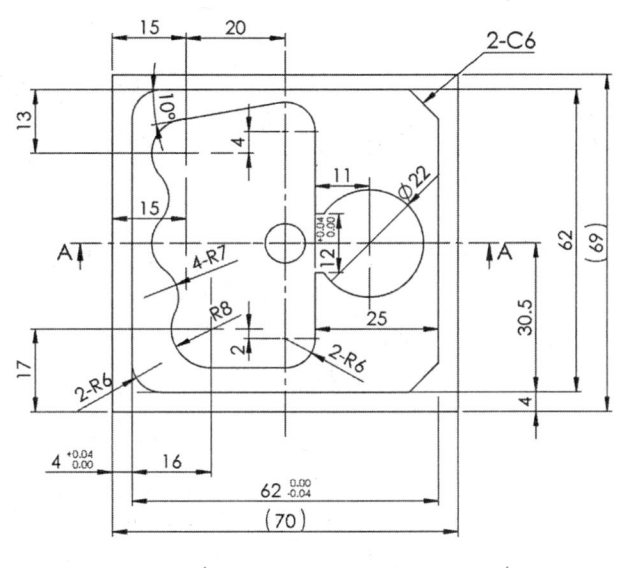

단면 A-A

공구 번호	작업 내용	공구조건		절삭조건		1회 절입량 (mm)
		종류	직경	회전수 (rpm)	이송 (mm/min)	
5	페이스밀링	페이스공구	Ø80	1000	100	
1	센터드릴	센터드릴	Ø3	900	90	
2	드릴	드릴	Ø8	900	90	3
3	포켓가공	평엔드밀	Ø10	1000	100	3

(주)솔리드캠코리아

27 컴퓨터응용밀링기능사 예제 도면

도 명	척도	투상
컴퓨터응용밀링기능사	N S	3각법

(027)

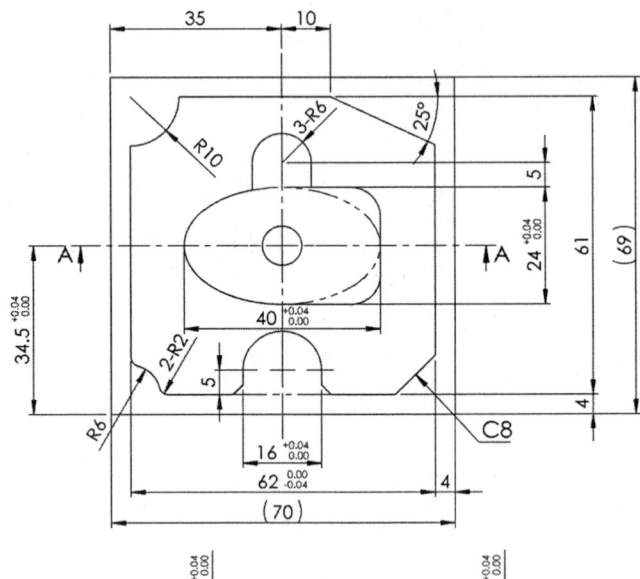

단면 A-A

도시되고 지시 없는 모따기 C4

공구 번호	작업 내용	공구조건		절삭조건		1회 절입량 (mm)
		종류	직경	회전수 (rpm)	이송 (mm/min)	
5	페이스밀링	페이스공구	⌀80	1100	110	
1	센터드릴	센터드릴	⌀3	900	90	
2	드릴	드릴	⌀8	900	90	3
3	포켓가공	평엔드밀	⌀10	1200	120	3

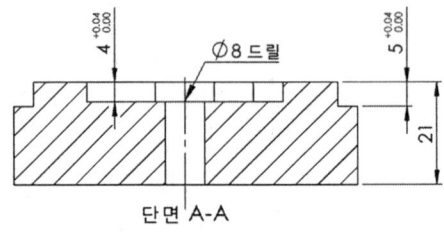

(주)솔리드캠코리아

28 컴퓨터응용밀링기능사 예제 도면

도 명	척도	투상
컴퓨터응용밀링기능사	NS	3각법

(028)

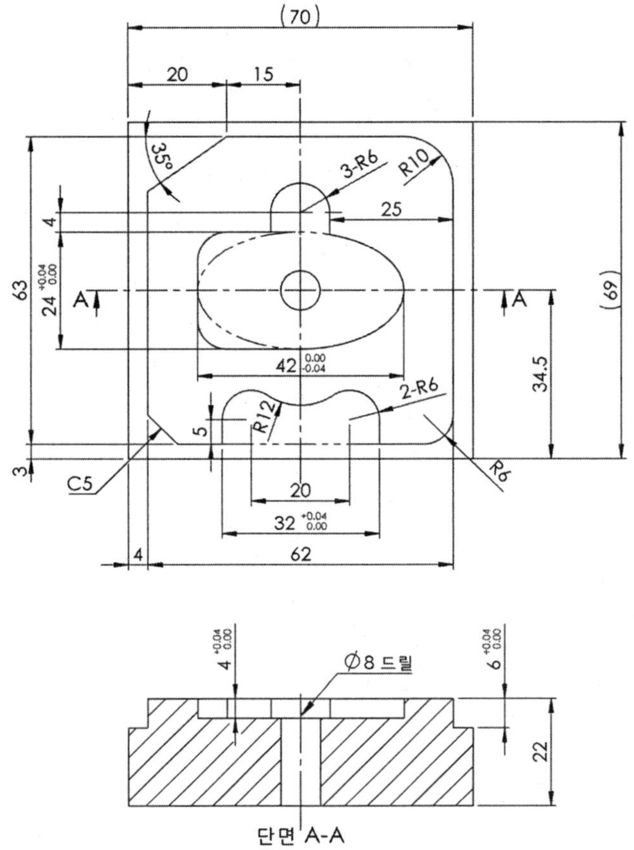

공구 번호	작업 내용	공구조건		절삭조건		
		종류	직경	회전수 (rpm)	이송 (mm/min)	1회 절입량 (mm)
5	페이스밀링	페이스공구	⌀80	1000	100	
1	센터드릴	센터드릴	⌀3	800	80	
2	드릴	드릴	⌀8	900	90	3
3	포켓가공	평엔드밀	⌀10	1000	100	3

 (주)솔리드캠코리아

29 컴퓨터응용밀링기능사 예제 도면

도 명	척도	투상
컴퓨터응용밀링기능사	N S	3각법

(029)

단면 A-A

공구 번호	작업 내용	공구조건		절삭조건		
		종류	직경	회전수 (rpm)	이송 (mm/min)	1회 절입량 (mm)
5	페이스밀링	페이스공구	∅80	1100	110	
1	센터드릴	센터드릴	∅3	800	80	
2	드릴	드릴	∅8	700	70	3
3	포켓가공	평엔드밀	∅10	1000	100	3

(주)솔리드캠코리아

30 컴퓨터응용밀링기능사 예제 도면

도 명	척도	투상
컴퓨터응용밀링기능사	N S	3각법

(030)

단면 A-A

공구 번호	작업 내용	공구조건		절삭조건		
		종류	직경	회전수 (rpm)	이송 (mm/min)	1회 절입량 (mm)
5	페이스밀링	페이스공구	Ø80	1000	100	
1	센터드릴	센터드릴	Ø3	700	70	
2	드릴	드릴	Ø8	900	90	3
3	포켓가공	평엔드밀	Ø10	1000	100	3

(주)솔리드캠코리아

MEMO

컴퓨터응용선반기능사

- 컴퓨터응용선반기능사 따라 하기 1~2
- 컴퓨터응용선반기능사 예제 도면

출제기준(실기)

▶ 적용기간: 2021. 1. 1 ~ 2026. 12. 31

직무분야	기계	중직무분야	기계제작	자격종목	컴퓨터응용선반기능사

○ **직무내용**: 부품을 가공하기 위하여 가공 도면을 해독하고 작업계획을 수립하며 적합한 공구를 선택하여 내·외경, 홈, 테이퍼, 나사 등을 선반과 CNC선반을 운용하여 가공하고, 공작물의 측정 및 수정작업 등을 하는 직무 수행

○ **수행준거**:
1. CNC선반과 범용선반 가공작업의 완료 후 주변을 정리하고 작업결과를 문서화할 수 있다.
2. CNC선반과 범용선반 작업에서 수행하는 전반적인 작업수행을 할 수 있다.
3. CNC선반과 범용선반 가공에서 제품의 형상 특성에 따른 기준면을 선정하고 내·외경, 드릴링, 널링가공을 수행할 수 있다.
4. CNC선반과 범용선반 가공에서 제품의 형상 특성에 따른 기준면을 선정하고 내·외경, 홈, 나사, 테이퍼 가공을 수행할 수 있다.
5. CNC선반과 범용선반 가공작업에 있어서 도면을 파악하고 주요치수 및 공차를 검토할 수 있다.
6. CNC선반과 범용선반 가공작업에 있어서 안전수칙을 확인하여 준수할 수 있다.
7. 가공된 부품 외관의 결함을 육안으로 판별할 수 있다.
8. 기계가공 전후의 결과를 기본측정기를 이용하여 정량적으로 나타낼 수 있다.

실기과목명	컴퓨터응용선반가공 실무	실기검정방법	작업형	시험시간	3시간 정도

주요항목	세부항목	세세항목
1. 작업장 유지관리(밀링 가공)	1. 공구·장비 정리하기	1. 작업이 끝난 후 각종 공구를 정해진 위치에 정리할 수 있다. 2. 장비의 부착물을 청소하고 이상 유무를 판단할 수 있다.
	2. 작업장 정리하기	1. 장비 주변을 청결하게 할 수 있다. 2. 작업 완성품을 다음 공정으로 이동이 편리하도록 적재할 수 있다. 3. 작업을 위한 소재를 적재할 수 있는 공간을 확보할 수 있다.
	3. 장비 일상점검하기	1. 해당 작업장의 표준화된 장비운영 체크리스트에 의하여 정기점검을 수행할 수 있다. 2. 해당 작업장의 표준화된 장비운영 체크리스트의 기준에 의하여 윤활유 및 절삭유 주유·소모품 교체를 수행할 수 있다.
	4. 작업일지 작성하기	1. 해당 사업장의 운영 절차에 의하여 작업결과를 작업일지에 빠짐없이 작성할 수 있다. 2. 필요시 작업에서 발생한 문제점을 관련자에게 문서로 보고할 수 있다. 3. 다음 공정에 전달할 특이사항이 있으면 구두로 전달하거나 기록물을 작성하여 전달할 수 있다.

주요항목	세부항목	세세항목
2. 기본작업(선반가공)	1. 작업 준비하기	1. 제품의 형상에 적합한 절삭공구를 선택할 수 있다. 2. 공작물의 설치방법에 따라 공작물을 설치할 수 있다. 3. 절삭공구를 작업순서 및 사용빈도를 고려하여 공구대에 설치할 수 있다. 4. 도면에 의해서 제품의 형상, 특성에 따른 기준면을 설정할 수 있다.
	2. 본가공 수행하기	1. 작업요구사항과 작업표준서에 따라 장비를 설정할 수 있다. 2. 수동작업 시 가공조건을 충족할 수 있도록 이송속도, 이송 범위, 절삭깊이를 조절할 수 있다. 3. 이상 발생 시 작업표준서에 따라 조치를 취하고 보고할 수 있다. 4. 가공조건이 부적합할 경우 수정할 수 있다. 5. 공작물의 가공 여유를 주고 공작물의 흑피를 제거할 수 있다. 6. 기준면 가공에 적합한 절삭조건을 산출하고 적용할 수 있다. 7. 절삭 칩이 공작물에 감겨 회전하지 않도록 칩브레이커를 사용하여 절삭 칩을 끊어 주면서 가공할 수 있다. 8. 상황에 따라 건식 및 습식 절삭을 할 수 있다.
	3. 검사·수정하기	1. 측정 대상별 측정방법과 측정기의 종류를 파악하여 측정오차가 생기지 않도록 측정할 수 있다. 2. 공구수명 단축원인 및 가공치수 불량의 원인을 파악하고 적절한 대처방안을 강구할 수 있다. 3. 측정 후 불량부위 발생 시 수정 여부를 결정할 수 있다.
3. 단순형상작업	1. 작업 준비하기	1. 제품의 형상에 적합한 절삭공구를 선택할 수 있다. 2. 공작물의 설치방법에 따라 부속장치를 사용하여 공작물을 설치할 수 있다. 3. 절삭공구를 작업순서 및 사용빈도를 고려하여 공구대에 설치할 수 있다. 4. 도면에 의해서 제품의 형상, 특성에 따른 기준면을 설정할 수 있다.
	2. 본가공 수행하기	1. 작업요구사항과 작업표준서에 따라 장비를 설정할 수 있다. 2. 수동작업 시 가공조건을 충족할 수 있도록 이송속도, 이송 범위, 절삭깊이를 조절할 수 있다. 3. 이상 발생 시 작업표준서에 따라 조치를 취하고 보고할 수 있다. 4. 가공조건이 부적합할 경우 수정할 수 있다.

# 출제기준(실기)

주요항목	세부항목	세세항목
3. 단순형상작업	2. 본가공 수행하기	5. 공작물의 가공 여유를 주고 공작물의 흑피를 제거할 수 있다. 6. 기준면 가공에 적합한 절삭조건을 산출하고 적용할 수 있다. 7. 절삭 칩이 공작물에 감겨 회전하지 않도록 칩브레이커를 사용하여 절삭 칩을 끊어 주면서 가공할 수 있다. 8. 드릴작업 시 드릴이 공작물을 관통할 때 이동속도를 감속할 수 있다. 9. 상황에 따라 건식 및 습식 절삭을 할 수 있다. 10. 널링 가공 시 공작물의 크기와 재질에 따라 절삭조건을 선정할 수 있다.
	3. 검사·수정하기	1. 측정 대상별 측정방법과 측정기의 종류를 파악하여 측정오차가 생기지 않도록 측정할 수 있다. 2. 공구수명 단축원인 및 가공치수 불량의 원인을 파악하고 적절한 대처 방안을 강구할 수 있다. 3. 측정 후 불량부위 발생 시 수정 여부를 결정할 수 있다.
4. 홈·테이퍼 작업	1. 작업 준비하기	1. 제품의 형상에 적절한 공구를 선택할 수 있다. 2. 공작물의 설치방법에 따라 공작물을 설치할 수 있다. 3. 절삭공구를 작업순서 및 사용빈도를 고려하여 공구대에 설치할 수 있다. 4. 도면에 의해서 제품의 형상, 특성에 따른 기준면을 설정할 수 있다.
	2. 본가공 수행하기	1. 작업요구사항과 작업표준서에 의거하여 장비를 설정할 수 있다. 2. 수동작업 시 가공조건을 충족할 수 있도록 이송속도, 이송범위, 절삭깊이를 조절할 수 있다. 3. 이상 발생 시 작업표준서에 의거하여 조치를 취하고, 보고할 수 있다. 4. 가공조건이 부적합할 경우 수정할 수 있다. 5. 테이퍼 가공법과 절삭방법의 종류를 파악하고, 가공할 수 있다. 6. 내경 홈절삭 시 절삭공구의 중심높이를 중심선단 높이보다 높게 설정하여 가공할 수 있다. 7. 적절한 테이퍼 가공방법을 결정하고 테이퍼 값을 계산할 수 있다.
	3. 검사·수정하기	1. 측정 대상별 측정방법과 측정기의 종류를 파악하여 측정오차가 생기지 않도록 측정할 수 있다. 2. 공구수명 단축원인 및 가공치수 불량의 원인을 파악하고 적절한 대처방안을 강구할 수 있다. 3. 측정 후 불량 부위 발생 시 수정 여부를 결정할 수 있다.

주요항목	세부항목	세세항목
5. 도면해독 (선반가공)	1. 도면 파악하기	1. 도면에서 해당 부품의 주요 가공부위를 선정하고, 주요 가공치수를 파악할 수 있다. 2. 가공공차에 대한 가공정밀도를 이해하고 그에 적합한 가공설비 및 치공구를 선정할 수 있다. 3. 도면에서 해당 부품에 대한 특이사항을 고려하여 작업방법을 결정할 수 있다. 4. 도면에서 해당 부품에 대한 재질 특성을 파악하여 가공가능성을 결정할 수 있다.
	2. 주요치수 및 공차 검토하기	1. 가공도면의 치수기입 방법 및 표준공차를 확인할 수 있다. 2. 조립도에서 요소부품들의 조립관계를 파악하고 주요 치수 및 공차를 검토할 수 있다. 3. 요소부품의 가공정밀도를 파악하고 표면거칠기 및 기하공차를 검토할 수 있다. 4. 검토된 도면의 공차 범위에 맞게 가공공차를 결정할 수 있다.
6. 안전규정준수 (선반가공)	1. 안전수칙 확인하기	1. 선반가공 작업장에서 안전사고를 예방하기 위한 안전수칙을 확인할 수 있다. 2. 정기 또는 수시로 안전수칙을 확인하여 보완을 요청할 수 있다.
	2. 안전수칙 준수하기	1. 안전수칙에 따라 안전장구를 착용할 수 있다. 2. 안전수칙에 따라 제품을 운반할 수 있다. 3. 작업도구의 구성과 안전규격을 알고 선택할 수 있다. 4. 안전수칙에 따라 준수사항을 적용할 수 있다. 5. 안전사고를 방지하기 위한 예방활동을 할 수 있다.
7. 육안검사	1. 작업계획 파악하기	1. 작업지시서와 도면으로부터 검사하고자 하는 부분을 파악할 수 있다. 2. 작업지시서와 도면으로부터 검사방법을 파악할 수 있다.
	2. 외관형상 검사하기	1. 제품의 형상이 도면의 요구사항에 부합하는지 판단할 수 있다. 2. 가공의 누락 여부를 판단할 수 있다. 3. 조립된 제품의 틈새가 적절한지 판단할 수 있다. 4. 가공된 부위가 깨끗한지 판단할 수 있다. 5. 가공부위의 위치와 형상이 적절한지 판단할 수 있다.
	3. 표면상태 검사하기	1. 표면의 거칠기가 요구사항에 부합하는지 판단할 수 있다. 2. 표면에 찍힌 자국을 식별하여 결격사유가 되는지 판단할 수 있다. 3. 표면에 흠집을 식별하여 결격사유가 되는지 판단할 수 있다.

출제기준(실기)

주요항목	세부항목	세세항목
7. 육안검사	3. 표면상태 검사하기	4. 표면의 크랙을 식별하여 결격사유가 되는지 판단할 수 있다. 5. 표면의 파손부위를 식별하여 결격사유가 되는지 판단할 수 있다. 6. 표면의 부식 여부를 판단할 수 있다. 7. 표면의 오염 여부를 판단할 수 있다. 8. 한도시편과 비교하여 이상 여부를 판단할 수 있다. 9. 기계의 정밀도 불량으로 인한 피측정물의 이상을 식별할 수 있다. 10. 간단한 육안 측정용 보조 재료를 필요에 따라 사용할 수 있다. 11. 제품의 표면 품질을 판단할 수 있다.
8. 기본측정기 사용	1. 작업계획 파악하기	1. 작업지시서와 도면으로부터 측정하고자 하는 부분을 파악할 수 있다. 2. 작업지시서와 도면으로부터 측정방법을 파악할 수 있다.
	2. 측정기 선정하기	1. 제품의 형상과 측정 범위, 허용공차, 치수 정도에 알맞은 측정기를 선정할 수 있다. 2. 측정에 필요한 보조기구를 선정할 수 있다.
	3. 기본측정기 사용하기	1. 측정에 적합하도록 측정물을 설치할 수 있다. 2. 측정기의 0점 세팅을 수행할 수 있다. 3. 측정오차요인이 측정기나 공작물에 영향을 주지 않도록 조치할 수 있다. 4. 작업표준 또는 측정기의 사용법에 따라 측정을 수행할 수 있다. 5. 측정기 지시값을 읽을 수 있다. 6. 측정된 결과가 도면의 요구사항에 부합하는지 판단할 수 있다.
9. CNC선반 조작	1. CNC선반 조작 준비하기	1. CNC선반 장비의 취급설명서를 숙지하고 장비를 조작할 수 있다. 2. CNC선반 장비의 안전운전 준수사항을 숙지하고 안전하게 장비를 조작할 수 있다. 3. 소재를 적절한 압력으로 척에 고정할 수 있다. 4. 소프트조(soft jaw)를 장착할 수 있다. 5. 작업공정 순으로 절삭공구를 공구대(turret)에 설치할 수 있다. 6. CNC선반 장비의 유지보수 설명서를 숙제하고 장비를 유지 관리할 수 있다. 7. CNC선반 컨트롤러의 주요 알람 메시지에 관한 정보를 이해할 수 있다.

주요항목	세부항목	세세항목
	2. CNC선반 조작하기	1. 공작물 좌표계 설정을 할 수 있다. 2. 작업공정에서 선정된 각 공구의 공구 보정(tool offset)을 할 수 있다. 3. CNC 프로그램을 전송 매체를 활용하거나 수동 입력을 통해 CNC선반 컨트롤러에 가공 프로그램을 등록할 수 있다. 4. 자동운전모드에서 안전하게 시제품을 가공할 수 있다. 5. 가공부품을 확인하고 공작물 좌표계 보정량 및 공구 보정량을 수정할 수 있다. 6. 생산성을 높이기 위하여 절삭조건 수정 및 프로그램을 수정할 수 있다. 7. 공구의 수명주기나 손상을 확인하고 교체할 수 있다.
	3. 측정·검사하기	1. 부품의 형상과 측정위치 공차 범위를 고려하여 측정기를 선정할 수 있다. 2. 도면사양에 일치하게 부품을 제작하고 측정기 사용법을 준수하여 측정 및 검사를 할 수 있다. 3. 불량 발생 시 원인을 규명하고 수정할 수 있다. 4. 부품의 검사기준을 정하고 검사 성적서를 작성하고 보고할 수 있다.

※ 자세한 출제기준은 한국산업인력공단(http://www.q-net.or.kr/)에서 확인하실 수 있습니다.

작업지시서

1. CAM 프로그램을 사용하여 CNC 프로그램을 작성한다.

2. 안전높이는 수험자가 결정하여 CNC 프로그램을 작성한다.

3. 황삭 가공의 X 방향 시작 높이는 수험자가 결정하여 CNC 프로그램을 작성한다.

4. 프로그램의 원점은 수험자가 결정하여 CNC 프로그램을 작성한다.

5. 회전수, 절삭속도 등 가공조건은 도면의 하단을 참고하여 CNC 프로그램을 작성한다.

6. CNC선반 CAM 프로그램 작업은 40분 이내로 완료한다.

7. 입력된 CNC 프로그램을 활용하여 부품을 자동운전으로 가공한다.

※ 제출 자료 및 작업지시서는 시험장에 따라 달라질 수 있습니다.

01 컴퓨터응용선반기능사 따라 하기

1 도면

도 명	척도	투상
컴퓨터응용선반기능사	N S	3각법

(01)

도시되고 지시 없는 라운드 R1
도시되고 지시 없는 모따기 C1

순서	공구종류	공구번호	절삭속도 (mm/rev)	회전속도 (RPM)
1	외경 황삭	T01	0.2	180
2	외경 정삭	T03	0.3	200
3	외경 홈	T05	0.08	500
4	외경 나사	T07	2.0	500

(주)솔리드캠코리아

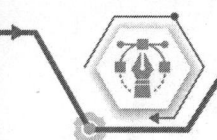

② 모델링

(1) 스케치 평면 선택

❶ [주메뉴 바 → 새 문서 → 파트]를 선택하고 확인을 클릭한다.

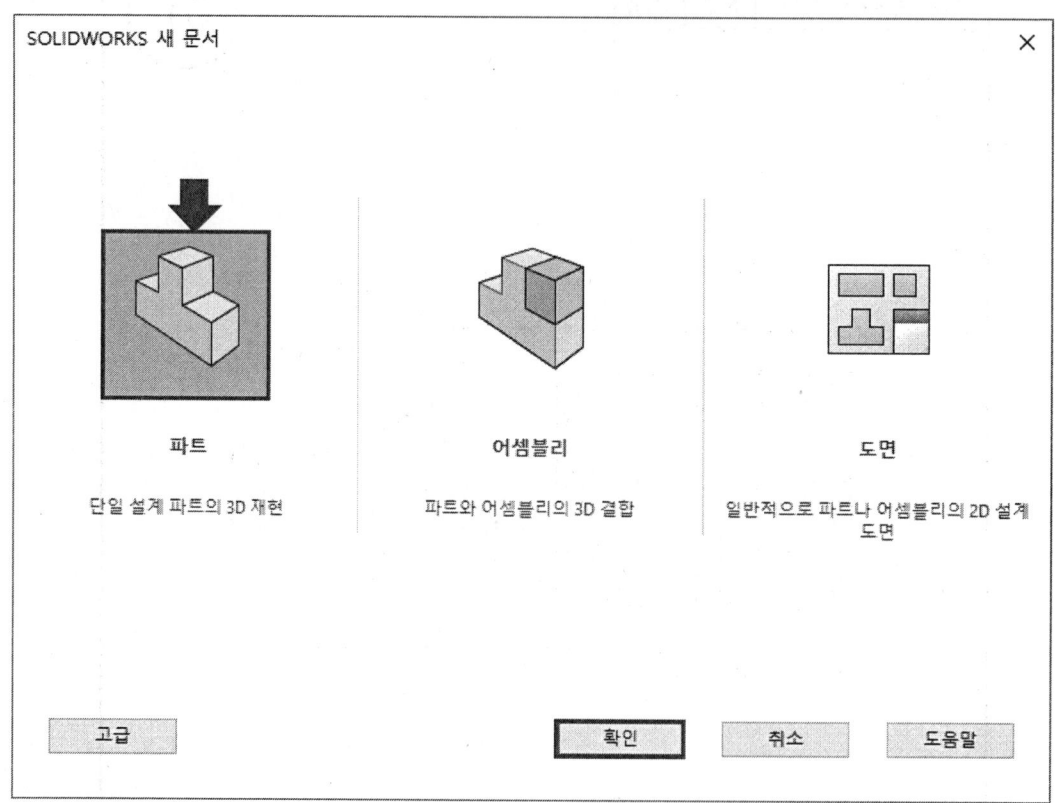

❷ 좌측 디자인 트리에서 정면을 선택한다.

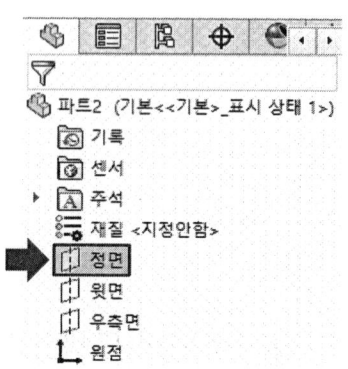

❸ 상단 커맨드 매니저에서 [스케치]를 클릭한다.

(2) 선 스케치

❶ [커맨드 매니저 → 스케치 탭 → 선 → 중심선]을 클릭한다.

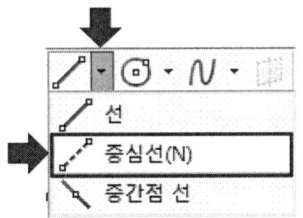

❷ 원점을 클릭하고 수평이 되도록 중심선을 스케치한다.

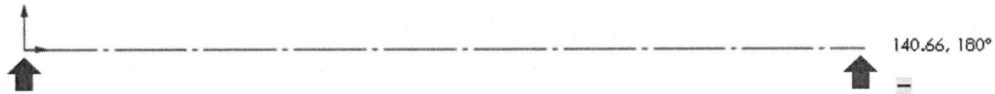

❸ [커맨드 매니저 → 스케치 탭 → 선]을 클릭한다.

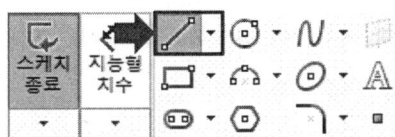

❹ 원점을 클릭하고 수직이 되도록 선을 스케치한다.

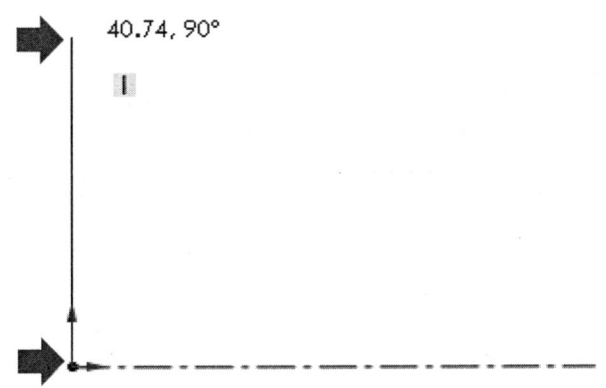

❺ 수직선의 끝점을 클릭하고 수평이 되도록 선을 스케치한다.

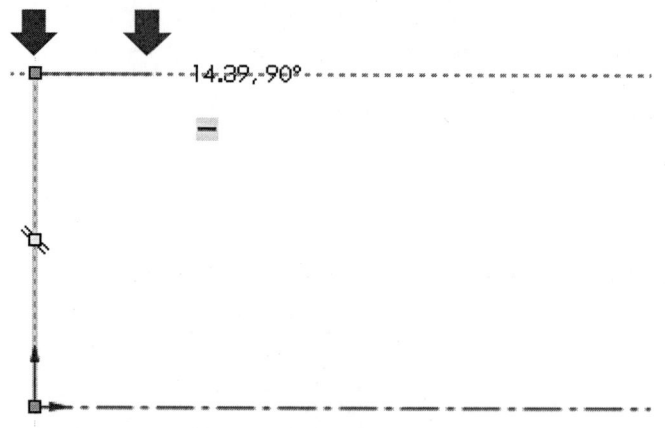

❻ 같은 방법으로 도면을 참고하여 스케치를 진행한다.

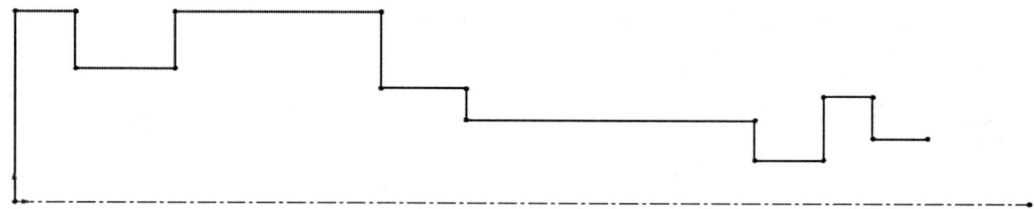

❼ 수평선의 끝점에서부터 대각선이 되도록 선을 스케치한다.

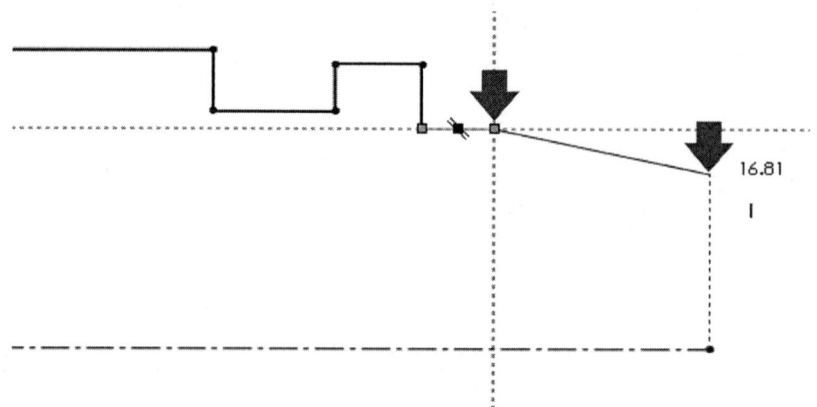

❽ 대각선의 끝점에서부터 중심선의 끝점을 클릭한다.

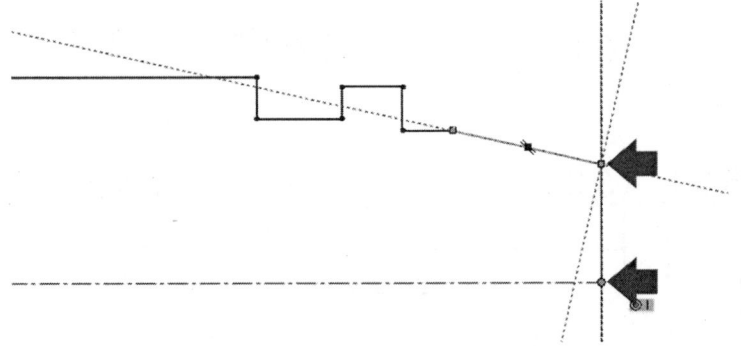

❾ 상단 커맨드 매니저에서 [지능형 치수]를 클릭한다.

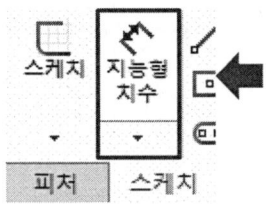

❿ 화살표가 가리키는 수직선을 클릭하여 치수 값 [26]를 입력한다.

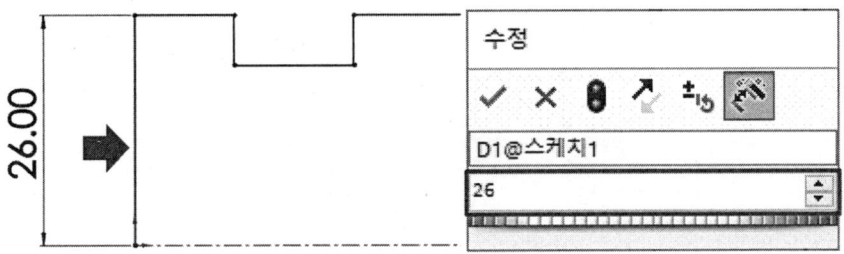

⓫ 화살표가 가리키는 수평선을 클릭하여 치수 값 [8]를 입력한다.

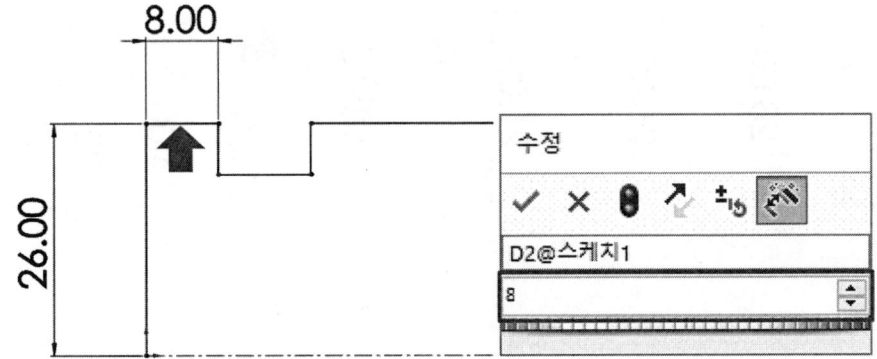

⓬ 같은 방법으로 치수를 아래 그림과 같이 입력한다.

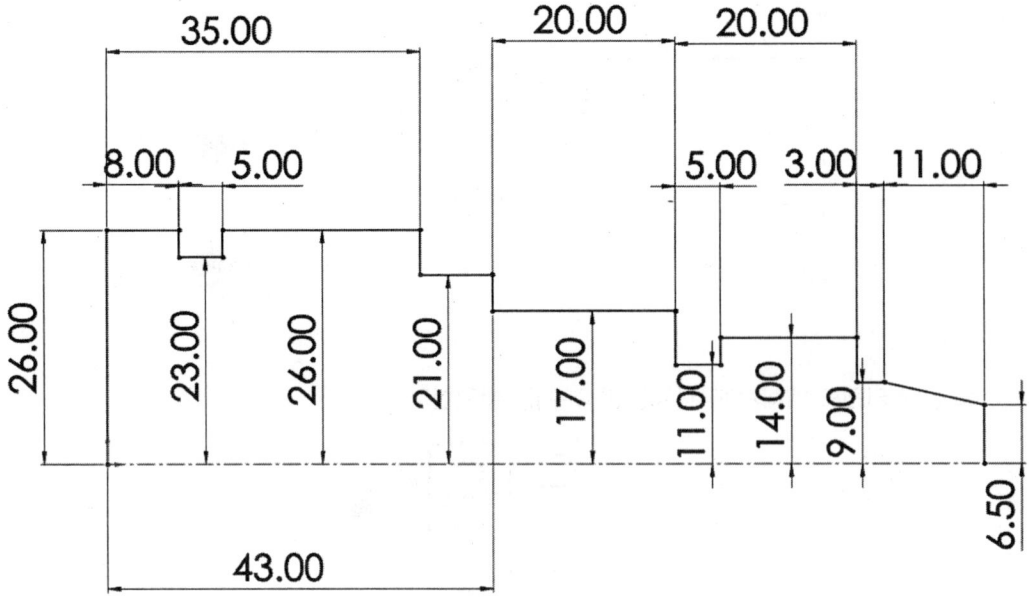

⓭ [커맨드 매니저 → 스케치 탭 → 3점호 → 3점호]를 클릭한다.

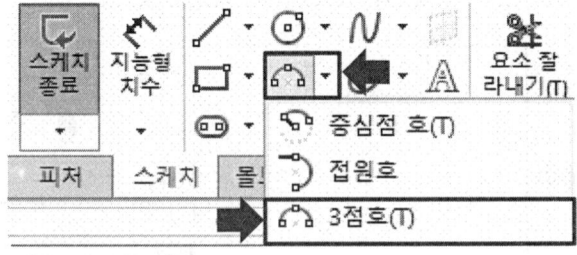

⓮ 아래 그림과 같은 위치의 3점호를 스케치 한다.

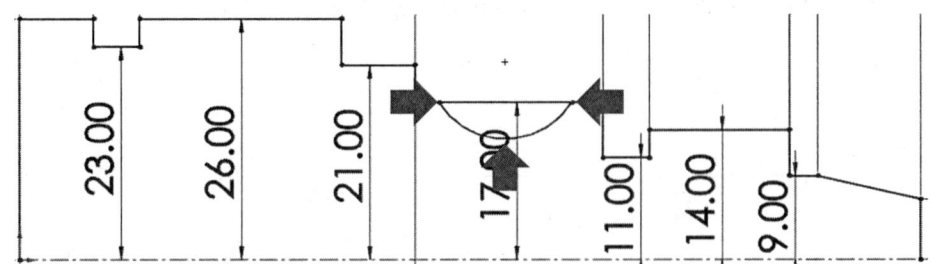

⑮ 상단 커맨드 매니저에서 [지능형 치수]를 클릭한다.

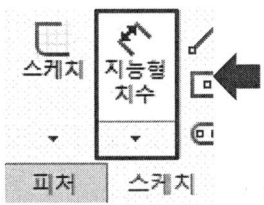

⑯ 왼쪽의 선과 3점호의 끝점을 클릭하고 거리값 [5]를 입력한다.

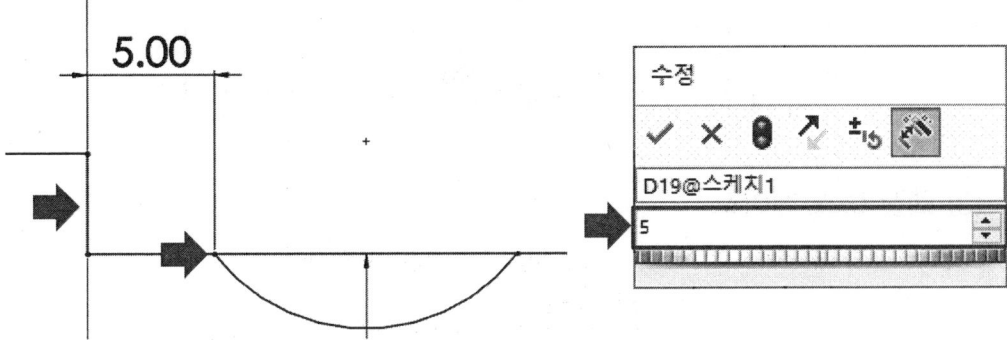

⑰ 오른쪽의 선과 3점호의 끝점을 클릭하고 거리값 [5]를 입력한다.

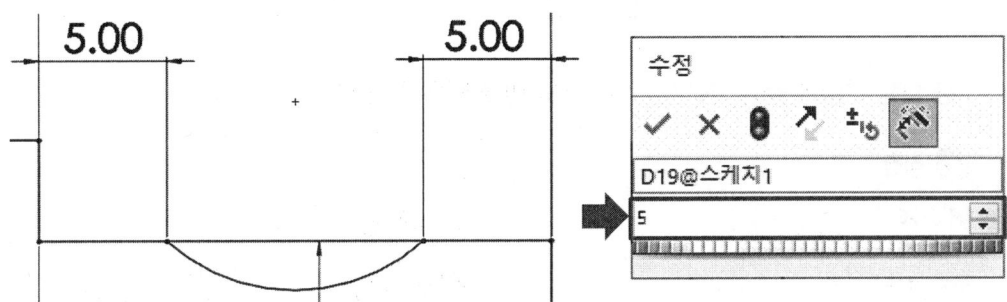

⑱ 원호를 클릭하고 반지름값 [30]을 입력한다.

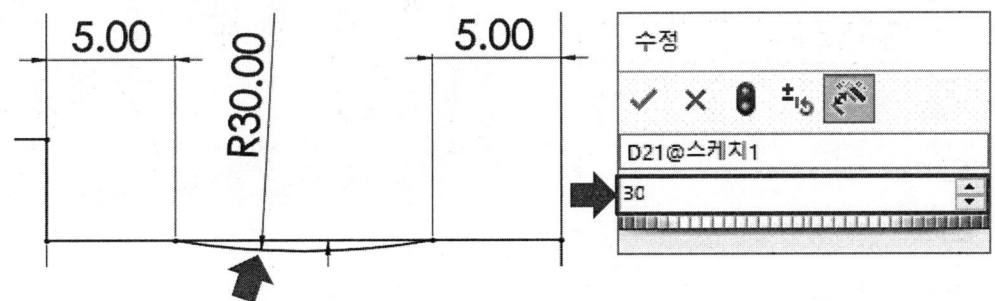

⑲ [커맨드 매니저 → 스케치 탭 → 요소 잘라내기]를 클릭한다.

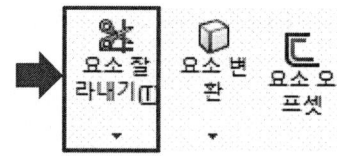

⑳ 요소 잘라내기를 사용하여 불필요한 선을 잘라낸다.

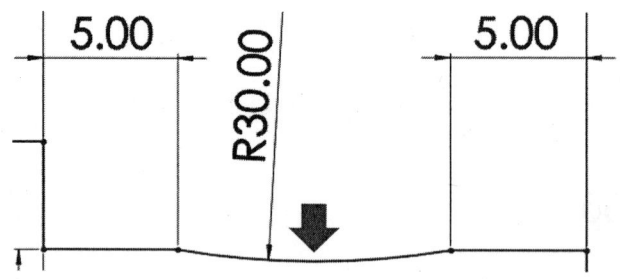

(3) 회전 보스/베이스

❶ [커맨드 매니저 → 피처 탭 → 회전 보스/베이스]를 클릭한다.

❷ 다음 그림과 같이 미리 보기가 나타나면 확인을 클릭한다.

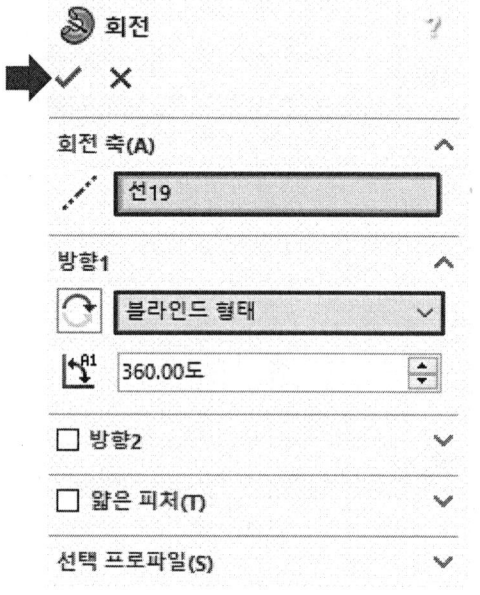
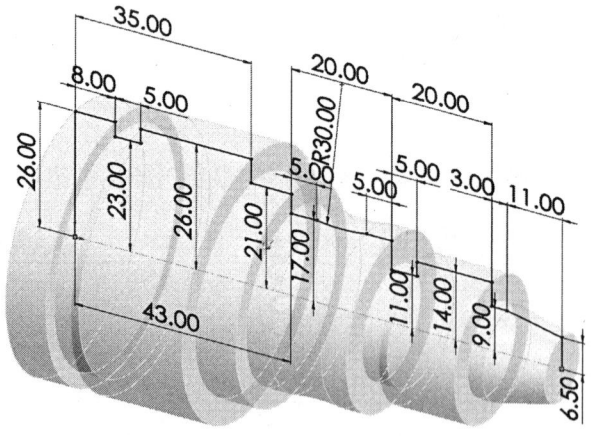

(4) 모따기

❶ [커맨드 매니저 → 피처 탭 → 필렛 → 모따기]를 클릭한다.

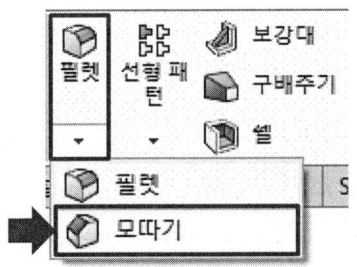

❷ 모따기 값 [2]를 입력하고, 화살표가 가리키는 모델링 모서리를 클릭한 후 확인을 클릭한다.

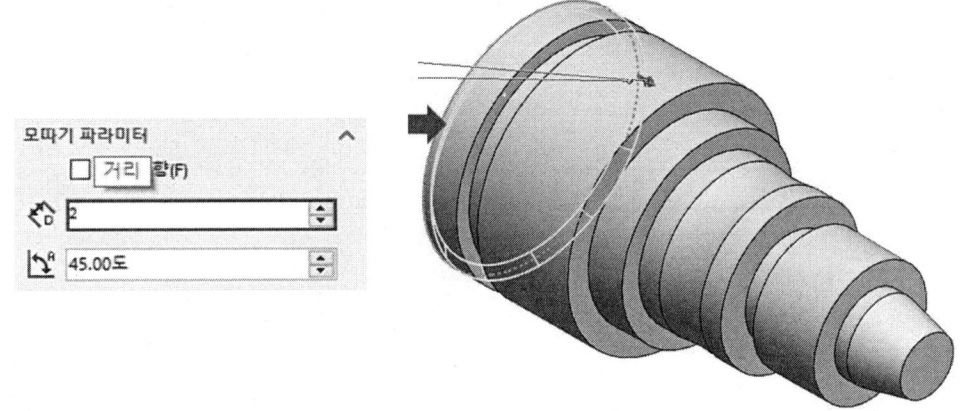

❸ 다시 모따기로 이동하여 모따기 값 [1]를 입력하고, 화살표가 가리키는 모서리를 클릭한 후 확인을 클릭한다.

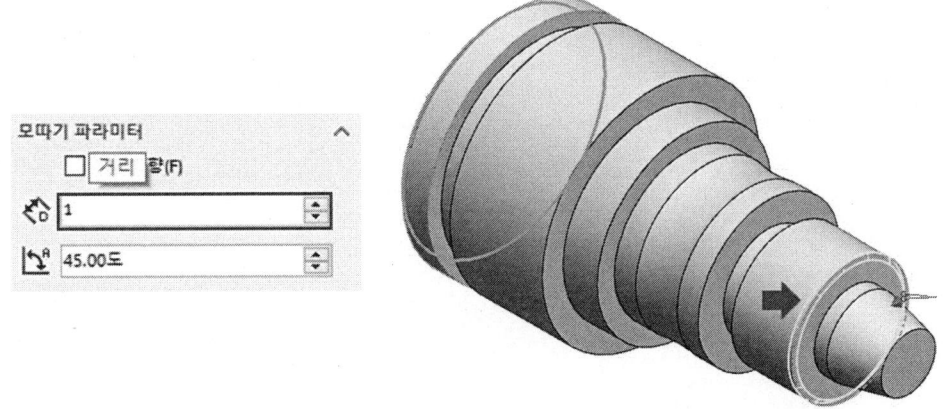

(5) 필렛

❶ [커맨드 매니저 → 피처 탭 → 필렛]을 클릭한다.

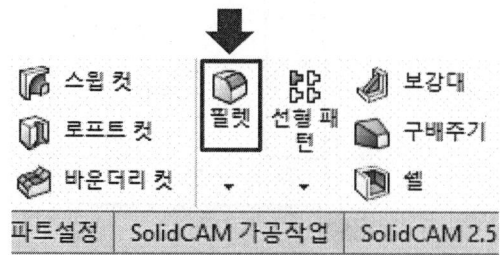

❷ 필렛 값 [1]를 입력하고, 화살표가 가리키는 모델링 모서리를 클릭한 후 확인을 클릭한다.

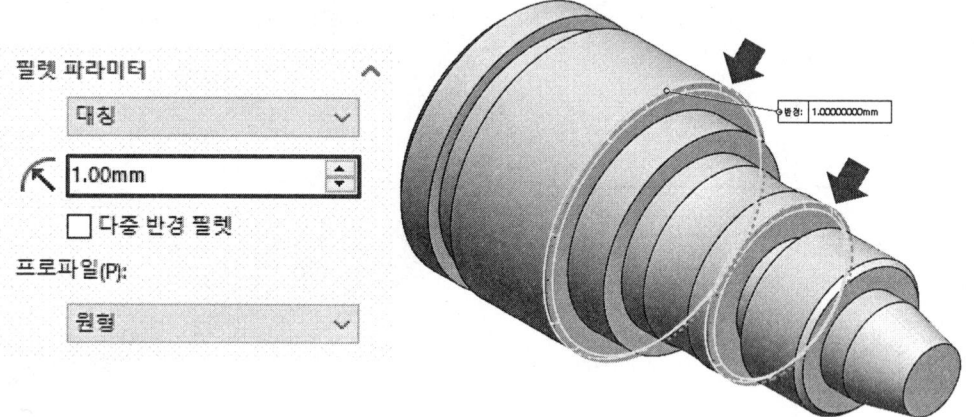

(6) 확인 저장

❶ 완료된 형상을 확인한 후 [주메뉴 바 → 파일 → 다른 이름으로 저장]을 선택하여 저장한다.

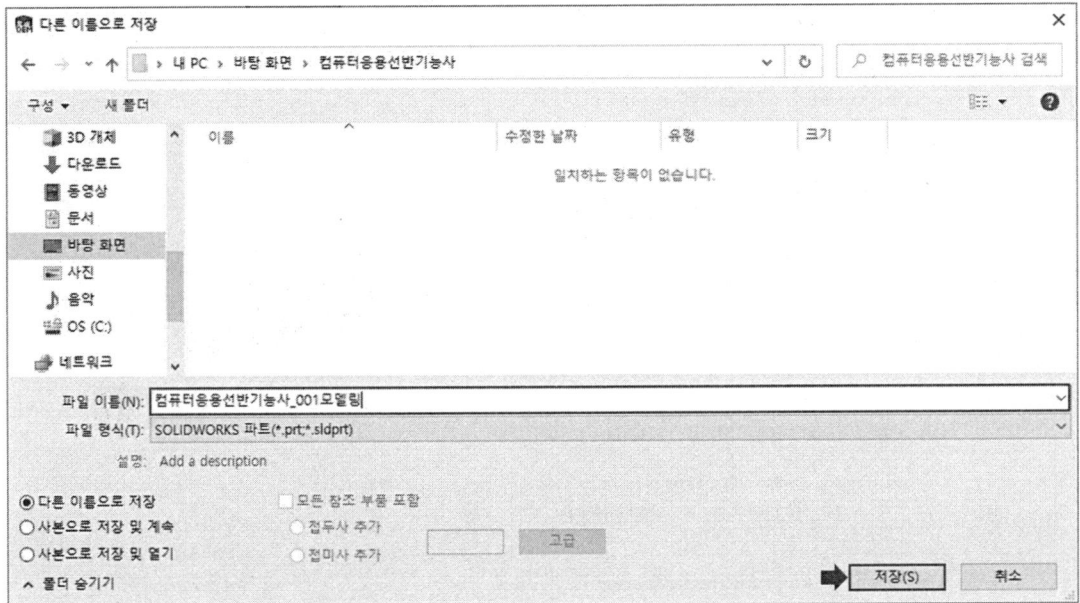

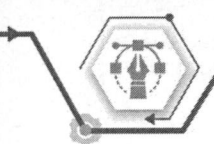

③ CAM

(1) SolidCAM 원점, 소재 정의

❶ [주메뉴 바 → 열기]를 통해 파일을 불러온다.

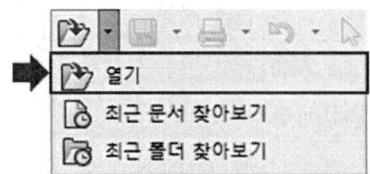

> Tip 이미 모델링 파일이 열려있다면 해당 과정은 생략한다.

❷ [커맨드 매니저 → SolidCAM 파트 설정 탭 → 신규 → 터닝]을 클릭한다.

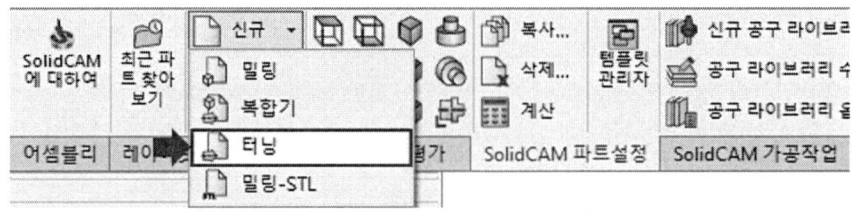

❸ [솔리드캠의 파일로 저장 → 단위 → 미터]를 선택하고 확인을 클릭한다.

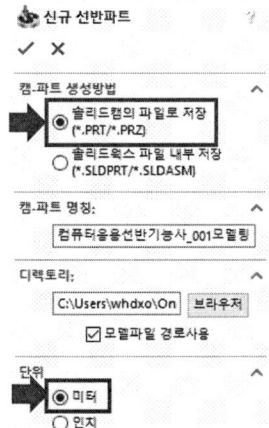

❹ [CNC-컨트롤러 → OKUMALL]을 선택한 후 [정의 → 원점]을 클릭한다.

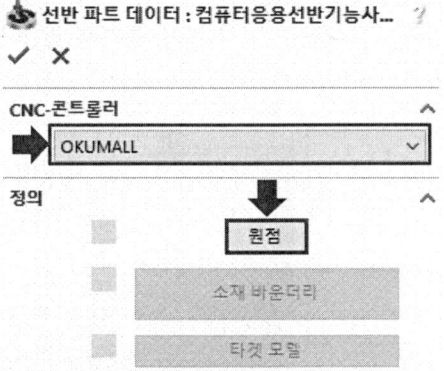

❺ [좌측 대화상자 → 평면원점 → 회전면의 중심 → 모델링 회전면]을 클릭하고 원점이 나타나면 [확인]을 클릭한다.

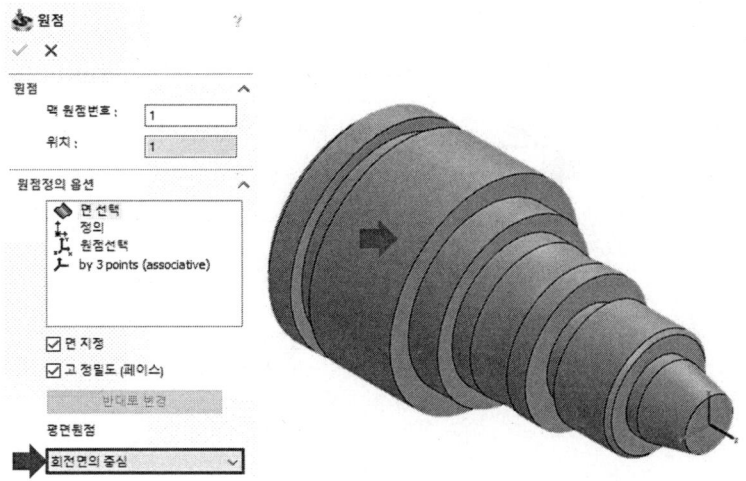

01. 컴퓨터응용선반기능사 따라 하기

❻ 솔리드캠 관리자에서 [선반 파트 데이터] 창에서 [소재 바운더리]를 클릭한다.

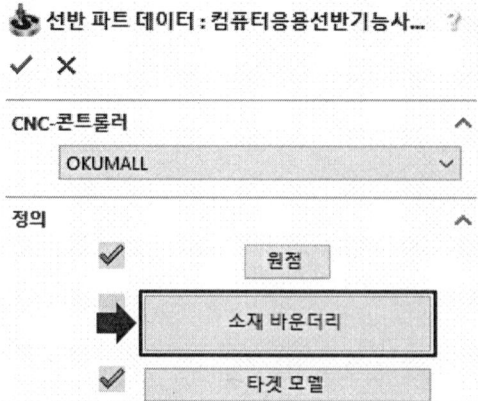

❼ 모델링을 클릭하여 형상을 정의하고 [옵셋 → 우측 및 외측 : 1]을 입력한 후 확인을 클릭하여 소재를 정의한다.

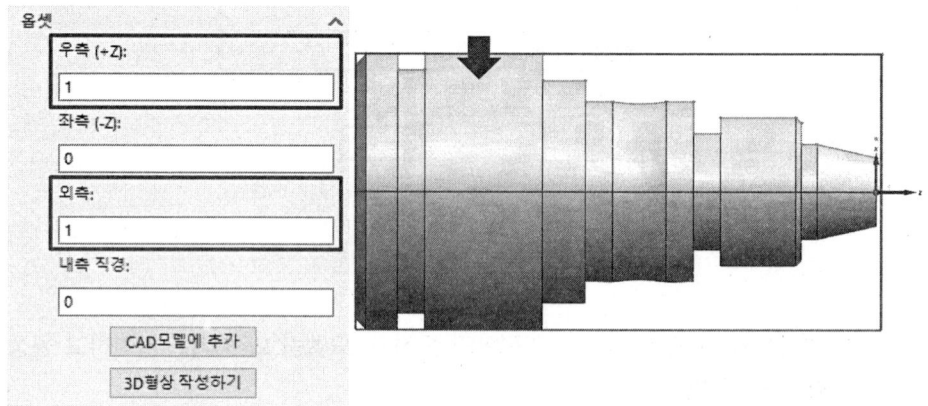

❽ 원점, 소재, 타겟의 정의가 모두 완료되면 [확인] 버튼을 클릭하여 파트 정의를 마친다.

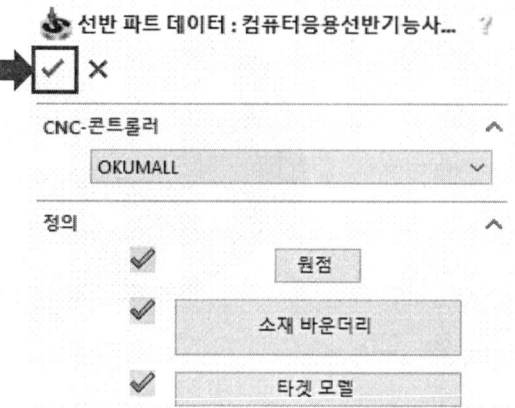

❾ [Setup 우클릭 → 편집 → Table_Pos1]을 클릭하고 [Z : 80]으로 입력한다.

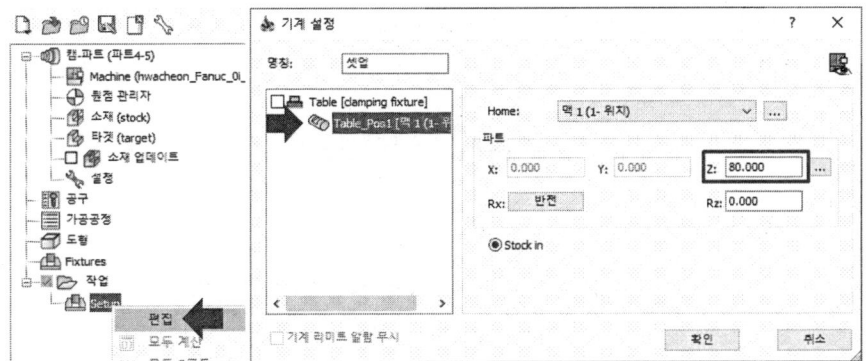

(2) 황삭 가공

❶ [커맨드 매니저 → SolidCAM 선반 탭 → 터닝]을 클릭한다.

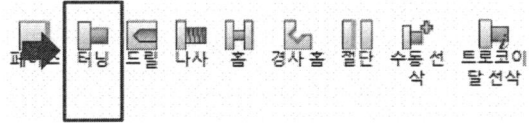

❷ [지오메트리 → 솔리드 → 신규]를 클릭한다.

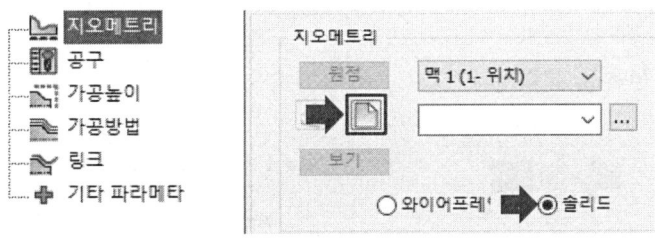

❸ 가공이 시작되는 면과 끝나는 면을 클릭하고 [수락] 버튼을 클릭하여 체인을 생성한다.

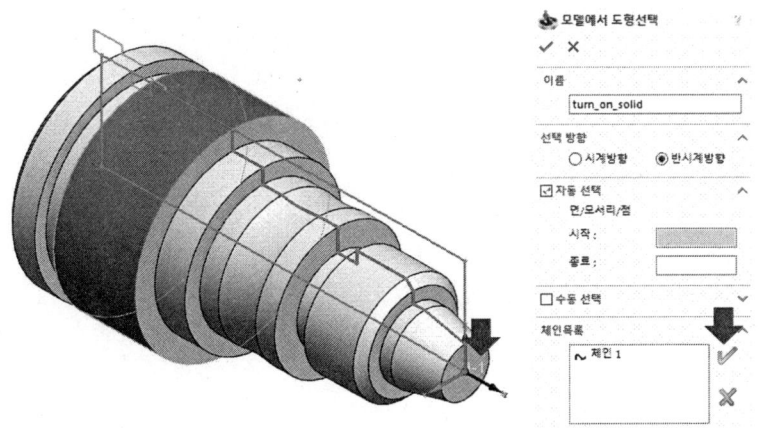

❹ [지오메트리 수정 → 체인시작점 연장/축소 → 거리값 : 3]을 입력하고 [체인 끝점 연장/축소 : 거리값 : -10]을 입력한 뒤 확인을 클릭한다.

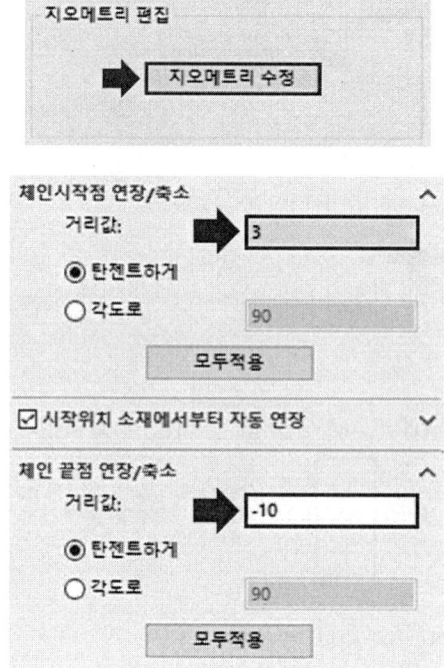

❺ [공구 → 선택]을 클릭한다.

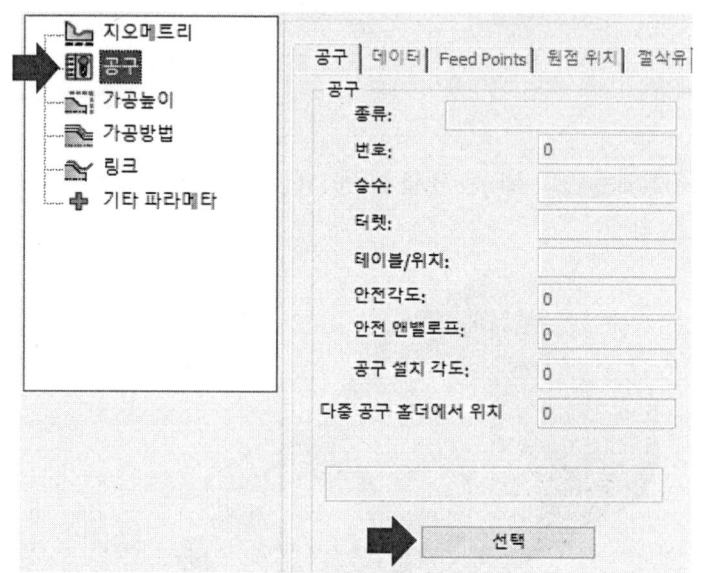

❻ [선반 공구 추가 → Ext. Turning]을 선택한다.

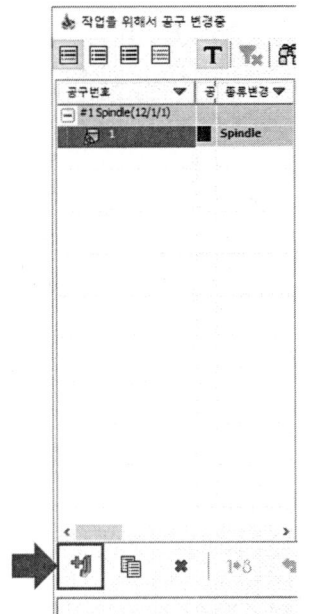
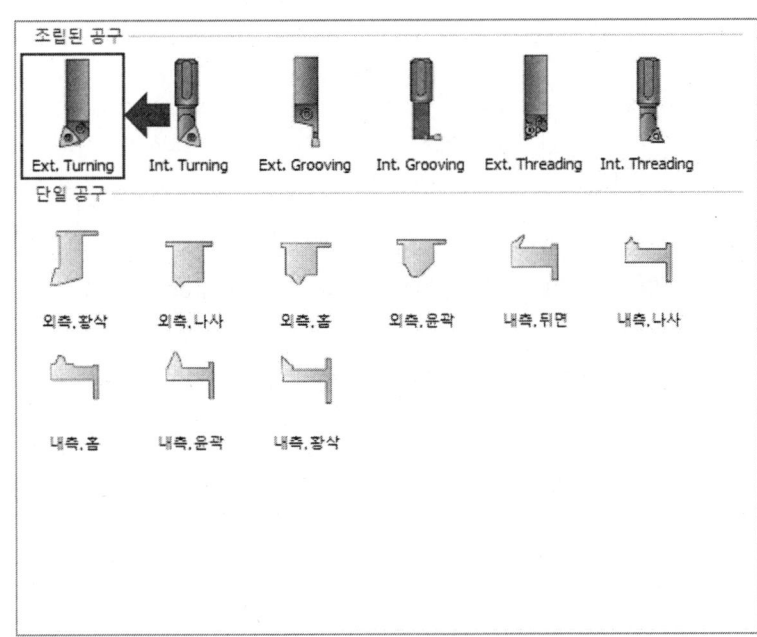

❼ 공구 데이터를 클릭하고 [일반, 정삭피드 : 0.2 → 일반, 정삭 회전 : 180 → 최대회전수 : 2000]을 입력한다.

❽ [마운팅위치>>]를 클릭한다.

❾ [X+]를 클릭하여 공구 형상이 X축에 수직이 되도록 하고 확인을 클릭한다.

❿ [가공방법 → 작업종류 → 황삭]을 클릭한다.

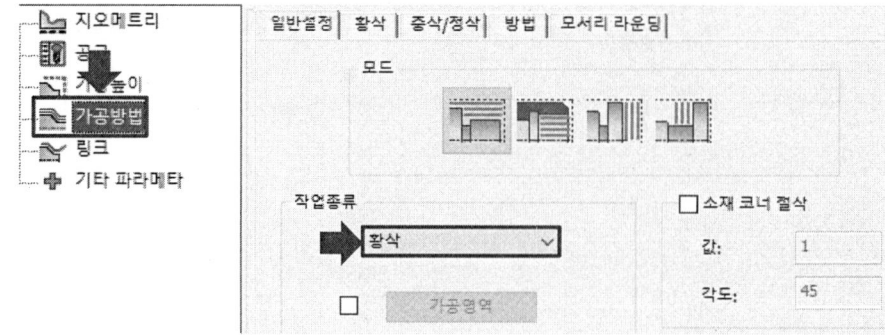

⓫ [가공 방법 → 황삭 → 황삭 옵셋 → ZX]을 클릭하고 다음과 같이 설정한다.

▸ 퇴피거리 : 0.5   ▸ X거리 : 0.2   ▸ Z : 0.2

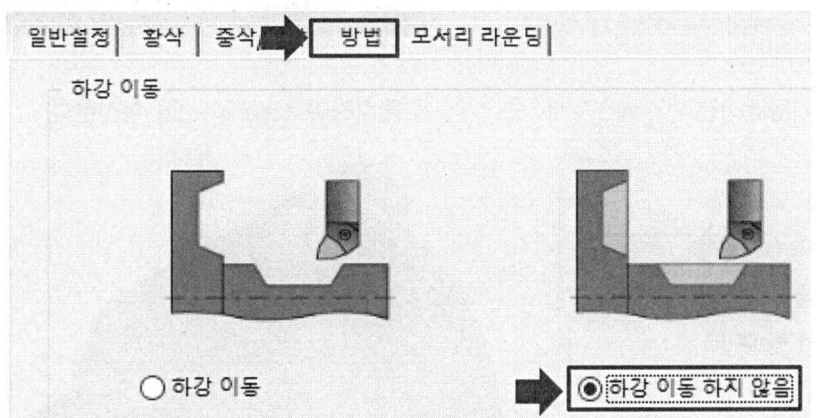

⓬ [방법 → 하강 이동 하지 않음]을 클릭한다.

⓭ [저장&계산] 버튼을 클릭하여 공구경로를 생성한다.

(3) 황삭 시뮬레이션 실행

❶ [시뮬레이션] 버튼을 클릭한다.

❷ [시뮬레이션 → 선반가공 → 실행]을 클릭한다.

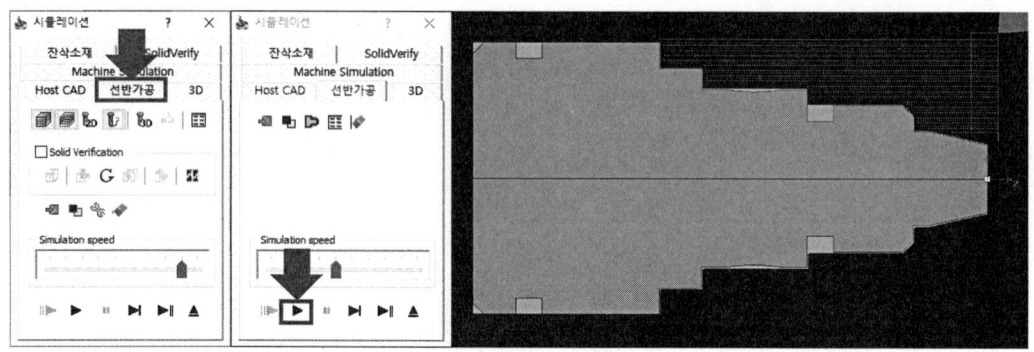

❸ [시뮬레이션 → SolidVerify → 실행]을 클릭하여 시뮬레이션을 확인한다.

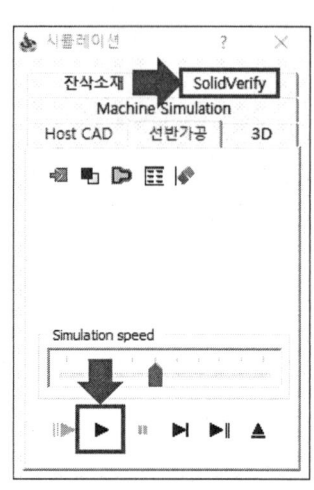
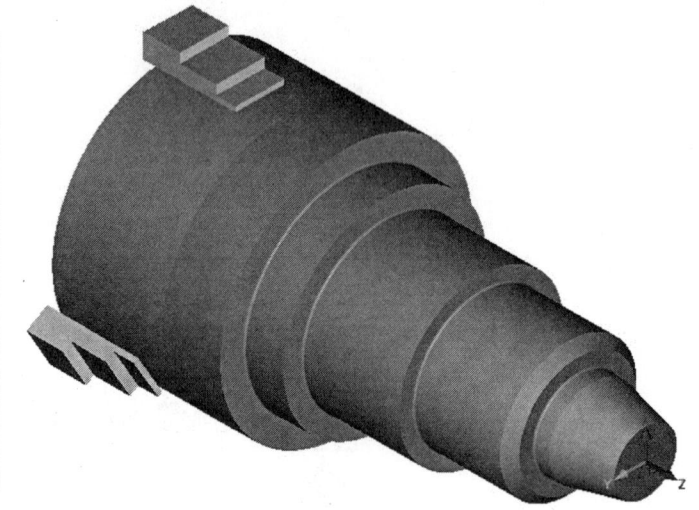

(4) 정삭 작업

❶ [황삭 작업 우클릭 → 복사 → 붙여넣기]를 클릭한다.

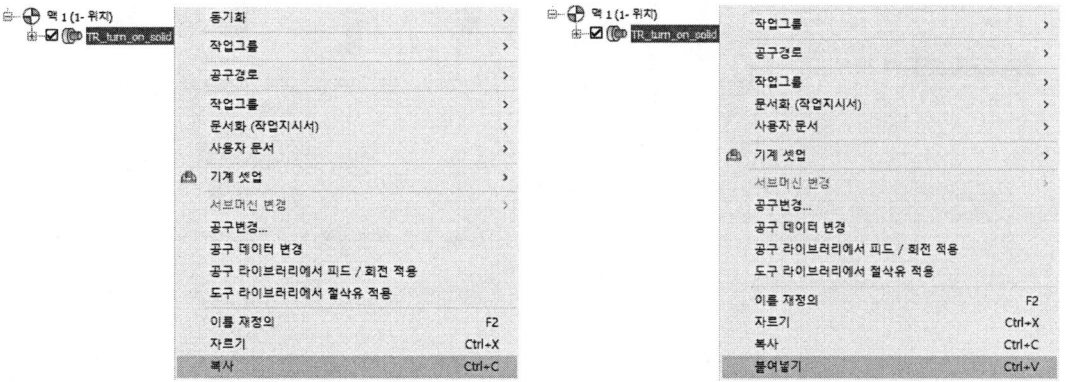

❷ 복사된 작업을 더블클릭한다.

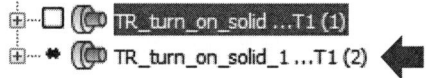

❸ [공구 → 선택]을 클릭한다.

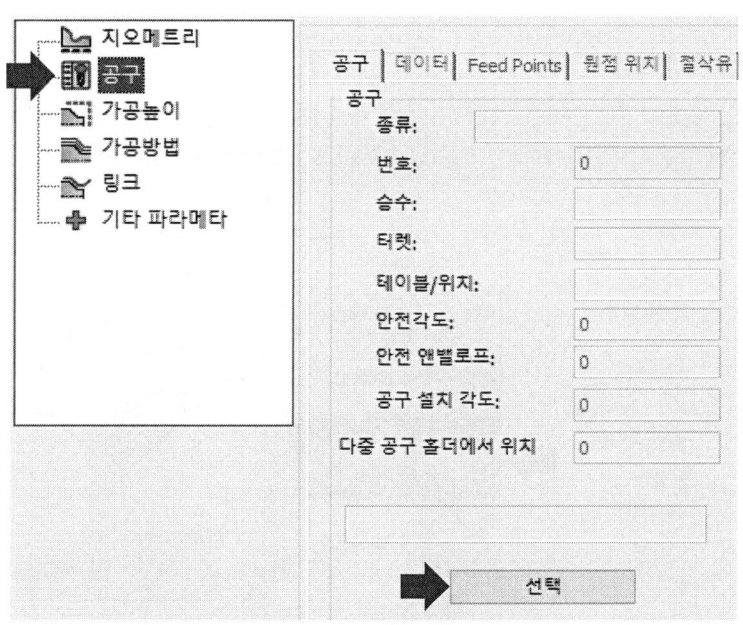

❹ [선반 공구 추가 → Ext. Turning]을 선택한다.

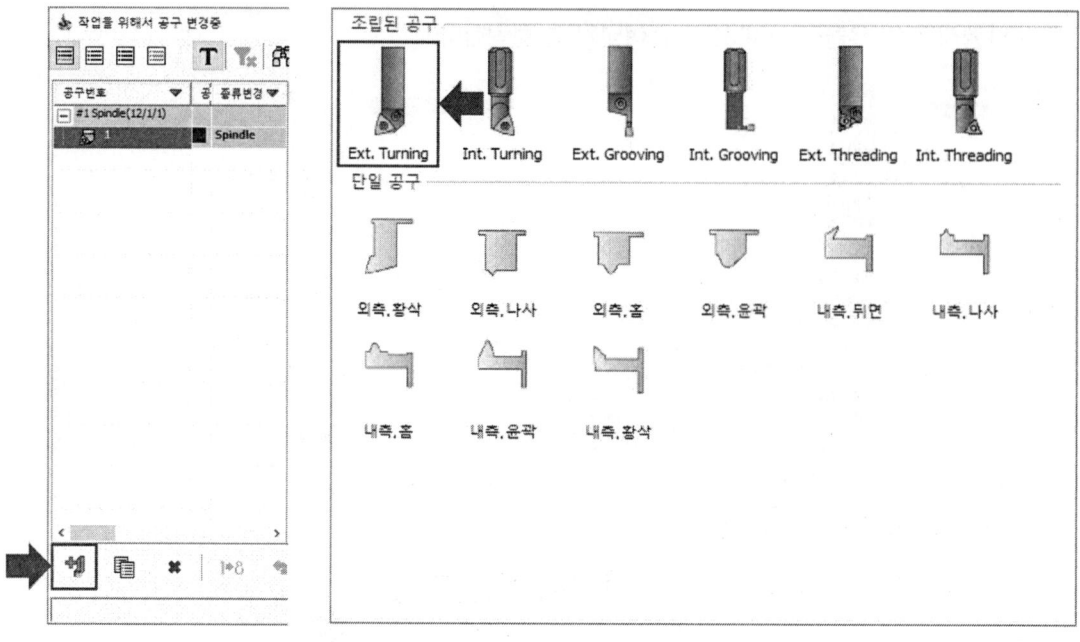

❺ [번호 : 3 → 공구설정 → 인서트 형상 → D(55deg)]를 클릭한다.

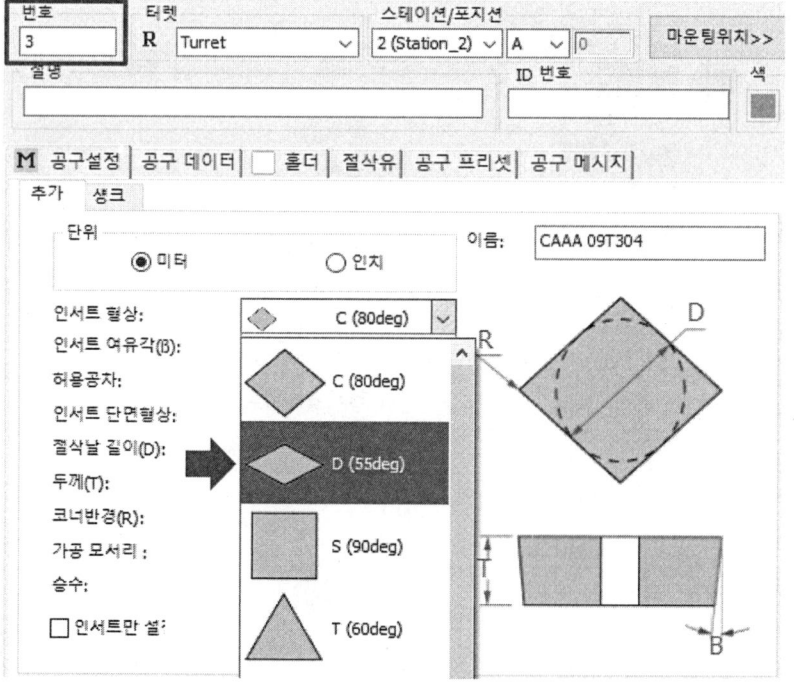

❻ [공구 데이터 → 일반, 정삭피드 : 0.3 → 회전단위 → V (m/min) → 일반, 정삭 회전 : 200 → 최대회전수 : 2000]을 그림과 같이 값을 입력한다.

❼ [마운팅위치>>]를 클릭한다.

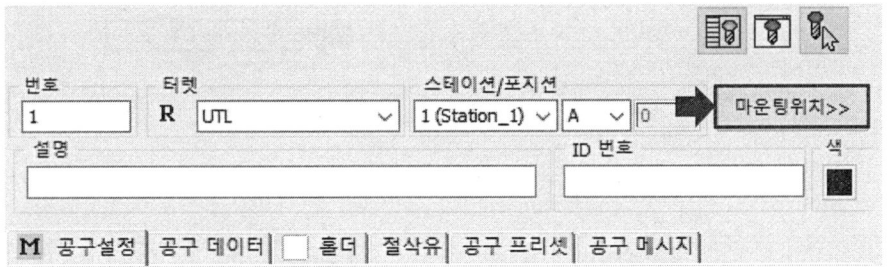

❽ [X+]를 클릭하여 공구 형상이 X축에 수직이 되도록 하고 확인을 클릭한다.

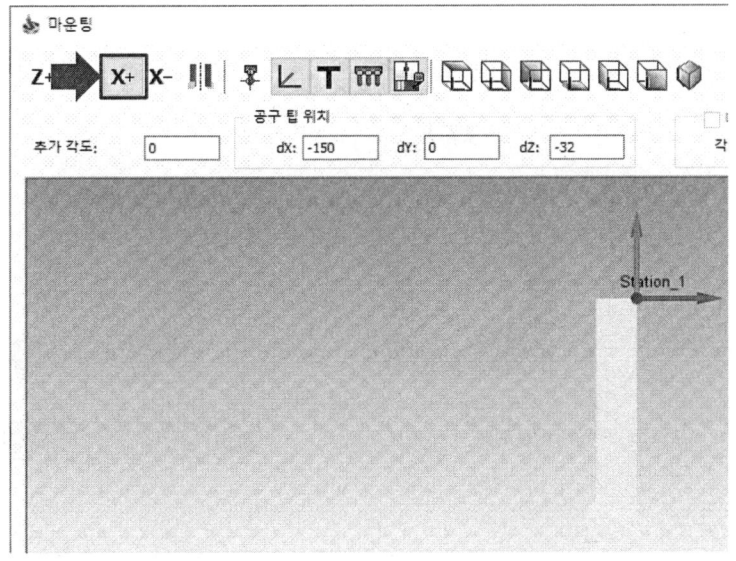

❾ [가공방법 → 작업종류 → 윤곽]을 클릭한다.

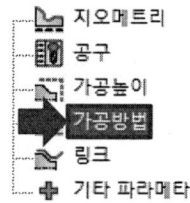
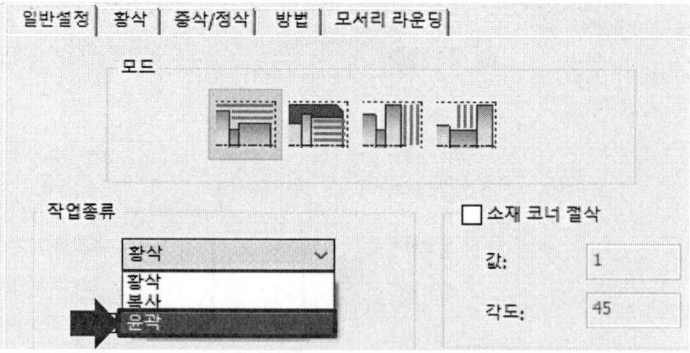

❿ [중삭/정삭 → 정삭 → ISO-선반가공방법 → 정삭 방법 → 전체 도형]을 선택한다.

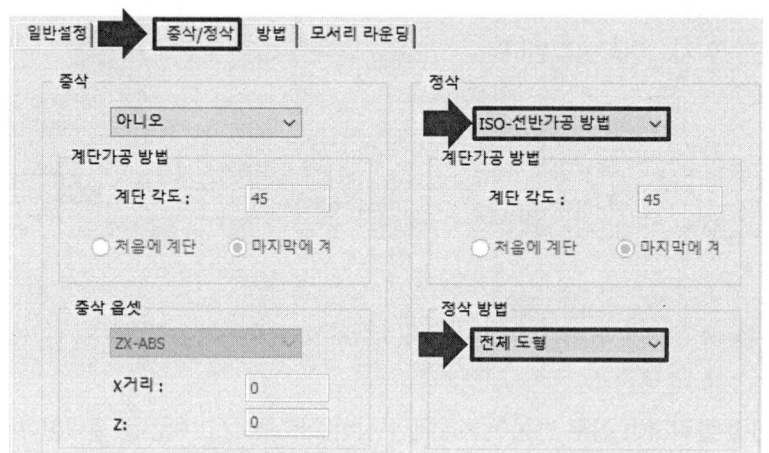

⓫ [방법 → 하강 이동 하지 않음]을 클릭한다.

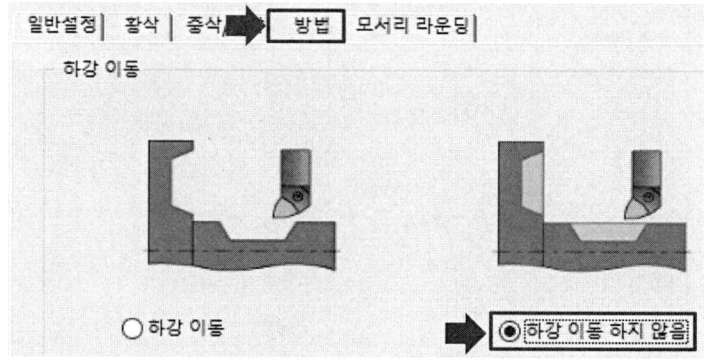

컴퓨터응용선반기능사 실기

⓬ [저장&계산] 버튼을 클릭하여 공구경로를 생성한다.

(5) 정삭 가공 시뮬레이션 실행

❶ [시뮬레이션] 버튼을 클릭한다.

❷ [시뮬레이션 → 선반가공 → 실행]을 클릭한다.

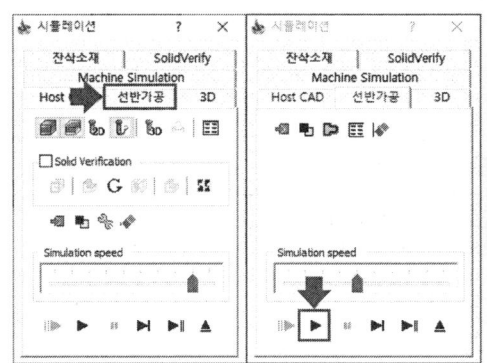
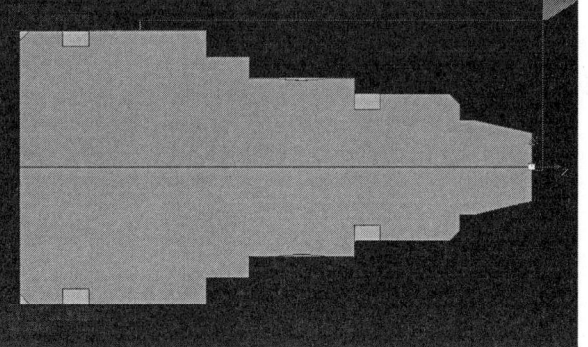

❸ [시뮬레이션 → SolidVerify → 실행]을 클릭하여 시뮬레이션을 확인한다.

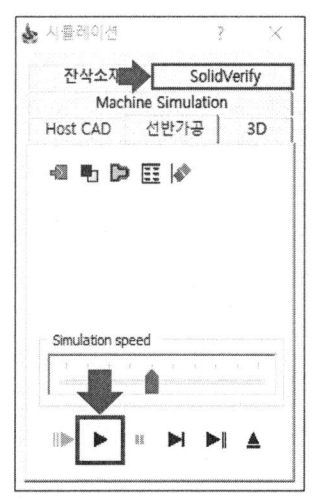
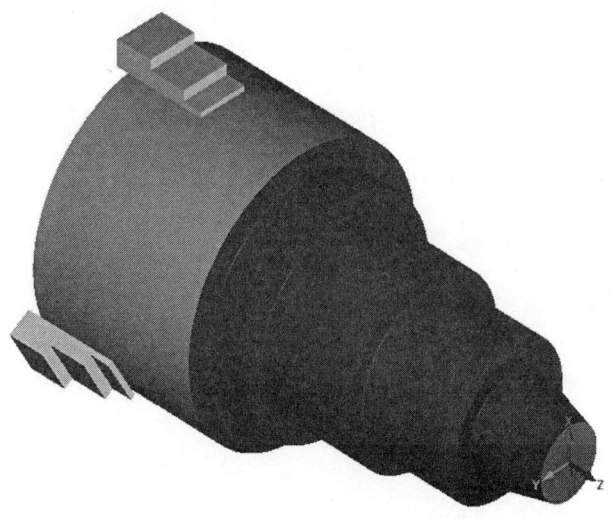

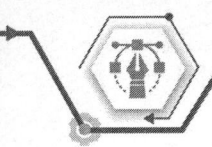

(6) 윤곽 라운딩 작업

❶ [정삭 작업 우클릭 → 복사 → 붙여넣기]를 클릭한다.

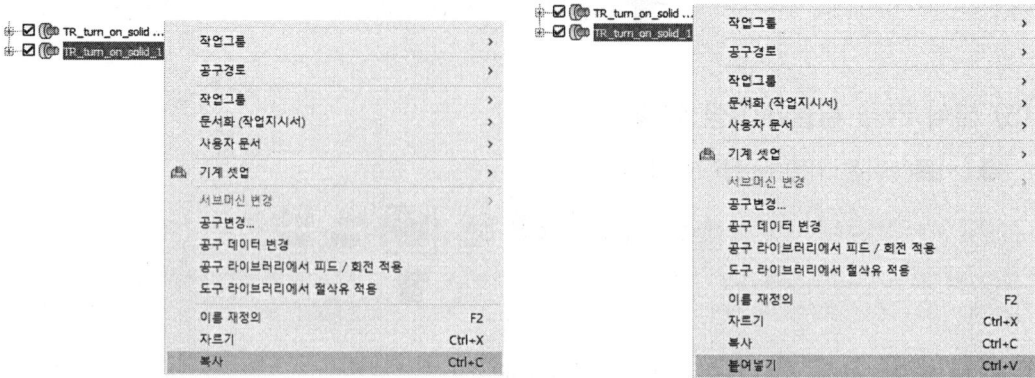

❷ 복사된 작업을 더블클릭한다.

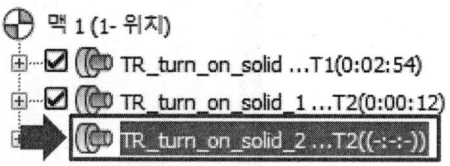

❸ [지오메트리 → 와이어프레임 → 신규]를 클릭한다.

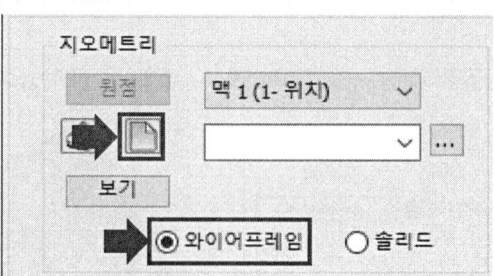

❹ 화살표가 향하는 선을 클릭하여 체인을 생성하고 확인을 클릭한다.

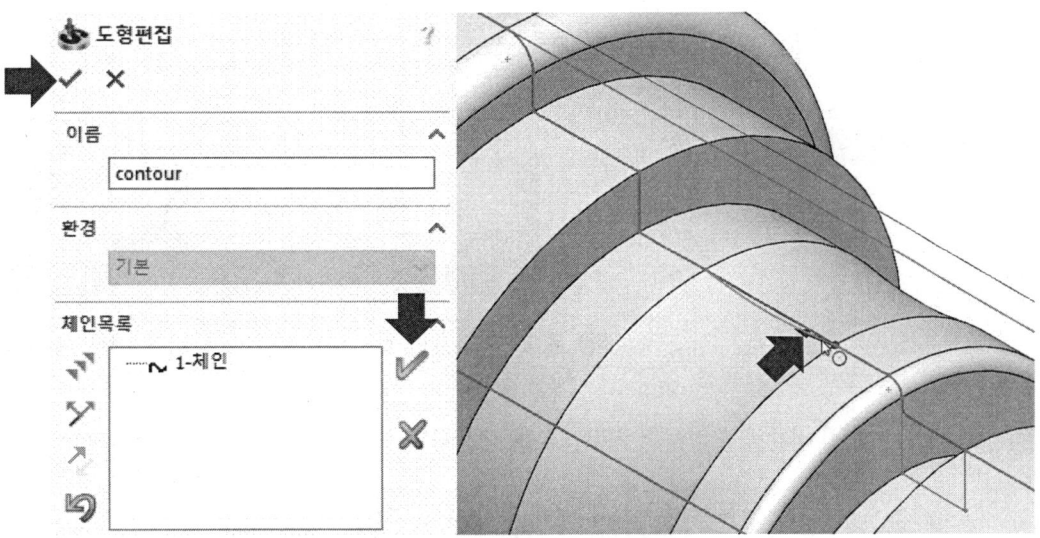

❺ [지오메트리 수정 → 체인시작점 연장/축소 → 거리값 : 3]을 입력하고 [체인 끝점 연장/축소 : 거리값 2]를 입력한 뒤 확인을 클릭한다.

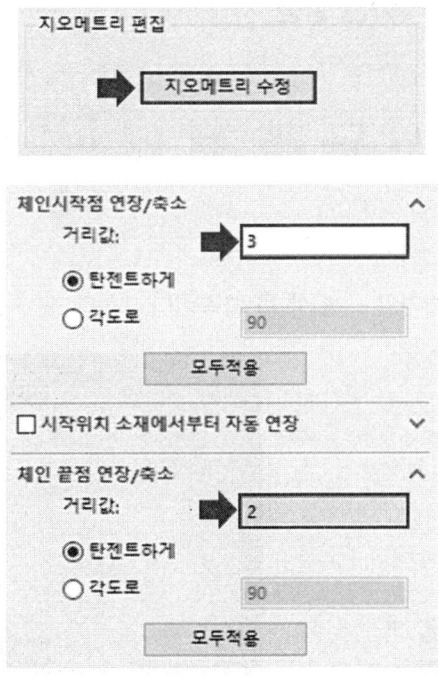

❻ [가공방법 → 방법 → 하강 이동]을 클릭한다.

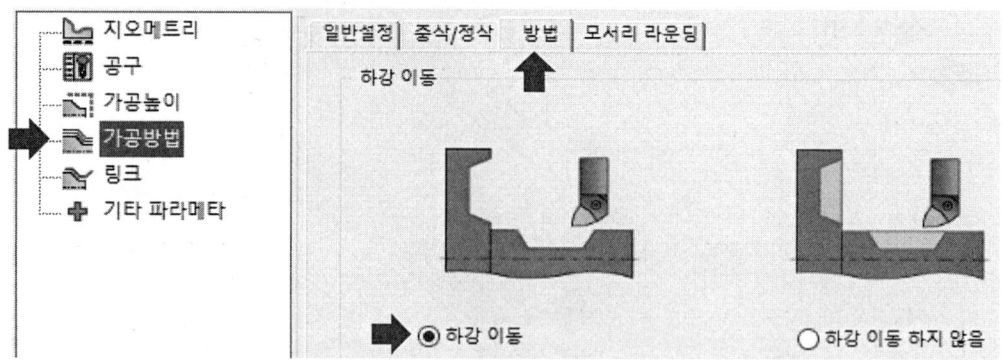

❼ [저장&계산] 버튼을 클릭하여 공구경로를 생성한다.

(7) 윤곽 라운딩 시뮬레이션 실행

❶ [시뮬레이션] 버튼을 클릭한다.

❷ [시뮬레이션 → 선반가공 → 실행]을 클릭한다.

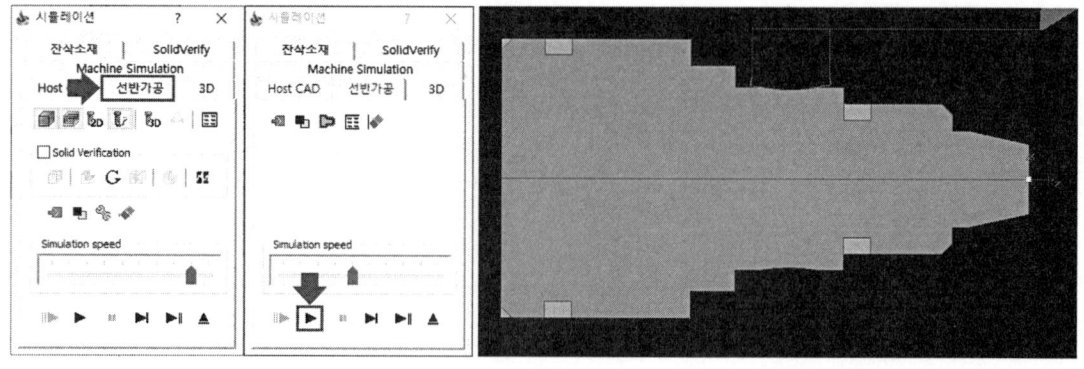

❸ [시뮬레이션 → SolidVerify → 실행]을 클릭하여 시뮬레이션을 확인한다.

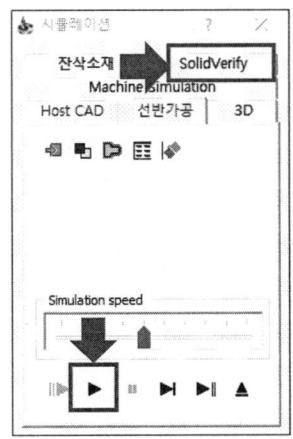 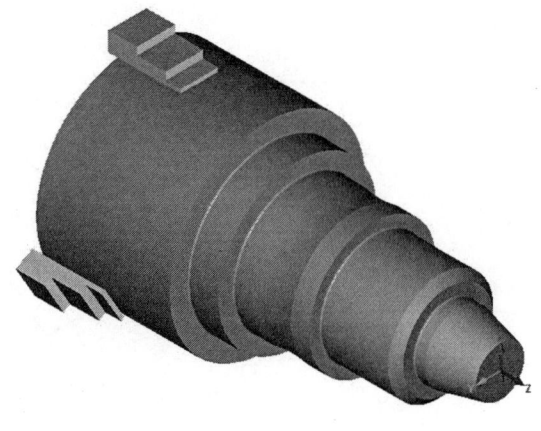

(8) 홈 가공

❶ [커맨드 매니저 → 홈]을 클릭한다.

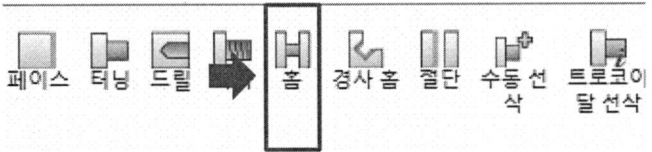

❷ [도형 → 와이어프레임 → 신규]를 클릭한다.

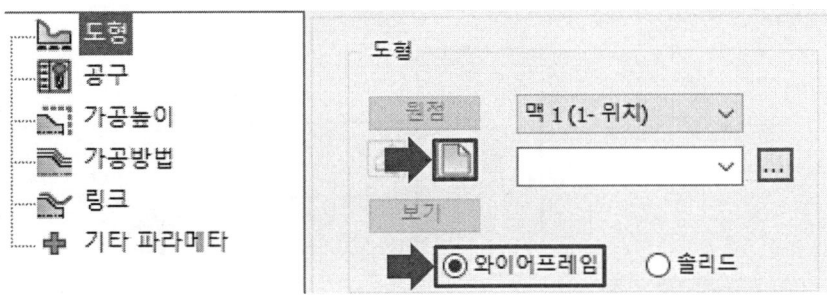

❸ 화살표가 향하는 선을 선택하고 체인을 설정한 후 확인을 클릭한다.

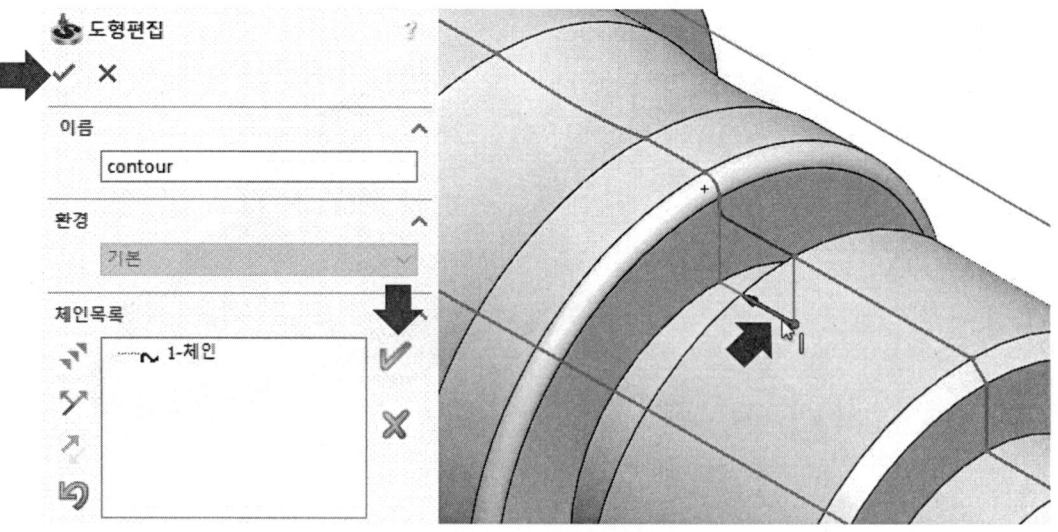

❹ [지오메트리 → 지오메트리 편집 → 지오메트리 수정]을 클릭한다.

❺ [시작위치 소재에서부터 자동 연장 → 체크 해제 → 확인]을 클릭한다.

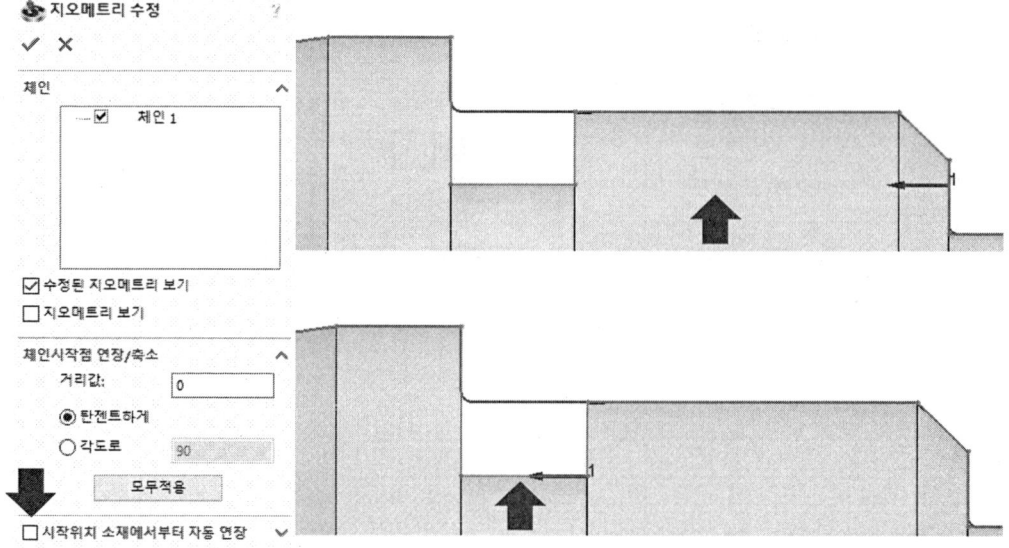

❻ [공구 → 선택]을 클릭한다.

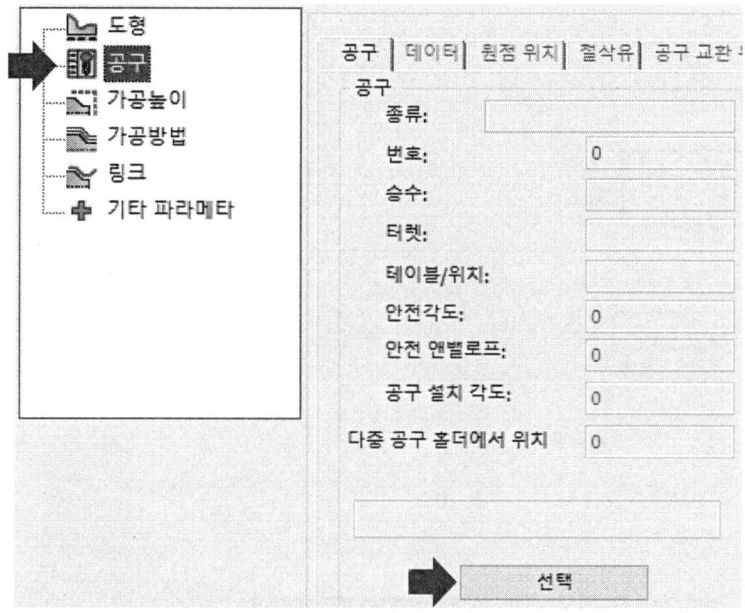

❼ [선반 공구추가 → Ext. Grooving]을 선택하고 확인을 클릭한다.

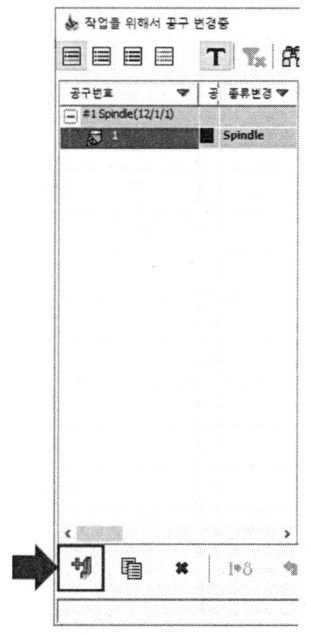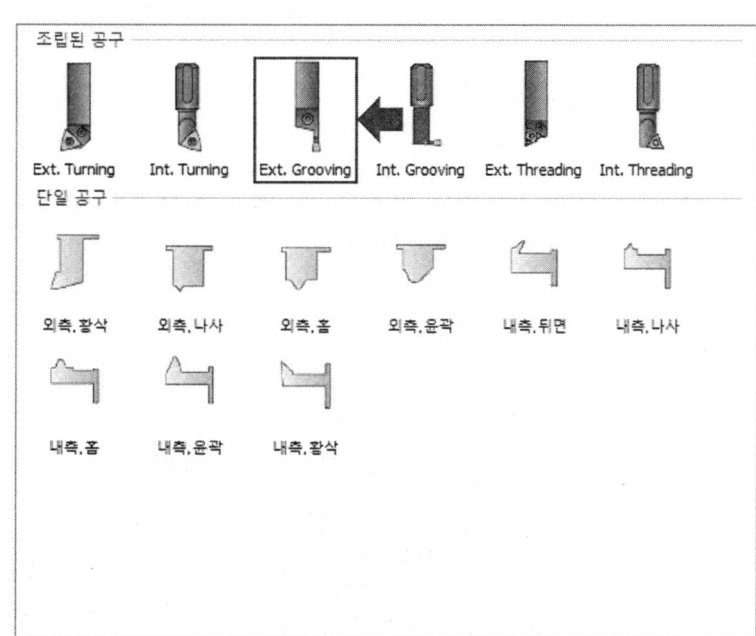

❽ [번호 : 5]를 입력하고 그림과 같이 공구설정값을 설정한다.

- A : 3
- H : 12
- W : 3
- La : 6
- Ra : 0.2
- 코너두께 펙터 : 6

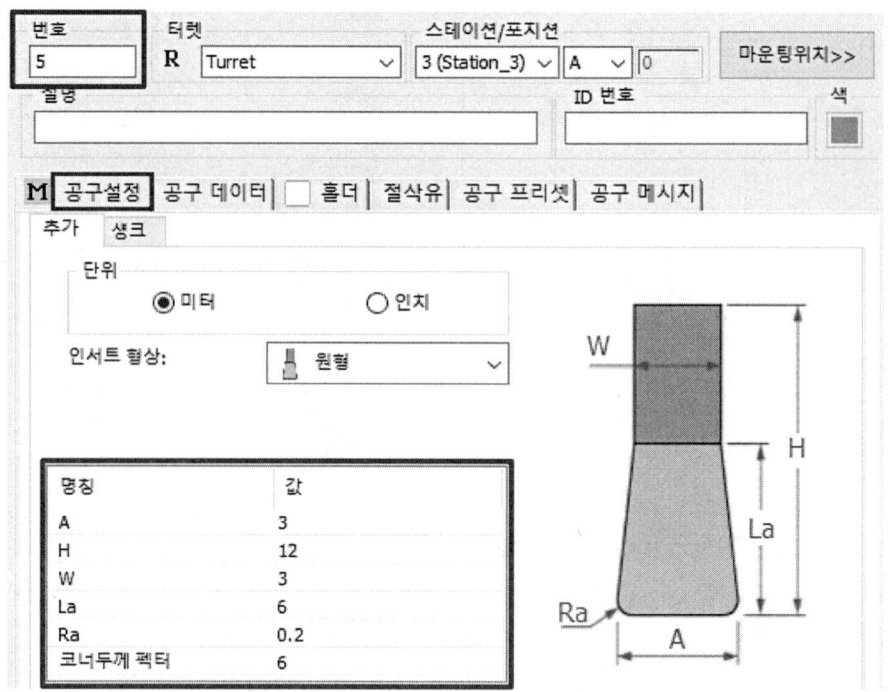

❾ [공구 데이터 → 일반, 정삭피드 : 0.08 → 회전단위 → S(rpm) → 일반, 정삭 회전 : 500 → 최대회전수 : 500]을 입력한다.

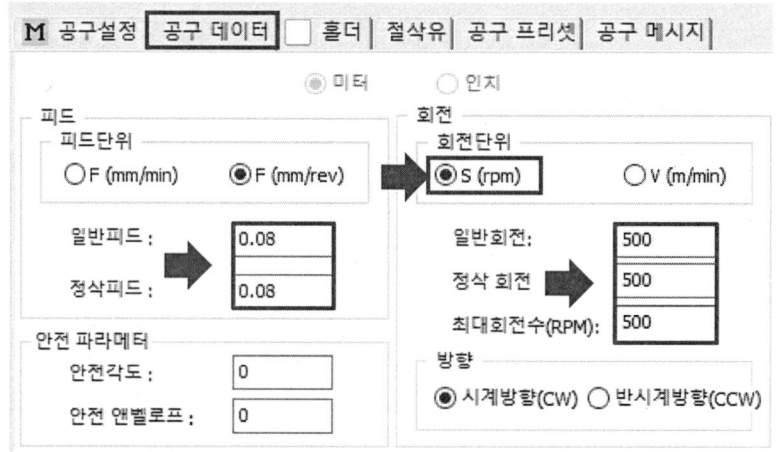

❿ [마운팅위치>>]를 클릭한다.

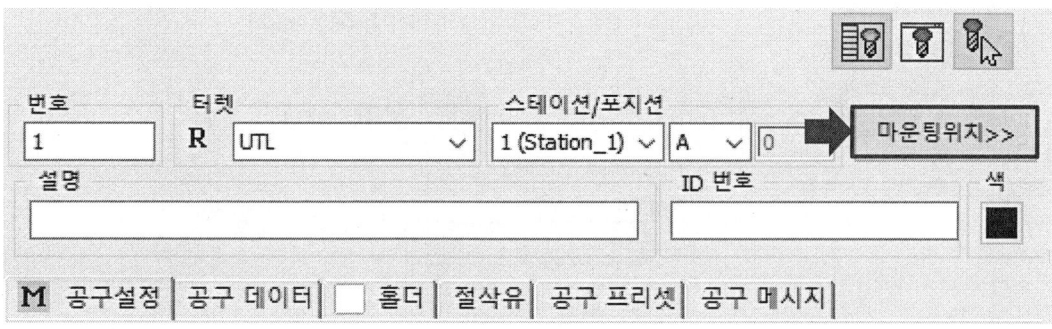

⓫ [X+]를 클릭하여 공구 형상이 X축에 수직이 되도록 하고 확인을 클릭한다.

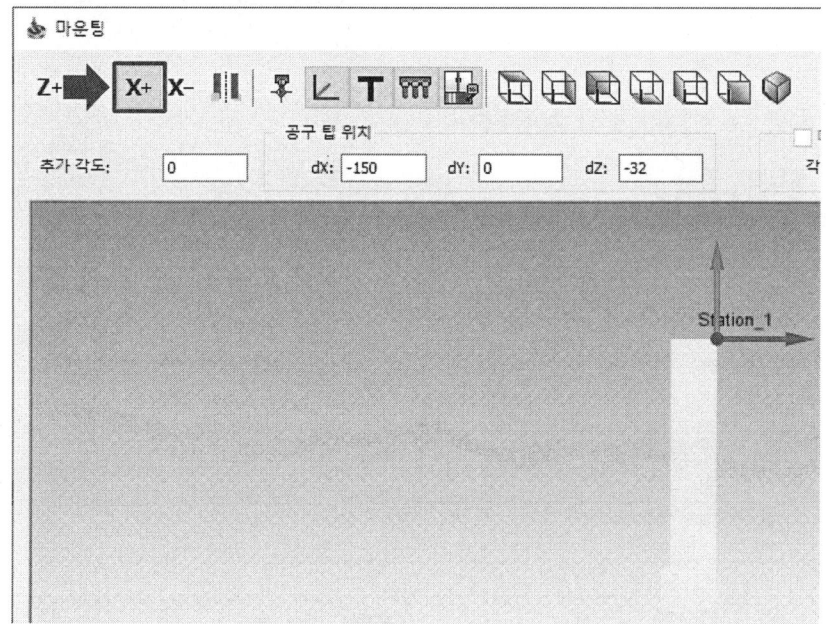

⓬ [가공높이 → 안전거리 : 5]를 입력한다.

⑬ [가공방법 → 작업종류 : 황삭 → 사이클 사용 : 아니오]를 선택한다.

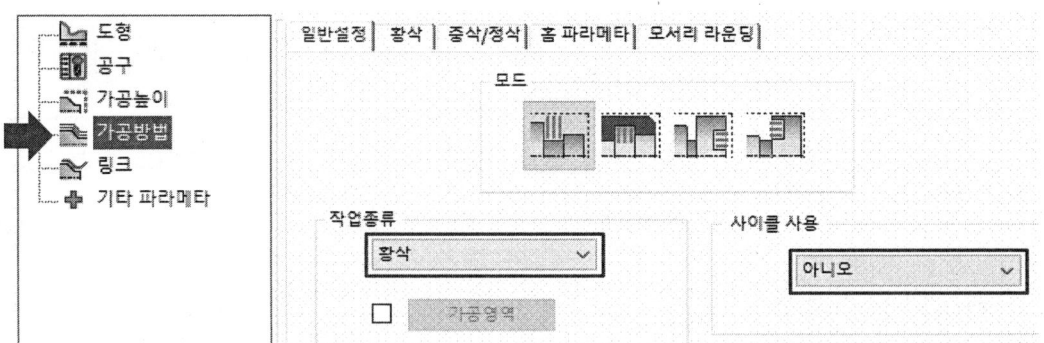

⑭ [가공방법 → 황삭 → 절입량 → 없음 → 황삭 옵셋]을 다음과 같이 입력한다.

▸ x거리 : 0   ▸ z거리 : 0

⑮ [가공방법 → 중삭/정삭 → 정삭 → 아니오]을 클릭한다.

⑯ [저장&계산] 버튼을 클릭하여 공구경로를 생성한다.

(9) 홈 가공 시뮬레이션 실행

❶ [시뮬레이션] 버튼을 클릭한다.

❷ [시뮬레이션 → 선반가공 → 실행]을 클릭한다.

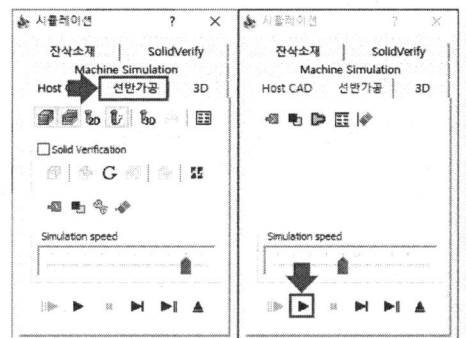 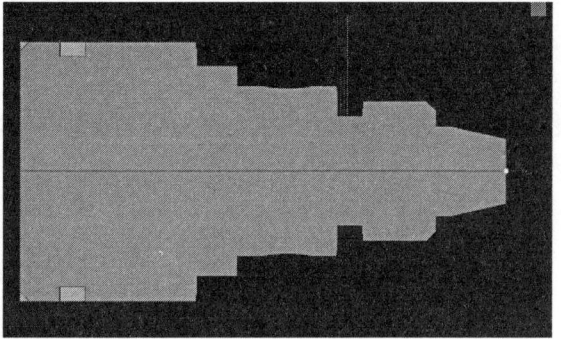

❸ [시뮬레이션 → SolidVerify → 실행]을 클릭하여 시뮬레이션을 확인한다.

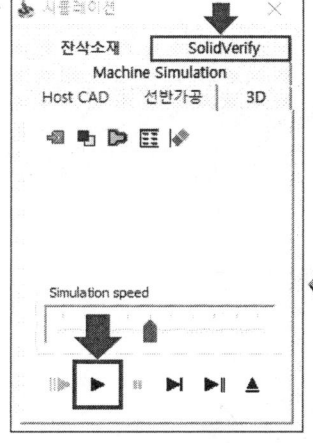 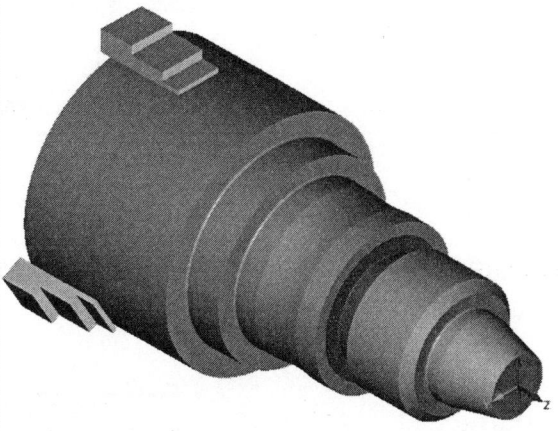

(10) 나사 가공

❶ [커맨드 매니저 → SolidCAM 선반 탭 → 나사 → 와이어프레임 → 신규]를 클릭한다.

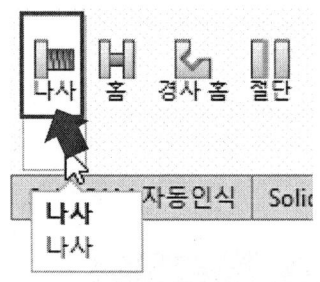 

❷ 그림에서 화살표가 향하는 선을 클릭하고 체인이 생성된 걸 확인 후 확인을 클릭한다.

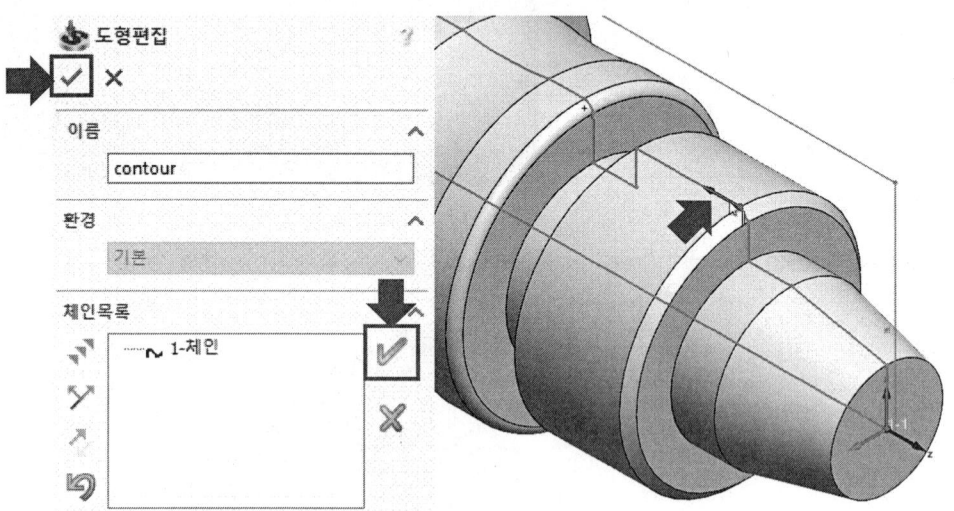

❸ [지오메트리 → 지오메트리 편집 → 지오메트리 수정] 클릭한다.

❹ [체인시작점 연장/축소 → 거리값 5]를 입력하고 [체인 끝점 연장/축소 : 거리값 2]를 입력한 뒤 확인을 클릭한다.

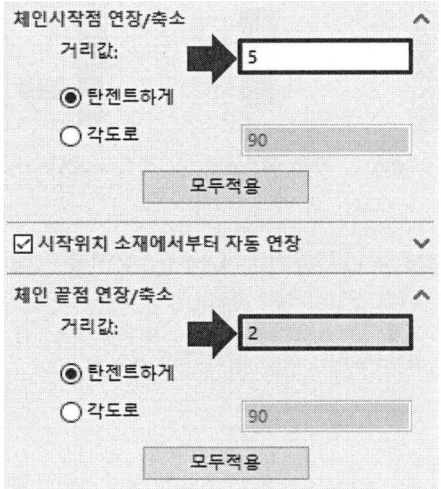

❺ [공구 → 선택]을 클릭한다.

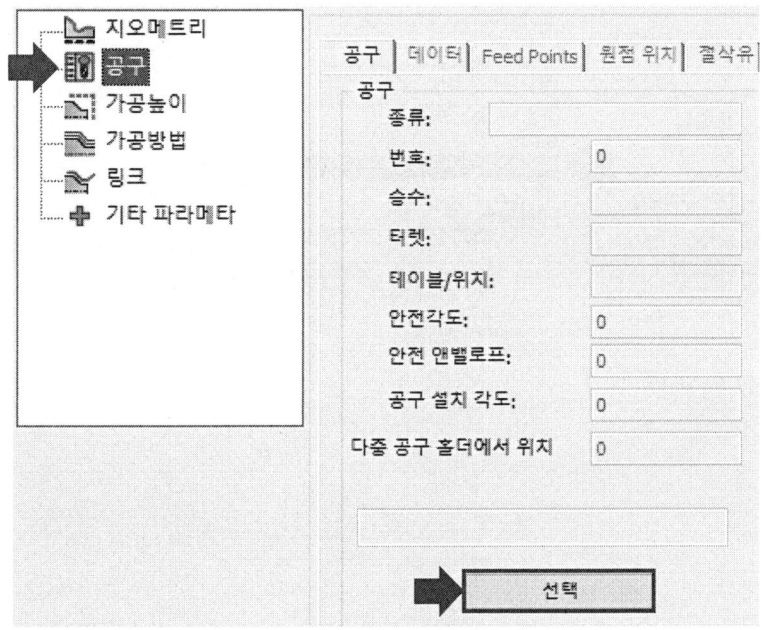

❻ [선반 공구추가 → Ext. Threading]을 선택하고 확인을 클릭한다.

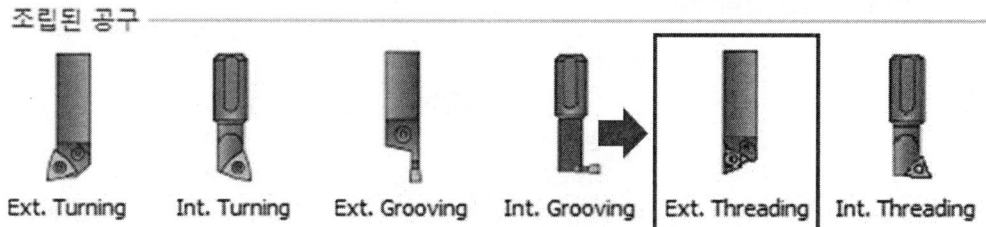

❼ [번호 : 7 → 공구설정 → 나사규격 → Metric(ISO)]를 선택한다.

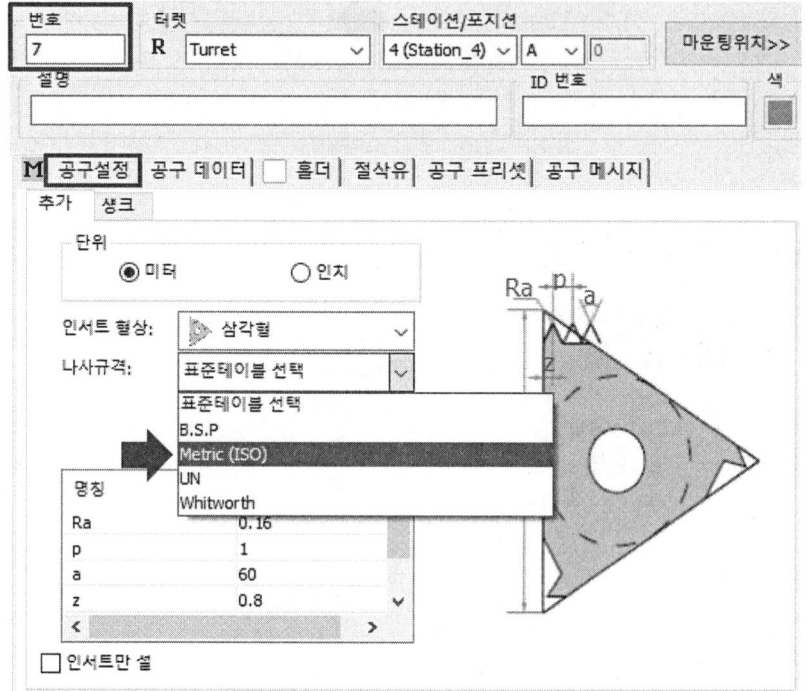

❽ [M28 x 1.5]를 선택하고 [확인]을 클릭한다.

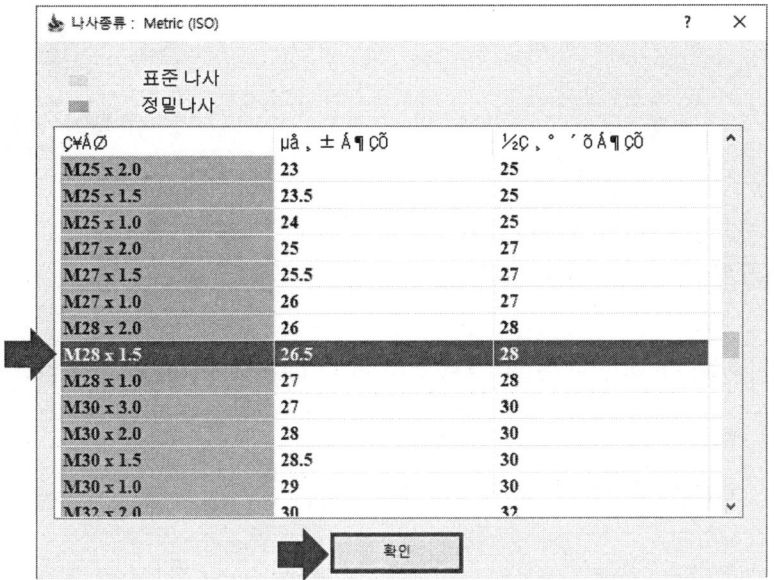

❾ [공구설정 → 공구 데이터 → 일반피드 : 1.5 → S(rpm) → 일반회전 : 500]을 입력한다.

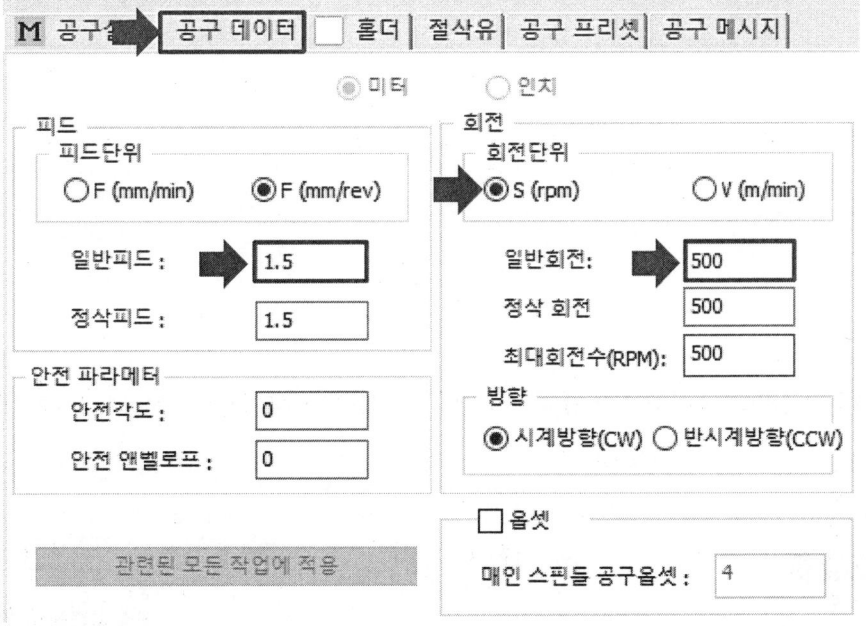

❿ [마운팅위치>>]를 클릭한다.

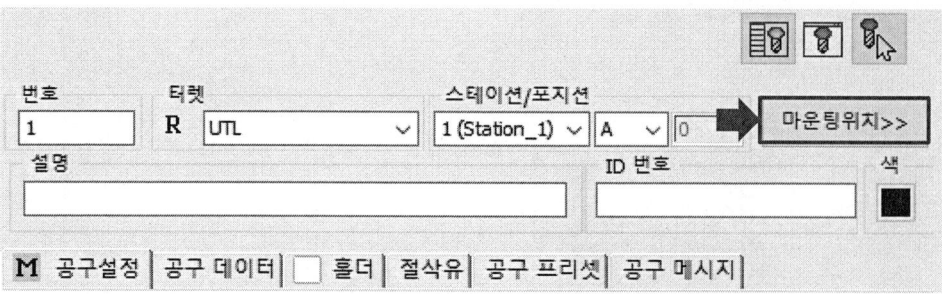

⓫ [X+]를 클릭하여 공구 형상이 X축에 수직이 되도록 하고 확인을 클릭한다.

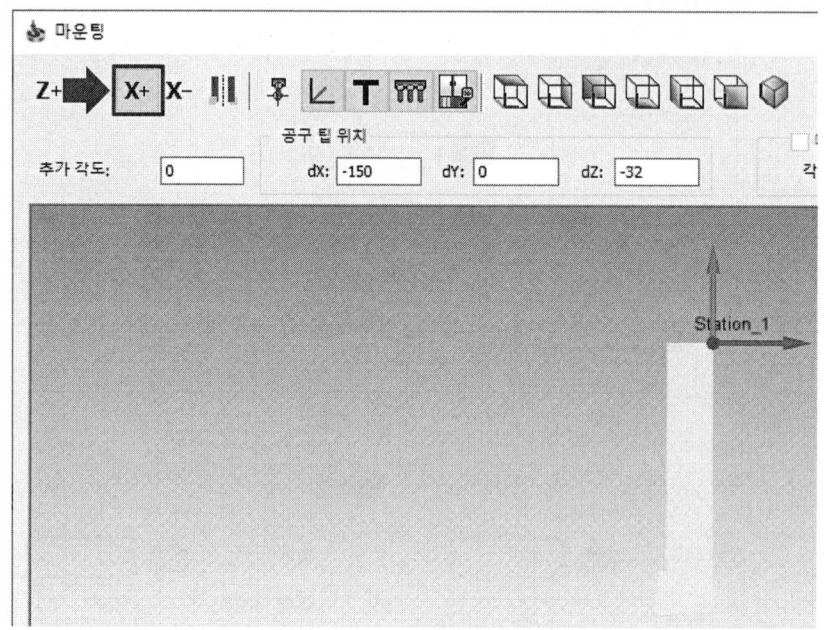

⓬ [가공방법 → 나사 기본 규격 → 테이블 → 표준테이블 선택 → Metric (ISO)]을 클릭한다.

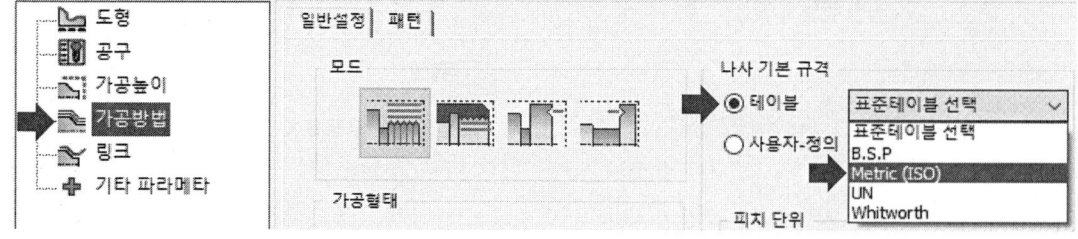

⑬ [M28 x 1.5]를 선택하고 [확인]을 클릭한다.

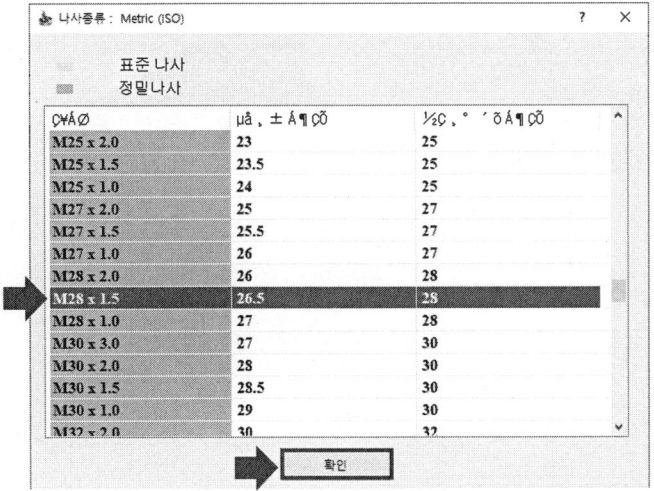

⑭ [저장&계산] 버튼을 클릭하여 공구경로를 생성한다.

(11) 나사 가공 시뮬레이션 실행

❶ [시뮬레이션] 버튼을 클릭한다.

❷ [시뮬레이션 → 선반가공 → 실행]을 클릭한다.

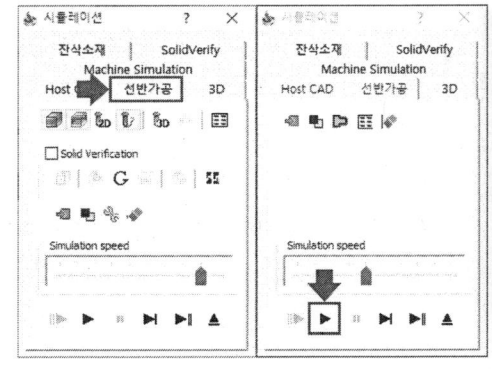
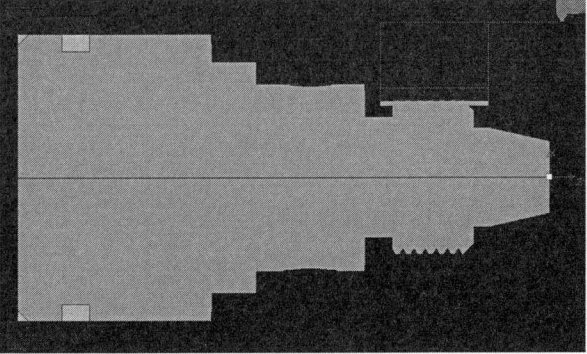

❸ [시뮬레이션 → SolidVerify → 실행]을 클릭하여 시뮬레이션을 확인한다.

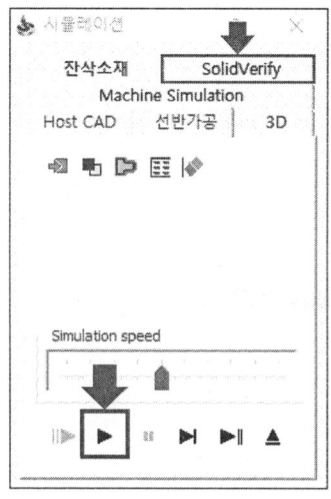 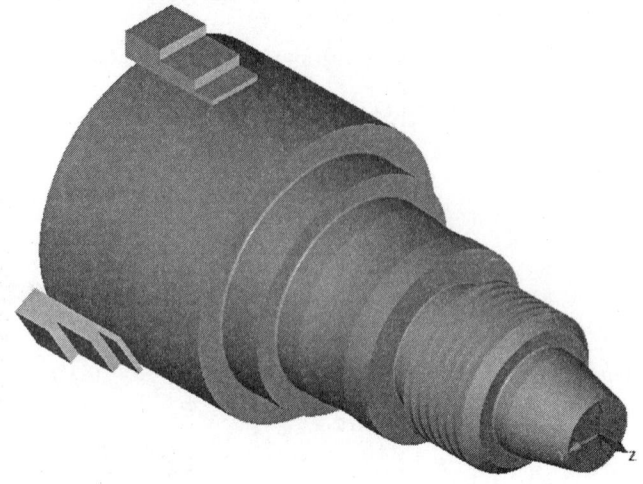

(12) 시뮬레이션 및 G코드 생성

❶ [솔리드캠 관리자 → 작업]을 클릭한다.

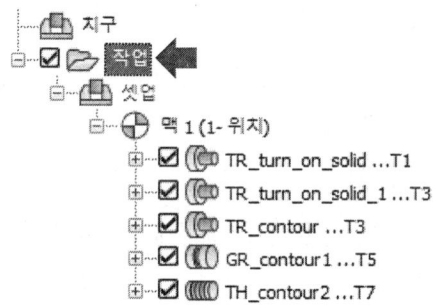

❷ [커맨드 매니저 → 시뮬레이션]을 클릭한다.

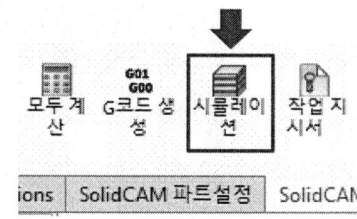

❸ [시뮬레이션 → 선반가공 또는 SoildVerify → 실행]을 클릭하여 모든 작업에 대한 시뮬레이션을 확인한다.

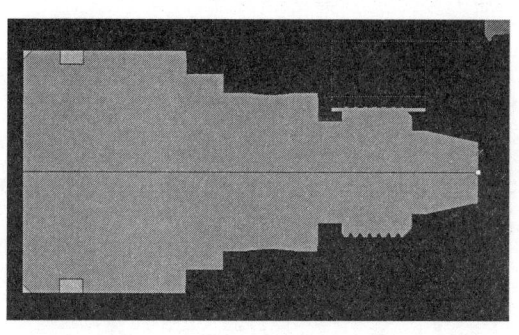
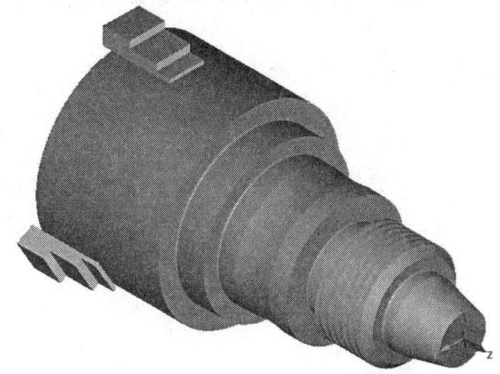

❹ [커맨드 매니저 → G코드 생성]을 클릭한다.

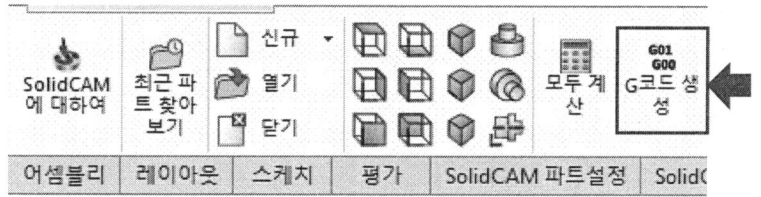

❺ G코드를 확인 후 [다른 이름으로 저장]으로 저장한다.

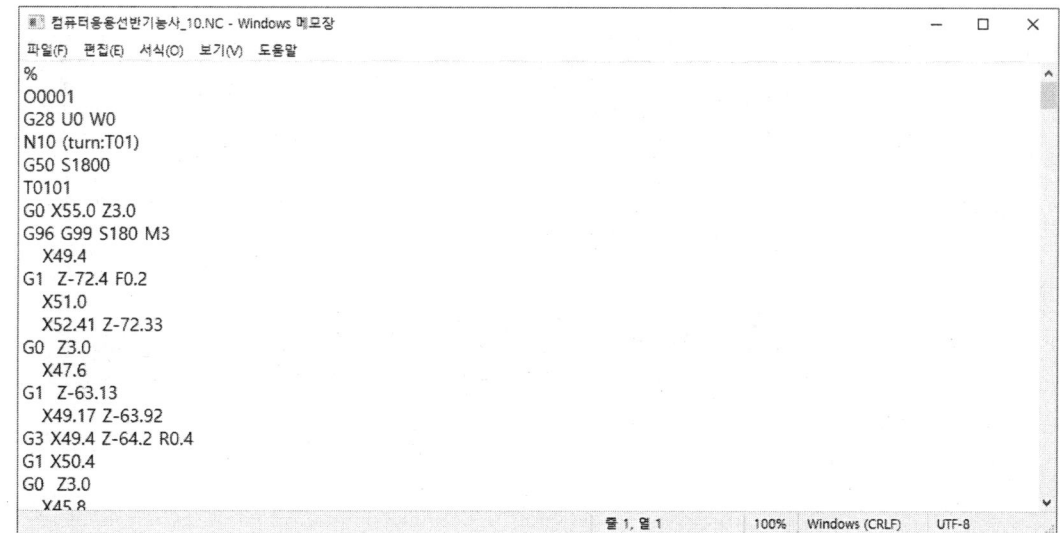

(13) 뒷면 가공 초기 설정하기

❶ [솔리드캠 관리자 → 공구 → 더블클릭 → 공구 내보내기]를 클릭한다.

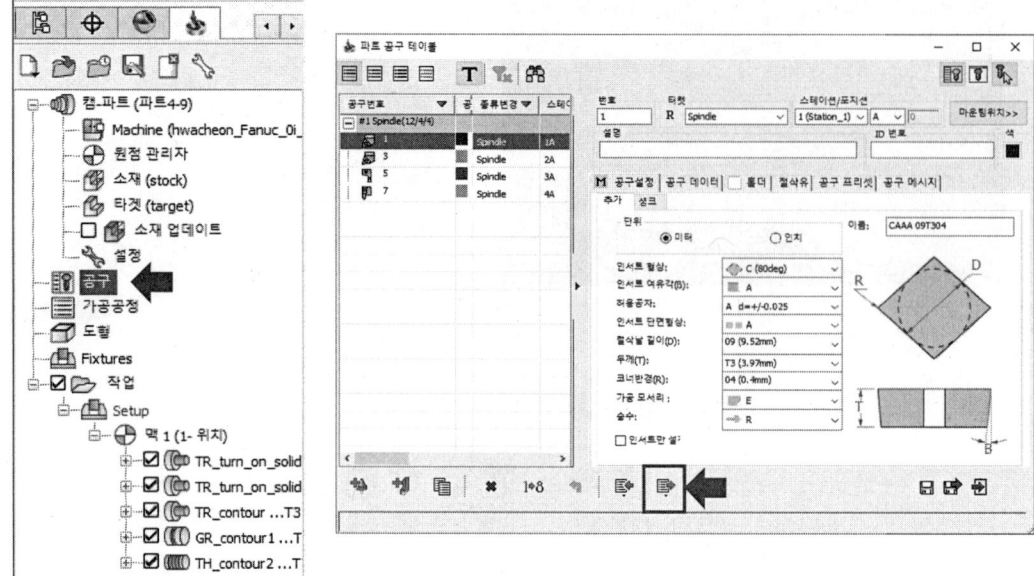

❷ [공구 내보내기 → Export All → 파일 이름 입력 → Export]를 클릭한다.

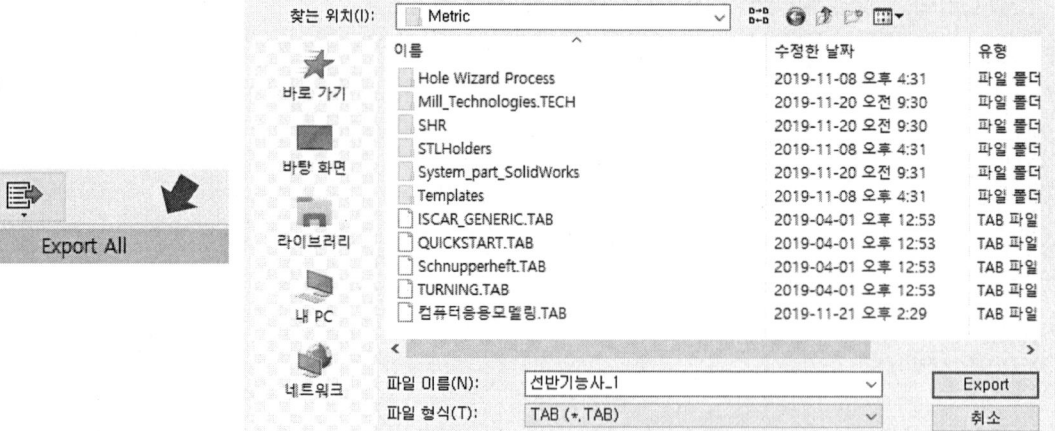

❸ [주메뉴 바 → 열기]를 통해 파일을 불러온다.

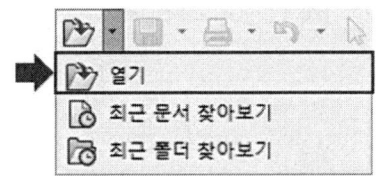

Tip 이미 모델링 파일이 열려있다면 해당 과정은 생략한다.

❹ [커맨드 매니저 → SolidCAM 파트 설정 탭 → 신규 → 터닝]을 클릭한다.

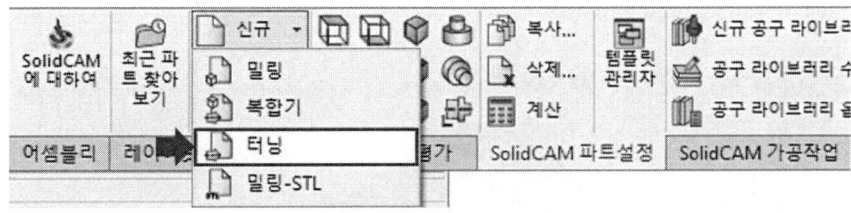

❺ [좌측 대화상자 → 캠-파트 생성방법 → 솔리드캠의 파일로 저장 → 단위 → 미터]를 선택하고 확인을 클릭한다.

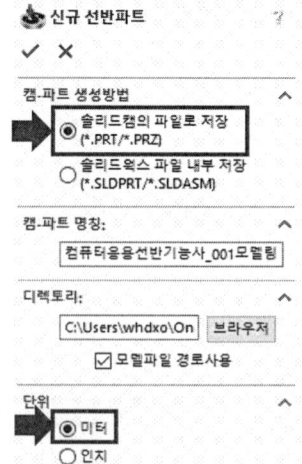

❻ [솔리드캠 관리자 → CNC-컨트롤러 → OKUMALL]을 설정한 후 [정의 → 원점]을 클릭한다.

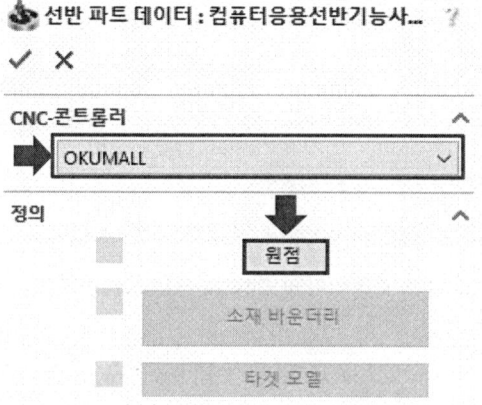

❼ 모델링을 클릭하여 원점을 생성한다.

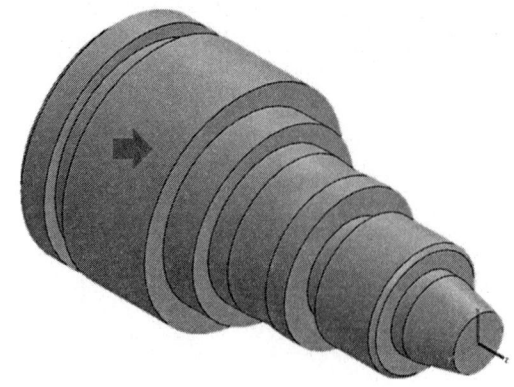

❽ [반대로 변경]을 클릭하고 원점의 위치가 변경된걸 확인 후 [확인] 버튼을 클릭하여 원점 정의를 마친다.

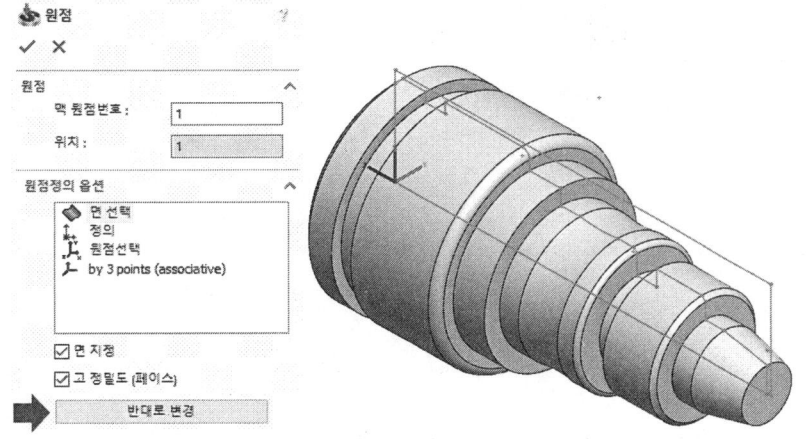

❾ [소재 바운더리]를 클릭한다.

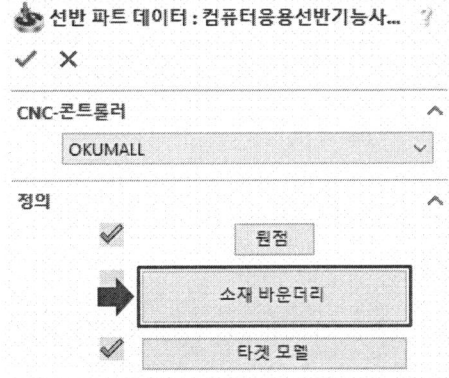

❿ 모델링을 클릭하여 형상을 정의하고 [옵셋 → 우측 및 외측 : 1]을 입력한 후 확인을 클릭하여 소재를 정의한다.

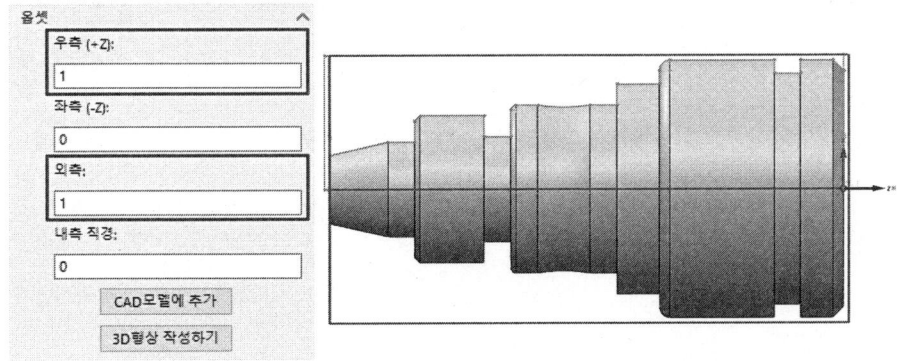

⓫ 원점, 소재, 타겟의 정의가 모두 완료되면 [확인] 버튼을 클릭하여 파트 정의를 마친다.

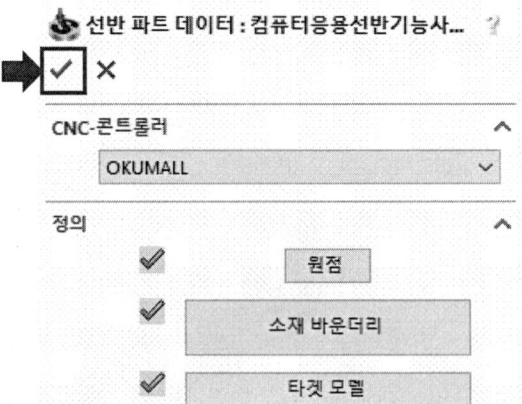

⓬ [공구 → 더블클릭 → 공구 불러오기]를 클릭한다.

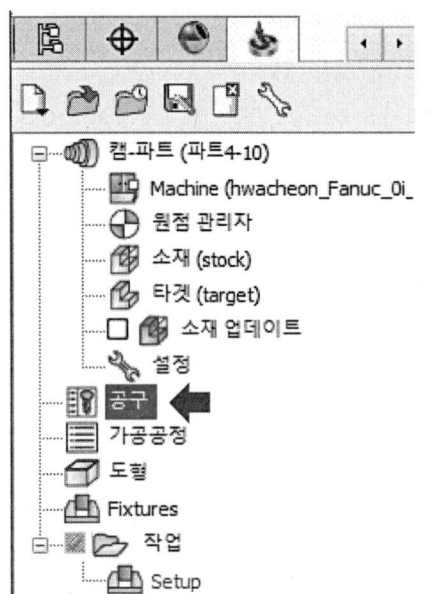
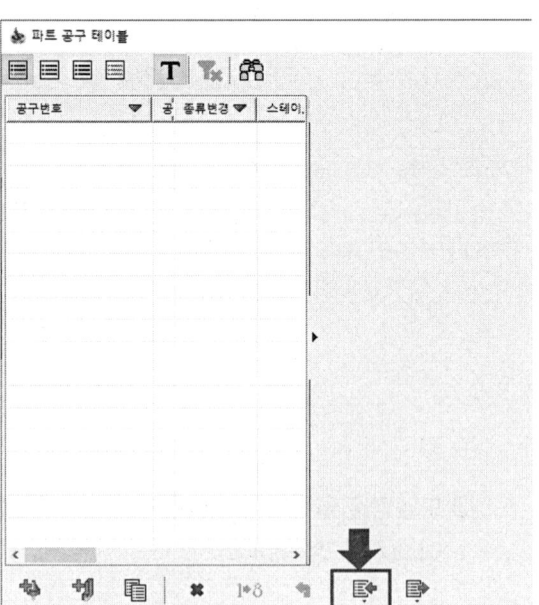

❸ [공구테이블에서 불러오기 → 라이브 → 저장해놓은 공구 파일 이름]을 클릭한다.

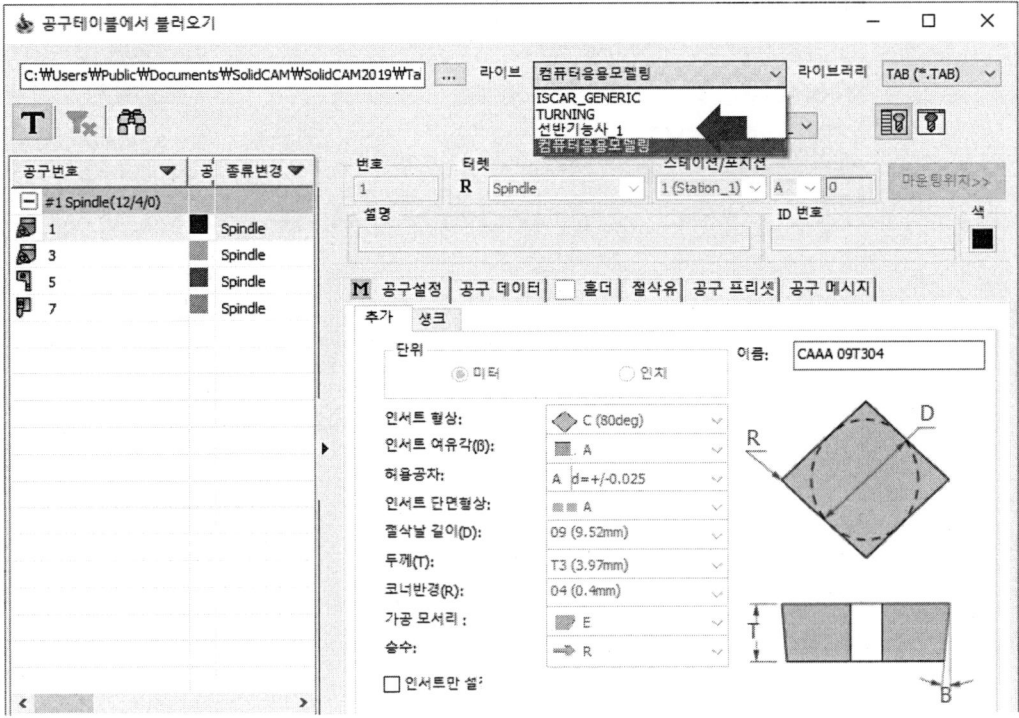

❹ [공구목록 우클릭 → Import All tools → with tool numbering]을 클릭한다.

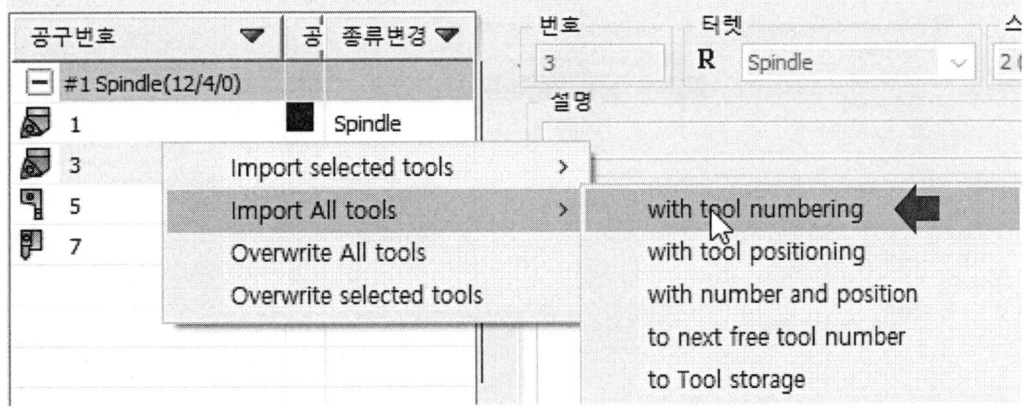

⓯ [공구테이블에서 불러오기] 작업 창을 닫은 후 [파트 공구 테이블] 작업 창에서 [저장 & 나가기] 버튼을 클릭한다.

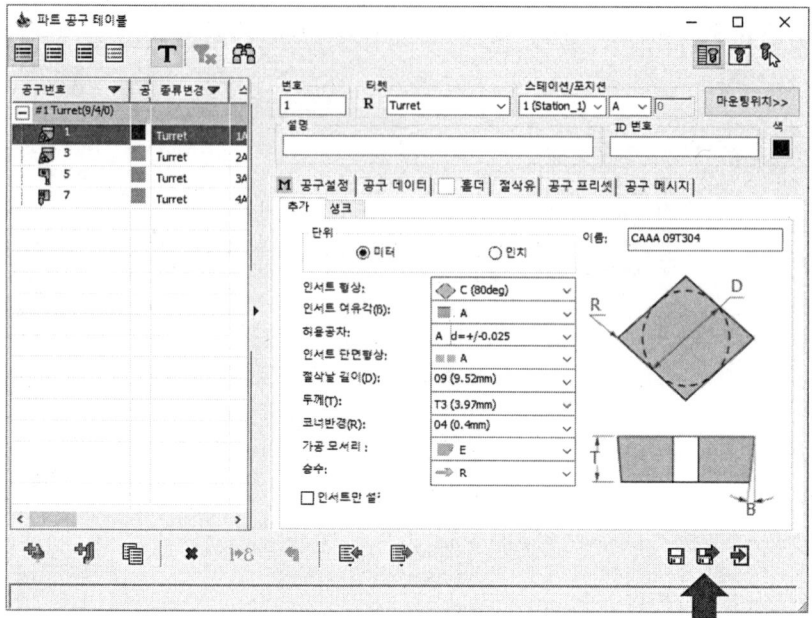

⓰ [Setup 우클릭 → 편집 → Table_Pos1]을 클릭하고 [Z : 80]으로 입력한다.

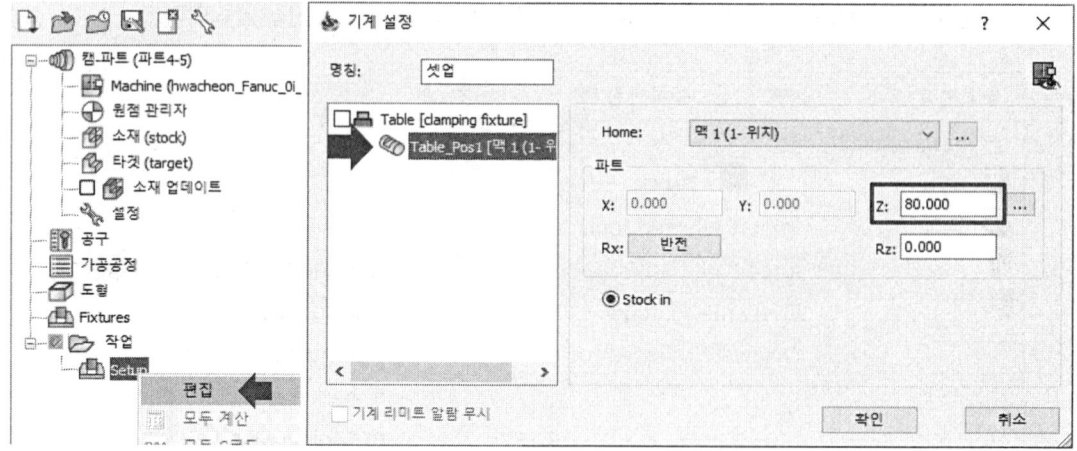

(14) 뒷면 황삭 가공

❶ [커맨드 매니저 → SolidCAM 선반 탭 → 터닝]을 클릭한다.

❷ [지오메트리 → 솔리드 → 신규]를 클릭한다.

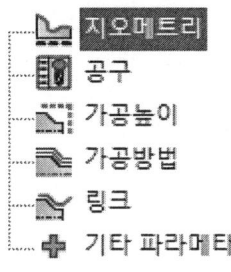 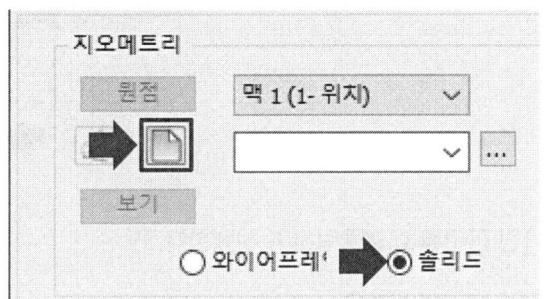

❸ 가공이 시작되는 면과 끝나는 면을 클릭하고 [수락] 버튼을 클릭하여 체인을 생성한다.

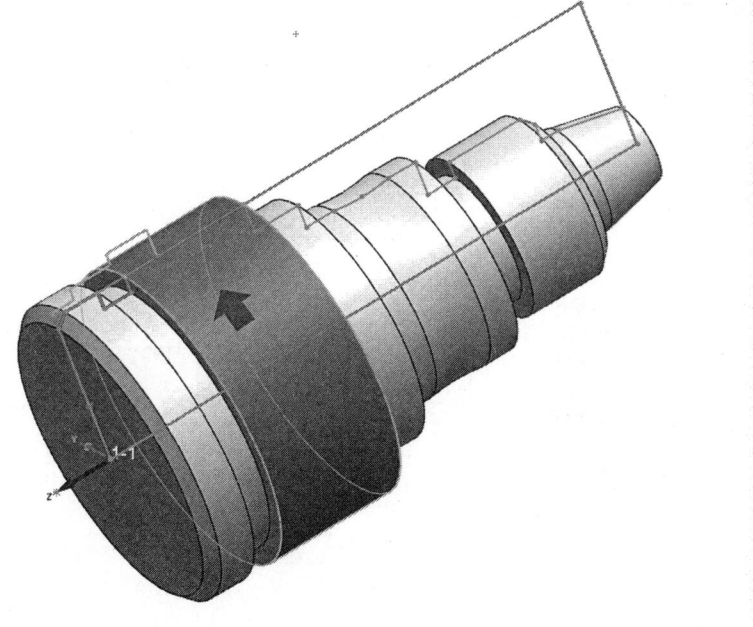 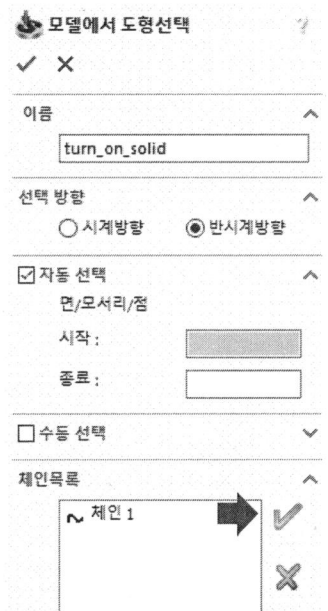

❹ [공구 → 선택]을 클릭한다.

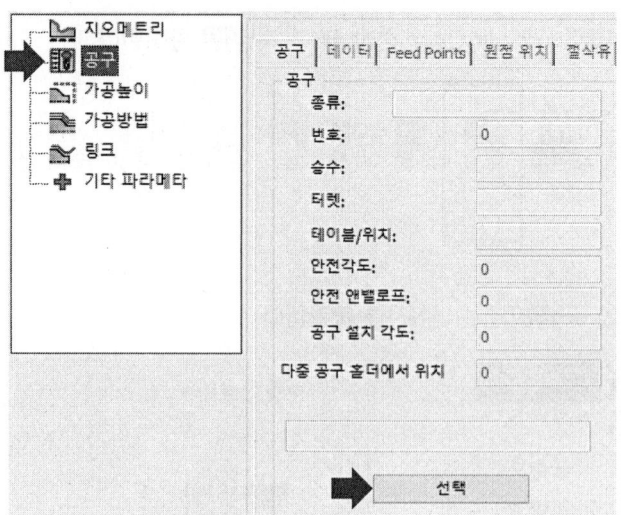

❺ 1번 공구를 더블클릭하여 선택한다.

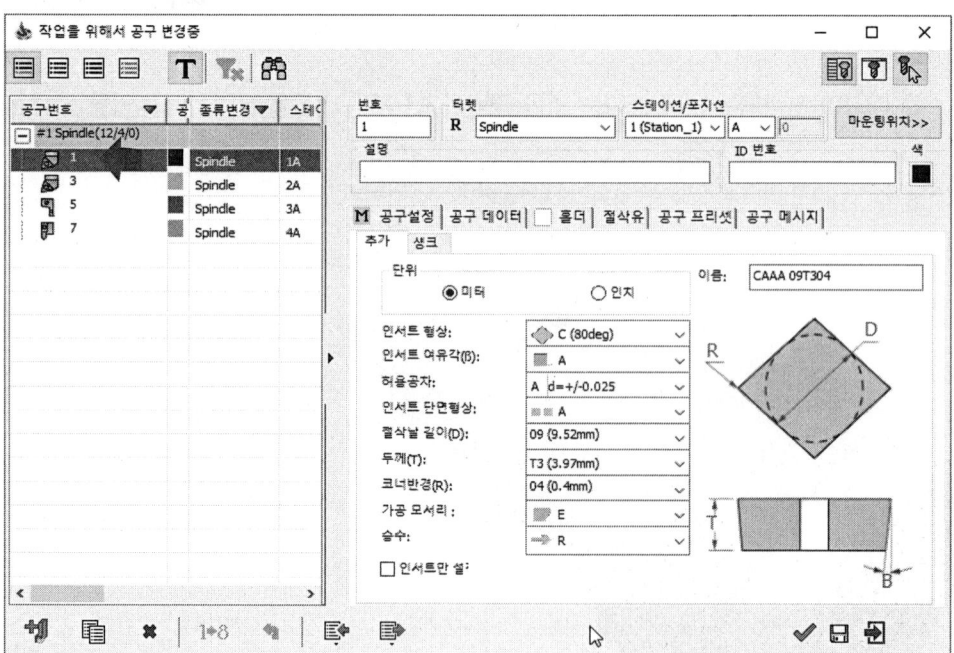

❻ [가공방법 → 작업종류 → 황삭]을 클릭한다.

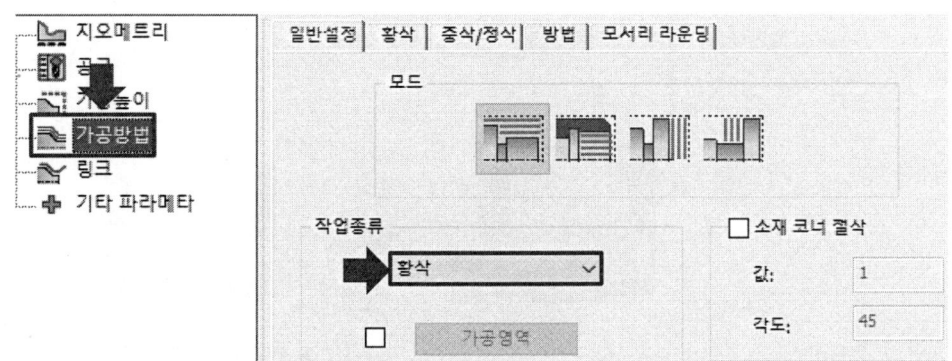

❼ [가공방법 → 황삭] 아래와 같이 값을 설정한다.

▸ x거리 : 0 ▸ z : 0

❽ [방법 → 하강 이동 하지 않음]을 클릭한다.

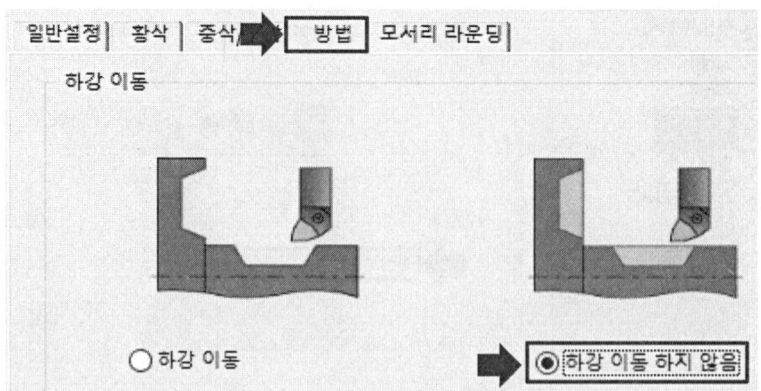

❾ [저장&계산] 버튼을 클릭하여 공구경로를 생성한다.

(15) 뒷면 황삭 가공 시뮬레이션 실행

❶ [시뮬레이션] 버튼을 클릭한다.

❷ [시뮬레이션 → 선반가공 → 실행]을 클릭한다.

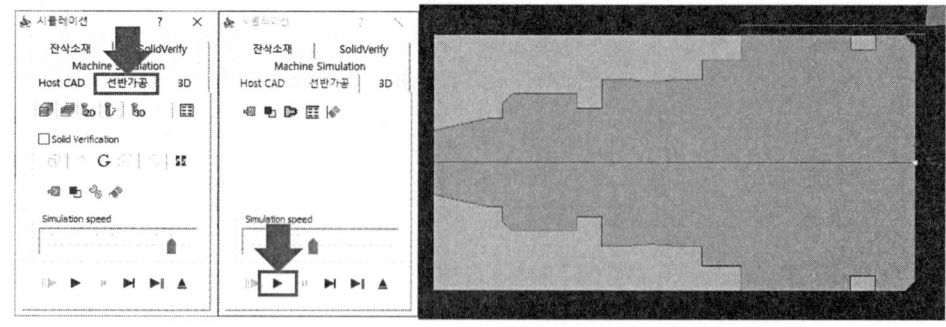

❸ [시뮬레이션 → SolidVerify → 실행]을 클릭하여 시뮬레이션을 확인한다.

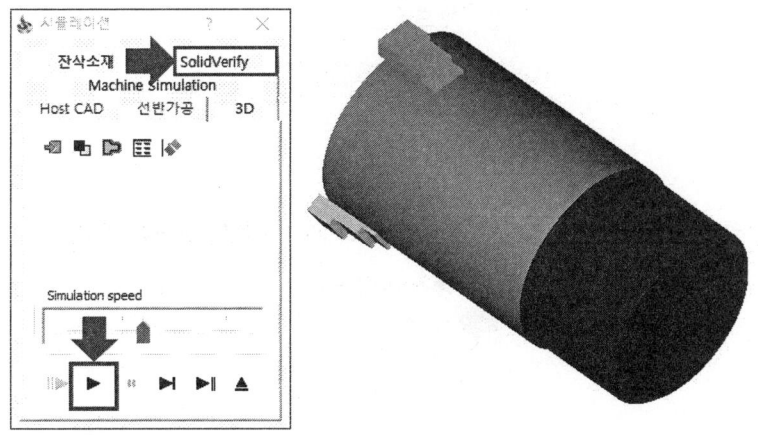

(16) 뒷면 홈 가공

❶ [SolidCAM 선반 탭 → 홈 → 와이어프레임 → 신규]를 클릭한다.

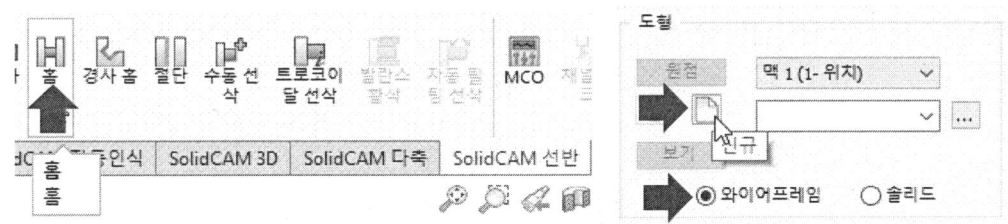

❷ 화살표가 향하는 선을 선택하고 체인을 설정한 후 확인을 클릭한다.

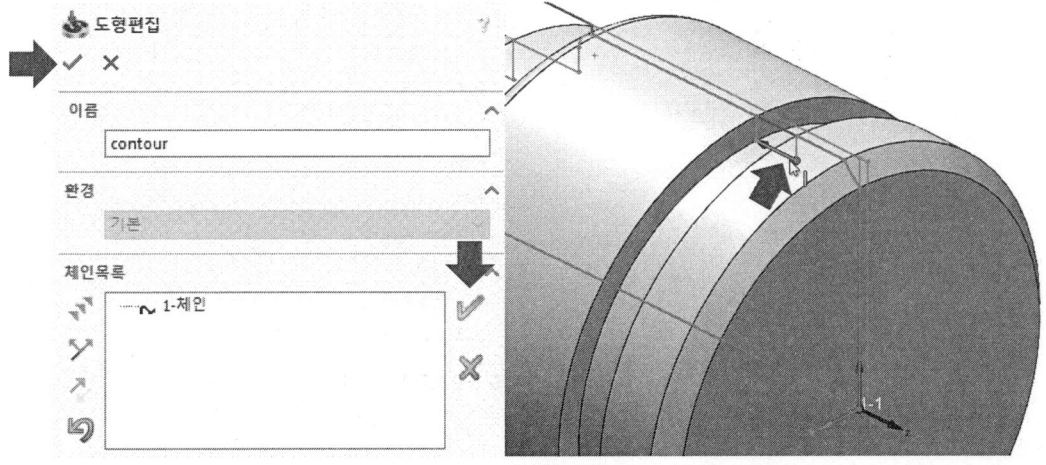

❸ [지오메트리 → 지오메트리 편집 → 지오메트리 수정] 클릭한다.

❹ [시작위치 소재에서부터 자동 연장 → 체크 해제 → 확인]을 클릭한다.

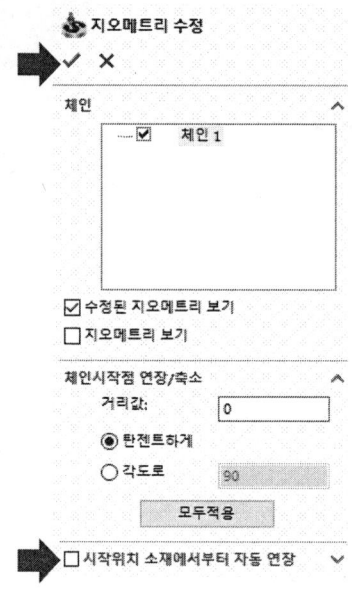

❺ [공구 → 선택]을 클릭한다.

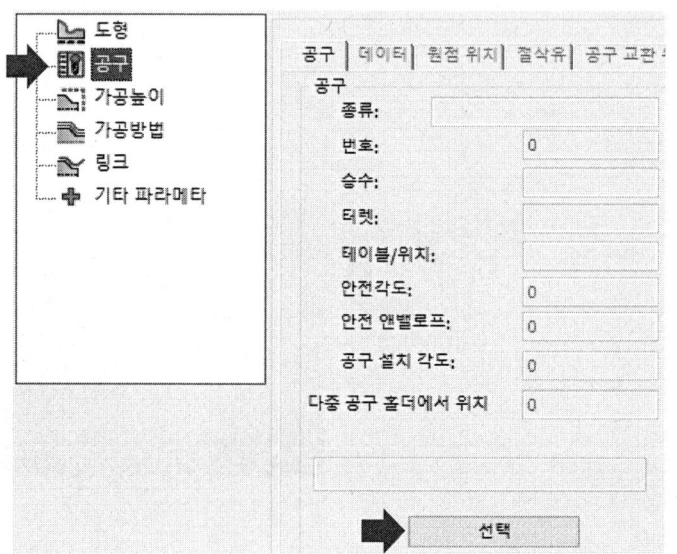

❻ 5번 공구 홈바이트를 더블클릭하여 선택한다.

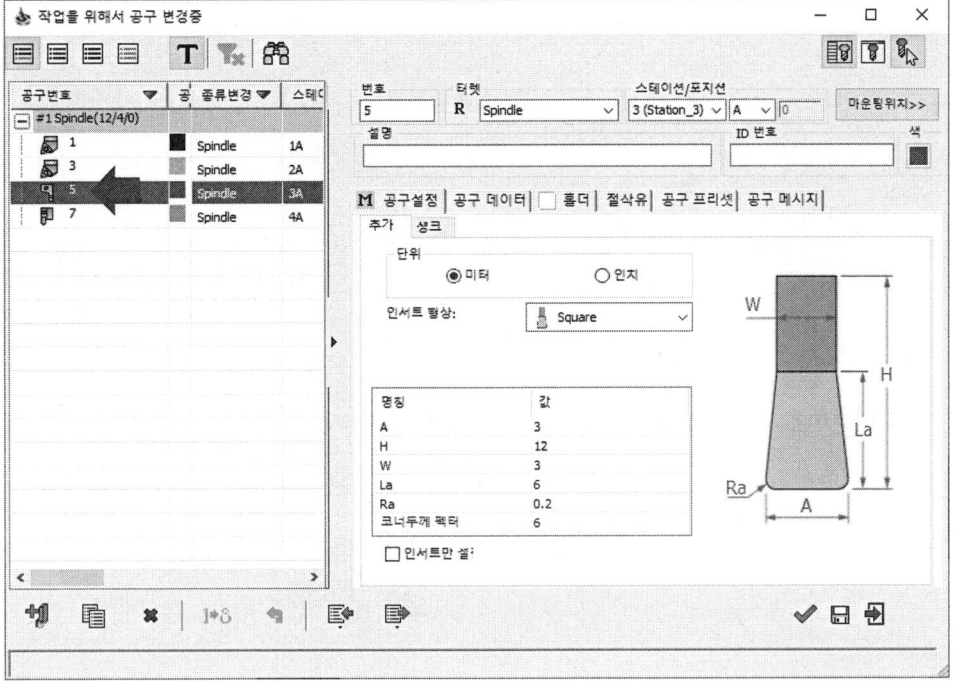

❼ [가공 높이 → 안전거리 : 5]를 입력한다.

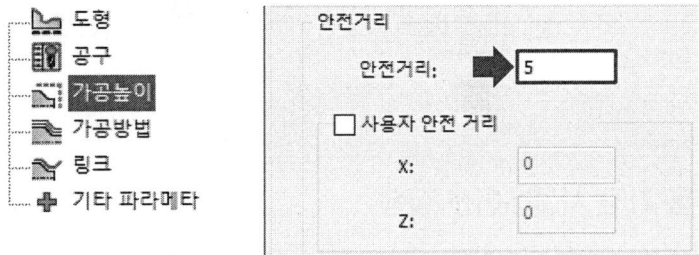

❽ [가공방법 → 작업종류 : 황삭 → 사이클 사용 : 아니오]를 선택한다.

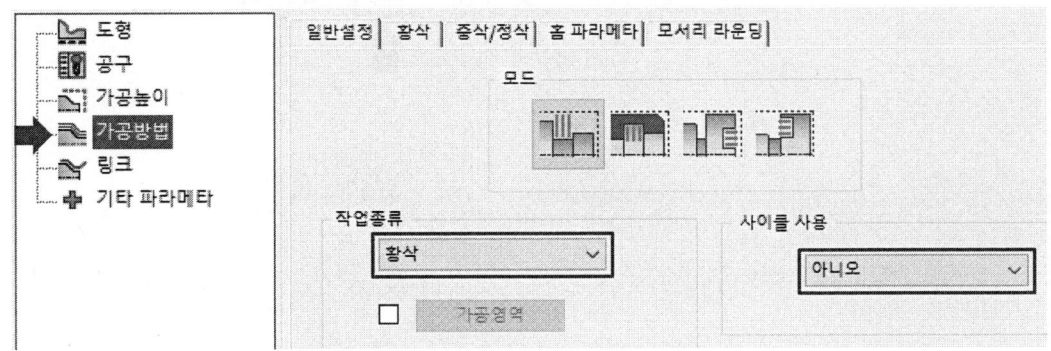

❾ [가공방법 → 황삭 → 절입량 → 없음 → 황삭 옵셋]을 다음과 같이 입력한다.

▸ x거리 : 0　　　　　　　　　　　　　▸ z거리 : 0

❿ [가공방법 → 중삭/정삭 → 정삭 → 아니오]을 선택한다.

⓫ [저장&계산] 버튼을 클릭하여 공구경로를 생성한다.

(17) 뒷면 홈 가공 시뮬레이션 실행

❶ [시뮬레이션] 버튼을 클릭한다.

컴퓨터응용선반기능사 실기

❷ [시뮬레이션 → 선반가공 → 실행]을 클릭한다.

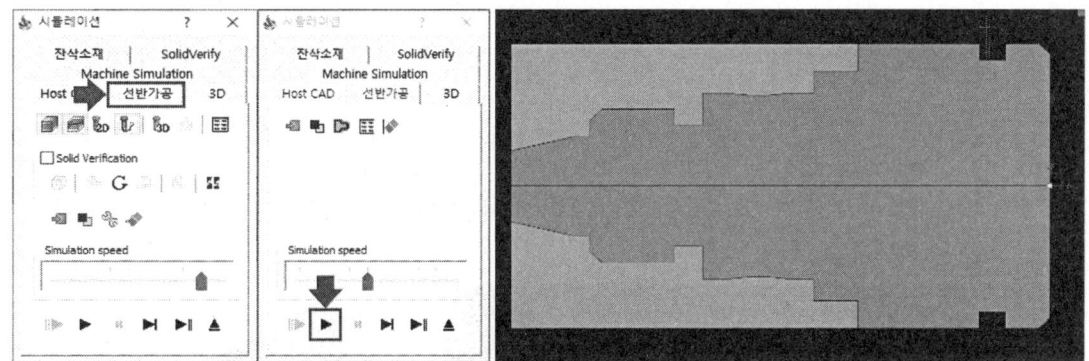

❸ [시뮬레이션 → SolidVerify → 실행]을 클릭하여 시뮬레이션을 확인한다.

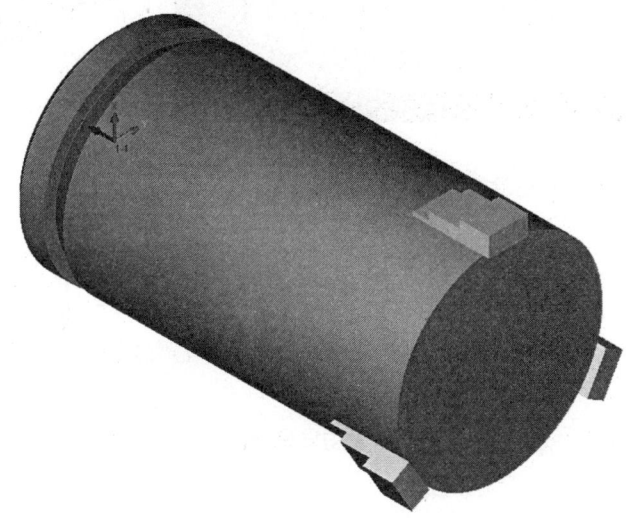

(18) 시뮬레이션 및 G코드 생성

❶ [솔리드캠 관리자 → 작업]을 클릭한다.

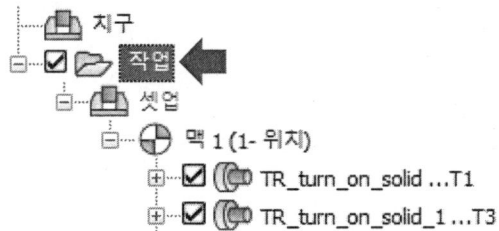

01. 컴퓨터응용선반기능사 따라 하기

❷ [커맨드 매니저 → 시뮬레이션]을 클릭한다.

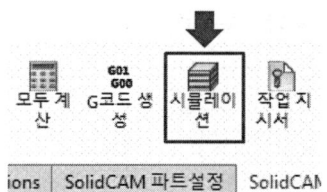

❸ [시뮬레이션 → 선반가공 또는 SoildVerify → 실행]을 클릭하여 모든 작업에 대한 시뮬레이션을 확인한다.

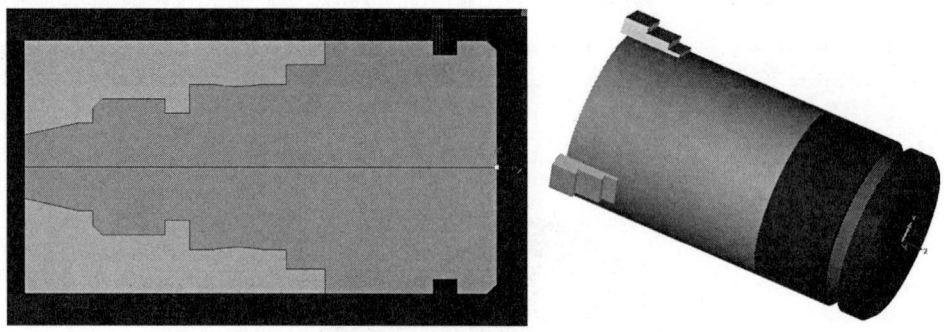

❹ [커맨드 매니저 → G코드 생성]을 클릭한다.

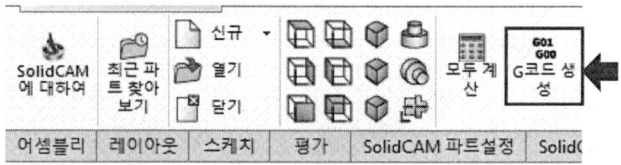

❺ G코드를 확인 후 [다른 이름으로 저장]으로 저장한다.

```
%
O5000
G28 U0 W0
N10 (turn:T01)
G50 S1800
T0101
G0 X56.0 Z2.0
G96 G99 S180 M3
   X50.51
G1 Z-1.49 F0.2
   X52.0 Z-2.23
   X52.4
G0 Z2.0
   X49.02
G1 Z-0.74
   X50.51 Z-1.49
   X50.91 Z-1.29
G0 Z2.02
   X45.48
G1 X43.48
   X49.02 Z-0.74
   X49.42 Z-0.55
   X51.85 Z0.67 F0.2
G0 Z2.0
   X-0.8
G1 X-0.9 Z0.0
G1 X0.0
   X48.0
   X52.0 Z-2.0
   Z-35.0
G1 Z-35.45
```

02 컴퓨터응용선반기능사 따라 하기

1 도면

도 명	척도	투상
컴퓨터응용선반기능사	N S	3각법

02

C2, 8, 5, 5, 5, M39 x 2.0, R4
Ø49, Ø44, Ø42, Ø36, Ø32, Ø28, Ø12, 20
32, 7, 5, 38, 17, 10
97

도시되고 지시 없는 라운드 R2
도시되고 지시 없는 모따기 C1

순서	공구종류	공구번호	절삭속도 (mm/rev)	회전속도 (RPM)
1	외경 황삭	T01	0.3	200
2	외경 정삭	T03	0.2	200
3	외경 홈	T05	0.08	500
4	외경 나사	T07	1.5	500

(주)솔리드캠코리아

② 모델링

(1) 스케치 평면 선택

❶ [주메뉴 바 → 새 문서 → 파트]를 선택하고 확인을 클릭한다.

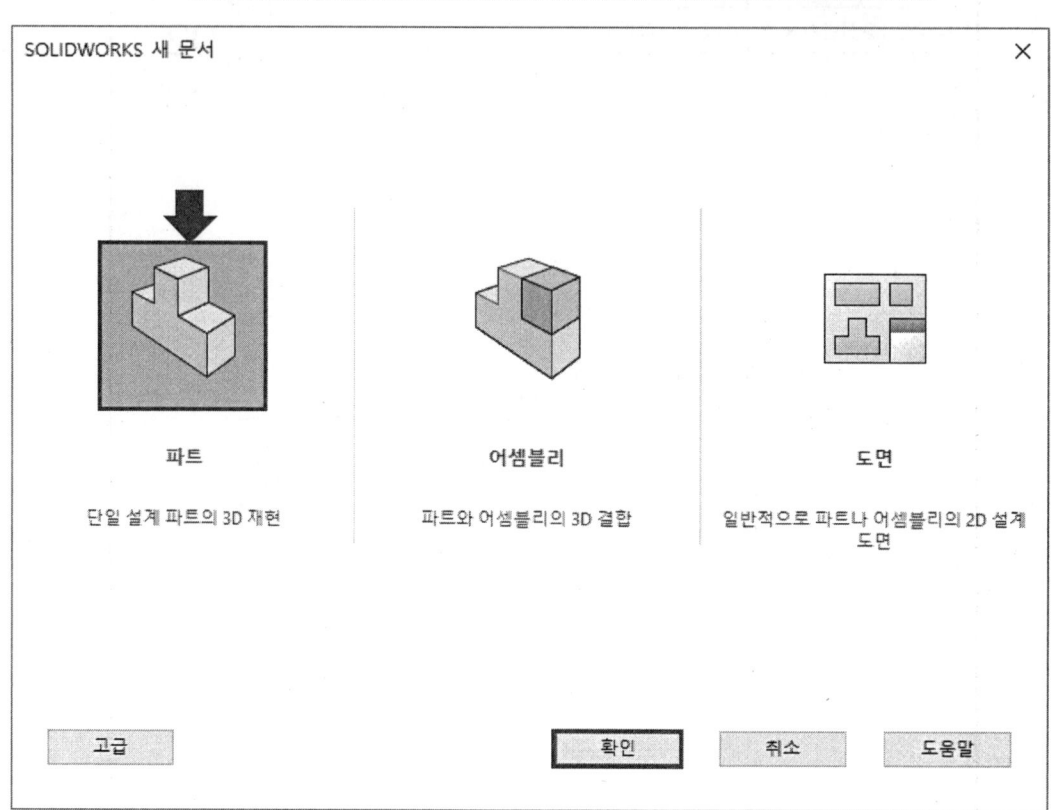

❷ 좌측 디자인 트리에서 정면을 선택한다.

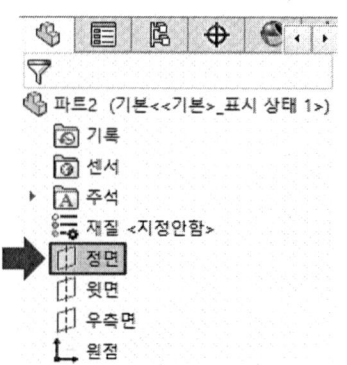

❸ 상단 커맨드 매니저에서 [스케치]를 클릭한다.

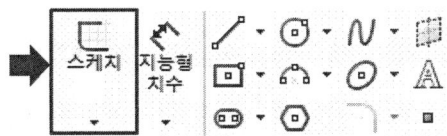

(2) 선 스케치

❶ [커맨드 매니저 → 스케치 탭 → 선 → 중심선]을 클릭한다.

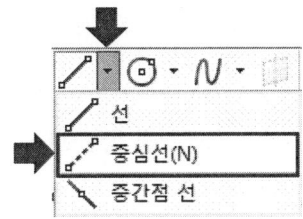

❷ 원점을 클릭하고 수평이 되도록 중심선을 스케치한다.

❸ [커맨드 매니저 → 스케치 탭 → 선]을 클릭한다.

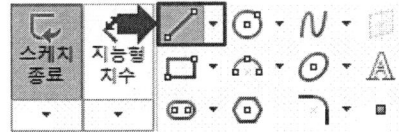

❹ 원점을 클릭하고 수직이 되도록 선을 스케치한다.

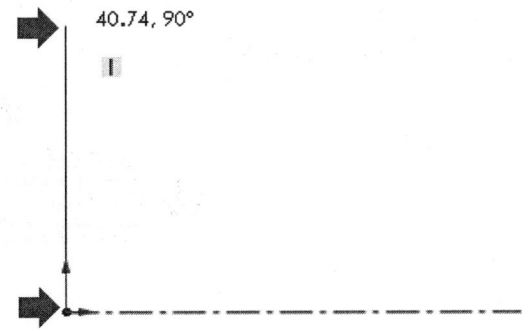

❺ 수직선의 끝점을 클릭하고 수평이 되도록 선을 스케치한다.

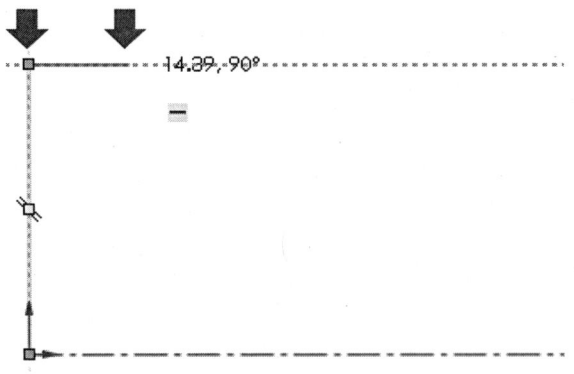

❻ 같은 방법으로 도면을 참고하여 스케치를 진행한다.

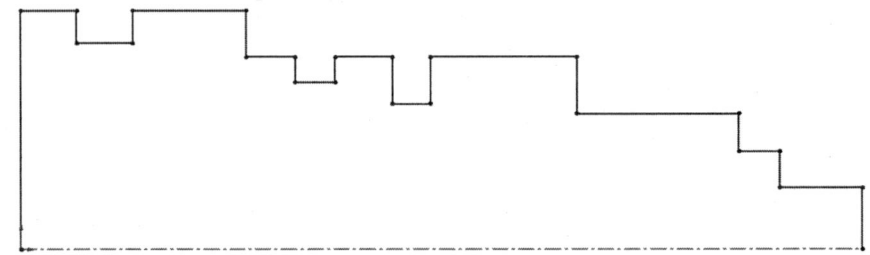

❼ 상단 커맨드 매니저에서 [지능형 치수]를 클릭한다.

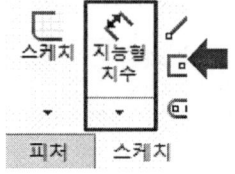

❽ 화살표가 가리키는 수직선을 클릭하여 치수 값 [24.5]를 입력한다.

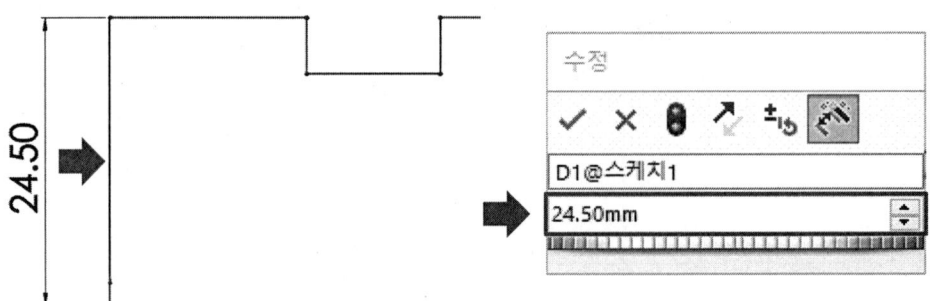

❾ 화살표가 가리키는 수평선을 클릭하여 치수 값 [8]를 입력한다.

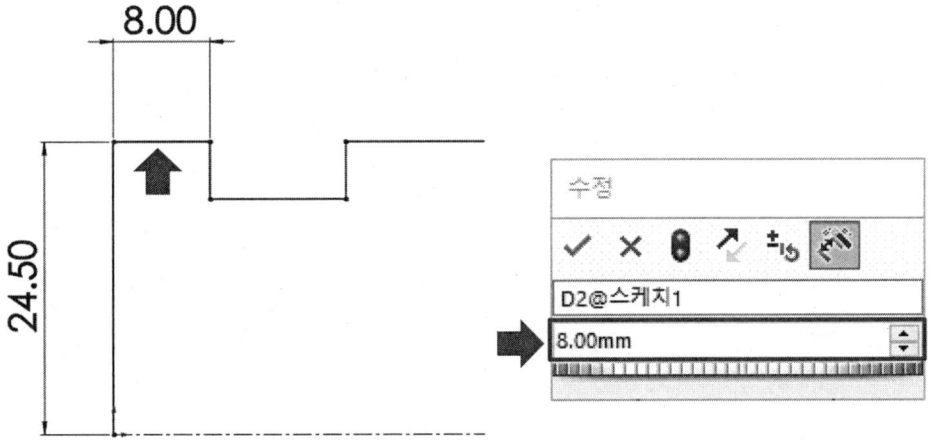

❿ 같은 방법으로 치수를 아래 그림과 같이 입력한다.

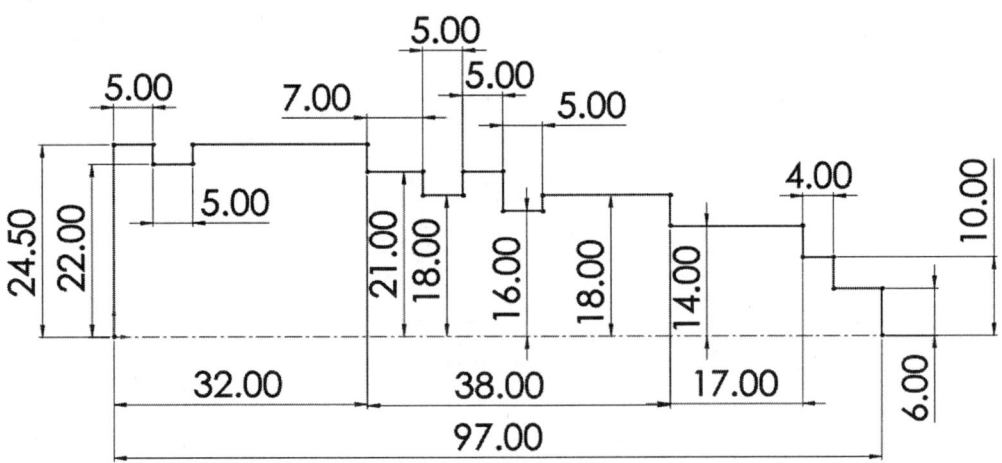

(3) 회전 보스/베이스

❶ [커맨드 매니저 → 피처 탭 → 회전 보스/베이스]를 클릭한다.

❷ 다음 그림과 같이 미리 보기가 나타나면 확인을 클릭한다.

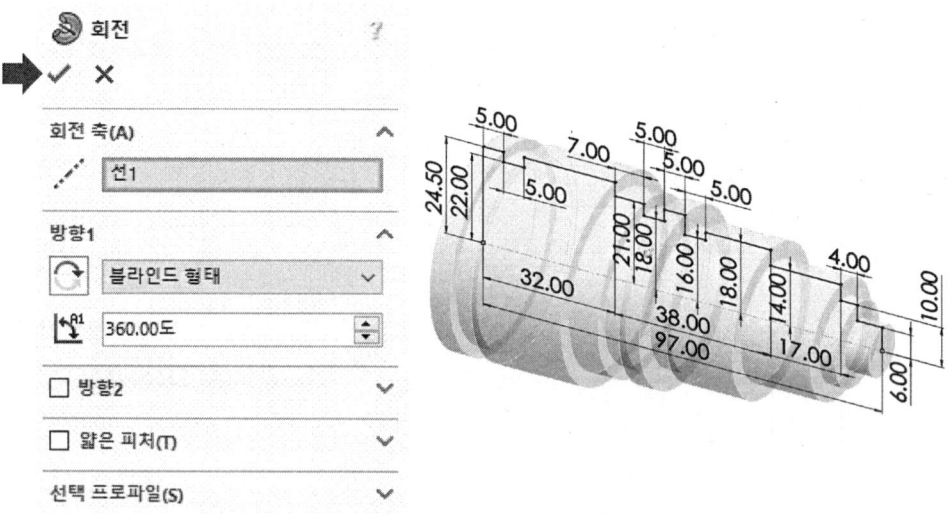

(4) 모따기

❶ [커맨드 매니저 → 피처 탭 → 필렛 → 모따기]를 클릭한다.

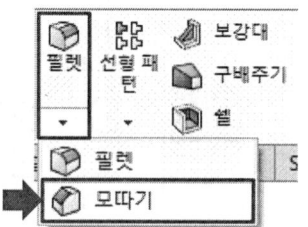

❷ 모따기 값 [2]를 입력하고, 화살표가 가리키는 모델링 모서리를 클릭한 후 확인을 클릭한다.

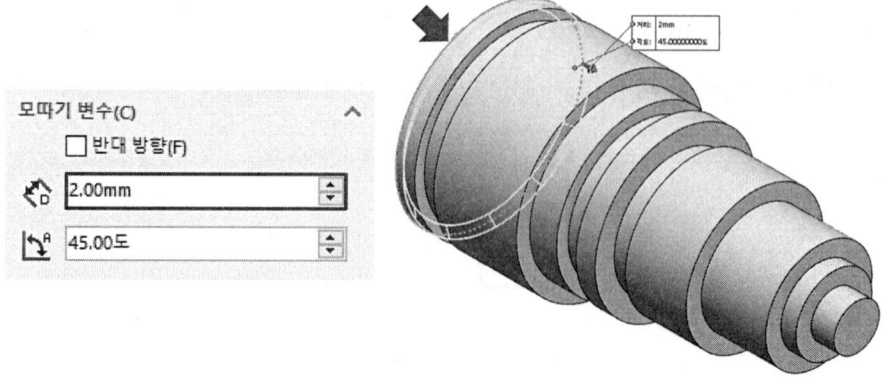

❸ 다시 모따기로 이동하여 모따기 값 [1]를 입력하고, 화살표가 가리키는 모서리를 클릭한 후 확인을 클릭한다.

(5) 필렛

❶ [커맨드 매니저 → 피처 탭 → 필렛]을 클릭한다.

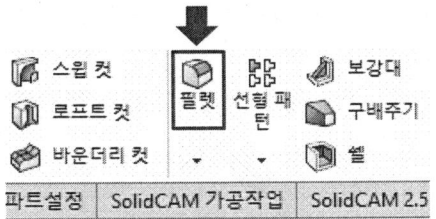

❷ 필렛 값 [4]를 입력하고, 화살표가 가리키는 모델링 모서리를 클릭한 후 확인을 클릭한다.

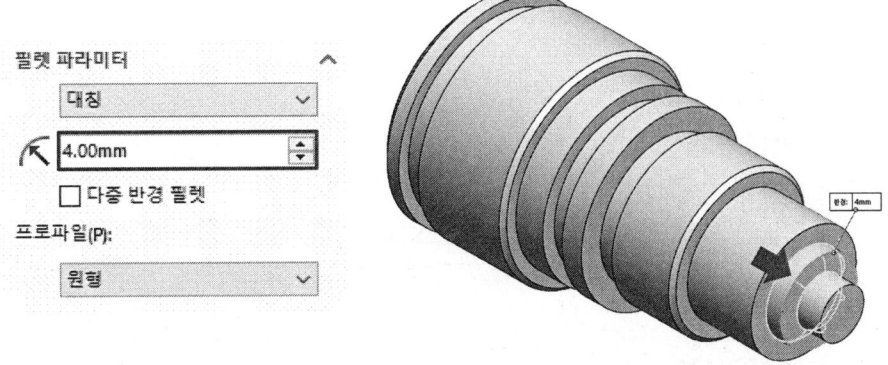

❸ 다시 필렛으로 이동하여 필렛 값 [2]를 입력하고, 화살표가 가리키는 모서리를 클릭한 후 확인을 클릭한다.

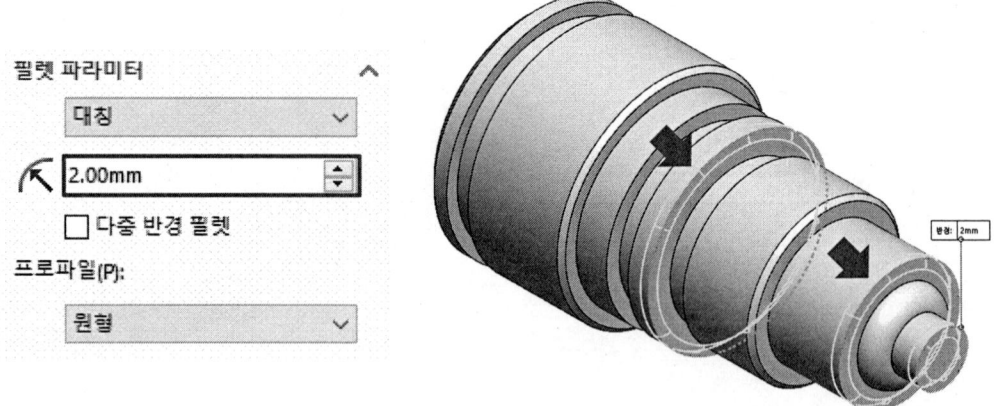

(6) 확인 저장

❶ 완료된 형상을 확인한 후 [주메뉴 바 → 파일 → 다른 이름으로 저장]을 선택하여 저장한다.

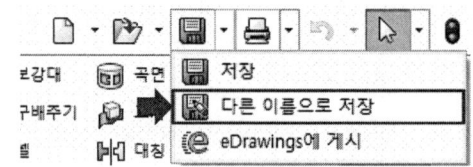

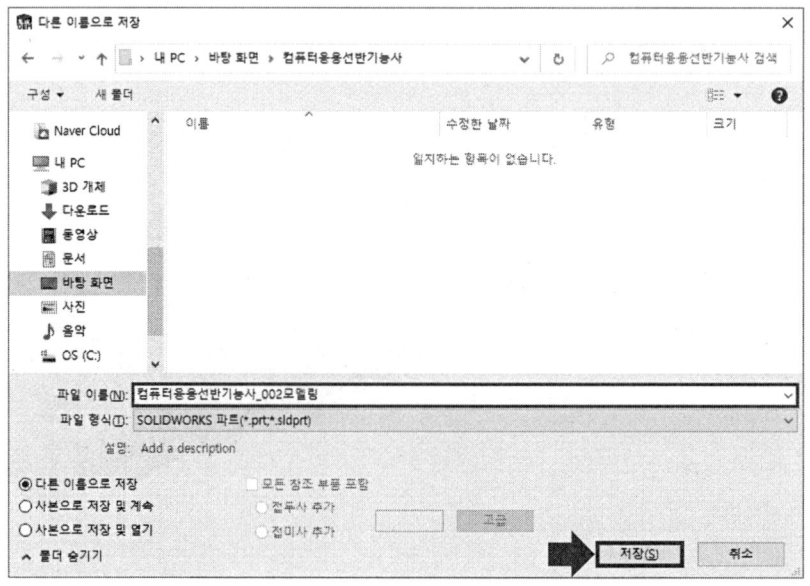

③ CAM

(1) SolidCAM 원점, 소재 정의

❶ [주메뉴 바 → 열기]를 통해 파일을 불러온다.

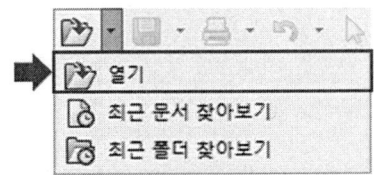

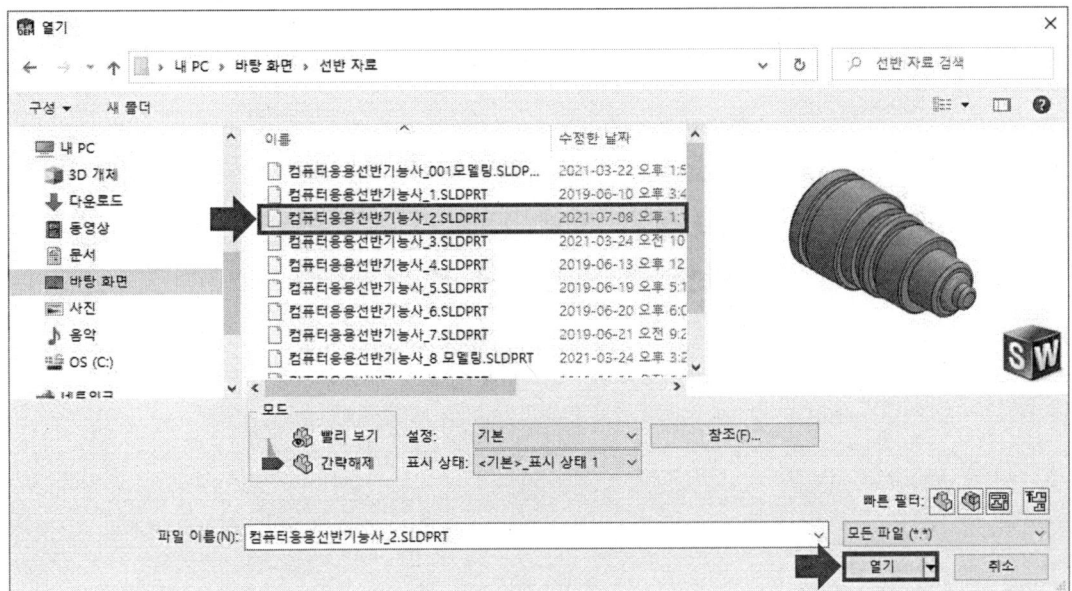

> Tip 이미 모델링 파일이 열려있다면 해당 과정은 생략한다.

❷ [커맨드 매니저 → SolidCAM 파트 설정 탭 → 신규 → 터닝]을 클릭한다.

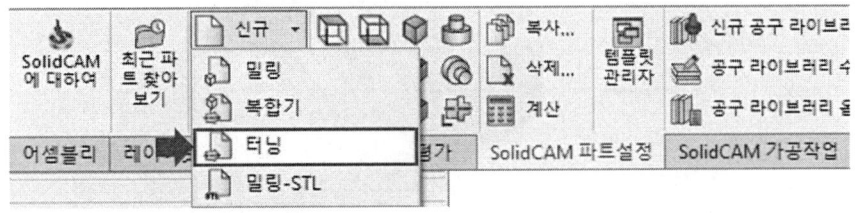

❸ [솔리드캠의 파일로 저장 → 단위 → 미터]를 선택하고 확인을 클릭한다.

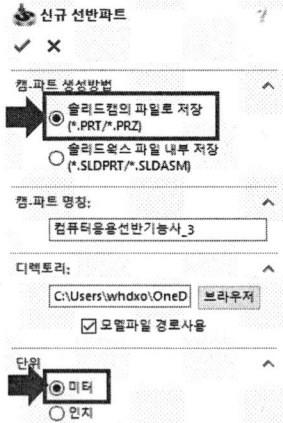

❹ [CNC-컨트롤러 → OKUMALL]를 설정한 후 [정의 → 원점]을 클릭한다.

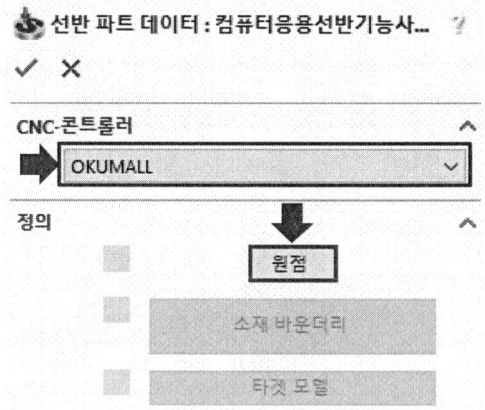

❺ [좌측 대화상자 → 평면원점 → 회전면의 중심 → 모델링 회전면]을 클릭한다.

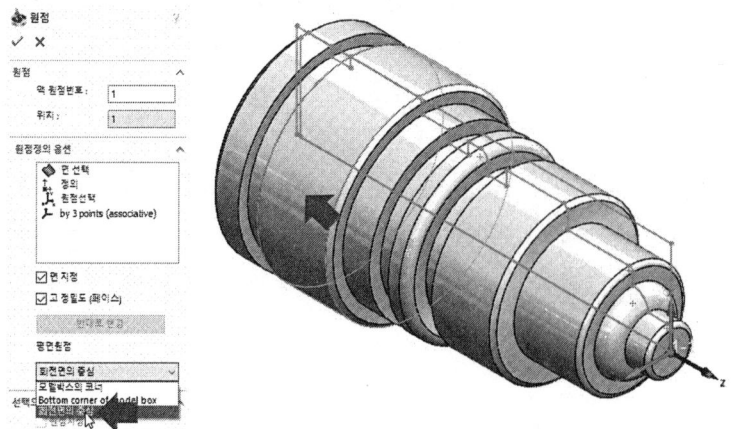

❻ 솔리드캠 관리자에서 [선반 파트 데이터] 창에서 [소재 바운더리]를 클릭한다.

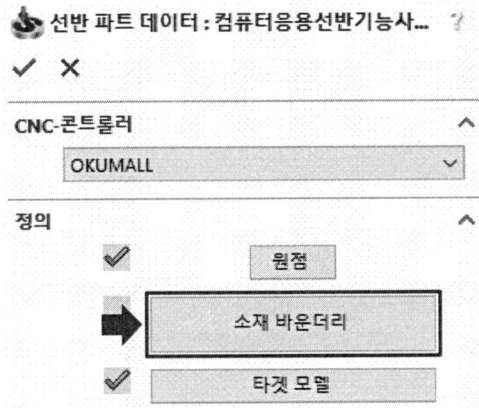

❼ 모델링을 클릭하여 형상을 정의하고, [옵셋 → 우측 및 외측 : 1]을 입력한 후 확인을 클릭하여 소재를 정의한다.

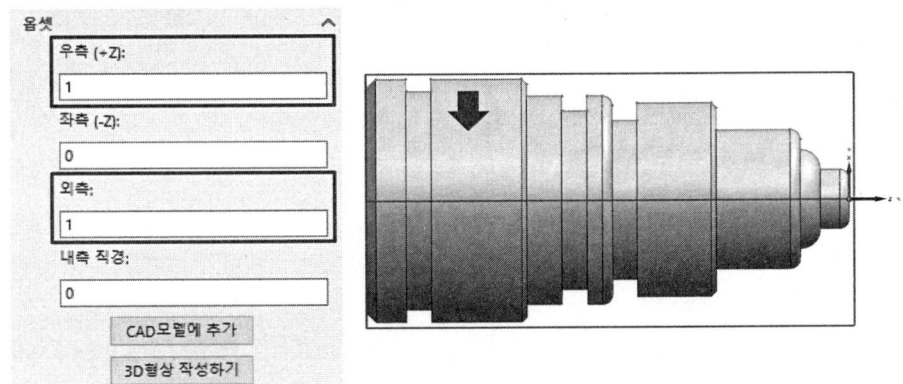

❽ 원점, 소재, 타겟의 정의가 모두 완료되면 확인 버튼을 클릭하여 파트 정의를 마친다.

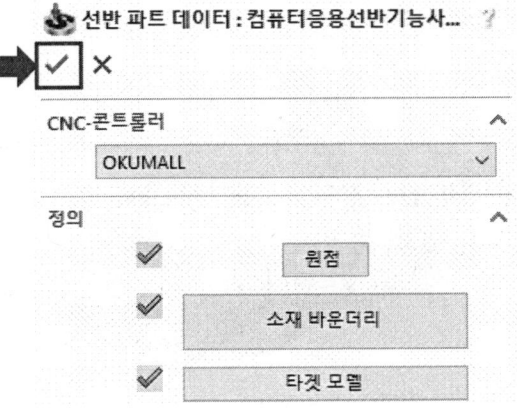

❾ [Setup 우클릭 → 편집 → Table_Pos1]을 클릭하고 [Z : 80]을 입력한다.

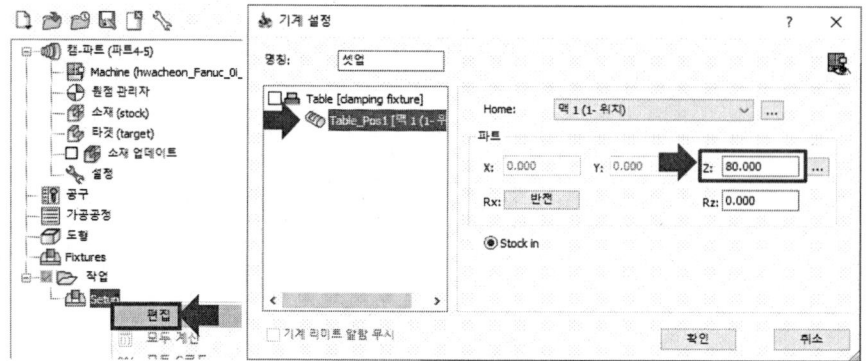

(2) 황삭 가공

❶ [커맨드 매니저 → SolidCAM 선반 탭 → 터닝]을 클릭한다.

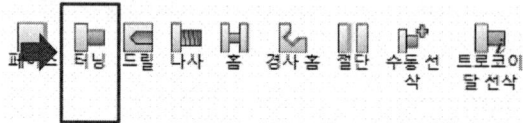

❷ [지오메트리 → 솔리드 → 신규]를 클릭한다.

❸ 가공이 시작되는 면과 끝나는 면을 클릭하고, [수락] 버튼을 클릭하여 체인을 생성한다.

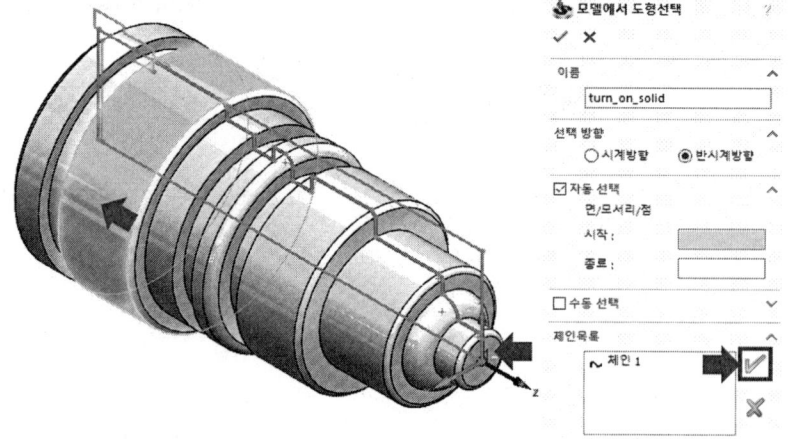

❹ [지오메트리 수정 → 체인시작점 연장/축소 → 거리값 : 3]을 입력하고, [체인 끝점 연장/축소 : 거리값 : -10]을 입력한 뒤 확인을 클릭한다.

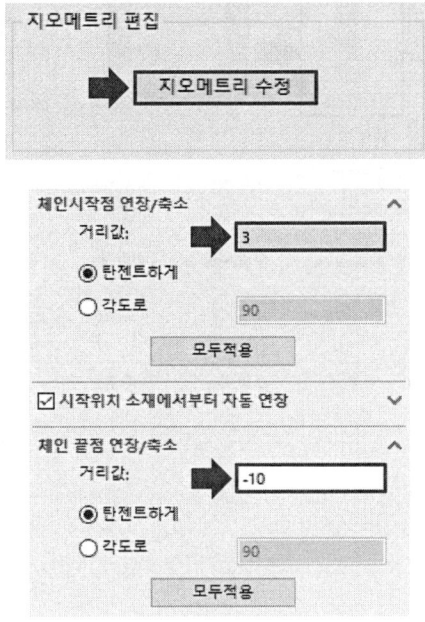

❺ [공구 → 선택]을 클릭한다.

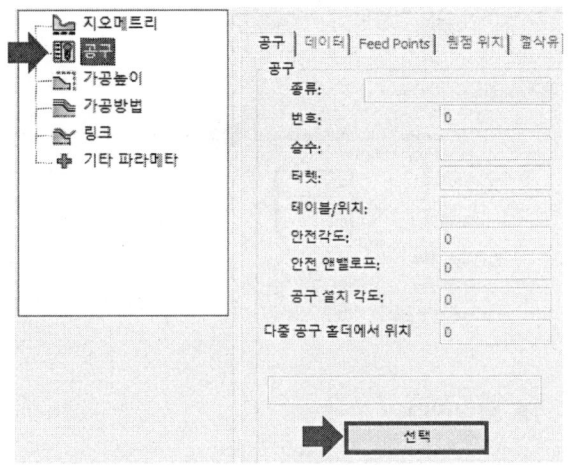

❻ [선반 공구 추가 → Ext. Turning]을 선택한다.

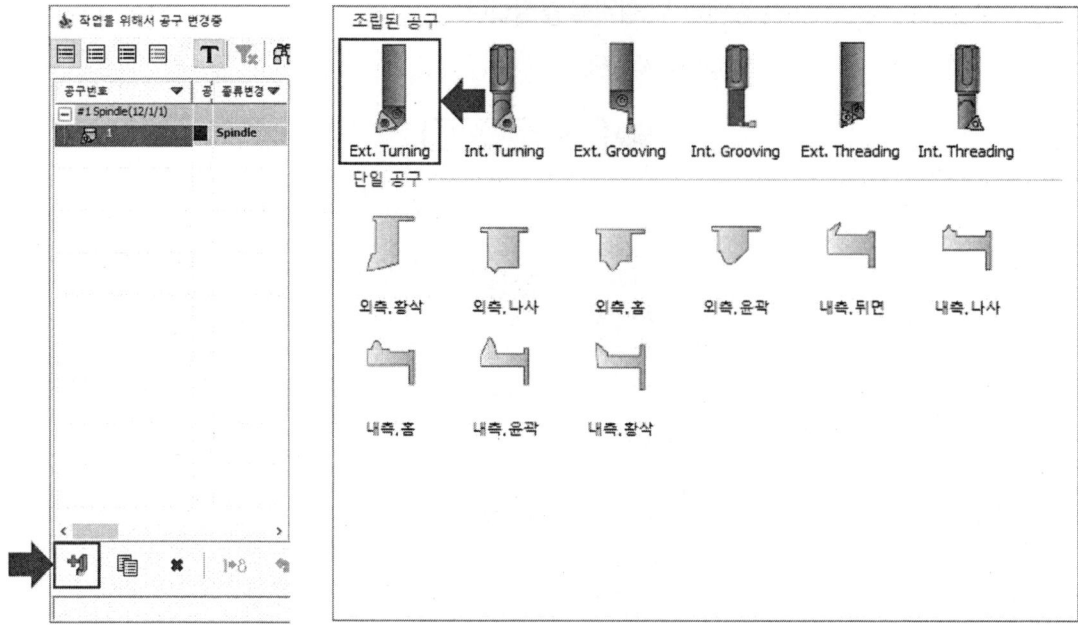

❼ 공구 데이터를 클릭하고 [일반, 정삭피드 : 0.3 → 일반, 정삭 회전 : 200 → 최대회전수 : 2000]을 입력한다.

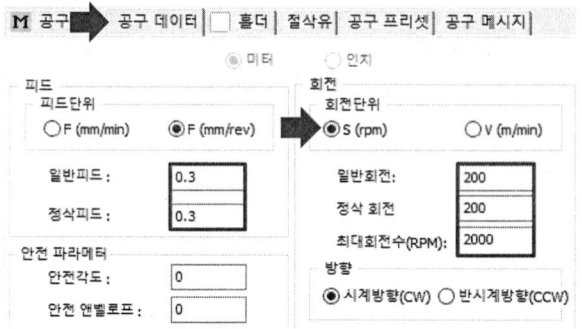

❽ [마운팅위치>>]를 클릭한다.

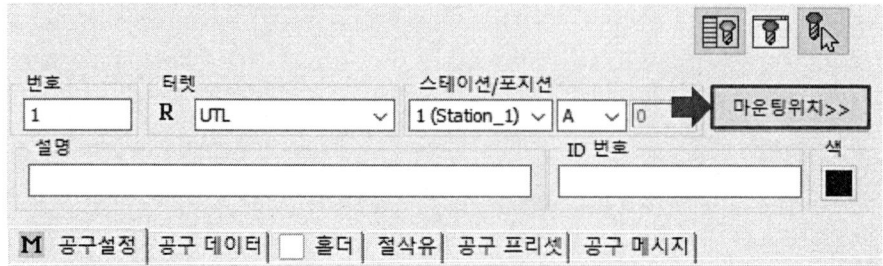

❾ [X+]를 클릭하여 공구 형상이 X축에 수직이 되도록 하고 확인을 클릭한다.

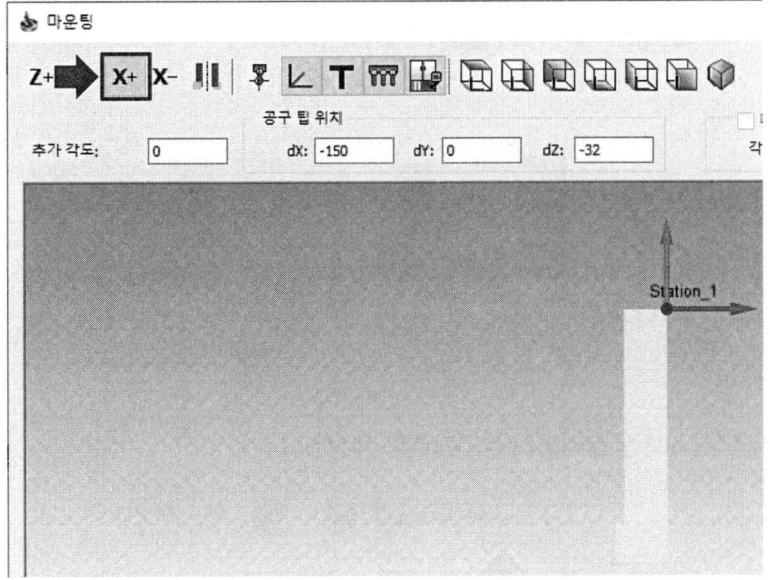

❿ [가공방법 → 작업종류 → 황삭]을 클릭한다.

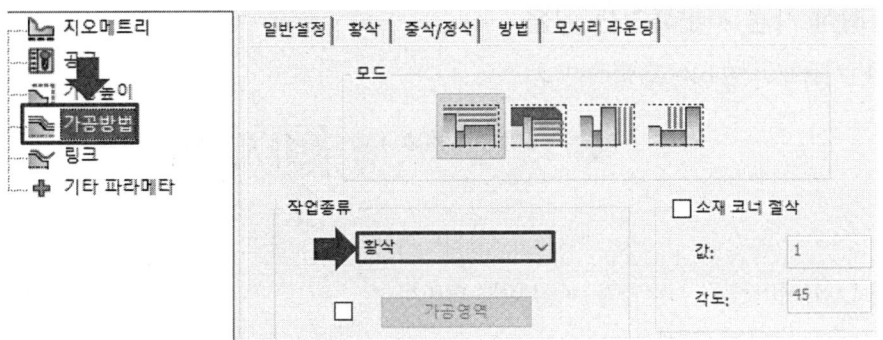

⓫ [가공방법 → 황삭 → 황삭 옵셋 → ZX]을 클릭하고 다음과 같이 설정한다.

▸ 퇴피거리 : 0.5   ▸ X거리 : 0.2   ▸ Z : 0.2

⑫ [방법 → 하강 이동 하지 않음]을 클릭한다.

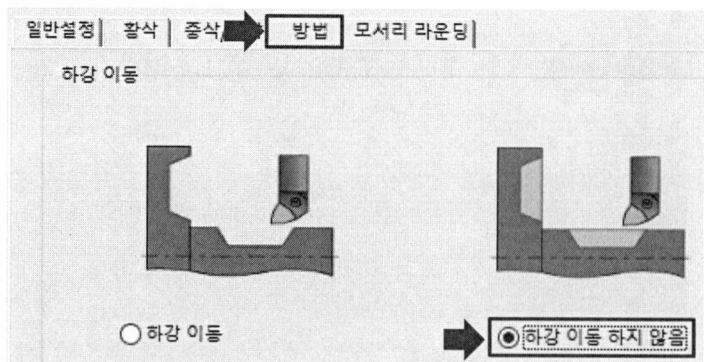

⑬ [저장&계산] 버튼을 클릭하여 공구경로를 생성한다.

(3) 황삭 가공 시뮬레이션 실행

❶ [시뮬레이션] 버튼을 클릭한다.

❷ [시뮬레이션 → 선반가공 → 실행]을 클릭한다.

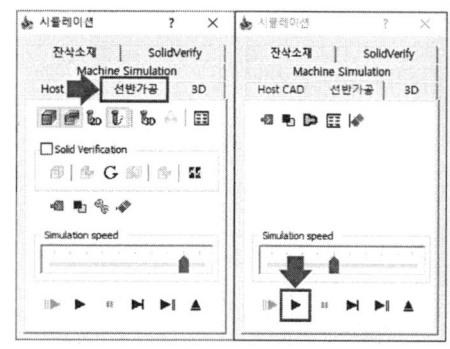
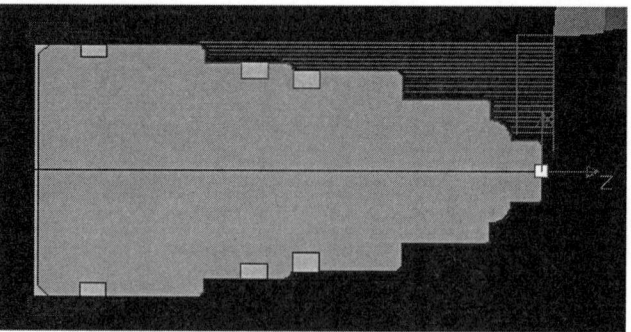

❸ [시뮬레이션 → SolidVerify → 실행]을 클릭하여 시뮬레이션을 확인한다.

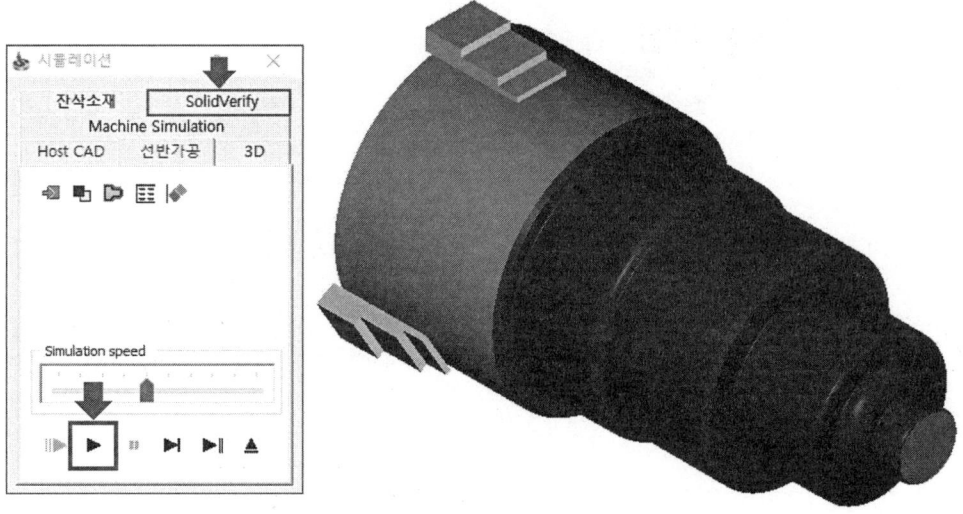

(4) 정삭 가공

❶ [황삭 작업 우클릭 → 복사 → 붙여넣기]를 클릭한다.

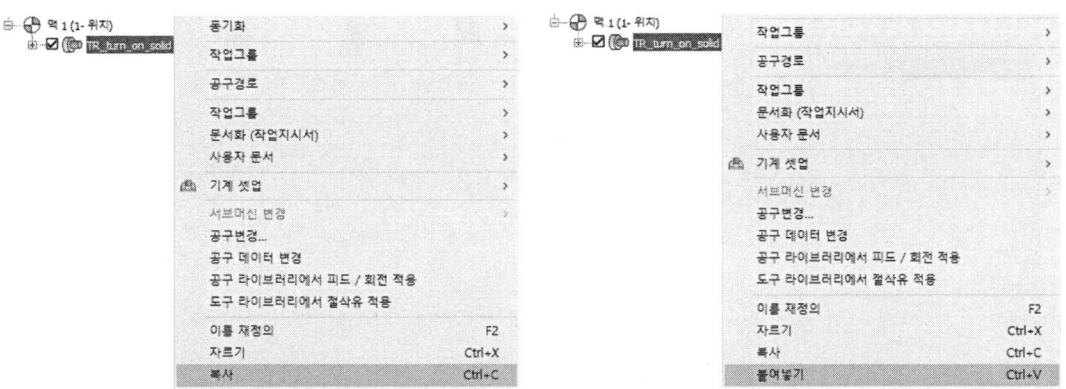

❷ 복사된 작업을 더블클릭한다.

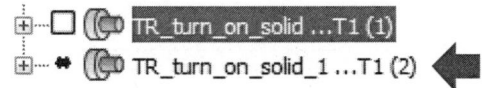

❸ [공구 → 선택]을 클릭한다.

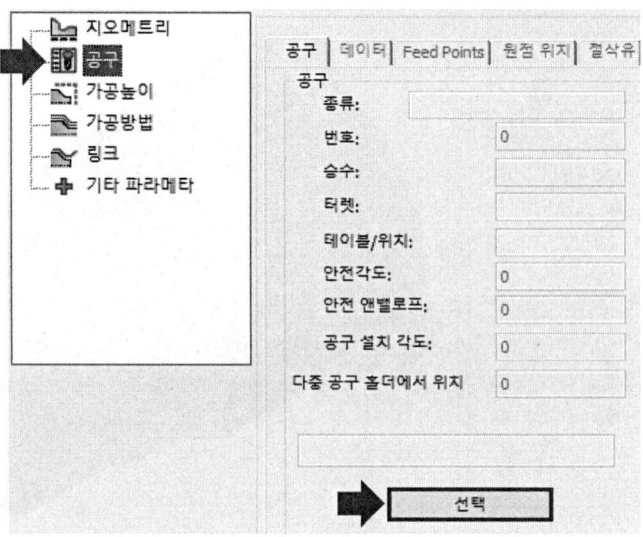

❹ [선반 공구 추가 → Ext. Turning]을 선택한다.

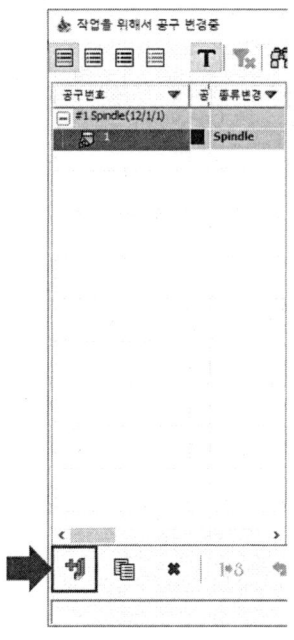
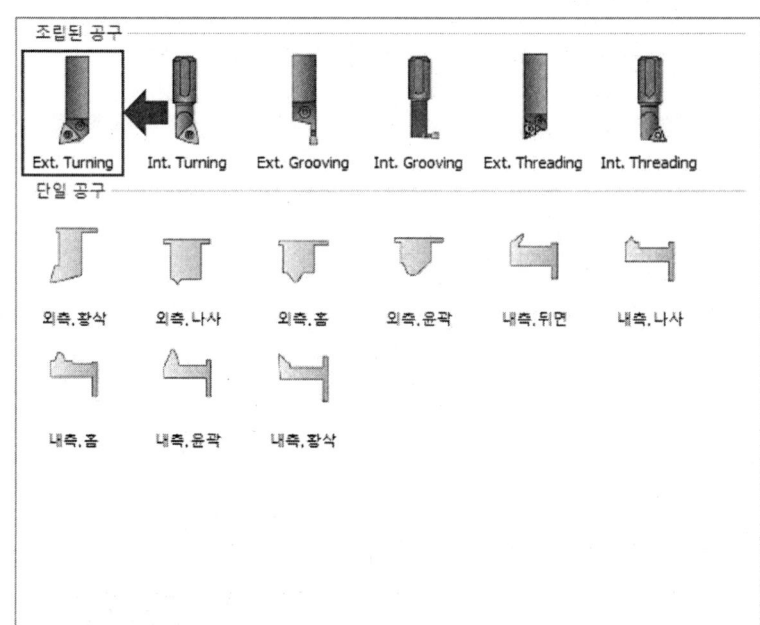

❺ [번호 : 3 → 공구설정 → 인서트 형상 → D(55deg)]를 클릭한다.

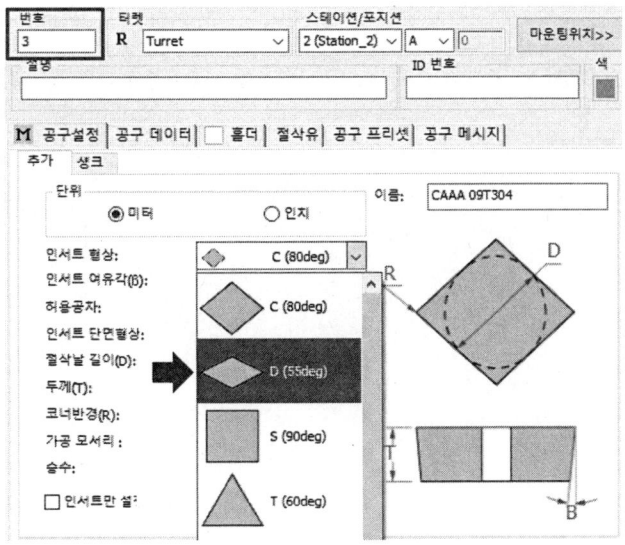

❻ [공구 데이터 → 일반, 정삭피드 : 0.2 → 회전단위 → V (m/min) → 일반, 정삭 회전 : 200 → 최대회전수 : 2000]을 그림과 같이 값을 입력한다.

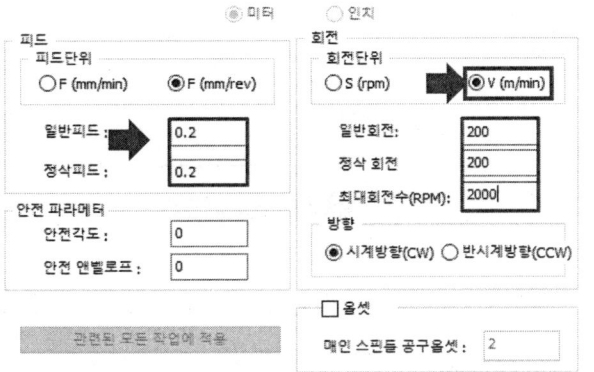

❼ [마운팅위치>>]를 클릭한다.

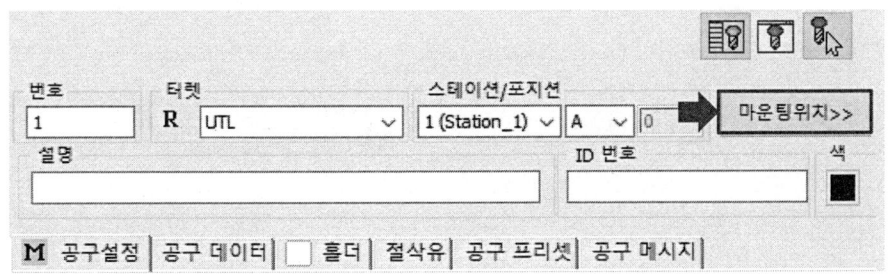

❽ [X+]를 클릭하여 공구 형상이 X축에 수직이 되도록 하고 확인을 클릭한다.

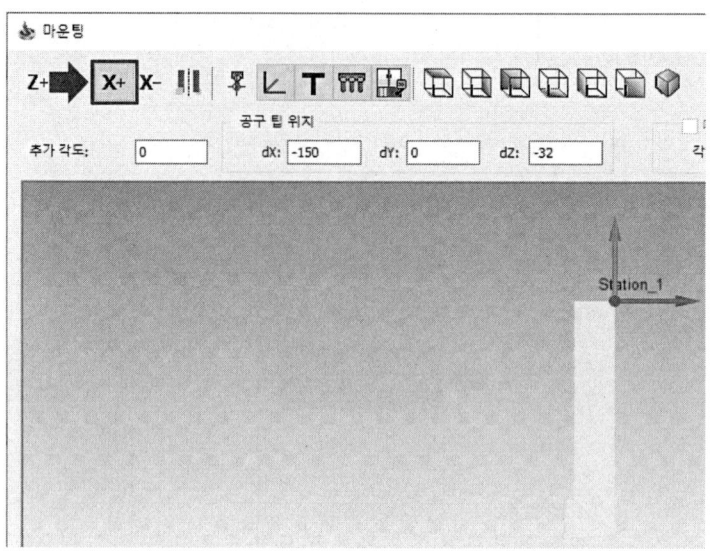

❾ [가공방법 → 작업종류 → 윤곽]을 클릭한다.

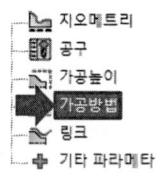
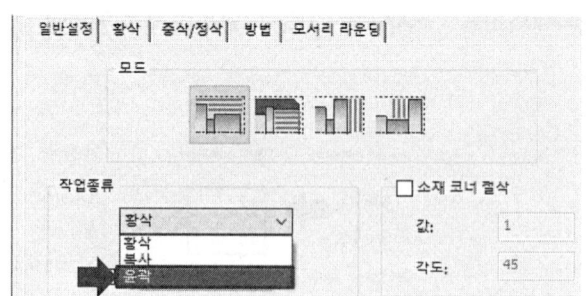

❿ [중삭/정삭 → 정삭 → ISO-선반가공방법 → 정삭 방법 → 전체 도형]을 선택한다.

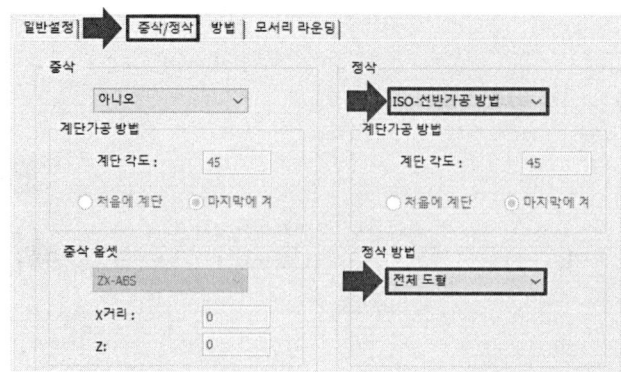

⑪ [방법 → 하강 이동 하지 않음]을 클릭한다.

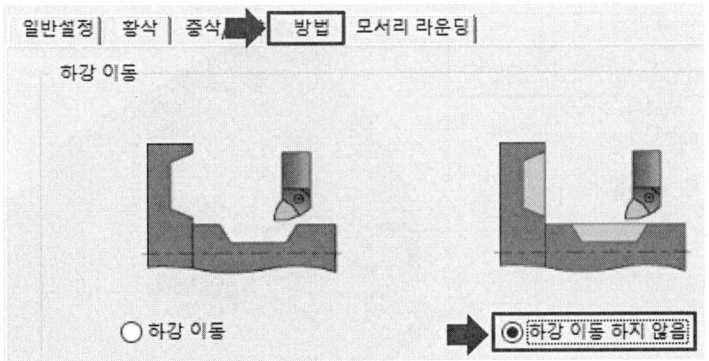

⑫ [저장&계산] 버튼을 클릭하여 공구경로를 생성한다.

(5) 정삭 가공 시뮬레이션 실행

❶ 커맨드 매니저에서 [시뮬레이션]을 클릭한다.

❷ [시뮬레이션 → 선반가공 → 실행]을 클릭한다.

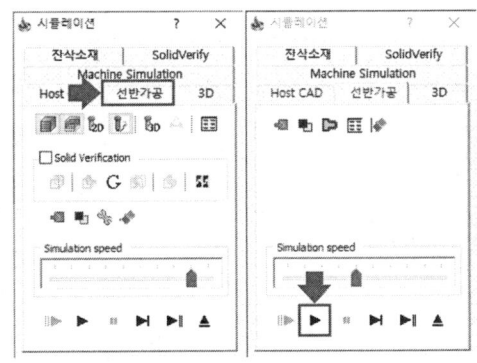
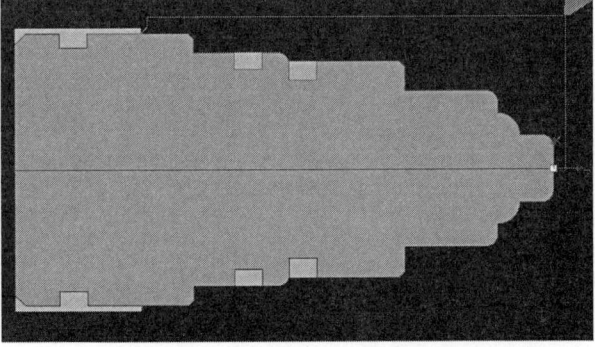

❸ [시뮬레이션 → SolidVerify → 실행]을 클릭하여 시뮬레이션을 확인한다.

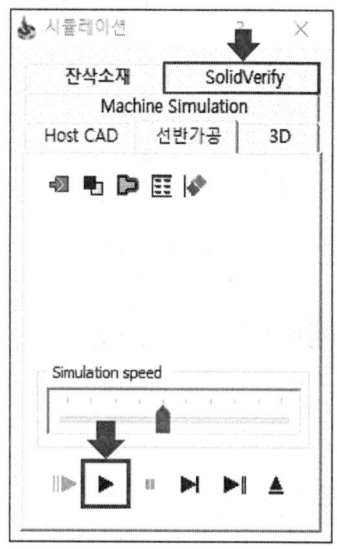
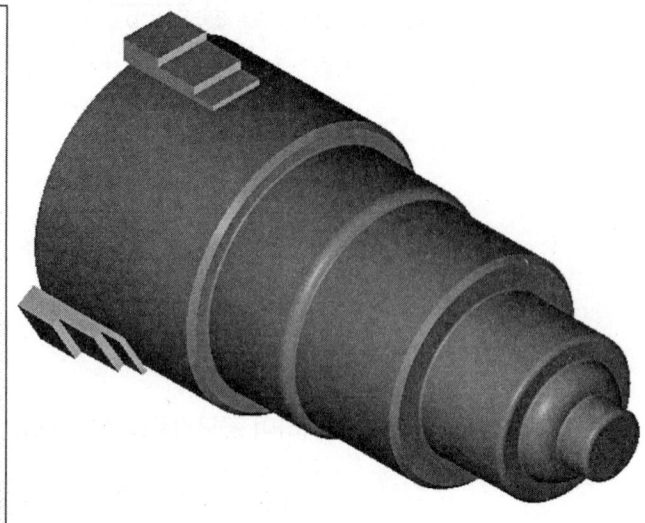

(6) 홈 가공

❶ [커맨드 매니저 → 홈]을 클릭한다.

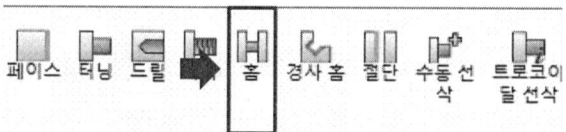

❷ [도형 → 와이어프레임 → 신규]를 클릭한다.

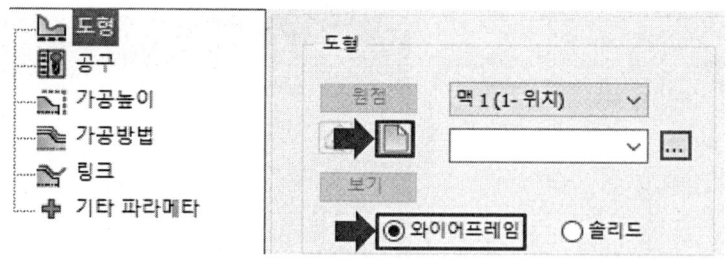

❸ 화살표가 향하는 선을 선택하고, [체인수락] 버튼을 클릭한다.

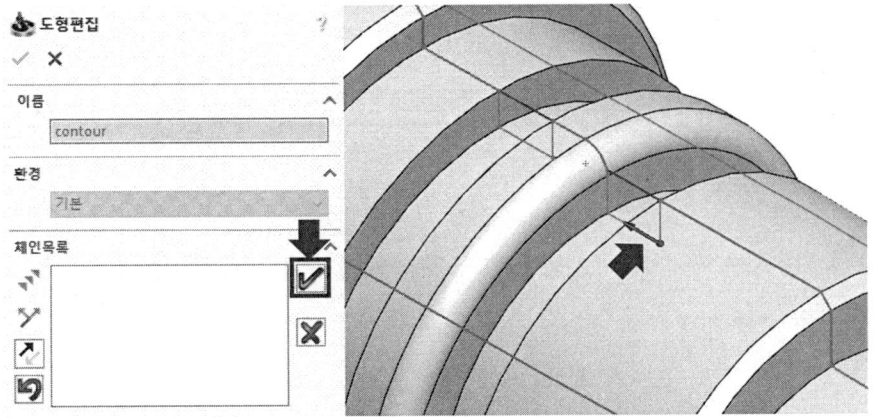

❹ 두 번째 홈 가공 위치에 있는 선을 선택하고, [체인수락] 버튼을 클릭한다.

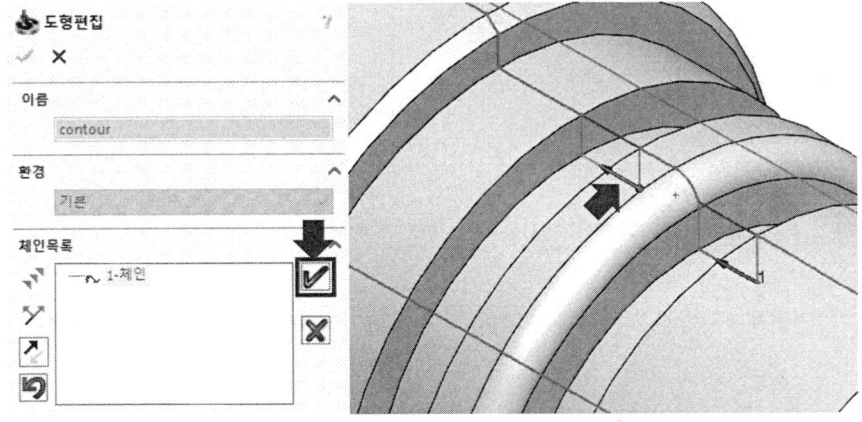

❺ 2개의 체인이 선택 되었다면 [확인] 버튼을 클릭한다.

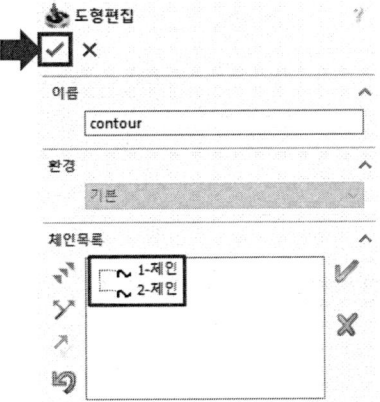

❻ [지오메트리 → 지오메트리 편집 → 지오메트리 수정] 클릭한다.

❼ [시작위치 소재에서부터 자동 연장 → 체크 해제 → 확인]을 클릭한다.

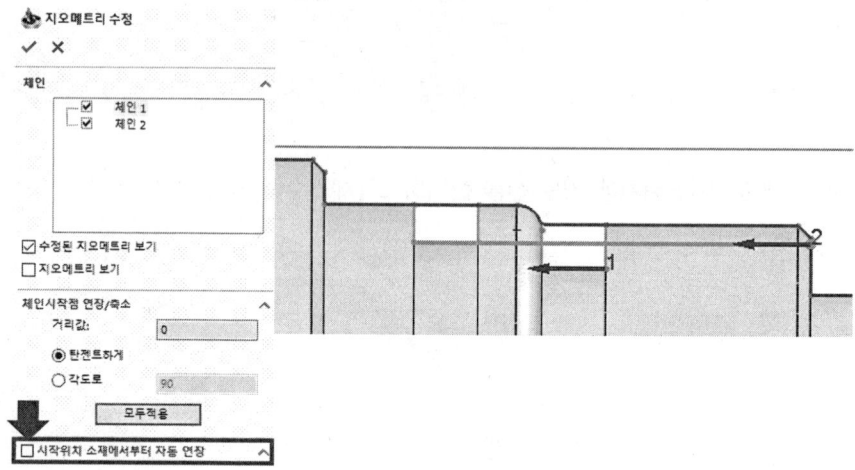

❽ [체인목록 → 체인 2 선택 → 시작위치 소재에서부터 자동 연장 → 체크 해제]한다.

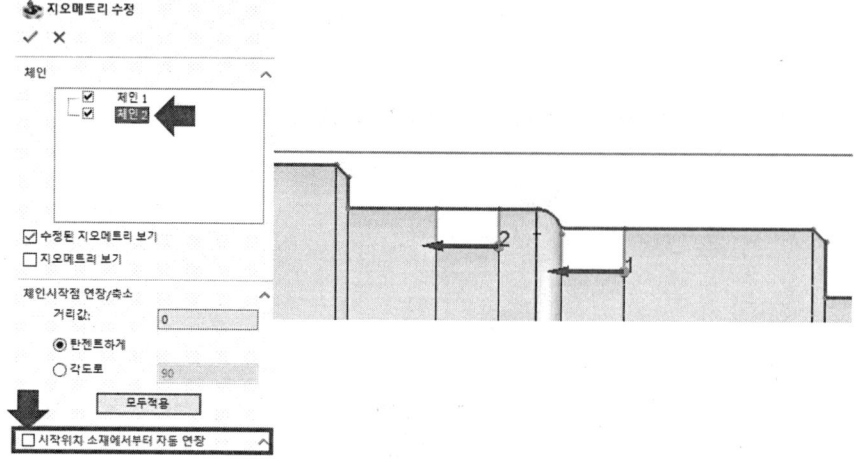

❾ [공구 → 선택]을 클릭한다.

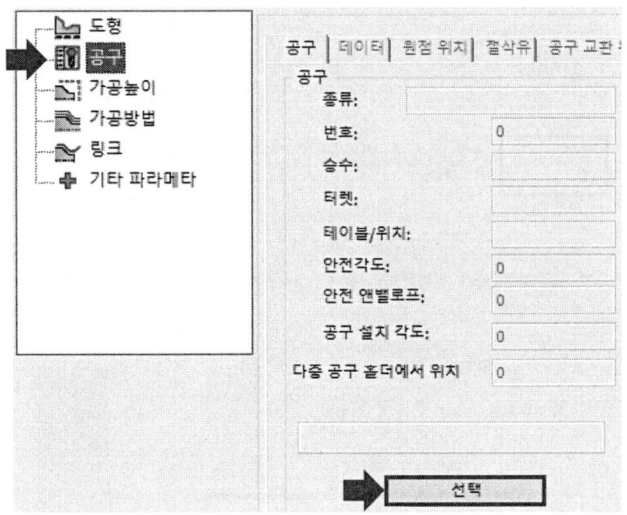

❿ [선반 공구추가 → Ext. Grooving]을 선택하고 확인을 클릭한다.

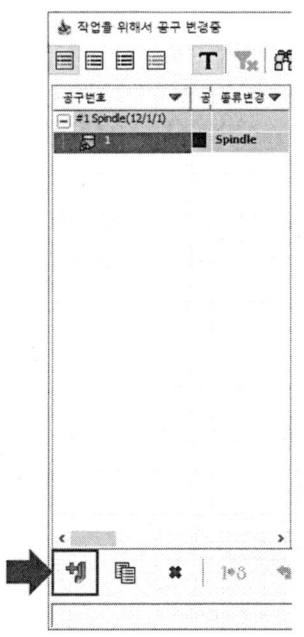
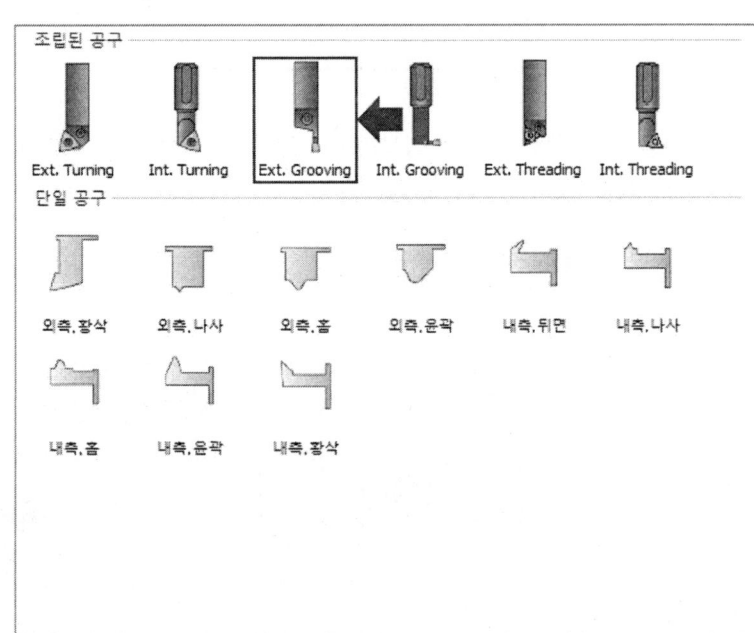

⓫ [번호 : 5]를 입력하고 그림과 같이 공구설정값을 설정한다.

- A : 3
- H : 12
- W : 3
- La : 6
- Ra : 0.2
- 코너두께 펙터 : 6

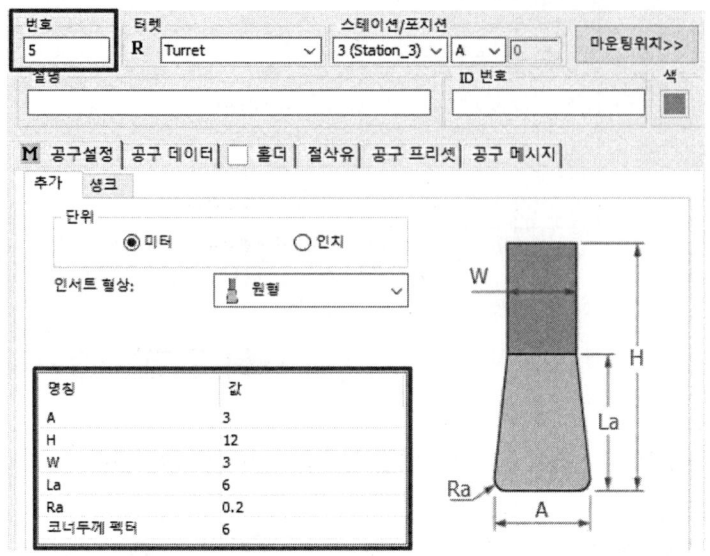

⓬ [공구 데이터 → 일반, 정삭피드 : 0.08 → 회전단위 → S(rpm) → 일반, 정삭 회전 : 500 → 최대회전수 : 500]을 입력한다.

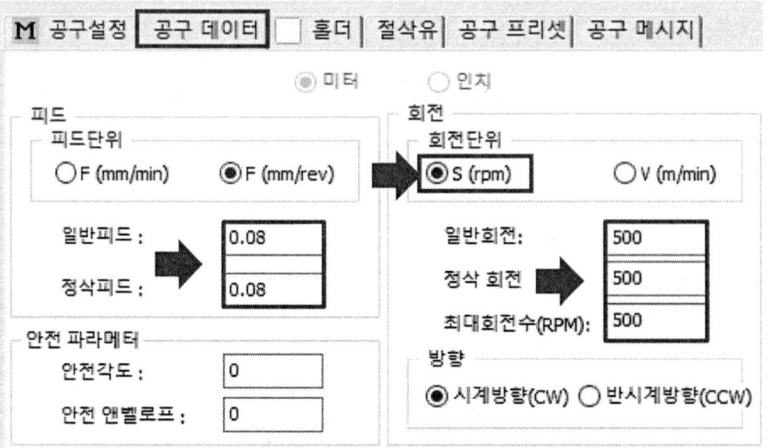

⑬ [마운팅위치>>]를 클릭한다.

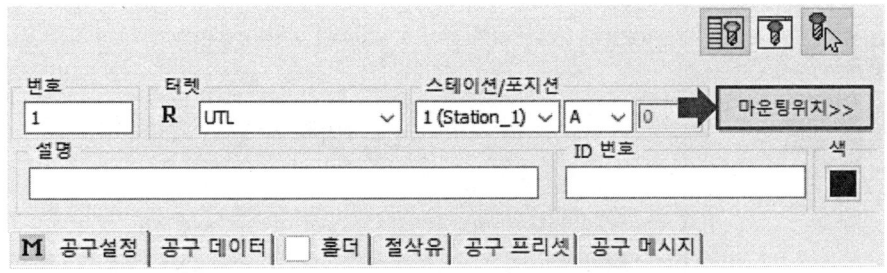

⑭ [X+]를 클릭하여 공구 형상이 X축에 수직이 되도록 하고 확인을 클릭한다.

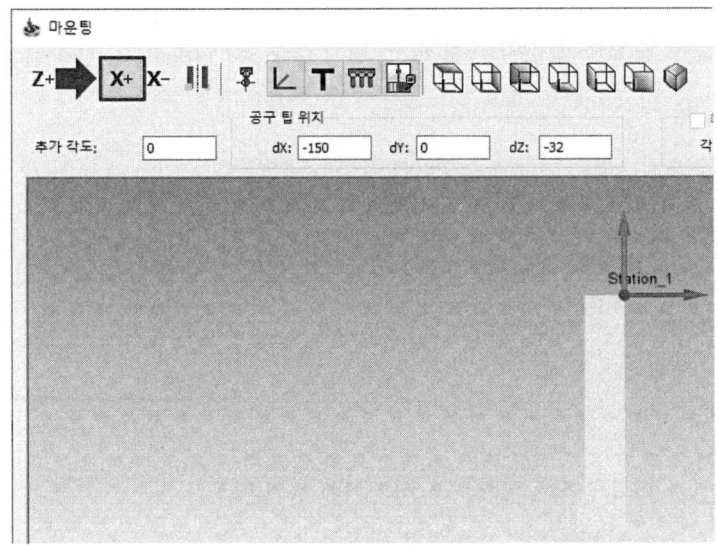

⑮ [가공 높이 → 안전거리 : 5]를 입력한다.

 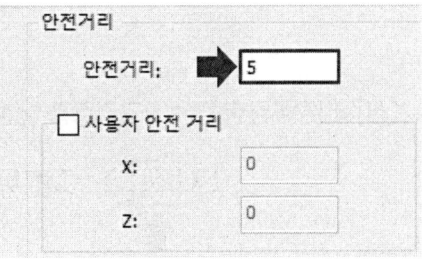

⓰ [가공방법 → 작업종류 : 황삭 → 사이클 사용 : 아니오]를 선택한다.

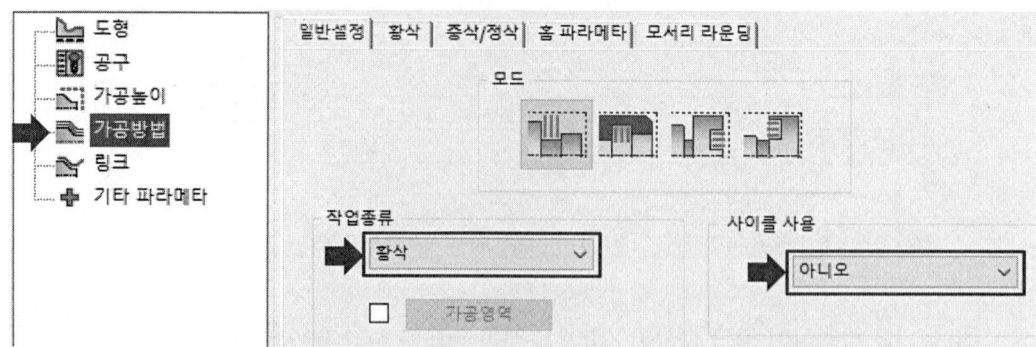

⓱ [가공방법 → 황삭 → 절입량 → 없음 → 황삭 옵셋]을 다음과 같이 입력한다.

▶ x거리 : 0　　　　　　　　　　▶ z거리 : 0

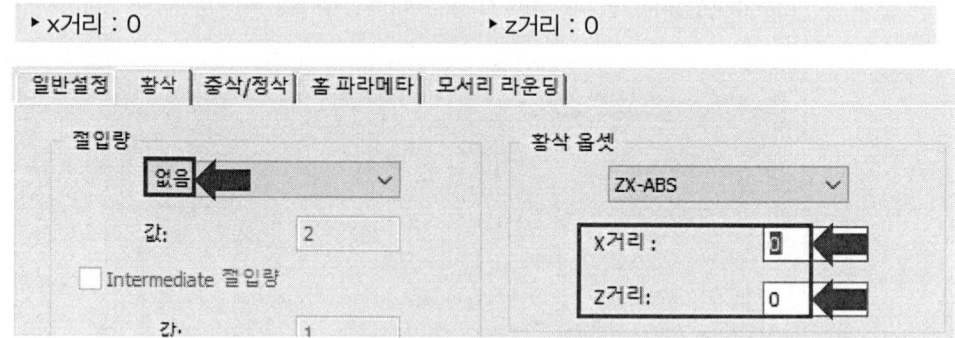

⓲ [가공방법 → 중삭/정삭 → 정삭 → 아니오]를 클릭한다.

⓳ [저장&계산] 버튼을 클릭하여 공구경로를 생성한다.

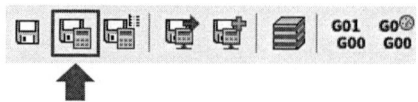

(7) 홈 가공 시뮬레이션 실행

❶ [시뮬레이션] 버튼을 클릭한다.

❷ [시뮬레이션 → 선반가공 → 실행]을 클릭한다.

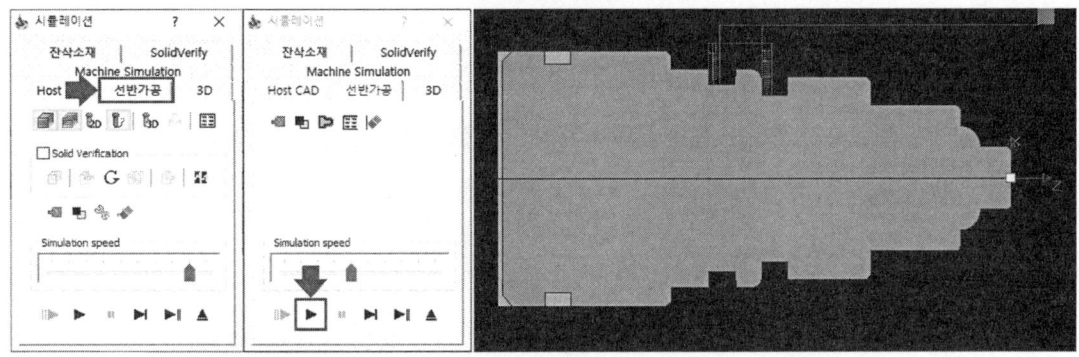

❸ [시뮬레이션 → SolidVerify → 실행]을 클릭하여 시뮬레이션을 확인한다.

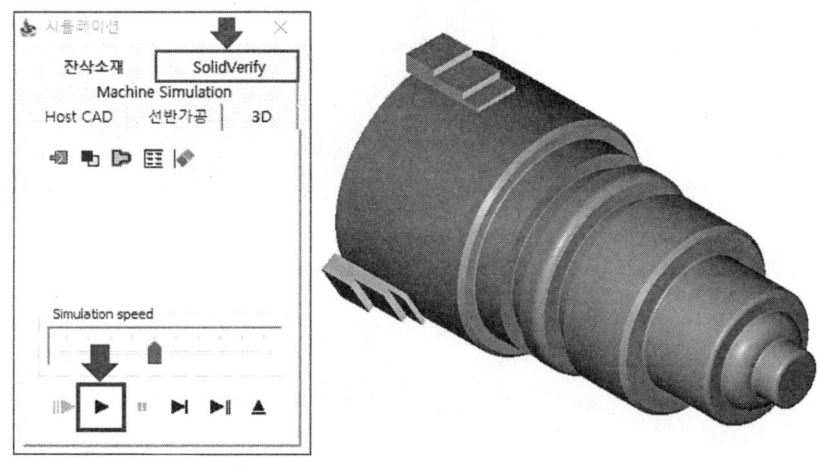

(8) 나사 가공

❶ [커맨드 매니저 → SolidCAM 선반 탭 → 나사 → 와이어프레임 → 신규]를 클릭한다.

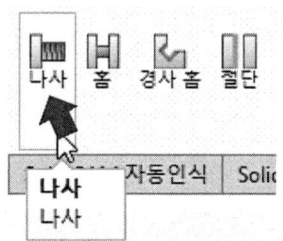 

❷ 그림에서 화살표가 향하는 선을 클릭하여 체인 생성을 확인한 후 확인을 클릭한다.

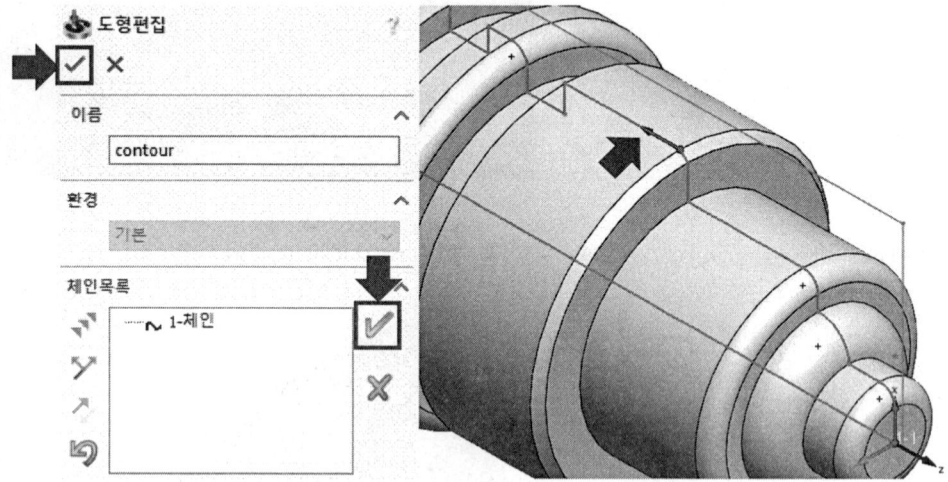

❸ [지오메트리 → 지오메트리 편집 → 지오메트리 수정] 클릭한다.

❹ [체인시작점 연장/축소 → 거리값 5]을 입력하고, [체인 끝점 연장/축소 : 거리값 2]를 입력한 뒤 확인을 클릭한다.

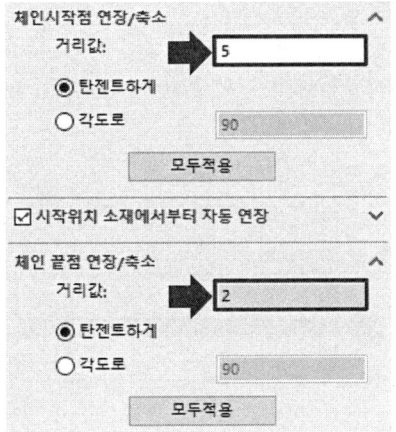

❺ [공구 → 선택]을 클릭한다.

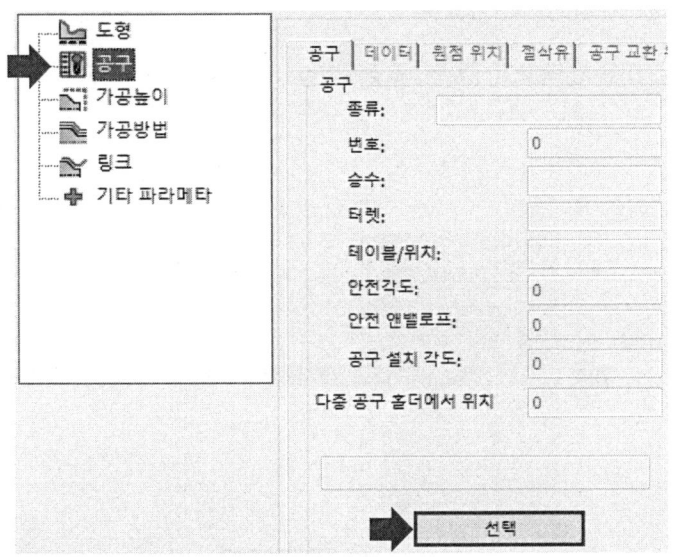

❻ [선반 공구추가 → Ext. Threading]을 선택하고 확인을 클릭한다.

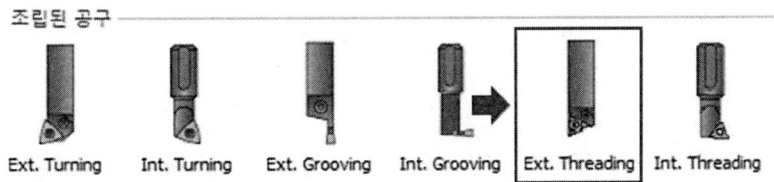

❼ [번호 : 7 → 공구설정 → 나사규격 → Metric(ISO)]를 선택한다.

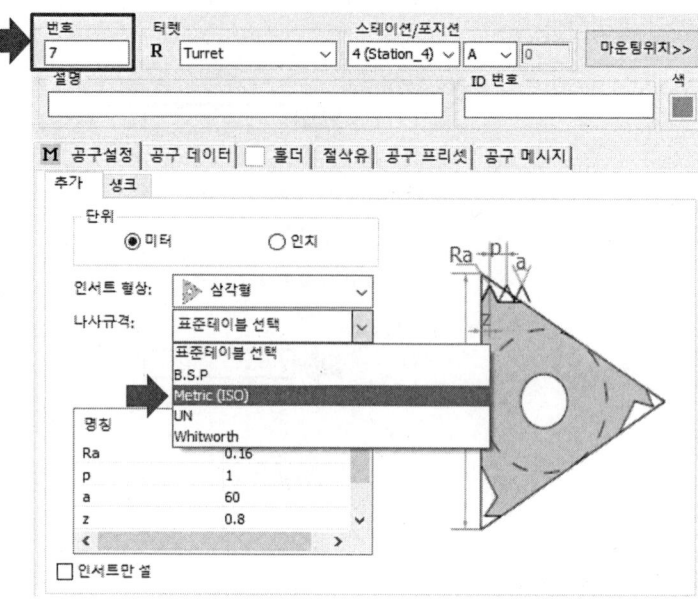

❽ [M39 x 2.0]을 선택하고, [확인]을 클릭한다.

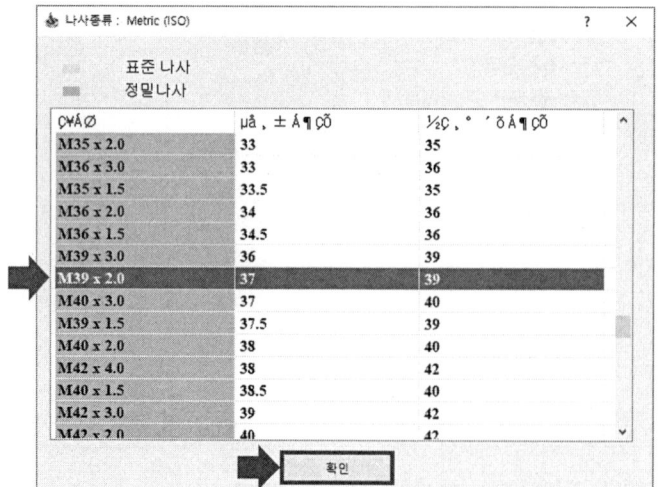

❾ [공구설정 → 공구 데이터 → 일반, 정삭피드 : 2.0 → S(rpm) → 일반, 정삭 회전 : 500 → 최대회전수 : 500]을 입력한다.

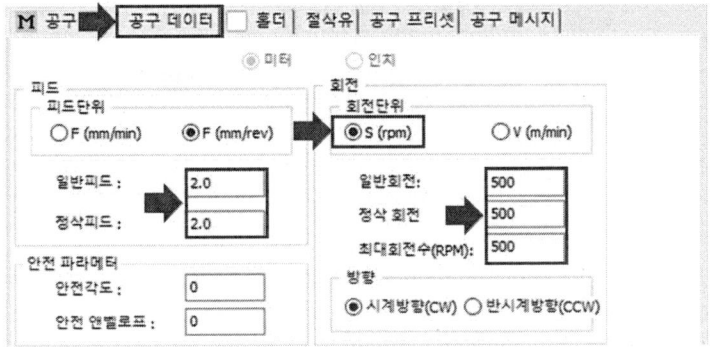

❿ [마운팅위치>>]를 클릭한다.

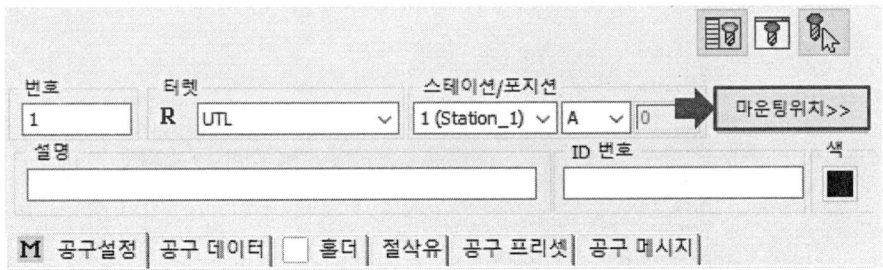

⓫ [X+]를 클릭하여 공구 형상이 X축에 수직이 되도록 하고 확인을 클릭한다.

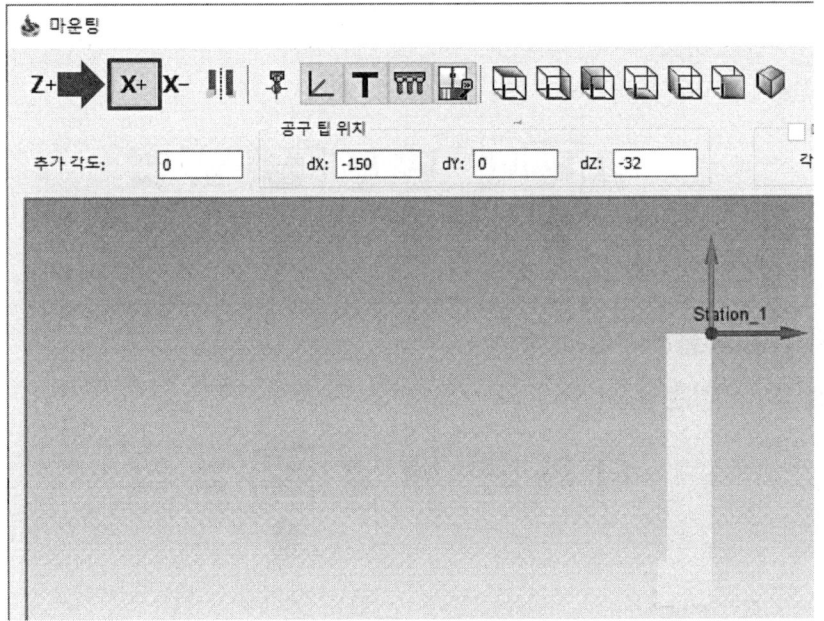

⓬ [가공방법 → 나사 기본 규격 → 테이블 → 표준테이블 선택 → Metric (ISO)]를 클릭한다.

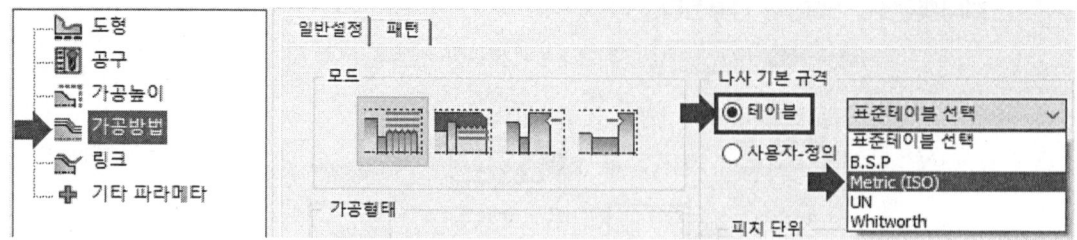

⓭ [M39 x 2.0]을 선택하고, [확인]을 클릭한다.

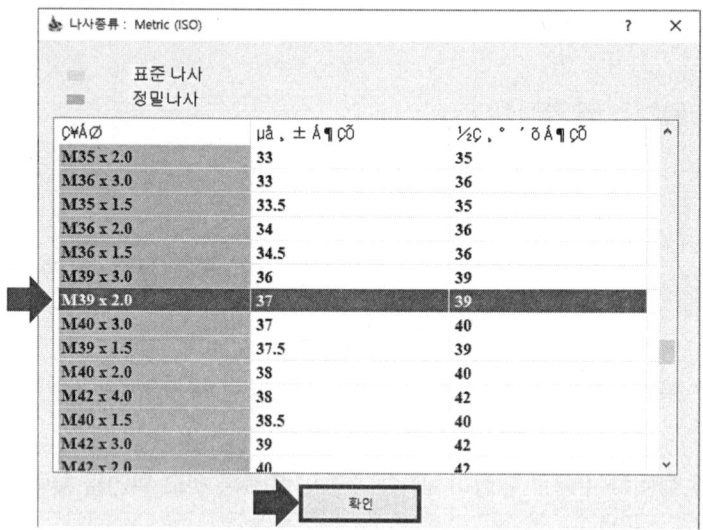

⓮ [저장&계산] 버튼을 클릭하여 공구경로를 생성한다.

(9) 나사 가공 시뮬레이션 실행

❶ [시뮬레이션] 버튼을 클릭한다.

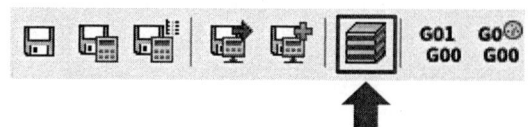

❷ [시뮬레이션 → 선반가공 → 실행]을 클릭한다.

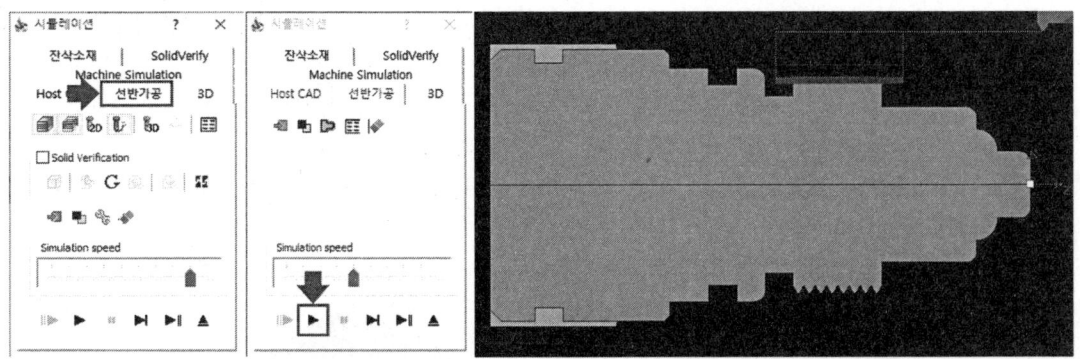

❸ [시뮬레이션 → SolidVerify → 실행]을 클릭하여 시뮬레이션을 확인한다.

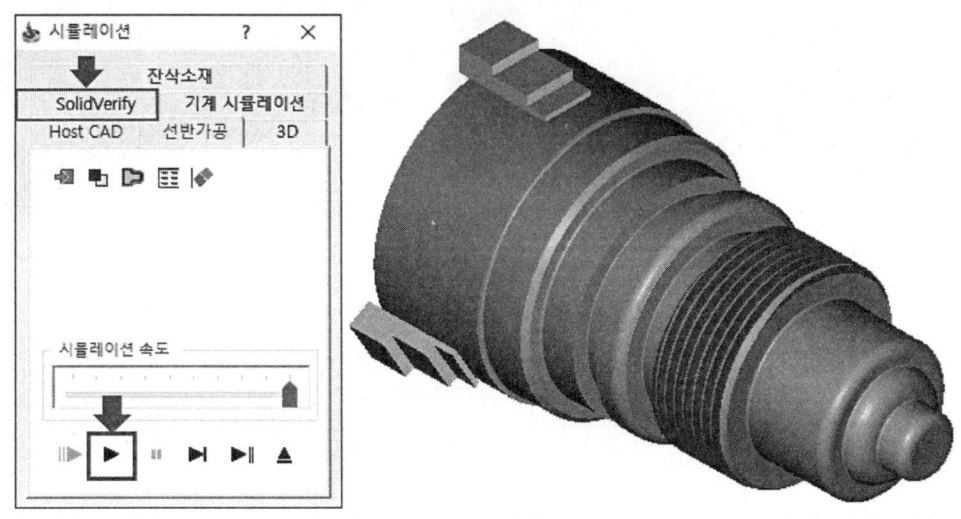

(10) 시뮬레이션 및 G코드 생성

❶ [솔리드캠 관리자 → 작업]을 클릭한다.

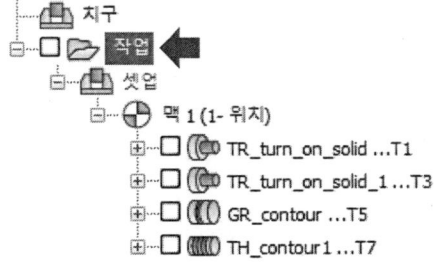

❷ 커맨드 매니저에서 [시뮬레이션]을 클릭한다.

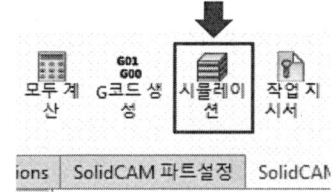

❸ [시뮬레이션 → 선반가공 또는 SoildVerify → 실행]을 클릭하여 모든 작업에 대한 시뮬레이션을 확인한다.

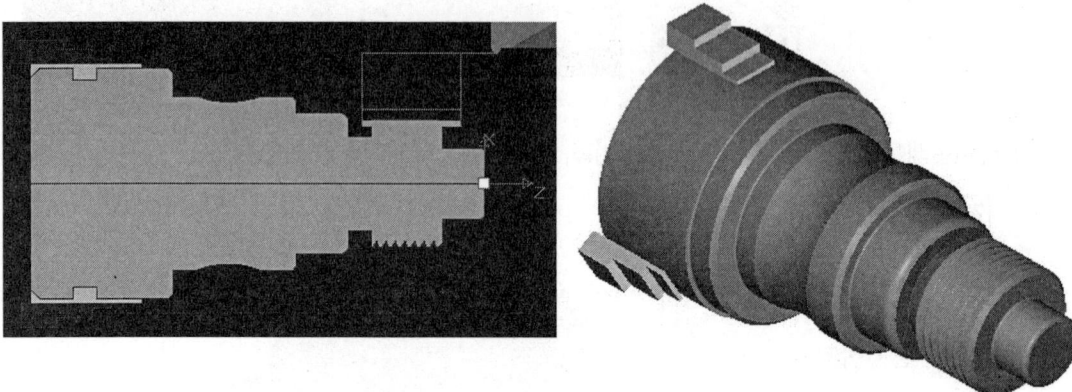

❹ [커맨드 매니저 → G코드 생성]을 클릭한다.

❺ G코드를 확인 후 [다른 이름으로 저장]으로 저장한다.

```
%
O0001
G28 U0 W0
N10 (turn:T01)
G50 S2000
T0101
G0 X55.0 Z3.0
G96 G99 S200 M3
   X49.4
G1 Z-74.4 F0.3
   X51.0
   X52.41 Z-74.33
G0 Z3.0
   X47.65
G1 Z-65.16
   X49.17 Z-65.92
G3 X49.4 Z-66.2 R0.4
G1 X50.4
G0 Z3.0
   X45.9
```

(11) 뒷면 가공 초기 설정하기

❶ [솔리드캠 관리자 → 공구 → 더블클릭 → 공구 내보내기]를 클릭한다.

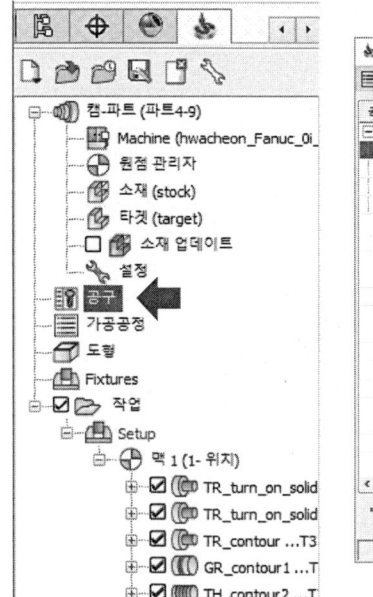
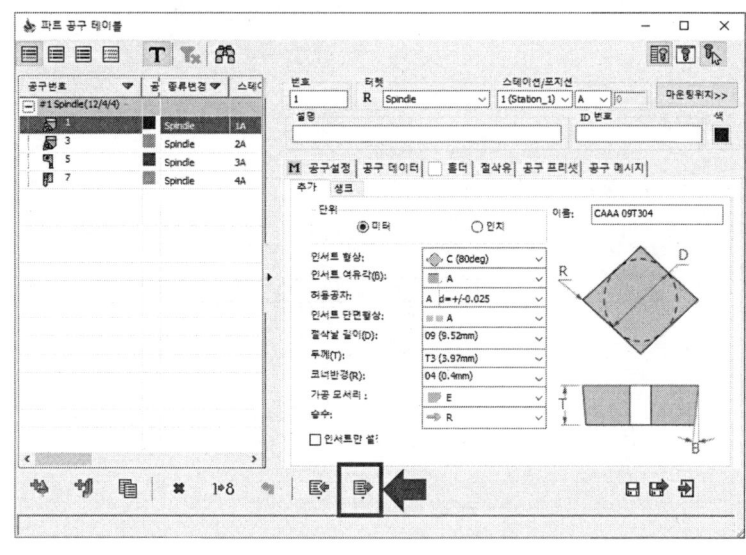

❷ [공구 내보내기 → Export All → 파일 이름 입력 → Export]를 클릭한다.

❸ [주메뉴 바 → 열기]를 통해 파일을 불러온다.

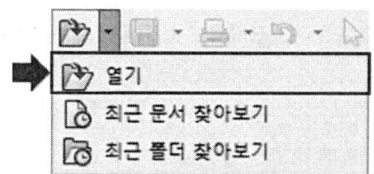

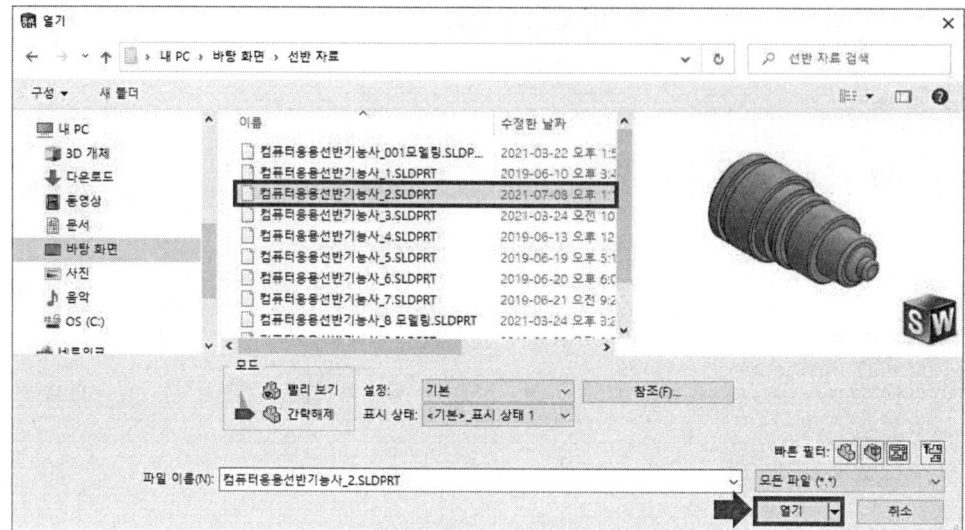

Tip 이미 모델링 파일이 열려있다면 해당 과정은 생략한다.

❹ [커맨드 매니저 → SolidCAM 파트 설정 탭 → 신규 → 터닝]을 클릭한다.

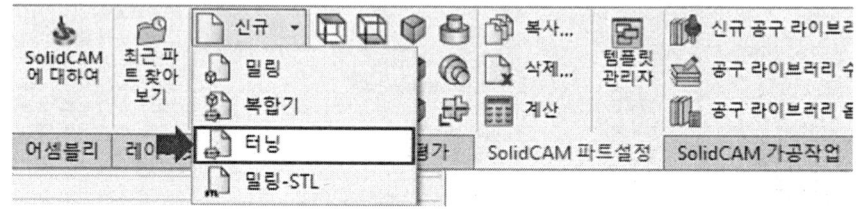

❺ [좌측 대화상자 → 캠-파트 생성방법 → 솔리드캠의 파일로 저장 → 단위 → 미터]를 선택하고 확인을 클릭한다.

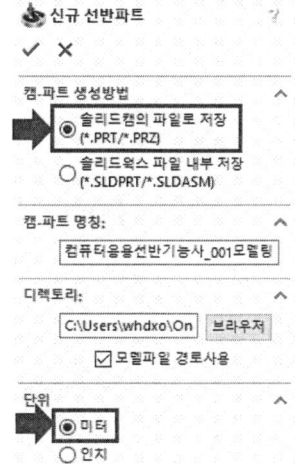

❻ [솔리드캠 관리자 → CNC-컨트롤러 → OKUMALL]을 설정한 후 [정의 → 원점]을 클릭한다.

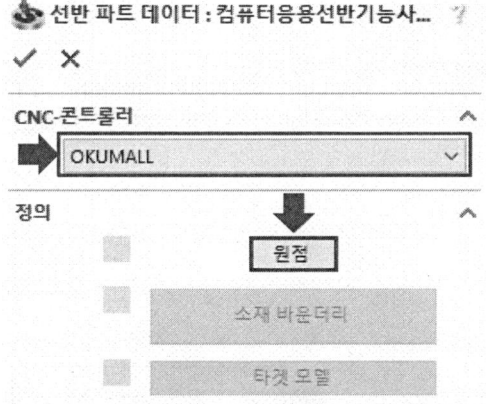

❼ 모델링을 클릭하여 원점을 생성한다.

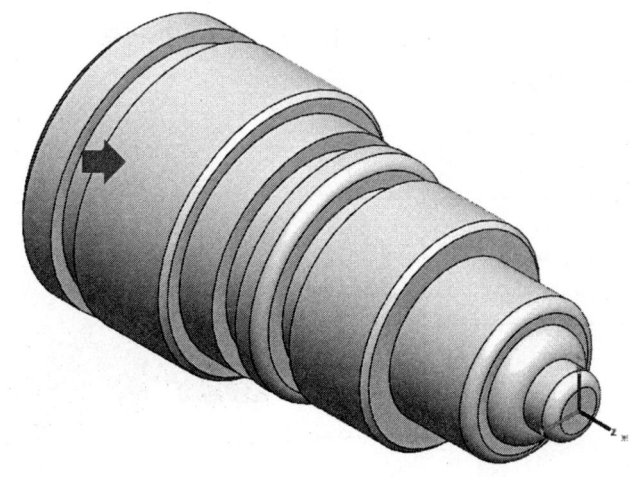

❽ [반대로 변경]을 클릭하고, 원점의 위치가 변경된걸 확인 후 [확인] 버튼을 클릭하여 원점 정의를 마친다.

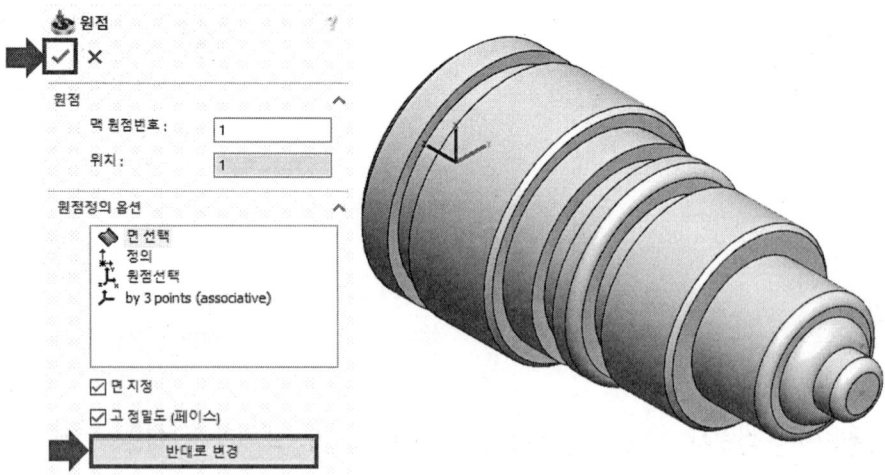

❾ [소재 바운더리]를 클릭한다.

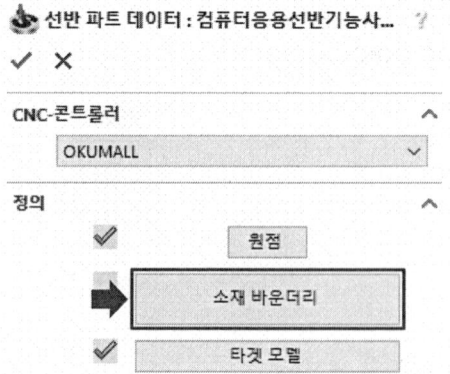

❿ 모델링을 클릭하여 형상을 정의하고, [옵셋 → 우측 및 외측 : 1]을 입력한 후 확인을 클릭하여 소재를 정의한다.

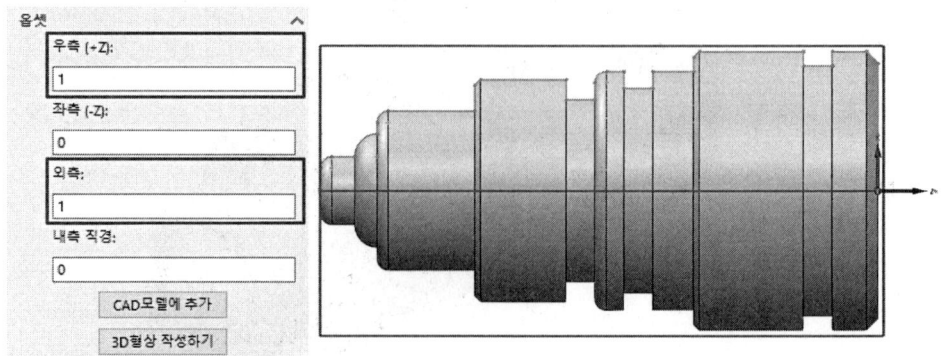

⓫ 원점, 소재, 타겟의 정의가 모두 완료되면 확인 버튼을 클릭하여 파트 정의를 마친다.

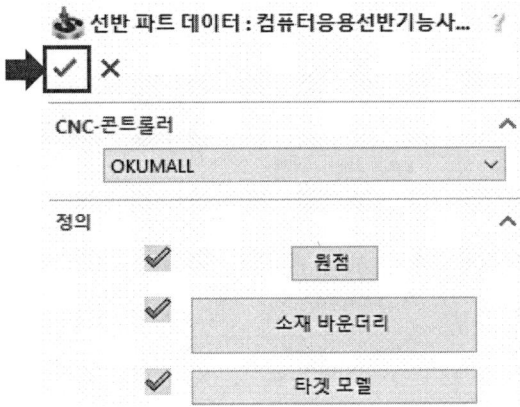

⓬ [공구 → 더블클릭 → 공구 불러오기]를 클릭한다.

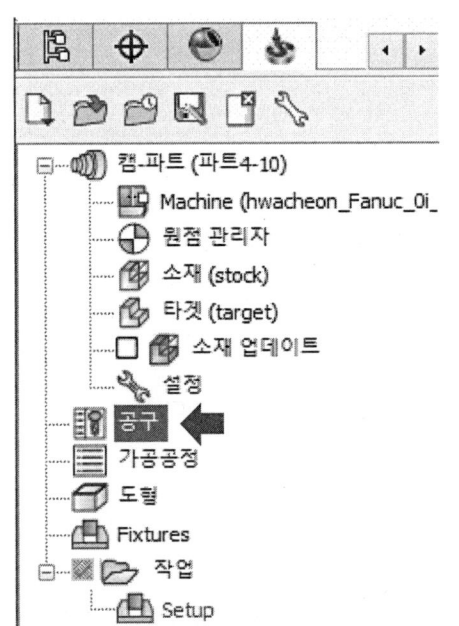
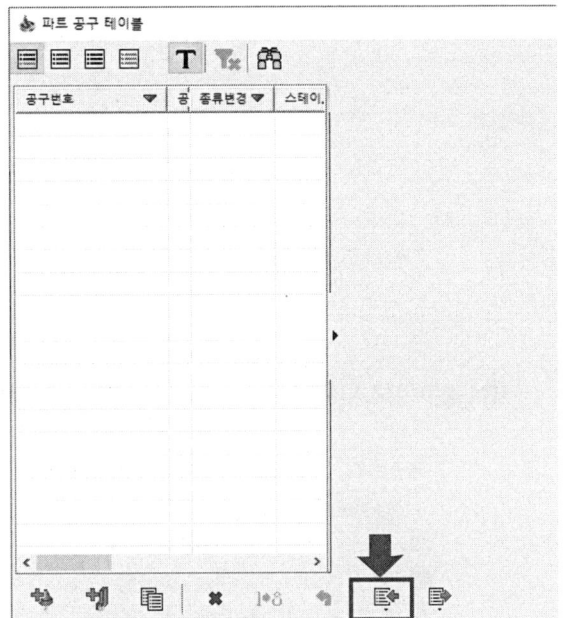

⓭ [공구 불러오기 → 라이브 → 저장 해놓은 공구 파일 이름]을 클릭한다.

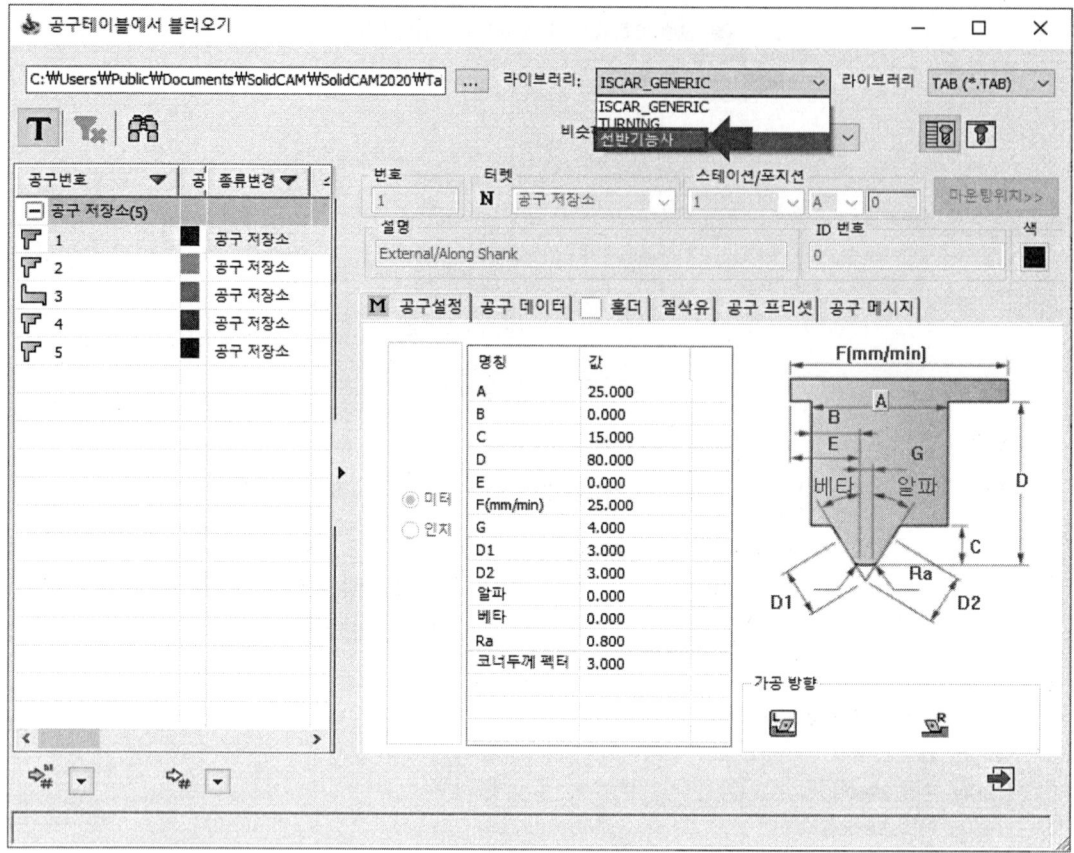

⓮ [공구목록 우클릭 → Import All tools → with tool numbering] 을 클릭한다.

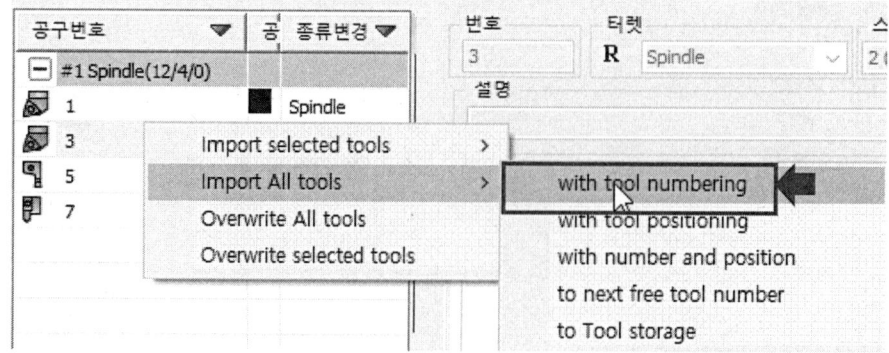

⓯ 공구테이블에서 불러오기 작업창을 닫은 후 파트 공구 테이블 작업창에서 [저장 & 나가기] 버튼을 클릭한다.

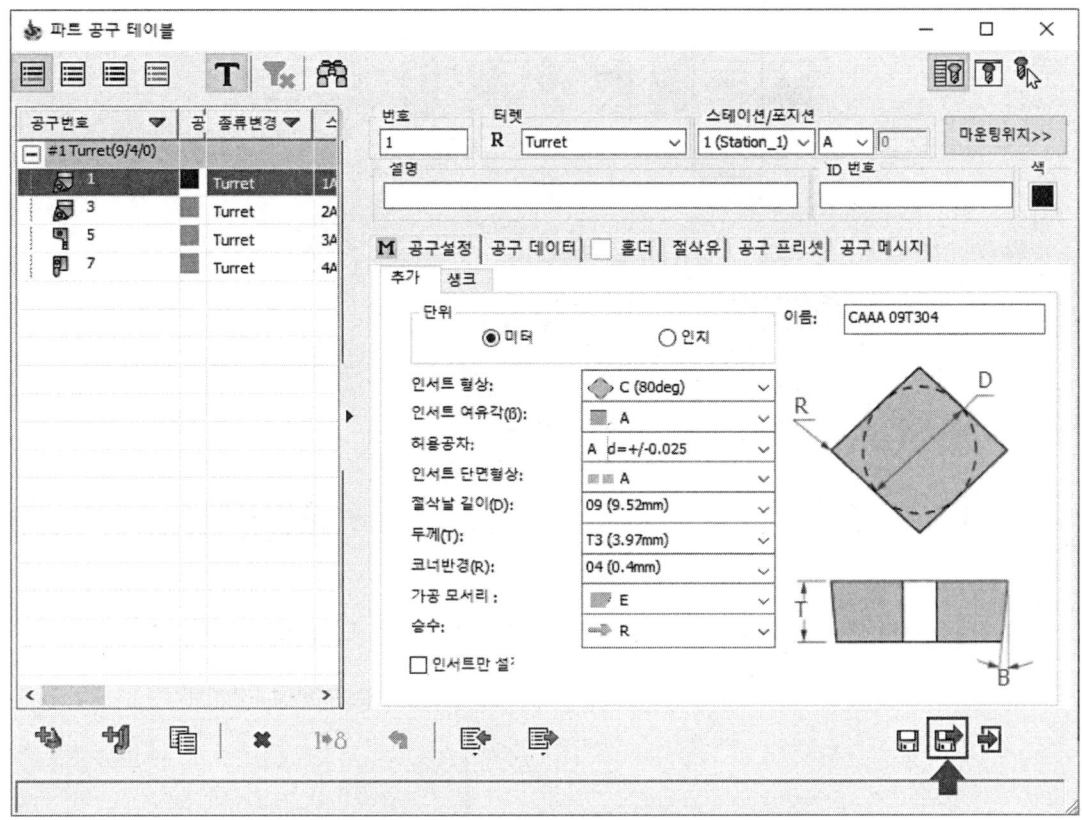

⓰ [Setup 우클릭 → 편집 → Table_Pos1]을 클릭하고, [Z : 80]으로 입력한다.

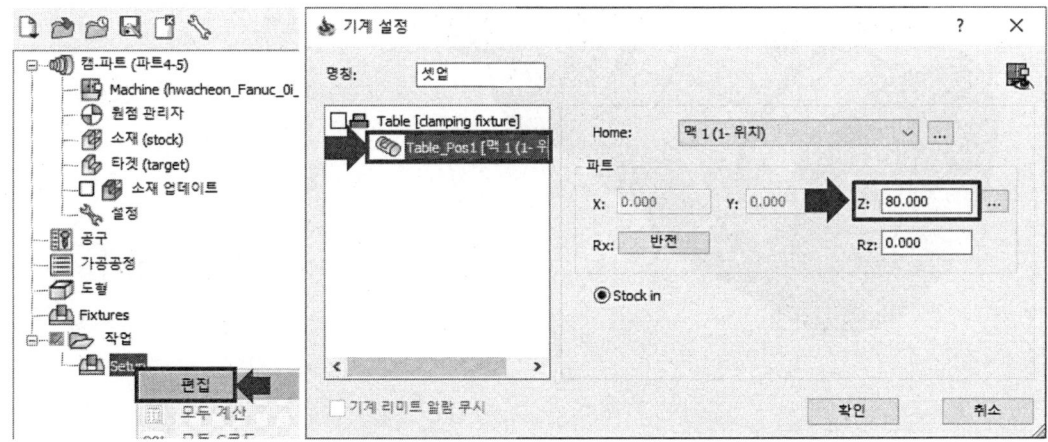

(12) 뒷면 황삭 가공

❶ [커맨드 매니저 → SolidCAM 선반 탭 → 터닝]를 클릭한다.

❷ [지오메트리 → 솔리드 → 신규]를 클릭한다.

 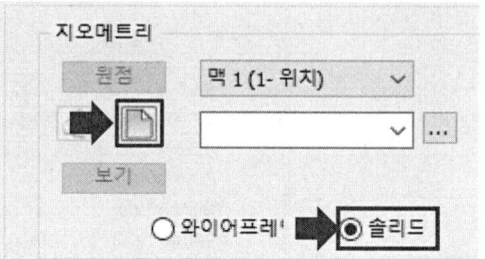

❸ 가공이 시작되는 면과 끝나는 면을 클릭하고, [수락] 버튼을 클릭하여 체인을 생성한다.

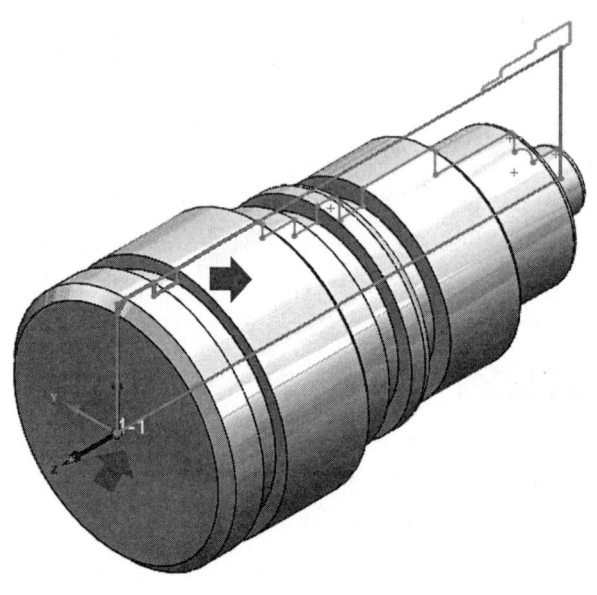 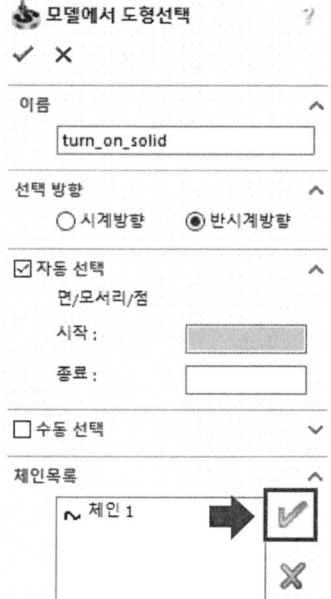

❹ [공구 → 선택]을 클릭한다.

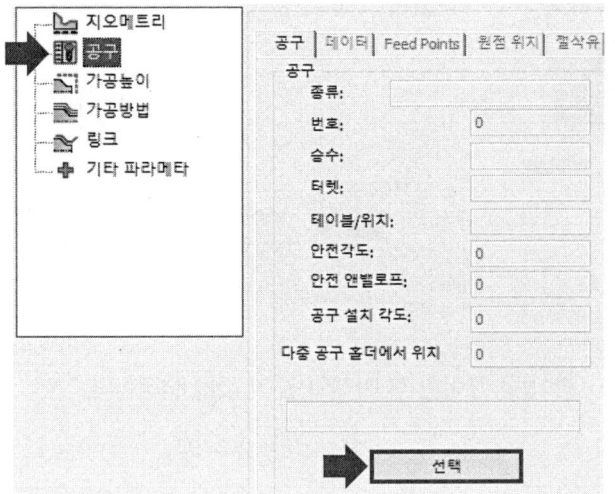

❺ 1번 공구를 더블클릭하여 선택한다.

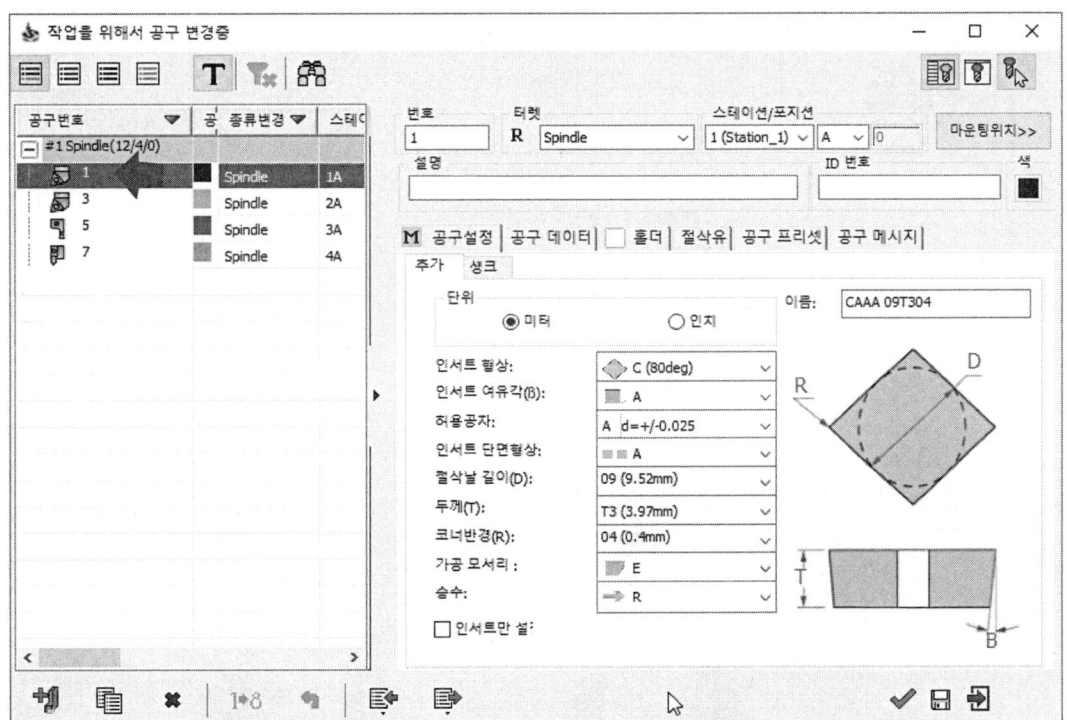

❻ [가공방법 → 작업종류 → 황삭]을 클릭한다.

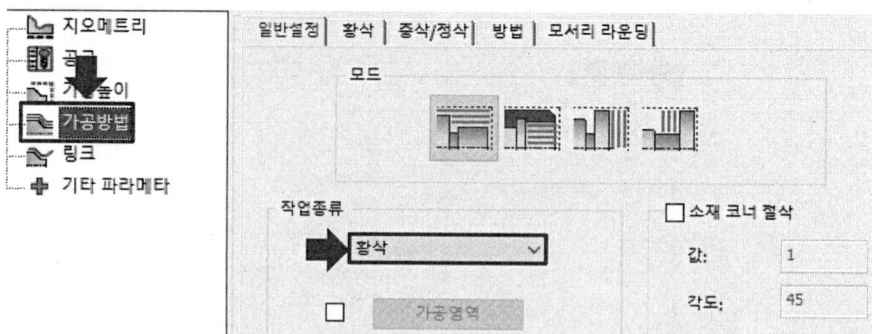

❼ [가공방법 → 황삭]을 클릭한 후 아래와 같이 값을 설정한다.

▶ x거리 : 0　　　　　　　　　▶ z : 0

❽ [방법 → 하강 이동 하지 않음]을 클릭한다.

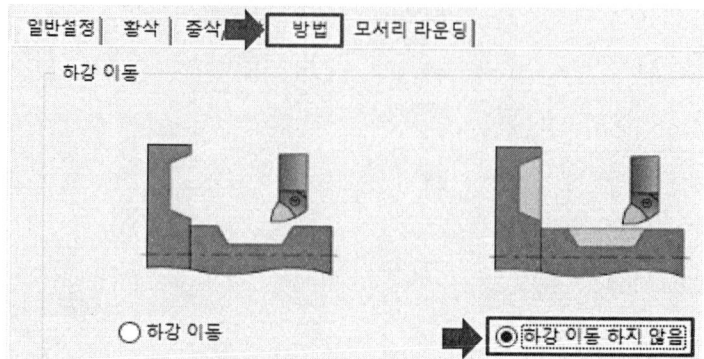

❾ [저장&계산] 버튼을 클릭하여 공구경로를 생성한다.

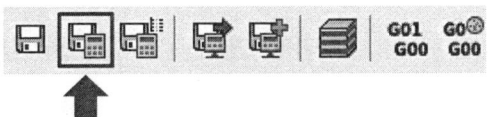

(13) 뒷면 황삭 가공 시뮬레이션 실행

❶ [시뮬레이션] 버튼을 클릭한다.

❷ [시뮬레이션 → 선반가공 → 실행]을 클릭한다.

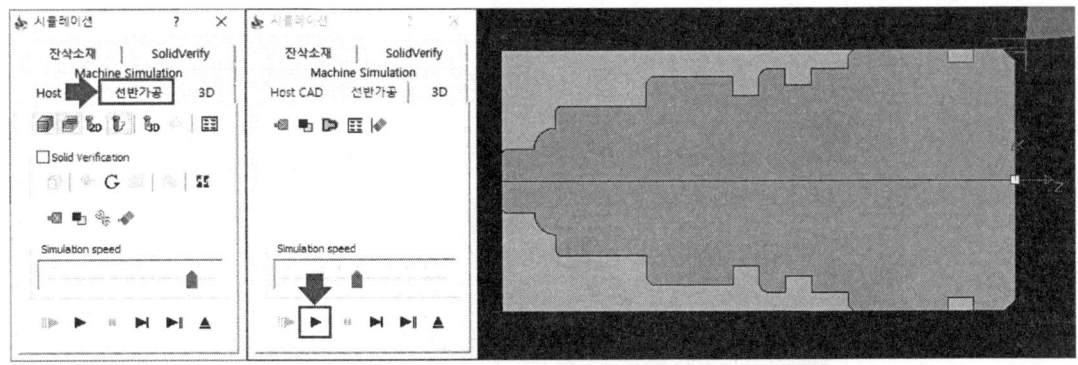

❸ [시뮬레이션 → SolidVerify → 실행]을 클릭하여 시뮬레이션을 확인한다.

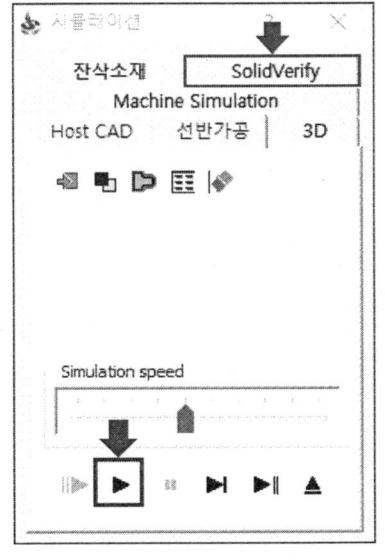
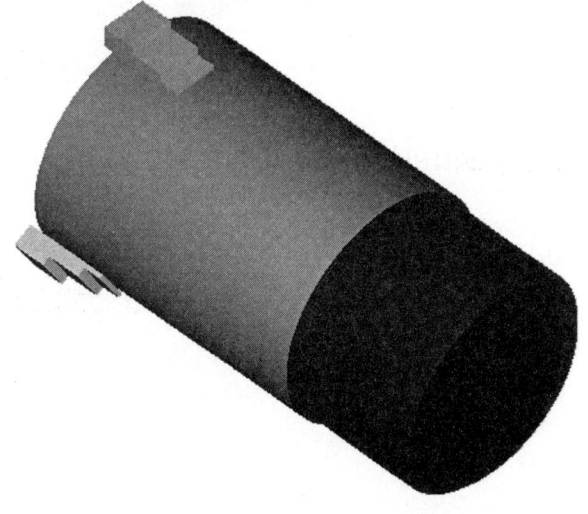

(14) 뒷면 홈 가공

❶ [SolidCAM 선반 탭 → 홈 → 와이어프레임 → 신규]를 클릭한다.

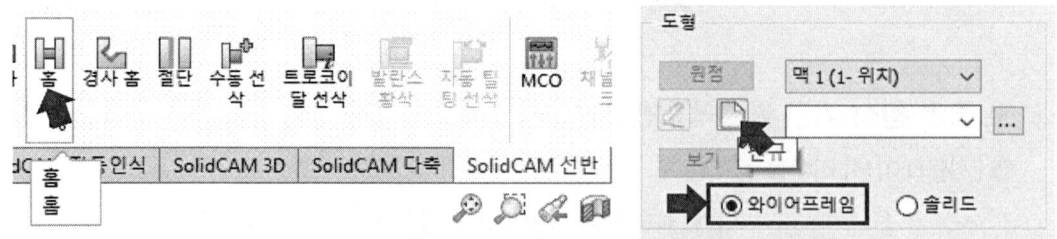

❷ 화살표가 향하는 선을 선택하고, 체인을 설정한 후 확인을 클릭한다.

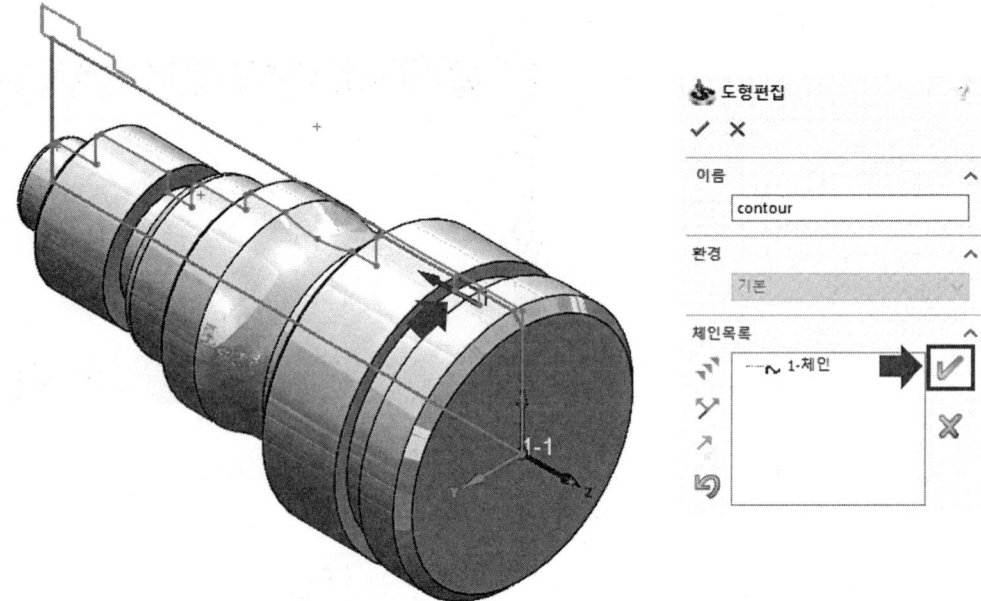

❸ [지오메트리 → 지오메트리 편집 → 지오메트리 수정] 클릭한다..

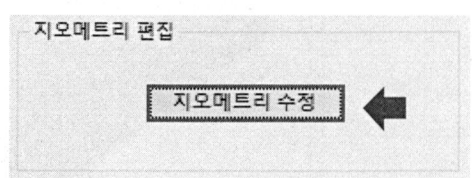

❹ [시작위치 소재에서부터 자동 연장 → 체크 해제 → 확인]을 클릭한다.

❺ [공구 → 선택]을 클릭한다.

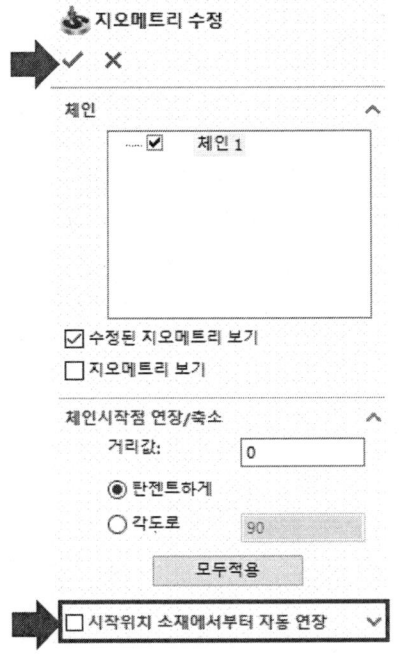

❻ 5번 공구 홈바이트를 선택한다.

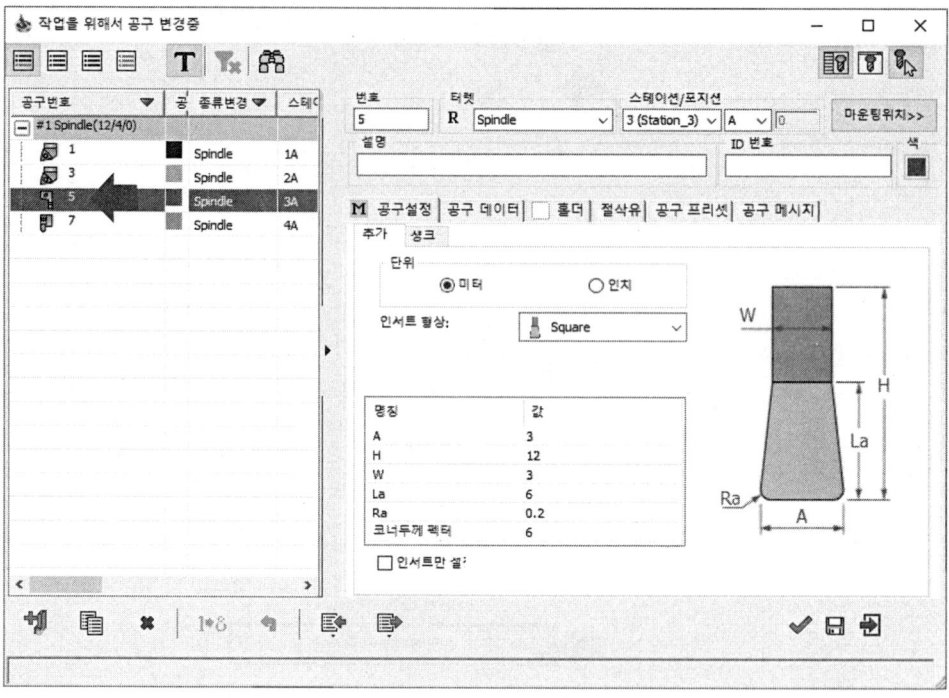

❼ [가공 높이 → 안전거리 : 5]를 입력한다.

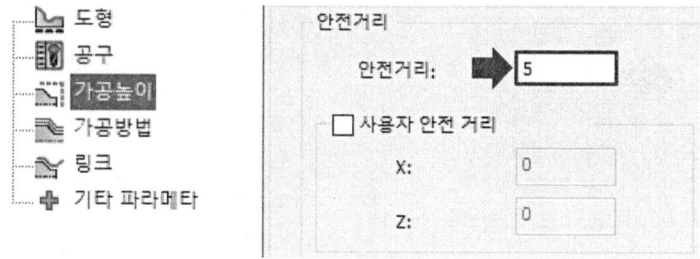

❽ [가공방법 → 작업종류 : 황삭 → 사이클 사용 : 아니오]를 선택한다.

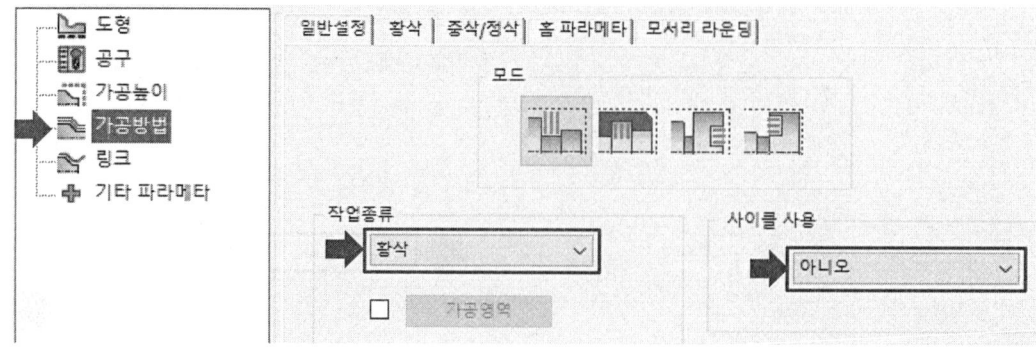

❾ [가공방법 → 황삭 → 절입량 → 없음 → 황삭 옵셋]을 다음과 같이 입력한다.

▶ x거리 : 0   ▶ z거리 : 0

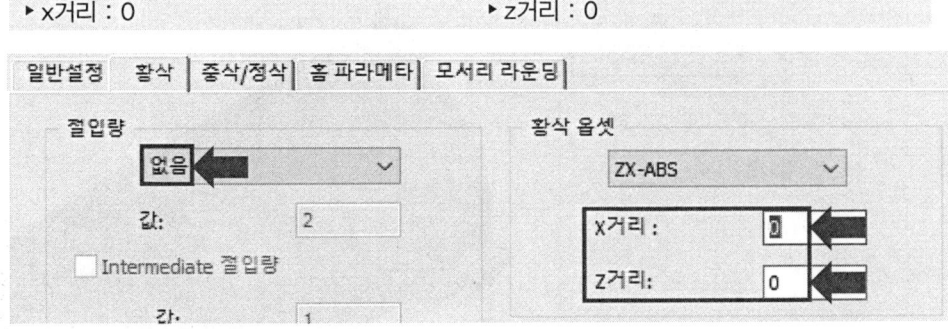

❿ [가공방법 → 중삭/정삭 → 정삭 → 아니오]을 클릭한다.

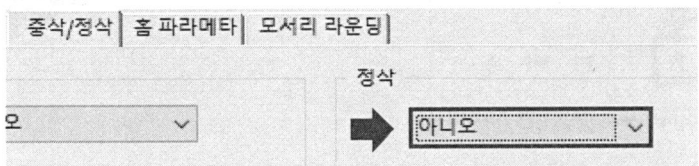

⓫ [저장&계산] 버튼을 클릭하여 공구경로를 생성한다.

(15) 뒷면 홈 가공 시뮬레이션 실행

❶ [시뮬레이션] 버튼을 클릭한다.

❷ [시뮬레이션 → 선반가공 → 실행]을 클릭한다.

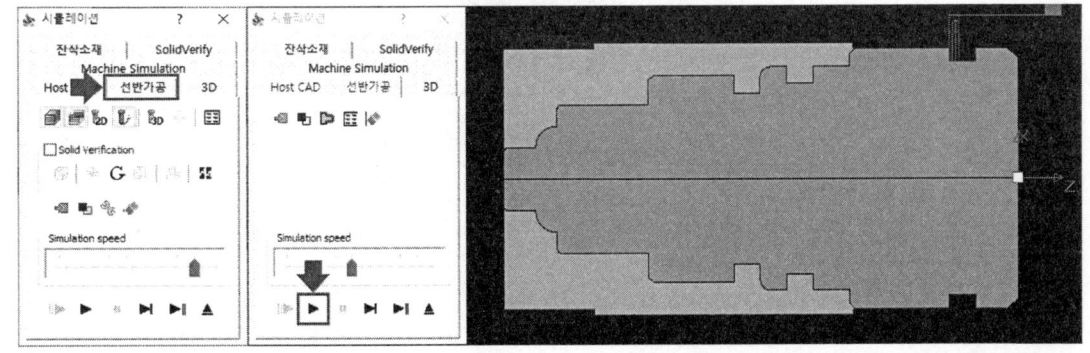

❸ [시뮬레이션 → SolidVerify → 실행]을 클릭하여 시뮬레이션을 확인한다.

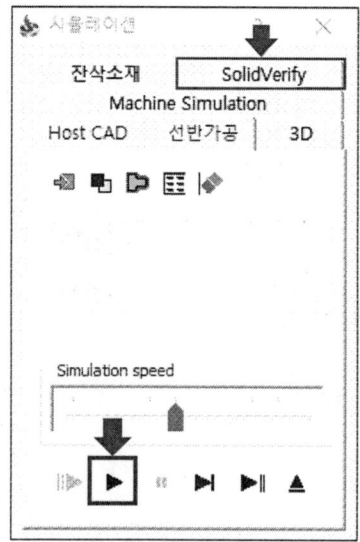
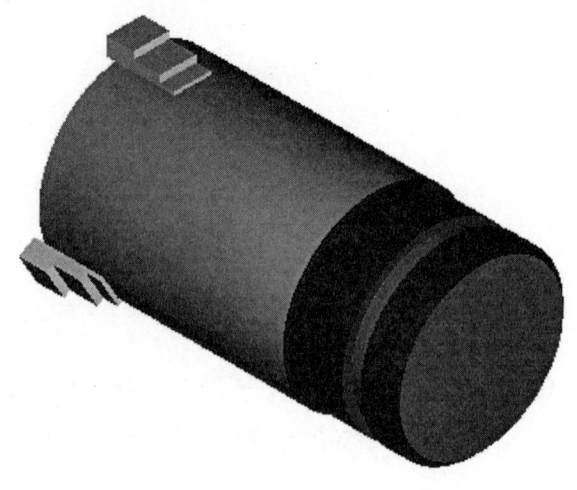

(16) 시뮬레이션 및 G코드 생성

❶ [솔리드캠 관리자 → 작업]을 클릭한다.

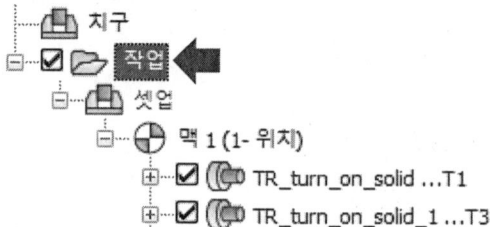

❷ [커맨드 매니저 → 시뮬레이션]을 클릭한다.

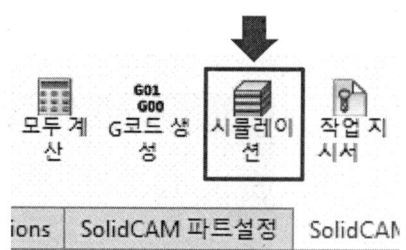

❸ [시뮬레이션 → 선반가공 또는 SoildVerify → 실행]을 클릭하여 모든 작업에 대한 시뮬레이션을 확인한다.

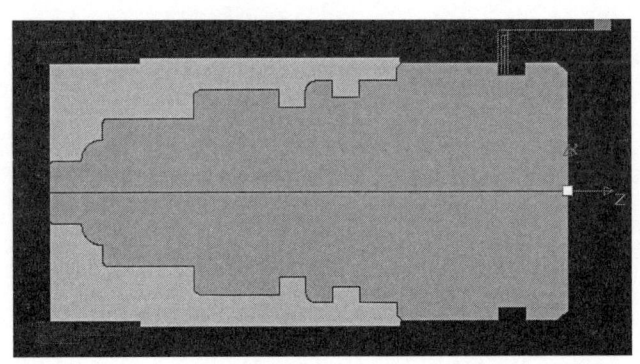

❹ [커맨드 매니저 → G코드 생성]을 클릭한다.

❺ G코드를 확인 후 [다른 이름으로 저장]으로 저장한다.

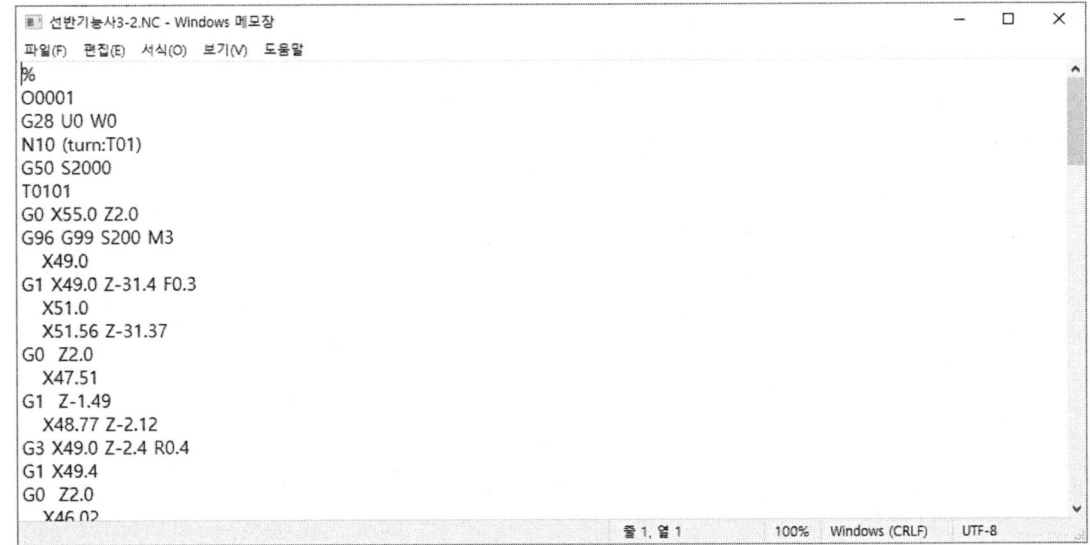

MEMO

컴퓨터응용선반기능사
예제 도면

1. 컴퓨터응용선반기능사 예제 도면

도 명	척도	투상
컴퓨터응용선반기능사	N S	3각법

01

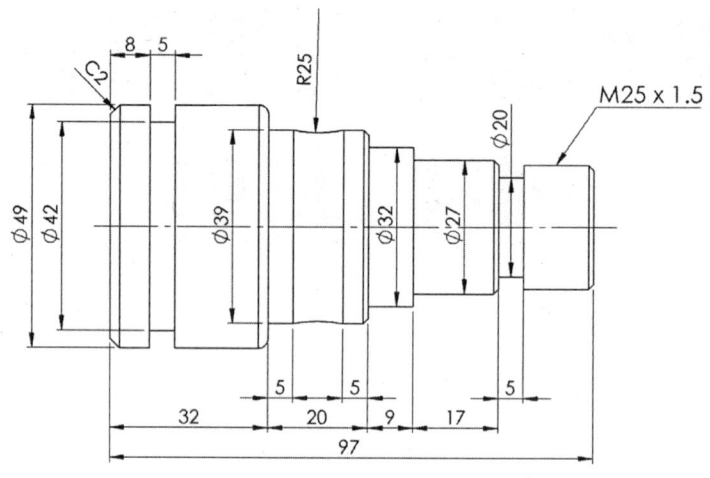

도시되고 지시없는 라운드 R2

도시되고 지시없는 모따기 C1

순서	공구종류	공구번호	절삭속도 (mm/rev)	회전속도 (RPM)
1	외경 황삭	T01	0.25	200
2	외경 정삭	T03	0.25	200
3	외경 홈	T05	0.06	500
4	외경 나사	T07	1.5	500

(주)솔리드캠코리아

부록 ▸ 컴퓨터응용선반기능사

② 컴퓨터응용선반기능사 예제 도면

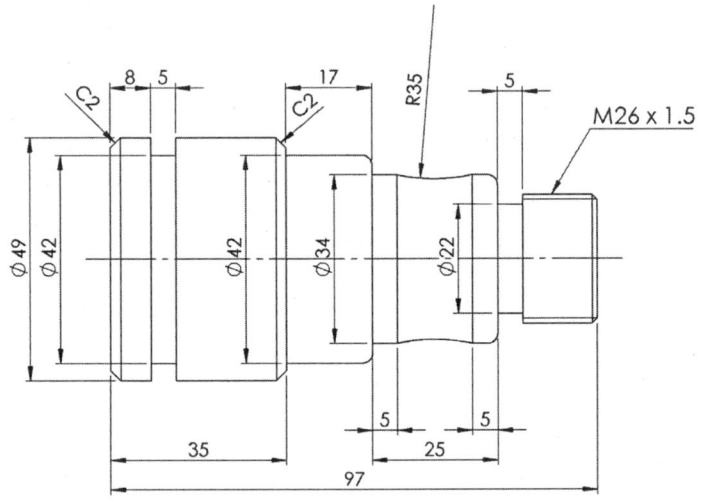

도 명	척도	투상
컴퓨터응용선반기능사	N S	3각법

도시되고 지시없는 라운드 R2
도시되고 지시없는 모따기 C1

순서	공구종류	공구번호	절삭속도 (mm/rev)	회전속도 (RPM)
1	외경 황삭	T01	0.2	180
2	외경 정삭	T03	0.2	180
3	외경 홈	T05	0.08	500
4	외경 나사	T07	1.5	500

(주)솔리드캠코리아

3. 컴퓨터응용선반기능사 예제 도면

도 명	척도	투상
컴퓨터응용선반기능사	N S	3각법

03

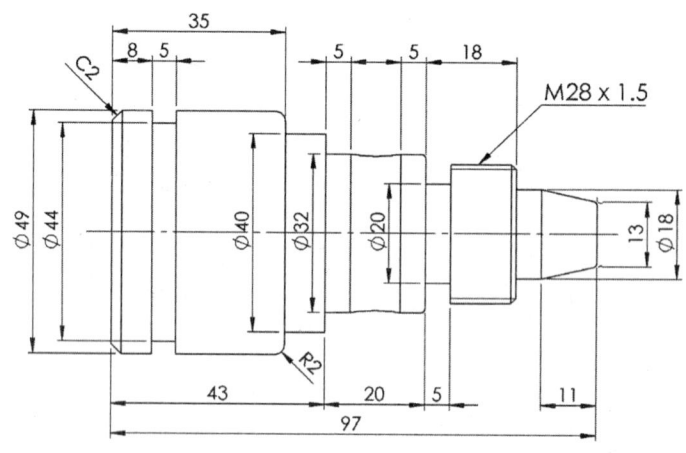

도시되고 지시없는 라운드 R1

도시되고 지시없는 모따기 C1

순서	공구종류	공구번호	절삭속도 (mm/rev)	회전속도 (RPM)
1	외경 황삭	T01	0.2	180
2	외경 정삭	T03	0.3	200
3	외경 홈	T05	0.08	500
4	외경 나사	T07	2.0	500

(주)솔리드캠코리아

4 컴퓨터응용선반기능사 예제 도면

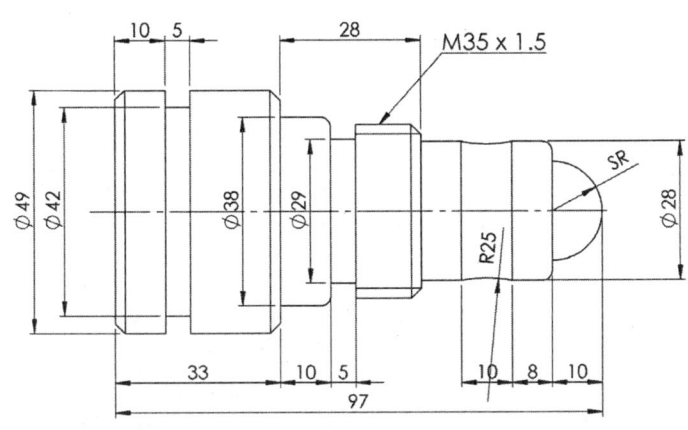

도 명	척도	투상
컴퓨터응용선반기능사	NS	3각법

04

도시되고 지시없는 라운드 R2
도시되고 지시없는 모따기 C2

순서	공구종류	공구번호	절삭속도 (mm/rev)	회전속도 (RPM)
1	외경 황삭	T01	0.3	180
2	외경 정삭	T03	0.3	200
3	외경 홈	T05	0.06	500
4	외경 나사	T07	1.5	500

(주)솔리드캠코리아

5 컴퓨터응용선반기능사 예제 도면

도 명	척도	투상
컴퓨터응용선반기능사	N S	3각법

05

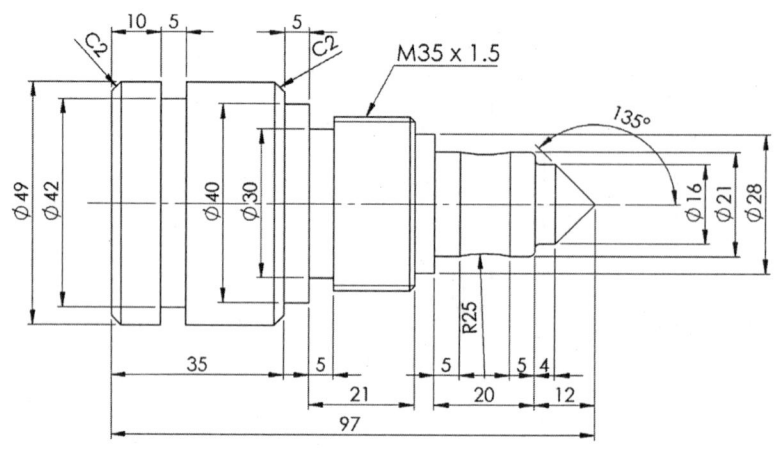

도시되고 지시없는 라운드 R2

도시되고 지시없는 모따기 C2

순서	공구종류	공구번호	절삭속도 (mm/rev)	회전속도 (RPM)
1	외경 황삭	T01	0.2	180
2	외경 정삭	T03	0.3	200
3	외경 홈	T05	0.08	500
4	외경 나사	T07	2.0	500

(주)솔리드캠코리아

SolidCAM을 활용한
컴퓨터응용밀링기능사 실기

정가 ∥ 20,000원

편저자 ∥ ㈜솔리드캠코리아
펴낸이 ∥ 차 승 녀
펴낸곳 ∥ 도서출판 건기원

2021년 9월 6일 제1판 제1인쇄
2021년 9월 10일 제1판 제1발행

주소 ∥ 경기도 파주시 연다산길 244(연다산동 186-16)
전화 ∥ (02)2662-1874~5
팩스 ∥ (02)2665-8281
홈페이지 ∥ http://www.kkwbooks.com
등록 ∥ 제11-162호, 1998. 11. 24

• 건기원은 여러분을 책의 주인공으로 만들어 드리며 출판 윤리 강령을 준수합니다.
• 본 수험서를 복제 · 변형하여 판매 · 배포 · 전송하는 일체의 행위를 금하며, 이를 위반할 경우 저작권법 등에 따라 처벌받을 수 있습니다.

ISBN 979-11-5767-603-3 13550

솔리드캠 교재 구매 고객 대상

구매할인쿠폰 지금받아가세요!

● SPECIAL COUPON ●
솔리드캠 라이센스
구매 할인 쿠폰

DISCOUNT

※ 본 쿠폰은 솔리드캠 교재 구매 고객 한정 적용되며, 사용 시 쿠폰을 제시하여야 합니다.

사용 문의: 솔리드캠 코리아 | 032-876-8762

쿠폰은 1회 사용 가능하며(재사용 불가) 쿠폰을 판매하거나 양도하는 행위는 금지되어 있습니다. 또한, 타 프로모션과 중복 할인이 불가하오니 이용에 참고 부탁드립니다.